火力发电厂主厂房结构抗震设计

研究·规范·实践

主　编　李红星　董绿荷

副主编　董银峰　彭凌云

李国强　白国良

中国电力出版社
CHINA ELECTRIC POWER PRESS

内 容 提 要

本书主要内容为火力发电厂主厂房土建结构设计一系列研究成果和工程应用实践。全书共分 13 章，主要包括：绪论、荷载及作用、常规钢筋混凝土结构主厂房、框架—分散剪力墙主厂房结构、单跨框—排架主厂房结构、循环流化床单跨框—排架主厂房结构、竖向框排架主厂房结构、侧煤仓主厂房结构、钢结构主厂房、汽轮发电机弹簧隔振基座与主厂房联合布置结构、主厂房消能减震技术、基于性能的火力发电厂主厂房抗震设计、火力发电厂全生命周期设计技术研究与展望。

本书还收录了西北电力设计院有限公司作为《火力发电厂土建结构设计技术规程》的主编单位对该规程的修编建议，以及对火力发电厂抗震技术的调研成果作为附录。

本书可供火力发电厂设计人员使用，也可供从事电力土建行业的高校师生参考。

图书在版编目（CIP）数据

火力发电厂主厂房结构抗震设计研究·规范·实践 / 西北电力设计院有限公司组编. —北京：中国电力出版社，2018.6

ISBN 978-7-5198-1853-1

Ⅰ. ①火… Ⅱ. ①西… Ⅲ. ①火电厂–建筑结构–防震设计–研究 Ⅳ. ①TU271.1

中国版本图书馆 CIP 数据核字（2018）第 046881 号

出版发行：中国电力出版社
地　　址：北京市东城区北京站西街 19 号（邮政编码 100005）
网　　址：http://www.cepp.sgcc.com.cn
责任编辑：韩世韬
责任校对：马　宁
装帧设计：张俊霞　张　娟
责任印制：蔺义舟

印　　刷：北京雁林吉兆印刷有限公司
版　　次：2018 年 6 月第一版
印　　次：2018 年 6 月北京第一次印刷
开　　本：787 毫米×1092 毫米　16 开本
印　　张：19
字　　数：409 千字
印　　数：001—800 册
定　　价：98.00 元

编 写 委 员 会

主　任　张满平　朱　军

委　员　刘明秋　蔡建平　林　娜　董绿荷　李红星

主　编　李红星　董绿荷

副主编　董银峰　彭凌云　李国强　白国良

编　委　陈素文　白国良　牛荻涛　陆新征　苏明周

李　惠　刘明秋　蔡建平　林　娜　姜　东

何邵华　唐六九　刘宝泉　许　可　熊光东

朱佳宁　曾　柯　文　波　田春雨　郝　玮

序

电力工业是国民经济和社会发展的基础产业和公用事业。电力工程勘察设计是电力工程建设的龙头，是工程建设不可或缺的重要环节。

中国电力工程顾问集团西北电力设计院有限公司是我国六大区域性电力设计院之一，承担了国内和国外大量的电力工程勘察设计和总承包业务，历经 60 多年的跨越发展，西北院成功设计和总承包建设了一批具有国际影响力的品牌项目，如世界首座国产百万千万超超临界直接空冷机组——灵武电厂二期，世界首台采用 EPC 模式建设的百万千瓦机组——皖能铜陵发电厂六期，世界首台 66 万千万超临界海勒式间接空冷机组——宝鸡第二发电厂二期，国内第一个煤电一体化项目陕西国华锦界电厂，国内首批实现“超洁净排放”，与主体工程同步设计、同步建设、同步投运的百万千万机组——华润海丰电厂，国内首座 60 万千瓦空冷脱硫机组——华能铜川电厂，国内首座整体煤气化联合循环发电厂——华能绿色煤电天津 IGCC 电站，国内第一批大容量国产循化流化床空冷机组——内蒙古蒙西电厂，国内第一批 2000 年示范电站——国电石嘴山电厂，世界单机容量最大塔式光热项目——摩洛哥努奥三期，世界首个高温熔盐槽式光热发电项目——甘肃阿克塞槽式高温熔盐光热发电试验平台，等等。

这些项目的实施过程中开展了一系列主厂房设计的相关技术研究，同时为规范修编提供技术支持。主厂房是火电厂的核心建筑物，也是最重要的建筑物，属于一种典型的复杂工业建筑。结构体系先天不足，且随着工艺布置的改变有多种不同的结构类型，有大量的技术问题需要研究和解决。西北电力设计院有限公司作为 DL 5022—2012《火力发电厂土建结构设计技术规程》和 GB 50260—2013《电力设施抗震设计规范》的主编单位，和一些相关国家标准的参编单位以及企业标准的编制单位，为保障工程项目安全，推动行业技术发展和进步，历时 14 年，设定了一系列关于火电厂主厂房的科研项目，系统性地研究了传统主厂房结构和目前国内外存在的各种主厂房结构类型的抗震性能，提出了有针对性的设计建议和体系改进方案，并将研究成果在各种相关规程规范中体现，应用于大量的工程实践中。

在《火力发电厂土建结构设计技术规程》修编之际，西北电力设计院有限公司土木工程技术部和相关的合作高校，将多年来的研究成果汇编成册，既为规范的修编提供基础性研究材料，也可请行业内外的专家学者提出批评指正意见。希望本书的出版能够为推动电力土建技术进步做出贡献！

西北电力设计院有限公司　党委书记、董事长（执行董事）

前 言

火力发电厂主厂房是电厂的核心建筑物，也是最重要的建筑物，其基本特点是“结构的质量、载荷和刚度在空间布置上都不均匀”，是一种典型的复杂工业建筑。随着对电厂节约用地的要求越来越高和工艺布置的不断优化，火力发电厂主厂房结构从传统的三列式布置也发展成了多种工艺布置方式，从而促使主厂房结构出现了新的结构型式，如侧煤仓结构、单跨框排架结构、竖向框排架结构、汽机基座联合布置主厂房等。

火力发电厂主厂房土建结构设计主要依据的行业规程《火力发电厂土建结构设计技术规程》（以下简称《土规》）有过两个版本，即 DL 5022—1993 和 DL 5022—2012。在 DL 5022—1993《火力发电厂土建结构设计技术规定》中，该规定仅涵盖 12～600MW 新建和扩建的火电厂。在 DL 5022—2012《火力发电厂土建结构设计技术规程》中，涵盖的机组容量扩大到了 1000MW 机组。但在实际应用过程中，由于结构方案越来越多，出现了新的结构布置方案（单跨框—排架、竖向框排架等），DL 5022—2012 的规定还不能完全涵盖，1000MW 机组也有较多实际采用了钢筋混凝土结构，也出现了许多新的结构体系（如框架—分散墙结构、防屈曲支撑结构），致使该版《土规》也不能很好地适应实际工程的需要。

西北电力设计院有限公司作为《土规》的主编单位，从 2003 年以来，结合我国电力工业迅猛发展的趋势，结合时代发展的特点进行了一系列的研究，研究过程中有国内知名高校和科研院所的帮助，还有中国电力工程顾问集团，电力规划设计总院，东北、华北、华东、西南、中南电力设计院有限公司等单位专家的指导和帮助。这些科研项目互为补充、互相印证，较为系统地解决了各类主厂房的抗震问题。

从主厂房布置方式来看，结合工艺专业的改变，既研究了传统的三列式布置主厂房（双跨框排架），也研究了两列式布置主厂房（单跨框—排架），还研究了竖向框排架、汽机基座与主厂房联合布置的主厂房、独立侧煤仓主厂房、循环流化床主厂房等多种情况，基本涵盖了电力主厂房的所有结构布置类型。

从结构体系来看，研究涵盖了钢筋混凝土结构、钢结构、混合结构、减隔震结构、联合布置结构等多种情况。这些结构体系互相交叉，比如钢结构体系中既包括传统钢结构主厂房，也包含减隔震钢结构体系主厂房。有许多新的结构体系在国内甚至国际上都是首创的，如在国内首先提出了钢筋混凝土框架—分散墙结构体系，在国际上首先进行了联合布置主厂房的振动台试验等，这些研究成果大都有具体的工程应用。

目前，《火力发电厂土建结构设计技术规程》正在开展新一轮修编工作，这些研究成果和工程应用实践经验将在新规程中得到体现。此时将一系列研究成果汇编成册，既为规程修编提供基础性研究材料，也请行业内外的专家学者提出批评指正意见，希望新一版《土规》能充分体现科学性、先进性和可持续发展的特点。

本书主编单位为中国电力工程顾问集团西北电力设计院有限公司，参加编写的单位有同济大学、西安建筑科技大学、北京工业大学、重庆大学、清华大学、哈尔滨工业大学和中国建筑科学研究院。

本书共分十三章和两个附录，由李红星和董绿荷担任主编，白国良、董银峰、彭凌云和李国强担任副主编。其中第一章由李红星编写，第二章由刘明秋、林娜和何绍华编写，第三章和第四章由李红星、何绍华、白国良和朱佳宁编写，第五章由李红星、董绿荷、许可和陆新征编写，第六章由刘明秋、董绿荷、唐六九和彭凌云编写，第七章由蔡建平、姜东和彭凌云编写，第八章由蔡建平、何绍华、唐六九、牛荻涛、文波和曾柯编写，第九章由李红星、熊光东、苏明周和曾柯编写，第十章由董绿荷、林娜、刘宝泉、董银峰、田春雨和郝玮编写，第十一章由李红星、林娜、董绿荷、刘宝泉、李国强、陈素文和彭凌云编写，第十二章由李红星、董绿荷和彭凌云编写，第十三章由李红星和李惠编写，附录 A 由李红星、董绿荷和姜东编写，附录 B 由姜东和董银峰编写，唐六九收集编写了本书的所有工程实例。

本书不仅可供火电工程设计人员使用，也可供从事电力土建行业研究的高校师生参考。本书编写过程中得到了西北电力设计院有限公司和相关高校的大力支持，还得到了行业内外专家学者的大力支持，在此一并致谢！

本书不当之处，敬请批评指正。

目录

序

前言

第一章　绪论 …… 1

第一节　火力发电厂主厂房 …… 1

第二节　新时期主厂房结构面临的主要问题和挑战 …… 9

第三节　本书主要内容 …… 14

第二章　荷载及作用 …… 19

第一节　背景和意义 …… 19

第二节　1000MW 机组主厂房楼（屋）面活荷载取值调研 …… 19

第三节　主厂房工艺荷载分类统计分析 …… 23

第四节　地震作用下工艺活荷载组合值 …… 26

第五节　工程实例 …… 26

第三章　常规钢筋混凝土结构主厂房 …… 29

第一节　常规三列式钢筋混凝土框架主厂房结构 …… 29

第二节　常规钢筋混凝土端部剪力墙主厂房结构 …… 31

第三节　工程实例 …… 39

第四章　框架—分散剪力墙主厂房结构 …… 41

第一节　钢筋混凝土框架—分散剪力墙结构体系 …… 41

第二节　型钢混凝土框架—分散剪力墙结构体系 …… 44

第三节　型钢混凝土框架—分散剪力墙结构体系抗震性能试验 …… 48

第四节　主厂房异型及错层节点抗震性能试验 …… 51

第五节　工程实例 …… 55

第五章　单跨框—排架主厂房结构 …… 57
第一节　常规单跨框—排架结构主厂房结构 …… 57
第二节　改进型单跨框—排架主厂房结构 …… 62
第三节　设计指南 …… 65
第四节　工程实例 …… 71

第六章　循环流化床单跨框—排架主厂房结构 …… 73
第一节　循环流化床机组混凝土主厂房结构 …… 73
第二节　改进型循环流化床机组混凝土主厂房结构 …… 81
第三节　工程实例 …… 94
第四节　常规单跨框—排架结构与循环流化床单跨框—排架结构抗震性能对比 …… 96

第七章　竖向框排架主厂房结构 …… 99
第一节　常规竖向框排架结构体系弹性及弹塑性分析 …… 99
第二节　改进型竖向框排架结构体系弹性及弹塑性分析 …… 105
第三节　竖向框排架结构位移角限值试验 …… 114
第四节　工程实例 …… 117

第八章　侧煤仓主厂房结构 …… 120
第一节　带混凝土贮仓的三列柱侧煤仓结构 …… 120
第二节　带混凝土贮仓的两列柱侧煤仓结构 …… 129
第三节　四柱变三柱侧煤仓结构分析及工程实例 …… 137

第九章　钢结构主厂房 …… 146
第一节　主要内容 …… 146
第二节　计算分析 …… 146
第三节　主要结论及建议 …… 152
第四节　工程实例 …… 153

第十章　汽轮发电机弹簧隔振基座与主厂房联合布置结构 …… 156
第一节　联合布置的背景及意义 …… 156
第二节　弹簧隔振基座设计 …… 159
第三节　低位联合布置 …… 167
第四节　高位联合布置 …… 184
第五节　成果应用 …… 200

第十一章　主厂房消能减震技术……202
第一节　防屈曲支撑在主厂房结构中的应用……202
第二节　煤斗消能减震技术的应用……211
第三节　工程实例……227

第十二章　基于性能的火力发电厂主厂房抗震设计……230
第一节　基于性能的抗震设计背景……230
第二节　火力发电厂主厂房结构的性能水准及性能目标……231

第十三章　火力发电厂全生命周期设计技术研究与展望……238
第一节　全生命周期设计的基本理念……238
第二节　全生命周期设计在电厂结构设计中应用的价值和意义……238
第三节　电厂结构采用全生命周期设计的建议方法……239

附录 A　《火力发电厂土建结构设计技术规程》修编建议……255

附录 B　火力发电厂抗震技术调研……272

参考文献……285

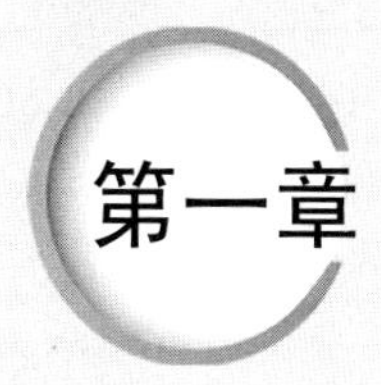

绪　论

第一节　火力发电厂主厂房

一、火力发电厂主厂房结构概述

火力发电厂主厂房是电厂的核心建筑物，也是最重要的建筑物。

图 1–1 所示为某百万机组电厂典型的主厂房结构剖面图，其中 AB 跨为汽机房跨，布置有汽轮发电机、桥式吊车和设备管道，跨度一般超过 30m；BC 跨为除氧间跨，布置有除氧器和其他管道设备，其中除氧器大梁截面高度一般在 2000mm 左右，跨度一般为 10m 左右；CD 跨为煤仓间跨，布置有煤斗、磨煤机和皮带等设备，其中煤斗大梁截面高度一般在 3000mm 左右，跨度一般为 14m 左右。

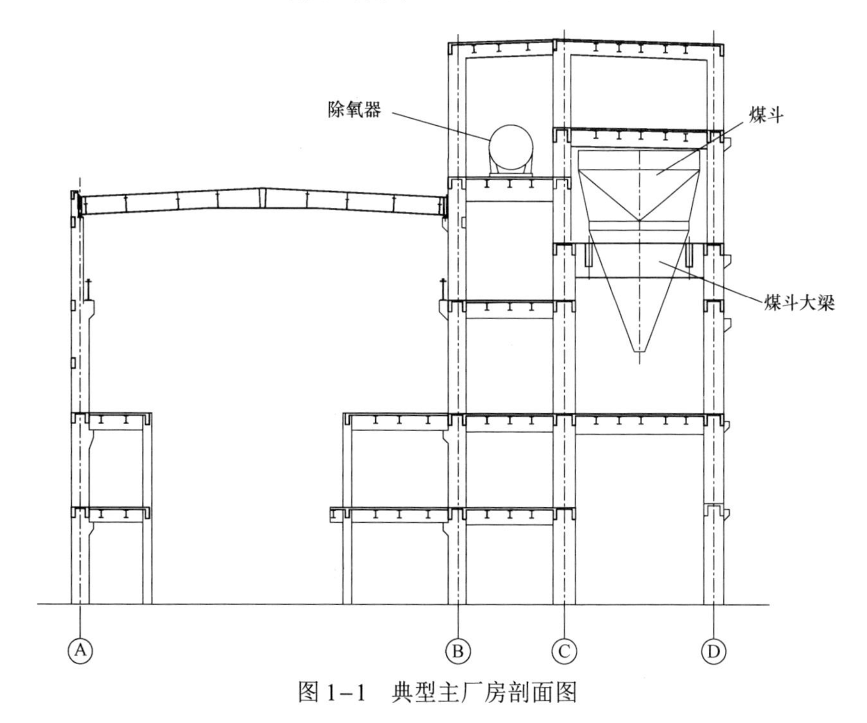

图 1–1　典型主厂房剖面图

在最初的火力发电厂主厂房结构设计和建造时（20 世纪 80 年代及以前），由于施工机具的限制，主厂房结构体系以装配式结构为主。随着施工水平及施工机械制造、安装能力的提高，现浇钢筋混凝土结构型式逐渐取代了装配式结构体系。

由于结构体系为满足工艺布置要求本身存在先天不足，在高烈度区和大容量机组的火力发电厂主厂房结构采用钢筋混凝土结构时遇到了较大的设计困难。随着我国钢铁产能大幅度增长，火力发电厂机组容量也不断增加，在高烈度抗震设防区（8 度及以上）也开始采用钢结构体系。

近年来，我国新建大型火力发电厂主厂房大部分采用钢结构体系或钢筋混凝土结构体系。一般来讲，在高烈度抗震设防区（8 度及以上）采用钢结构体系，钢结构具有更好的抗震性能；在低烈度区采用钢筋混凝土结构体系，以节约造价。也有个别电厂曾采用外包钢结构等结构体系，但没有得到广泛应用。

可见，我国火力发电厂主厂房结构从历史的发展过程来看，从装配式结构发展为现浇钢筋混凝土结构，并逐步发展为钢结构体系、钢筋混凝土结构体系和混合结构体系并存的局面。

传统的火力发电厂工艺布置一般采用三列式布置方式，即汽机房+除氧间+煤仓间。主厂房结构因为受到工艺的限制存在先天不足，其基本特点为“结构的质量和刚度在空间布置上都不均匀”，主要表现在以下几个方面。

（1）结构为典型的框排架结构体系，排架部分刚度相对框架部分小很多，即在平面布置上刚度不均匀。

（2）沿结构竖向，楼层的布置较为杂乱，存在大量的错层现象，即结构沿竖向刚度布置不均匀。

（3）结构中存在大量的设备，且设备荷重较大，布置需服从工艺安排，即结构质量及其载荷在空间布置上不均匀。

（4）结构中存在大量的异型构件、异型节点，节点受力复杂，传力路径复杂。

（5）从总体来看，结构的空间整体性较差，高烈度区结构的扭转效应突出。

（6）结构局部梁截面远大于柱截面，构成强梁弱柱，在强震作用下柱出现塑性较难以避免。

（7）大型火力发电厂属于生命线工程的重要组成部分，应具有较多的结构冗余度及较高的结构安全性。同时，结构设计时也应以保证设备安全可靠运行为主要目标之一。

二、火力发电厂主厂房震害情况

自新中国成立以来，火力发电厂主厂房遭受了较多的震害，主要有 1966 年邢台地震、1967 年沧州地震、1975 年辽南地震、1976 年唐山地震和 2008 年汶川地震，主要震害情况如下。

（一）1966 年邢台地震和 1967 年沧州地震主要震害情况

邯郸电厂主厂房设计按 7 度设防，主厂房框架为现浇钢筋混凝土结构，汽机房和锅炉房均采用普通钢筋混凝土屋架及屋面板。厂房柱距为 6m，总长为 131.47m。地震中大量女儿墙倒塌，很多填充墙与梁底及柱边接触处有明显的缝隙及抹面脱落现象，个别墙变形很大，用人力即能摇动。汽机房和锅炉房天窗架及竖向剪刀撑系采用建工部标准设计，地震后一期工程锅炉房全部垂直支撑及汽机房部分垂直支撑受到破坏。破坏形式主要为锚筋拔出、锚筋与锚板之间的焊缝拉脱、支撑与埋件之间的焊缝拉脱、支撑斜杆压弯。二期工程锅炉房天窗垂直支撑预埋件有的松动，但无拔出、拉脱现象。第一跨屋面板系传递很大的水平地震作用，因连接强度不足而拉坏。伸缩（沉降）缝宽度原设计仅为 20mm，缝内填塞木板；在固定端，汽机房、锅炉房山墙与除氧间框架填充墙在顶部因碰撞而损坏。

石家庄电厂分五期工程，一期为苏联设计，建于 1954 年，二期至五期为国内设计，五期厂房建成于 1966 年。所有建（构）筑物均未考虑抗震设防。地震时，厂房内屋架晃动明显，伸缩缝内有填缝材料落下，煤仓间填充墙与栈桥相接处有几块砖被撞落。填充墙有几跨与梁柱间有轻微裂缝，最为严重的上端向锅炉房错动约 10mm。汽机房天窗侧挡板与天窗架连接处，有几处挡板埋铁被拉动，与混凝土脱开。地震时墙面竖缝普遍裂开，墙内抹灰开裂，部分掉落。三期与四期之间锅炉房顶部的伸缩缝两侧砖墙上下及左右均有错动，部分砖墙被撞碎。

（二）1975 年辽南地震主要震害情况

鞍山发电厂一期为两台 110MW 氢冷机组。其中一台机组于 1974 年 10 月并网发电。地震发生时，厂房及管道等大幅度晃动，主控制室日光灯摇摆 45°，汽机房 A 排平台与加热器平台接缝受震后明显错开。汽机房固定端山墙靠 A 排一端，砖墙自 9m 至 27m 标高有九道水平裂缝；靠 B 列一侧，山墙在 27m 标高上有掉砖及垂直、水平裂缝。除氧间固定端端部楼梯间的墙为支承在框架上的填充墙，上部受震较大因而出现水平及斜裂缝，墙与梁、柱均开裂，抹灰脱落。楼梯间顶上，高出除氧间顶面的屋顶房屋，地震时受力和摇摆很大，因而产生贯通全屋的水平、垂直、斜向裂缝，抹面脱落，有些裂缝较宽，为 1～2cm。

盘锦热电厂主厂房全部采用装配式钢筋混凝土结构，围护结构在 7.0m 标高以下为砖砌体，以上采用预应力钢丝网槽瓦墙板。锅炉运转层平台的纵向和横向与锅炉本体钢架柱上的牛腿作为支点的大梁，震后发现有明显的纵横向错动的痕迹。沿着主厂房纵向的大梁，其一端是搁置在锅炉房固定端 240mm 厚的砖墙上，梁下设置垫块，地震时，有三根梁的梁端在东西方向错动很大，经检查垫块下的砖墙东移约 7mm，垫块下的砖墙成八字形裂缝。靠 C 排中间跨柱的牛腿，由于地震时大梁南北向错动，将牛腿上预埋铁件的锚筋拉变形。在 D 排 22.27m 标高处，有一个与锅炉顶连通的钢平台，地震时，由于锅炉南北晃动，使钢平台与预埋件的焊缝拉开后变形，拉开 80～100mm。除氧间固定端山墙上的女儿墙根部有水平裂缝一道，顶部明显外倾。汽机基础 7.0m 标高平台的中间框架上，有一个地脚螺栓孔边出现一条裂缝，其缝宽约 1mm，该裂缝未延伸至二次灌浆层以下。

（三）1976 年唐山地震中陡河电站主要震害情况

唐山陡河电站是当时华北地区的大型电站之一，也是京津唐地区电网中的主力电站。

电站于 1973 年开始兴建，一期工程安装两台 125MW 日本进口汽轮发电机组，两台武汉锅炉厂 400t/h 悬吊锅炉；二期工程安装两台 250MW 汽轮发电机组，两台 850t/h 悬吊锅炉，均为日本进口。

电站主厂房除氧、煤仓间采用多层钢筋混凝土框架结构，A 列为钢筋混凝土双肢柱，汽机房屋面采用气楼式天窗的预应力钢筋混凝土拱型屋架和大型屋面板。结构型式一期为现浇钢筋混凝土框架结构，二期为预制装配式钢筋混凝土框架结构。汽机房内设置有二台 75t 桥式吊车。震害如图 1–2 所示。

(a)

(b)

(c)

(d)

图 1–2　陡河电厂震害

（a）填充墙裂缝；（b）屋盖垮塌；（c）梁端裂缝；（d）柱身破坏

1. 现浇框架震害情况

在 7 月 28 日凌晨第一次大震发生后，框架即倒塌大部分，仅局部残存。1 号框架倒塌占总建筑面积的 65%，倒塌数量占建筑总体积的 73%。残存框架上的纵梁折断部位不是在配筋薄弱的梁中部断面处，而是在纵梁根部的地方，梁的残留部分折断面多数是上大下小，朝倒塌方向呈 45° 倾斜，拉出的钢筋具有同样的情况。中间部分跨的砖墙大部分产生裂缝、倒塌。标高 5.00m、15.00m 层处，B 列框架纵梁的支座处有 1～2 条斜裂缝，缝宽1～1.5mm，部分支座有交叉斜裂缝。标高10.00m、14.00m、16.00m层处，C列框架纵梁支座处有1～2条斜裂缝，缝宽0.5～0.75mm，其余纵梁与楼面纵梁未见裂缝。

端部三跨框架全部倒塌；中间部分跨框架标高30.00m以上倒塌。靠近端部中间跨框架由于端部框架的倒塌，受有较大的冲击力，破坏比其余中间跨更严重。中间标准跨框架在标高10.00m、19.50m的框架节点区域，两侧均有S形、X形、Y形裂缝，缝宽最大达30mm；裂缝起于柱的节点处，并延伸至框架梁的中部或楼面。在柱内的S形裂缝，从节点处往下柱延伸，伸长5.5～7.5m。C柱标高19.50m和B柱标高10.00m处的节点破坏尤为严重，节点混凝土压碎、箍筋拉断或外鼓，主筋部分外露，柱外鼓20～25mm。

屋架牛腿，只配置垂直钢箍，故牛腿混凝土压碎脱落。支承锅炉运转层平台的牛腿，外缘混凝土有局部压碎情况。

2. 装配式框架结构

由于在地震时，装配式多层框架结构未形成框架体系，在强震下结构产生较大倾斜偏位，由此产生相应的构件裂缝损坏、装配式接头破坏和钢筋接头剖口焊缝断裂破坏，框架节点区剪切强度不足而脆性破坏。

齿槽式梁柱接头在地震中遭到不同程度的破坏，已经灌浆并在梁上砌了砖墙的破坏较轻，未灌浆和未砌墙的破坏较重；受弯破坏较多，受剪破坏较少。接头处齿槽普遍开裂，裂缝系垂直受弯裂缝，多沿齿边接缝开展，也有梁端齿槽被剪坏。

（四）2008年汶川地震江油电厂主要震害情况

2008年5月12日，四川汶川发生了8.0级特大地震（震中烈度达11度）。地震发生时，江油电厂厂区建构筑物剧烈摇晃持续2分钟以上，集中控制楼吊顶天花板不停掉落。

地震中，江油电厂2×330MW机组和2×300MW机组主厂房均不同程度受损，33号机汽机房屋面网架垮塌，虽未发生人员伤亡事故，但由于修复加固费用高、时间长，电厂发电机组长时间停机，经济损失巨大。

1. 2×330MW机组主厂房震害情况分析

2×330MW机组主厂房按汽机房、煤仓间、锅炉房三列顺列式布置。主厂房采用现浇钢筋混凝土框排架结构，汽机房屋面为钢屋架+大型屋面板，汽机房平台为现浇钢筋混凝土结构，汽机房各层平台和煤仓间各层楼屋面均为现浇钢筋混凝土梁板。地震后2×330MW机组主厂房主体结构基本完好，仅有局部破坏。

主厂房B列柱上部分用于支承汽机房平台钢筋混凝土梁的牛腿出现混凝土压碎现象，如图1–3所示。经查压碎处牛腿顶面钢筋至梁底约有150mm厚的素混凝土层。

在汽机房运转层平台处，B列部分框架柱出现根部混凝土脱落，如图1–4所示。经查破坏处框架柱混凝土保护层厚度达130mm，框架柱箍筋间距较大，为200～350mm。

设计采用的TJ11—1978《工业与民用建筑抗震设计规范》未对框架梁柱箍筋加密作明确规定，设计的框架柱箍筋间距为200mm。汽机房运转层以上净空高度大、跨度大，在汽机房运转层平台处框架柱根部的地震作用大，加上简支于框架柱牛腿上的汽机房平台梁与框架柱的变形不一致而对框架柱的撞击作用，导致了汽机房运转层平台处框架柱

图 1–3　牛腿混凝土压碎

图 1–4　框架柱根部混凝土脱落

根部的表层混凝土压碎脱落。2×300MW 机组主厂房框架按 GB 50011—2001《建筑抗震设计规范》（以下简称《抗规》）对框架梁柱箍筋进行了加密，未出现此类破坏现象。

砌体填充墙开裂，局部墙体出现错位。

2. 2×300MW 机组主厂房震害情况分析

2×300MW 机组主厂房按汽机房、除氧间、煤仓间、锅炉房四列顺列式布置。主厂房采用现浇钢筋混凝土框排架结构，汽机房屋面为钢网架+现浇钢筋混凝土板，汽机房平台为钢柱钢梁+现浇钢筋混凝土板，除氧煤仓间各层楼屋面均为钢梁+现浇钢筋混凝土板。

地震后 2×300MW 机组主厂房除 33 号机汽机房屋面网架垮塌外，主体结构基本完好，仅有局部破坏。

地震后 33 号机汽机房屋面网架整体垮塌，除部分撒落于检修跨的 0m 地面及吊车上外，其他均掉落于运转层平台上，汽机等主机已被掉落物覆盖，掉落的网架已完全解体，如图 1–5 所示。

通过现场查看，网架支座底板下的过渡板与预埋件焊缝完好，网架在支座处的破坏主要是底板与过渡板之间的连接螺栓被拔出、剪断，如图 1–6 所示。

图 1–5　33 号机汽机房屋面网架垮塌

图 1–6　网架支座螺栓被拔出

地震后 2×300MW 机组主厂房主体结构基本完好，主要的破坏现象如下。

33 号机汽机房屋面网架垮塌造成汽机房 A 列柱尤其是检修跨的 A 列柱向外倾斜。经过检测，33 号机汽机房 A 列中间跨⑤、⑥、⑦、⑧轴线柱均明显向外倾斜，分别为⑧、⑦轴线柱 52mm、60mm（以柱脚至吊车梁牛腿下部共 21.25m 计），⑥、⑤轴线柱 42mm、24mm（以运转层平台至吊车梁牛腿下部共 8.65m 计）。同时，33 号机汽机房 A 列柱向外倾斜导致吊车梁在主厂房变形缝处错位近 60mm，致使吊车轨道在该处完全断裂，如图 1–7 所示。

图 1–7 主厂房变形缝处吊车梁错位及轨道断裂

33 号机汽机房屋面网架垮塌造成汽机房维护结构破坏。同时，由于垮塌的汽机房屋盖掉落于汽机房平台上，造成汽机房平台钢格栅和局部钢筋混凝土板被砸坏。

三、“高参数大容量火电厂主厂房抗震技术研究”概况

20 世纪末，原国家电力公司立项进行了大型综合性课题“高参数大容量火电厂主厂房抗震技术研究”研究，其中西北电力设计院为牵头单位，组建了华北、华东电力设计院、部分省电力设计院和包括清华大学、同济大学、西安建筑科技大学等多所高校参加的大型课题组，该项目于 2003 年通过了结题验收。

该项目是一个综合性的多个子课题的研究课题，研究目的是解决 300MW 级及以上机组（重点是 600MW 级机组）的钢筋混凝土结构、钢—混凝土组合结构和钢结构等主厂房抗震的设计、计算及抗震措施问题。该研究项目汇编已有震害资料，充分利用国内外能用于火电厂主厂房结构抗震设计的有关成果，编制和应用先进的抗震分析软件进行计算分析，进行必要的、以实际工程为模型的试验工作。

在该研究工作中，针对大型火电厂主厂房结构的特点，其重点内容有以下几个方面。

（1）钢筋混凝土结构要着重解决高强度混凝土在主厂房结构中的应用及抗震性能。

（2）组合结构要解决钢管混凝土、外包钢的节点设计及楼盖的抗震性能等。

（3）钢结构主要解决结构体系和连接节点设计构造的抗震问题。

（4）减震、耗能措施主要侧重于新型材料研制及消能支撑的应用等。

项目主要研究成果如下。

首次针对常规三列式布置的 600MW 机组钢筋混凝土主厂房的特点，选取三跨三榀 1/7 的比例进行框排架子空间结构的拟动力试验，为修订 DL 5022—1993《火力发电厂土建结构设计技术规定》（以下简称《土规》）提供了依据。在 7 度罕遇地震作用下，模型结构梁、柱、节点裂缝普遍出现，厂房的横向结构体系虽能满足不发生倒塌的要求，但结构的抗震余度不大，在高烈度区应用钢筋混凝土结构型式应受到限制；对于此类不规则结构宜采用考虑空间扭转耦联的方法对平面计算结果进行校核。

根据试验结果建立了高强混凝土框架短柱的力学分析模型，根据剪压破坏时混凝土的强度破坏准则，提出了抗剪强度计算公式。高强混凝土框架短柱延性较差，但试验表

明采用合理的箍筋形式能够提高短柱的延性和抗剪能力，其中以井字形及十字形拉钩复合内箍形式更有效，其次是八角形、菱形复合箍，它们均较单箍延性好。高强混凝土框架柱的抗弯承载力计算公式建议采用普通混凝土框架柱的抗弯承载力计算公式，但应做相应调整（如压区混凝土极限应变取为0.003）。

根据实际工程资料，对一大型火电厂钢筋混凝土结构主厂房三跨四层的相似比为1/8纵向框架—剪力墙模型结构和两片高跨比为3.28、相似比为1/15的纵向剪力墙模型结构，在国内首次进行了拟动力试验研究和伪静力试验研究。分析了高强度等级混凝土纵向框架—剪力墙结构体系在地震作用下的破坏全过程和在地震作用下的薄弱环节和薄弱部位，以及纵向带边框柱中高剪力墙结构的受力特点、破坏特征及耗能机理、边框柱与墙体的共同工作性能。

在国内外首次针对框架异型节点的特点，进行1/5比例10个试件（4个边节点、5个中节点、1个空间节点）的伪静力试验研究，解决了现行国家有关规范关于大差异异型节点的抗震计算在理论上依据不足的问题。为规范提供了基础试验和研究资料。针对异型节点的特点，首次提出了异型节点“小核芯”和“大核芯”的概念。在模型试验和计算的基础上得出了异型边节点和异型中节点基于“小核芯”尺寸的抗裂和抗剪承载能力公式，解决了异型节点的设计计算问题。经对比计算表明，按现行规范计算异型节点抗剪承载能力偏于不安全。

根据火电厂中常用的钢结构节点进行了5种节点验证和对比试验。常规全焊连接的破坏形式主要为梁柱连接处焊缝的延性不足而开裂，GB 50011—2001《建筑抗震设计规范》虽然能满足节点域的强度和稳定要求，但不能保证连接在强烈地震作用下的延性要求，表明常规节点形式不适于强震区。加腋改进全焊连接形式按双节点域传力机制进行计算。这种改进形式能满足强震条件下对连接延性的要求，保证在梁端形成塑性铰，应在强震区推广采用。梁的全螺栓等强抗震拼接设计，拼接材料用量大，且不利于抗震。合理的设计方法应按拼接处的实际受力设计。弹性设计应根据连续梁在拼接中心实际受到的弯矩和剪力进行设计，翼缘拼接承受翼缘净截面达到屈服时的弯矩，剩余的弯矩由腹板拼接承担，剪力全部由腹板拼接承担。

首次进行了钢结构主厂房的模拟地震振动台试验。试验分析表明，结构在超出设防烈度之后出现了一定程度的破坏；初始负担较大地震作用的结构框架因主要构件的损坏而降低了刚度，使得整个结构在某种程度上呈现“平均化”。无论水平地震输入沿着结构平面的哪一方向，结构变形反应都呈现扭转特征。虽然楼面板有较大开口，各楼层楼板率（楼板面积与该层总面积之比）相差很大，但模型结构各方向各框架的水平变形是协调的。煤仓间皮带层部分在实验模型振动中形成明显的“薄弱层”。实验模型在相当于8度罕遇烈度的台面地震输入后，多处构件发生破坏。主要是支撑整体失稳，支撑连接破坏，柱子局部失稳及焊缝开裂，梁—柱—支撑节点处柱子翼缘平面外严重变形。最终结构没有发生倒塌型破坏，但有显著层间残余变形。

2003年以前的研究主要解决实用性问题，即混凝土主厂房在哪种情况下可以使用，钢结构主厂房主要存在哪些抗震问题等。虽然也提出了消能减震、外包钢等结构方案，但在实际工程中并未得到广泛应用。且该课题的研究存在结构类型单一化、机组容量小等问题，不能满足时代发展的需要。

第二节　新时期主厂房结构面临的主要问题和挑战

一、工艺布置的改变导致新的主厂房结构体系形成

随着对电厂节约用地的要求越来越高和工艺布置的不断优化，火力发电厂主厂房结构从传统的三列式布置也发展成了多种布置方式，也就促使主厂房结构出现了新的结构型式。如侧煤仓结构、单跨框排架结构、竖向框排架结构、汽机基础联合布置主厂房等。

图 1–8 所示为传统三列式（汽机房+除氧间+煤仓间）主厂房结构；图 1–9 所示为汽机房+煤仓间单跨框排架主厂房结构，该类主厂房与图 1–8 的区别在于将除氧间与煤仓间合并。图 1–10 所示为汽机房+除氧间单跨框排架主厂房结构，该类主厂房与图 1–8 的区别在于没有煤仓间，煤仓间成为独立的侧煤仓结构。图 1–11 所示为竖向框排架（仅汽机房）主厂房结构，该类结构与图 1–8 的区别在于没有煤仓间和除氧间。图 1–12 所示为侧煤仓结构，包括单跨结构、双跨结构和四柱变三柱结构。

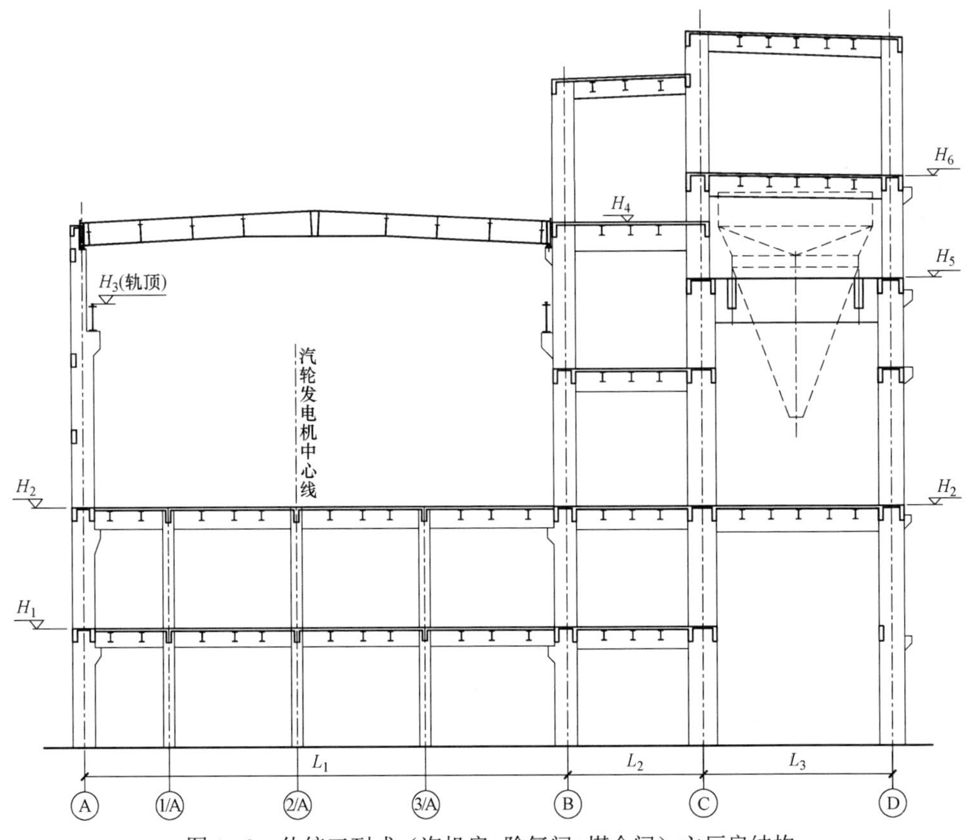

图 1–8　传统三列式（汽机房+除氧间+煤仓间）主厂房结构

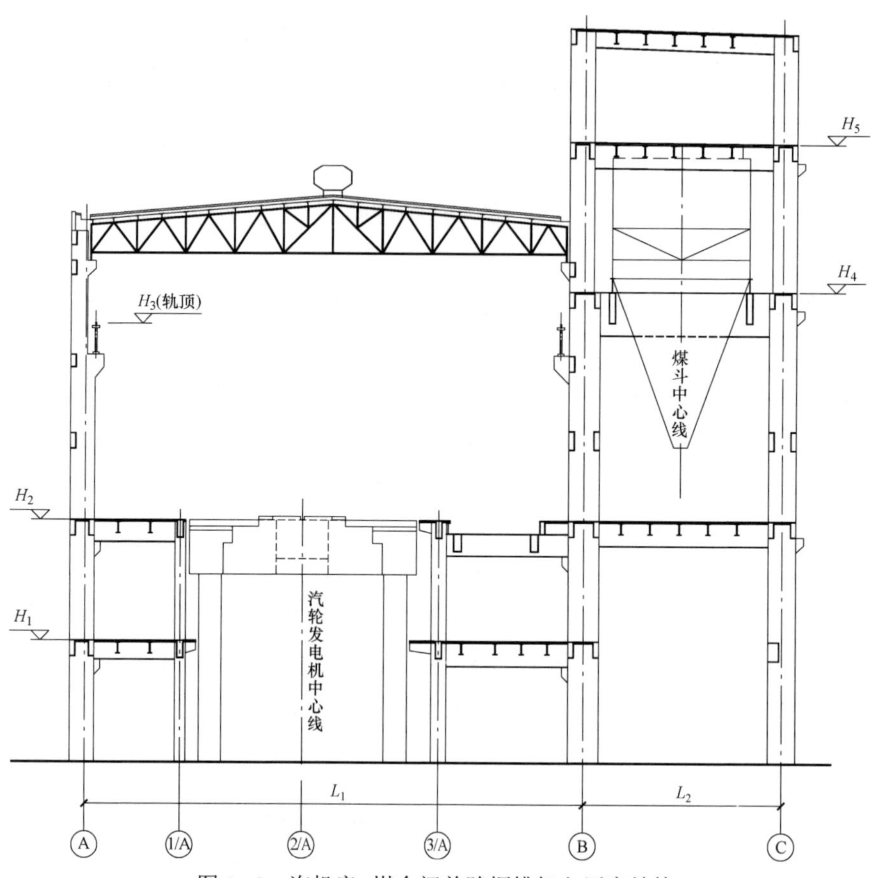

图 1-9 汽机房+煤仓间单跨框排架主厂房结构

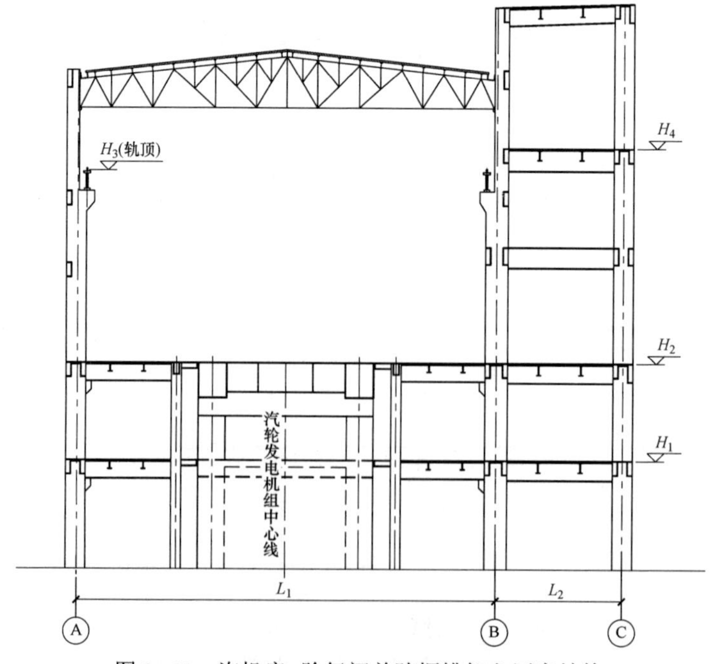

图 1-10 汽机房+除氧间单跨框排架主厂房结构

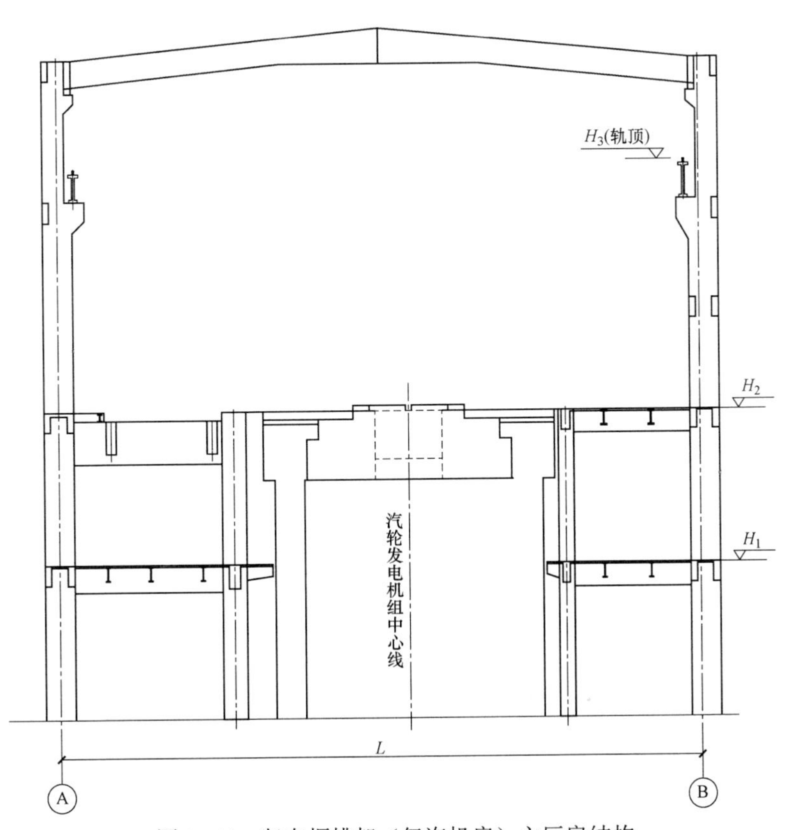

图 1-11 竖向框排架（仅汽机房）主厂房结构

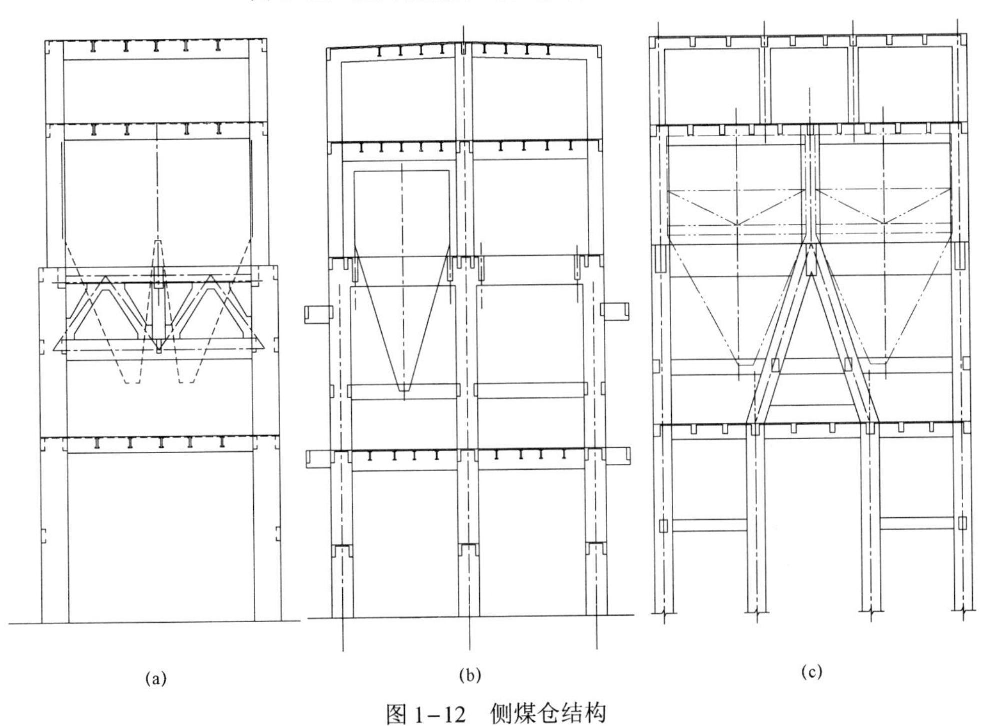

图 1-12 侧煤仓结构

（a）单跨；（b）双跨；（c）四柱变三柱

图 1–13 所示为钢结构主厂房的横剖面图。在结构的 BC 跨由于工艺布置的原因，不能设置钢支撑；在结构 CD 跨的底层，由于布置有磨煤机，要考虑磨煤机的检修空间，所以支撑只能设置在半跨位置处。

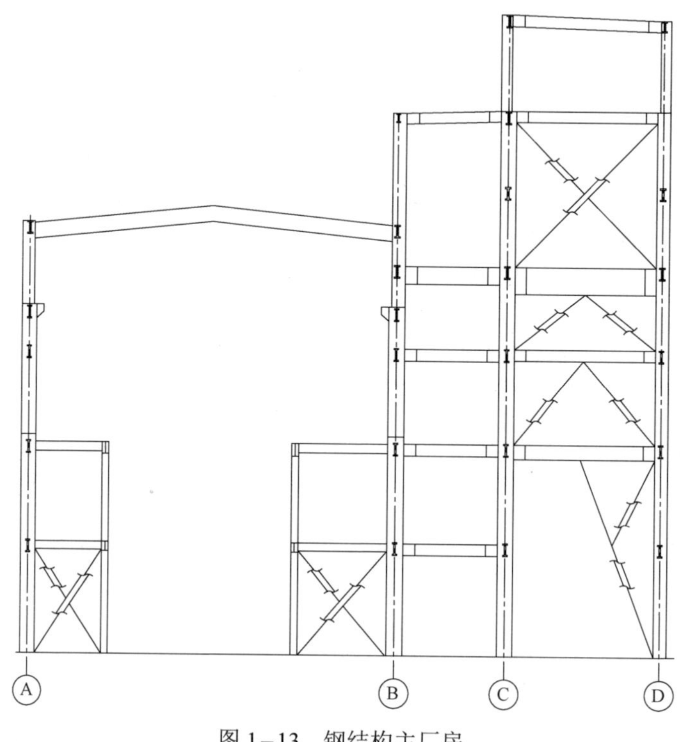

图 1–13　钢结构主厂房

2003 年之前，火力发电厂主厂房研究的重点从结构类型上看，主要是传统的三列式布置方式；从结构特点上看，主要是研究混凝土结构的抗震性能及适用范围。由于早期钢材价格较高，钢结构主厂房造价远高于混凝土结构主厂房，建设方常要求采用混凝土结构以期节约造价。而混凝土结构由于有大量的错层短柱、异型节点和强梁弱柱等情况，抗震性能不佳，存在大量的技术问题，所以研究集中在以上问题。

2003 年之后，由于工艺布置的改变和机组容量的提高（1000MW 机组容量出现），出现了大量的新型布置的主厂房，如图 1–8～图 1–12 所示。这些新出现的单跨框排架结构、各种型式的侧煤仓结构、竖向框排架结构等使原有的研究成果已经不能适用，各种设计限值和指标也不能适用，需要进一步研究。

传统的主厂房设计基于“抗震”的设计理念，由于结构体系的先天不足，结构中存在的大量短柱、异型节点、强梁弱柱等现象，会导致结构抗震性能不佳。尤其是限制了混凝土结构的适用范围。基于“减震”或“隔震”的抗震设计理念已经在民用建筑和公共建筑中得到了良好的应用，且取得了良好的效果和经济效益，但这一理念在电力行业应用较少。

传统意义上认为钢结构体系抗震性能优良，但是近年来的研究认为钢结构体系也存在抗震性能不佳的问题，尤其是在结构的纵向只有一道抗震防线时，存在安全隐患。

二、《建筑抗震设计规范》的变迁导致的设计困难

我国《建筑抗震设计规范》基本上是10年一次大的调整，5年一次小的修订。总体来看设防要求不断提高，抗震措施也不断加强。

随着《建筑抗震设计规范》的不断修订，设防要求不断增高，2010版最直接的变化就是对很多内力计算增大系数的调整，例如一级框架的柱端弯矩增大系数由原来的1.4调整到1.7，一级框架的柱剪力增大系数由1.4调整到1.5，造成了常规主厂房结构按照新版规范计算，在不改变柱截面的情况下，很多柱配筋增大或超限。在8度设防区，由于纯框架结构难以满足抗震规范及行业规范的要求，主厂房结构体系经常采用纵向端部加整片剪力墙的形式(后经验证该结构在弹塑性阶段受力性能较差，空间扭转变形严重)。这种结构布置原来在弹性阶段计算还能满足要求，但采用新抗震规范后该结构体系难以满足要求。例如，国电大武口发电厂上大压小热电联产（2×330MW）机组一期工程是2008年设计的，最大柱截面700mm×1600mm，端部设剪力墙，虽然部分柱配筋面积较大，但弹性阶段的计算还可以满足要求；2016年设计二期工程时，同样的结构布置和柱截面尺寸，按新规范计算弹性阶段柱配筋超限严重。

由于主厂房梁柱截面尺寸较大，柱截面高度一般在1600～2000mm，梁截面高度在局部可达3000mm左右，配筋量往往很大，致使钢筋间距较密，会造成很大的施工困难。为解决施工难题，虽然可以增加梁柱截面尺寸，但会导致工艺布置困难，且主厂房体积会随之增加，结构整体造价进一步提升。同时，增加梁柱截面尺寸不能从根本上解决结构的先天不足问题，如强梁弱柱、错层和薄弱层等问题。这就需要从结构体系和抗震理念上进一步创新来解决设计难题。

三、原《火力发电厂土建结构设计技术规程》的不足之处

近20多年来，火力发电厂主厂房土建结构设计主要依据的行业规程《火力发电厂土建结构设计技术规程》有过两个版本，即DL 5022—1993和DL 5022—2012。

在DL 5022—1993中，该规定仅涵盖12～600MW新建和扩建的火电厂，不能涵盖近年来大量出现的1000MW机组火电厂。在条文中并未规定不同主厂房结构的适用条件，不能满足不同主厂房类型的结构设计需要；同时限于当时的计算手段，该规程建议结构计算按照单榀结构进行。

在DL 5022—2012中，涵盖的机组容量扩大到了1000MW机组。与主厂房结构有关的基本规定如下。

（1）发电厂多层建（构）筑物不宜采用单跨框架结构，当采用单跨框架结构时，应采取提高结构安全度的可靠措施。

（2）地震区主厂房结构选型应综合考虑抗震设防烈度、场地土特性、发电厂的重要性及厂房布置等条件，宜优先选用抗震性能好的钢结构。常规布置的主厂房结构选型可按以下原则确定。

1）6 度及 7 度Ⅰ、Ⅱ类场地时，主厂房宜采用钢筋混凝土框架结构；7 度Ⅲ、Ⅳ类场地时，钢筋混凝土结构宜选择框架—抗震墙或框架—支撑体系，也可采用钢结构。

2）8 度Ⅱ～Ⅳ类场地时，主厂房宜采用钢结构，结构体系宜选择框架—支撑体系。

3）单机容量 1000MW 及以上时，主厂房宜采用钢结构，当采用钢筋混凝土结构时应进行专门论证。

可见，2012 版《土规》相对 1993 版《土规》有了较大的进步，对结构体系的适用性有了较为明确的规定。

但在实际应用过程中，由于结构方案越来越多，出现了新的结构布置方案（单跨框排架、竖向框排架等），规程的规定还不能完全涵盖；1000MW 机组也有较多实际采用了钢筋混凝土结构；也出现了许多新的结构体系（如框架—分散墙结构、防屈曲支撑结构），对钢结构体系也有了新的认识等，致使 2012 版《土规》也不能很好地适应实际工程的需要。

同时可以看到，在土木工程领域，抗震设计的思路已经不拘泥于“抗”的思路，“减、隔震”的设计理念也在我国普遍应用，西北电力设计院有限公司和相关单位也进行了大量的相关研究，这些在 2012 版《土规》中并未体现。基于性能的设计方法在我国复杂特殊建筑物中有广泛应用，电力主厂房作为重要的基础设施，在《土规》中也理应有所涵盖和规定。

现行 2012 版《土规》已不能很好地用来指导工程设计，而应结合近年来的研究成果和具体的工程实践，予以修订，以体现实用性、先进性、经济性相结合的特点。

第三节 本书主要内容

一、主要内容逻辑关系

西北电力设计院有限公司自 2003 年以来，结合我国电力工业迅猛发展的趋势，结合时代发展的特点进行了一系列的研究。这些科研项目互为补充、互相印证，系统性地解决了各类主厂房的抗震问题。

从主厂房布置方式来看，结合工艺专业的改变，既研究了传统的三列式布置主厂房（双跨框排架），也研究了两列式布置主厂房（单跨框排架），还研究了竖向框排架、汽机基础与主厂房联合布置的主厂房、独立侧煤仓主厂房、循环流化床主厂房等多种情况，基本涵盖了电力主厂房的所有结构布置类型。

从结构体系来看，涵盖了钢筋混凝土结构、钢结构、混合结构、减隔震结构、联合布置结构等多种情况。这些结构体系互相交叉，比如，钢结构体系中既包括传统钢结构主厂房，也包含减隔震钢结构体系主厂房。有许多新的结构体系在国内甚至国际上都是首创的，如在国内首先提出了钢筋混凝土框架—分散墙结构体系，在国际上首先进行了联合布置主厂房的振动台试验等，且这些研究成果大都有具体的工程应用。

本书主要内容逻辑关系如图 1-14 所示。

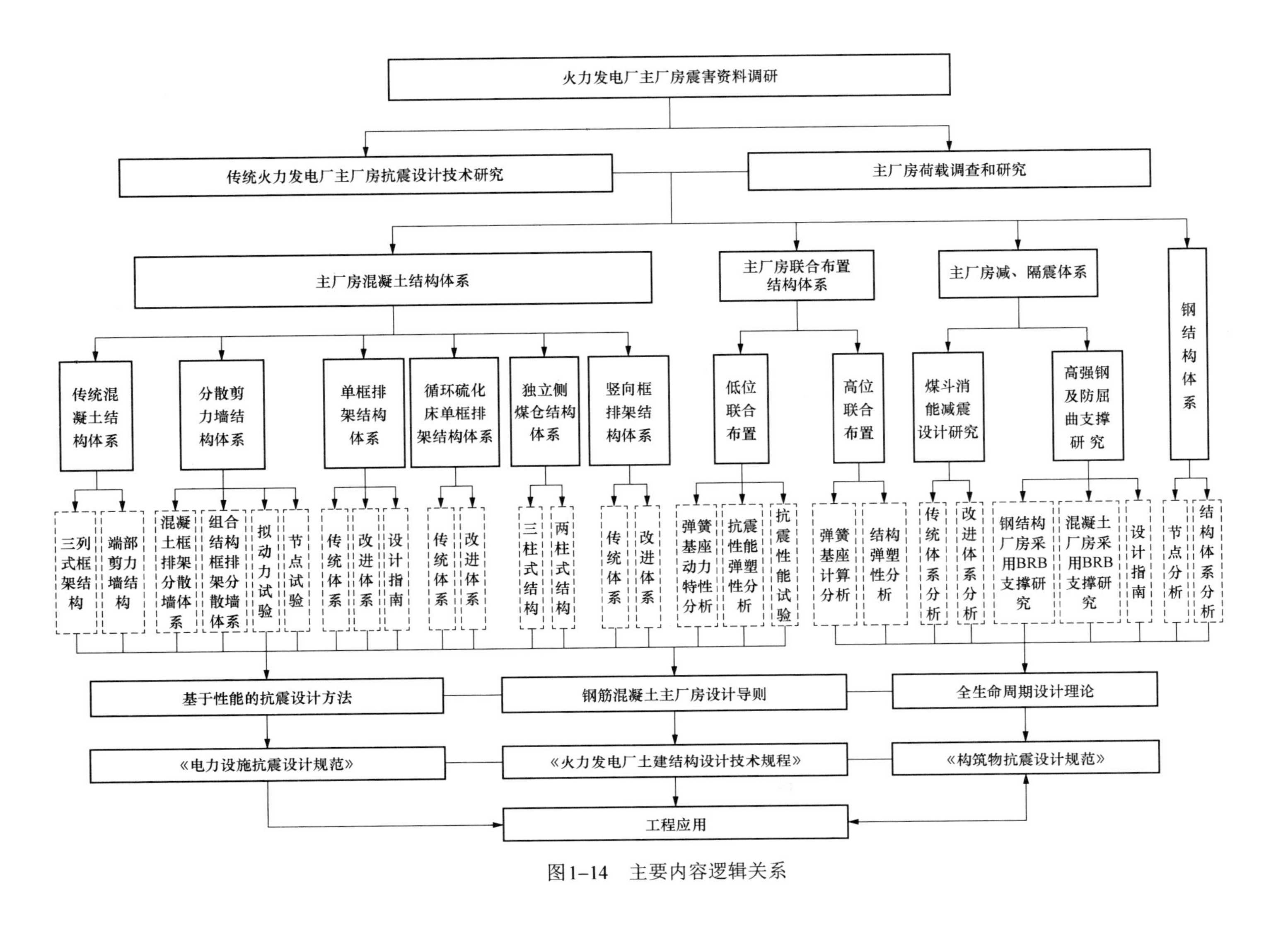

图1-14 主要内容逻辑关系

二、主要内容

（1）针对国内较早建成投产的1000MW机组（邹县电厂）主厂房，调研了工艺活荷载、检修活荷载和使用活荷载取值，给出了楼（屋）面活荷载的取值建议和组合值系数。

（2）分析了常规三列式钢筋混凝土框架主厂房结构、常规钢筋混凝土端部剪力墙主厂房结构、1000MW机组侧煤仓布置的汽机房结构和侧煤仓结构的受力特点，给出了设计建议。

（3）针对常规传统结构的特点，为拓展混凝土结构的适用范围，提出了框架—分散剪力墙的结构体系，其中框排架包含钢筋混凝土框排架和型钢混凝土框排架两种。分别进行了新型结构体系的弹性分析和弹塑性分析，对分散墙的布置和承担的倾覆力矩等进行了研究，给出了设计建议。

（4）进行了新型结构体系（型钢混凝土框架—分散剪力墙结构体系）的抗震性能试验研究。选取含有汽机跨、除氧间及煤仓间三跨三榀框排架结构进行空间模型试验，分别进行了模型动力特性测试试验、模型结构拟动力试验和模型结构拟静力试验。研究了结构的整体抗震性能、关键构件的抗震性能、结构的薄弱部位等，研究表明该结构体系可满足8度区抗震设防要求，是相对钢结构体系而言造价更优的结构方案。

（5）进行了主厂房型钢混凝土异型及错层节点抗震性能试验。研究节点两侧梁截面及位置变化、节点上下柱截面变化、轴压比变化对节点区受力及变形性能的影响；研究剪力墙、钢筋混凝土梁与型钢混凝土梁对节点区受力及变形的不同影响；研究异型节点传力路径、受力机理、刚度退化及耗能性能。给出了相关的计算方法。

（6）火力发电厂近期出现大量单跨框排架结构，如果认为是单框架结构，按照《建筑抗震设计规范》则无法设计，受到较多使用限制。针对这一问题，进行了该类结构的抗震性能研究。分析了汽机房+煤仓间混凝土单框架结构和汽机房+除氧间混凝土单框架结构；根据不同的设防要求，进行了不同场地类别的分析，提出了不同结构类型的适用范围，并编写了《设计指南》。

（7）随着循环流化床机组的出现，使传统布置的单框—排架结构的整体高度增加，工艺布置上取消了磨煤机，运转层的高度比传统方案有所抬高。对这种布置形式的单框—排架结构体系最高能在怎样的设防烈度及场地条件下使用，及其抗震性能的优劣、抗震构造措施等基本问题进行了研究，研究包含传统的循环流化床机组主厂房及其改进结构体系（SRC结构等），并给出了设计建议。

（8）当汽机房独立布置时，结构体系构成了运转层以下采用框架、运转层以上采用排架的结构型式，电力行业内通常称为竖向框排架结构。通过多工况的计算分析，研究了竖向框排架结构的抗震性能；竖向框排架结构汽机房在高烈度地区的应用范围及限制条件；竖向框排架结构汽机房的抗震构造措施；竖向框排架结构的位移角限值等问题；给出了设计建议和设计控制指标。

（9）独立侧煤仓结构近年来也有较多使用，比较特殊的为带贮仓的独立侧煤仓，该结构上部刚度远大于下部，结构质量重心在结构上部，抗震不利但整体造价有较大的优势。进行了变柱距三列柱带贮仓侧煤仓结构、两柱带贮仓侧煤仓结构和四柱变三柱不带贮仓侧煤仓结构的分析。给出了不同结构型式的适用范围和结构设计建议。

（10）汽轮发电机隔振基座在电力系统应用越来越多，但大多为独立岛式隔振基座。随着技术的进步和业主要求的不断提高，西北电力设计院有限公司在国际上率先进行了整体联合隔振基座的试验研究和应用。即将汽轮发电机组弹簧基础、基座立柱、主厂房框架结构组成的整体结构，进行抗震性能研究，分别进行了动力特性分析、隔振支座的数值模拟、整体结构的抗震性能数值模拟和整体模型振动台试验。在神华国华寿光电厂2×1000MW机组工程中成功应用了该研究成果，为国际上首次。

（11）为节约四大管道费用，工艺专业提出了新型的布置方案，将电厂最核心的设备汽轮机放置在高位（标高 39m 甚至更高）。这种布置方式意味着汽轮发电机基座必须采用弹簧隔振，且结构抗震问题更为突出。分析研究了弹簧刚度变化、阻尼参数变化等对隔振效率的影响，分析了不同结构布置方案和剪力墙布置对结构抗震性能的影响，给出了设计建议和设计方案。

（12）为保障电厂结构这一重要工程震后的使用功能，研究提出在电厂主厂房中引入屈曲约束支撑（Buckling Restrained Brace，BRB），以提高抗震性能；同时引入高强钢以降低结构成本，提高经济效益。通过弹塑性有限元分析，研究了钢结构电力主厂房采用 BRB 和高强钢的抗震性能和经济性，以及某混凝土厂房采用 BRB 的抗震性能，并在此基础上提出了主厂房采用防屈曲支撑的《设计指南》和设计建议。

（13）由于大型火力发电厂工艺系统的要求，在主厂房 30～40m 高的位置布置了多个重达 800～1000t 的煤斗，其对整个主厂房结构产生较大的水平地震作用，特别是在高烈度地震区，这是影响主厂房结构抗震性能的主要因素之一。采用基于性能的设计思想，结合消能减震技术，利用大型火电厂主厂房独特的结构型式提出新型减震技术——支承式煤斗减震，采用理论分析与有限元分析相结合的方法对此技术进行研究，给出了设计建议并编写了《设计指南》。

（14）电厂钢结构体系复杂，用钢量大，两台 600MW 机组的主厂房的用钢量常达上万吨，为节约造价、优化结构体系，对主厂房钢结构体系进行了不同方案的计算分析。比较了柱脚刚接或铰接、梁柱节点刚接或铰接、有无支撑、有无侧移类型判断、优化后的结构方案等多方面的分析结果，同时研究了主厂房钢结构节点的受力特点，给出了设计方法和优化方案。

（15）火力发电厂的结构布置主要由工艺要求决定，结构在平面、竖向规则性方面常常不能满足抗震概念设计的要求，另外随着设计理论和技术的发展，新型布置方案也逐年涌现，如侧煤仓布置方案、单独汽机房的竖向框排架布置方案等；消能减震技术也逐步在火力发电厂结构中加以推广应用，如防屈曲支撑、铅阻尼器、煤斗减震技术等。这些新的布置方案和新的抗震技术的应用通常都超出了常规抗震的设计要求，需要采用更为先进、可靠的性能化设计。为此研究了火力发电厂结构基于性能的抗震设计方法，提出了有针对性的抗震设防水准和目标。

（16）大型基础设施全寿命结构设计理论与方法是指涵盖结构设计、施工建造和运营管理等整个基础设施使用寿命期的基于安全性、可靠性和经济性等总体结构性能的大型基础设施设计理论与方法。与以保证施工完成后的基础设施安全性为目标的现有基础设施设计理论与方法相比，全寿命结构设计拓展了施工建造过程和运营管理期间，采用了概率性评价和可靠性分析方法，反映了养护、检测、维修等后期投资的经济性。

荷载及作用

第一节 背景和意义

为实现高效节能的电力建设目标，国内高参数大容量机组相继建设与投产，1000MW大型燃煤发电机组成为火力发电厂的主力机型，随着机组设备容量的加大，设备、管道重量也随之加大，这样势必引起主厂房中设备安装、运行及检修荷载的加大，而DL 5022—1993《火力发电厂主厂房土建结构设计规定》中有关主厂房楼（屋）面活荷载的取值仅限于600MW机组，1000MW已超出了该规范规定的范围，并且对于1000MW发电机组主厂房楼（屋）面活荷载的取值没有相关资料和可靠成熟的经验可以借鉴。因此研究分析1000MW机组主厂房楼面荷载分布情况，确定荷载取值及正确的荷载组合，对于确保实现结构设计安全、适用、经济的方针，显得十分重要。

立足于已投运为数不多和正在设计的1000MW机组，进行主厂房楼面设计荷载分布情况的研究，并调查了解1000MW机组施工安装、运行检修的实际情况，从而提出1000MW机组楼（屋）面活荷载合理取值的意见和建议，为行业规范的修订提供支持。

第二节 1000MW机组主厂房楼（屋）面活荷载取值调研

了解现行GB 50009—2001《建筑结构荷载规范》中概率理论和数理统计分析方法，及其对工业建筑荷载的研究方法和思路，确定了1000MW主厂房活荷载研究的技术思路。在600MW和1000MW主厂房活荷载统计的基础上，结合大件设备安装检修，开展对比分析研究，提出1000MW燃煤发电机组主厂房楼（屋）面设计荷载的取值意见和建议。

一、调研概况

采用“工程经验总结—对比成熟机组的经验数据—统计对比推定”的方法，确定主厂房楼（屋）面活荷载研究的技术路线。

（1）在发电厂楼（屋）面活荷载的相关技术标准的基础上，分析发电厂主厂房建筑结构中各工艺系统、设备管道的布置特点，研究各类工艺活荷载的组成、荷载工况及荷载对主厂房结构的影响特性。

（2）分别对投运或在建的600MW机组和1000MW机组的施工图设计、施工安装和运行检修的实际数据开展搜集整理，进行系统的统计对比分析，总结其规律。

（3）结合1000MW机组应用实例，与600MW机组相同类型的荷载做对比分析，进而找出其规律及其与600MW机组的差异，提出1000MW燃煤发电机组主厂房楼（屋）面设计荷载的取值意见和建议。

（4）在荷载统计分析中，采用分类统计和等效活荷载的计算方法，确定主厂房内不同工艺区域的荷载影响，具体按照以下分类：

1）对机械类的设备、管道荷载进行分类统计对比，分析其对楼面活荷载取值的影响程度。

2）通过对电控类的设备和电缆荷载进行分类统计对比，确定其对结构构件的等效均布活荷载，分析确定楼面活荷载的合理取值。

3）对安装、检修荷载的调研，分析其对楼面活荷载的影响，以便确定更加合理的取值。

4）根据施工组织设计资料，分析设备安装对结构构件的影响程度。

二、大件设备及吊装

大件设备是指那些在楼（屋）面上安装托运，可能超过设计条件的重型设备。电厂主厂房内置于楼（屋）面的大件设备主要有：除氧器、高/低压加热器、汽轮机转子、发电机定子、汽动给水泵等。各生产厂商的大件设备的外形尺寸不同，但相互间差异不大，一般均与单机容量有关。

对主厂房内大件设备的具体安装方案做进一步的调查。大件设备安装时，需要通过结构验算后实施，采取必要的临时加强措施，特别是发电机定子、除氧器等荷载较大的设备。依据不同的设备安装方案，荷载合理取值，可以使结构设计获得一定的优化空间。

汽机房平台大件检修堆放荷载按工艺专业所提大件摆放图确定。由于不考虑两台机同时检修，可以利用两台机场地堆放一台机的荷载。因此，设计采用的大件堆放荷载是安全的。大件设备检修荷载应由设计提供检修方案和允许荷载，是指导运行不可或缺的。

三、三大主机厂汽机房大件设计荷载

三大主机厂的高、中、低压转子均采用定点支承，其他大件设备可按均布荷载取值。三大主机厂的大件堆放设计荷载中，上海汽轮发电机厂的堆放总面积最小，但单位面积荷载较大，单位面积荷载标准值为10～33kN/m^2，单位面积荷载标准值为10kN/m^2以下的堆放面积约占堆放总面积的36%，单位面积荷载标准值为20kN/m^2以下的堆放面积超过堆放总面积的90%，大件堆放荷载可取25～39kN/m^2。东方、哈尔滨汽轮发电机厂大件堆放的单位面积荷载相对较小，且比较接近，单位面积荷载标准值为10～30.8kN/m^2，单位面积荷载标准值为10kN/m^2以下的堆放面积约占堆放总面积的70%，单位面积荷载标准值为20kN/m^2以下的堆放面积超过堆放总面积的90%；大件堆放荷载可取15～36kN/m^2。

考虑到与DL 5022—1993《火力发电厂主厂房土建结构设计规定》的衔接，建议大件堆放设计均布荷载标准上限取值为25～40kN/m^2。

四、主厂房内各不同功能区域（房间）的荷载取值

以邹县电厂四期1000MW机组为例。

（一）汽机房8.60m平台

1. 8.60m管道层

汽机房夹层平台主要为管道层，按照工艺专业的检修及结构设计的原则，一般大的阀门、管道拆卸后即运到检修场地进行检修，楼面上不考虑随意堆置大的零件的条件。因此，参照600MW机组取值，楼面荷载取6kN/m^2。

2. 8.60m电缆夹层

电气专业在汽机房8.60m布置有为11.50m层厂用电配电室配置的电缆夹层。实际上该电缆夹层电缆铺设为吊挂在11.50m钢梁下的电缆桥架上，因此该电缆层一般无电缆荷载，应为检修安装时的工具荷载及零星荷载。因此，结构设计时参照规范电缆夹层的荷载取值并做适当降低，同时将11.50m层的活荷载在其原基础上提高到6kN/m^2，以满足桥架吊设的要求。

3. 8.60m励磁间

DL/T 5095—2007《火力发电厂主厂房荷载设计技术规程》中未明确励磁间的荷载取值参数，根据电气专业的设计，励磁间内布置的励磁柜单体荷载同其他等级所采用励磁柜的单体荷载相同，区别仅在于数量不同，因此参考600MW、300MW机组的荷载取值及该规范中低压配电室的取值，本工程采用10kN/m^2，盘柜荷载不再单独计入。

（二）汽机房11.50m层10kV配电装置室

厂用电采用10kV配电装置，配电室内布置的配电盘柜单体荷载同其他等级所采用的6kV配电盘柜的单体荷载完全相同，区别仅在于数量不同，因此参考600MW、300MW机组的相同房间的荷载取值，本工程采用10kN/m^2，盘柜荷载不再另行计入。

（三）汽机房17.00m运转层

汽机大平台运转层检修安装荷载考虑：按工艺布置的检修大件荷载与楼面活荷载10kN/m^{2}共同作用下的设计强度考虑，此外考虑到汽机平台楼板荷载变化的不确定性，楼板自身的结构设计按20kN/m^{2}考虑，并对次梁及主体部分的设计强度进行复核。

（四）除氧间（BC跨）17.00m运转层

除氧间（BC跨）运转层平台主要分为加热器检修区域及一般区域，该部分按工艺安装检修方案考虑了加热器抽芯搁置在楼板上的检修荷载，因此其他区域仅考虑一般检修荷载即可。但考虑到楼板上下可能还有其他电缆、汽管等小型管道荷载，因此参考600MW机组荷载，采用了10kN/m^{2}的活荷载。实际上如检修时电厂能按设计的检修荷载分布图布置，该部分的活荷载可以降低一些。

（五）煤仓间13.00m夹层

考虑到由于汽机锅炉运转层的工艺要求为17.00m，因而给煤机平台须放在17.00m平台上，磨煤机上部空间比较大，为使运转层布置整洁、磨煤机检修设备轨道降低，因

而本工程增加了 13.00m 夹层以布置磨煤机分离器，该层平台为钢结构，设计活荷载按 $4kN/m^2$ 考虑。

由于给煤机的出力大小与某些 600MW 完全相同，只是磨煤机配置的多少不同，而且从布置上来讲，由于增加了 13.00m 夹层，楼面的设备堆放荷载也相应减小，考虑到 1000MW 等级的电厂尚无安装检修方面的经验，因此采用了 600MW 等级机组的活荷载取值。

（六）29.00m 层除氧器层

除氧器楼板层荷载可分为检修区域及一般区域，其中检修区域的荷载可能堆有设备零部件、管道及保温、检修工具等，且除氧器平台的钢构件也需要临时堆放，因此该部分楼板安装检修荷载比较大，由于无已运行的同等级电厂的检修运行经验，因此参照 600MW 电厂，取用 $10kN/m^2$，同时在楼层挂牌明确该设计值，施工检修安装时不得超过此值。其他区域为检修安装方便考虑，考虑适量荷载堆放等因素，按 $6kN/m^2$ 考虑。

（七）33.93m 运煤皮带拉紧装置室

运煤皮带拉紧装置室设在输煤皮带层头部皮带下方，该房间内运行时无设备荷载，但楼板上拉紧配重块下方需考虑配重块掉下后的偶然冲击荷载，其他区域按一般工业建筑空旷区域 $2.0kN/m^2$ 的检修荷载考虑即可，考虑到楼板下可能吊挂有其他管道、电缆等其他未预见的荷载，因此该层楼板最终按 $4.0kN/m^2$ 考虑。

（八）42.00m 输煤皮带层

主厂房输煤皮带层一般区域荷载包含两部分，一是输煤支架荷载，另一是安装检修引起的荷载。检修安装荷载主要是由运煤皮带支架零件、检修工具、检修人员。因为该部分检修安装无需大的机具设备，因此其大小主要取决于支架零件的重量。此外输煤皮带层的设计荷载主要与输煤皮带的宽度有关。当输煤皮带的宽度为 1.2～1.4m 时，活荷载一般为 $5kN/m^2$ 采用，皮带宽度大于 1.4m 时，按实际荷载考虑。

输煤皮带层头部转动装置间检修安装荷载由工艺专业根据设备的检修安装件重量情况进行结构构件设计，输煤皮带头部转动装置间工艺安装检修荷载设计标准值为 $10kN/m^2$。未考虑楼层上下承重其他未明确重量的管道。

（九）50.50m 层

1. 输煤皮带头部转动装置间

输煤皮带头部转动装置间布置有上主厂房的输煤皮带的转运及拉紧皮带设备，其楼面检修安装荷载由工艺专业根据设备的检修安装件重量情况提供，输煤皮带头部转动装置间工艺安装检修荷载设计标准值为 $10kN/m^2$。未考虑楼层上下承重其他未明确重量的小管道。

2. 消防水箱间

主厂房消防水箱间布置在 50.50m 层，与输煤皮带栈桥上主厂房的转运间布置在同一层，运行期间无须大的检修，一般检修荷载为人员、工作人员可搬动的工作用具及阀门等小型物件，因此检修荷载一般按 2.0kN/m^2 考虑，楼板下可能吊挂有其他管道、电缆等，按 4.0kN/m^2 考虑。

第三节　主厂房工艺荷载分类统计分析

一、热机设备及管道荷载

根据电力行业主厂房的设计阶段划分和设计流程特点，工艺设备和管道荷载被划分为主要设备和管道荷载、一般设备和管道荷载。

按照 DL/T 5095—2007《火力发电厂主厂房荷载设计技术规程》的规定，主厂房结构分阶段计算的原则，将设备和管道荷载分为两种组合，即计算框排架时采用的主要设备和主要管道组合，计算次梁时采用的全部设备和管道荷载，除此之外还应考虑荷载工况的不同。由于工艺设计对于ϕ89 以下的管道不定线、不出图，这部分管道定义为小管道。通过统计分析可以归纳出以下规律。

以下所提到的参考工程为邹县电厂四期 1000MW 机组。

1. 设备荷载统计

DL/T 5095—2007 的条文说明，从工艺角度提出了大设备荷载的定义，明确大设备荷载指除氧器，粗、细粉分离器，工业水箱，高、低压加热器，原煤仓（煤粉仓），桥式起重机等设备荷载或与上述设备荷载相当的其他设备荷载。

参考工程一台机组热机专业全部的设备正常运行荷载合计约 8517.9t，几乎涵盖了所有楼层设备重量。

2. 管道荷载统计

DL/T 5095—2007 的条文说明，从工艺角度提出了大管道荷载的定义，明确大管道荷载指主蒸汽、主给水、高温与低温再热蒸汽、一次风、煤粉系统管道荷载或与上述管道荷载相当的其他大管道荷载。

（1）按照施工图对照统计，参考工程一台机组热机专业全部的管道荷载合计约 35 046kN。其中主要管道荷载约为 26 012kN，占总量的 74.22%；小管道荷载 783kN，约占总量的 2.24%；一般管道荷载 8251kN，约占总量的 23.54%。

（2）参考工程主要管道中增加的低压给水管道、凝结水管道、辅助蒸汽管道等三类管道荷载合计约 6424kN，占总量的 18.3%，在主要管道荷载中约占 24.7%。其中低压给水管道、凝结水管道、辅助蒸汽管道荷载总量均接近或超过 1000kN，研究认为低压给水管道、凝结水管道、辅助蒸汽管道应纳入主要管道计算荷载。

（3）计算次梁时采用的管道荷载与计算框排架时管道荷载的总量相比，合计增加约 8251kN，较主要管道荷载增加 31.7%；若将增加的三类管道列入一般管道范围，计算次梁时采用的管道荷载与计算框排架总量相比，合计增加约 14 675kN，占全部管道荷载约 41.9%，比例偏大。因此在 1000MW 主厂房设计中，此三类管道应计入框架设计中，也就是说主要管道的概念范围宜适当扩大。

（4）小管道（ϕ89 以下）荷载 783kN；与主要管道荷载（26 012kN）相比，约占 3.0%。若扣除增加的三类管道荷载，与主要管道荷载（19 588kN）相比，约占 4.0%，且由于定位的随意性，一般可以按适量提高楼面活荷载的方式来考虑。

3. 一般管道荷载的分布

1000MW 主厂房设计中，一般管道所占比例较 600MW 机组明显增加，且增加值超过 50%，也就意味着，计算框排架时，一般管道在楼面活荷载中的比例明显上升，而一般管道的走向与分布随设备布置的不确定因素较多。

通过统计分析可以粗略的推定，一般管道的分布荷载：汽机房运转层可能达到 $4kN/m^2$，汽机房 8.60m 管道层可能达到 $4kN/m^2$；除氧间 8.60m 层布置有 5、6 号低压加热器，一般管道分布可能达到 $2kN/m^2$，除氧间运转层和除氧器层，双列布置有 1～3 号高压加热器和除氧器，一般管道分布可能达到 $3kN/m^2$。

二、电控荷载

1. 电气开关柜荷载

配电间、电子设备间的楼面均布活荷载包含了盘柜的运行和安装荷载，一般不再单独考虑房间内的盘柜荷载，但对于荷载较大的励磁柜、干式变压器、蓄电池等则应单独考虑其荷载。

厂用配电装置的楼面开关柜荷载，与开关柜布置的方向和排列数有关。1000MW 机组与 600MW 机组相比，当电压等级相同，布置类似时，等效荷载接近。

2. 电缆桥架

DL/T 5095—2007 规定的电缆夹层，一般针对独立的电缆夹层，而实际工程中主要电缆架设在吊于梁下的电缆桥架上。

电缆荷载作用于现浇板底和次梁上，一般 2 层电缆桥架荷载可按 0.3t/m 取值，3 层电缆桥架可取 0.45t/m，4 层则为 0.6t/m，5 层则为 0.75t/m，桥架宽度 600～1000mm，吊点间距一般为 1.5～2.0m，通过预埋在板底的通长扁铁埋件生根。

现浇板按弯矩等效、次梁 2.0m 间距测算，2～5 层电缆桥架区域现浇板的等效均布荷载 3～$7.5kN/m^2$。

三、皮带荷载

1000MW 机组皮带层皮带宽度不超过 1.6m，皮带支架对其下楼板产生的等效均布荷载，与 600MW 机组相同；皮带机头部层设备经比较，与 600MW 机组差距不大。

皮带头部设备包括：驱动装置、头部支架、传动滚筒、改向滚筒、漏斗，以及清扫器、护罩和托辊，总重约 31t。头部上方设 5t 单梁吊车。

皮带尾部设备包括：改向滚筒、尾部支架，以及清扫器、护罩、缓冲床、导料槽、遮拦和支架。尾部上方设 3t 单轨吊。

皮带层中部设备有双路皮带及皮带支架、给煤器、除尘器等。

四、运行检修荷载

主厂房楼（屋）面实际运行检修荷载可以分检修大件堆放区域和一般检修区域区别

对待，按照 DL/T 5095—2007 的规定，对单机容量 300MW 以上的机组，设计应提供检修大件摆放布置图，运行人员可以参照摆放。一般检修区域考虑检修人员及工具荷载、更换阀门荷载、保温材料堆放荷载等，对于工业建筑，按照楼面均布活荷载尚无标准可查。通过统计分析可以归纳出以下规律。

（1）按照大件摆放布置设计图统计，单机容量 1000MW 一台机组在汽机房运转层可能堆放的大件总重为 1000～1500t。按照 DL/T 5095—2007 的规定，汽轮发电机检修区域楼板活荷载标准值可取 40kN/m²，根据大件摆放区域面积（约 2000m²）计算，可堆放重量约 8000t 设备，显然偏大，即使按照 25kN/m²、40kN/m² 分别规划，堆放重量约 3000t 设备，仍然偏大。因此，按照设计与运行共同商定的堆放荷载计算更为合理可行。

（2）正常运行检修时，电控用房的盘柜荷载不会大于设计采用的设备等效荷载。但对于单件荷载较大的干式变压器、变频柜及变频器等，更换时需要采取临时措施。

五、主厂房楼（屋）面活荷载取值建议

主厂房楼（屋）面活荷载可按表 2-1 取值。当有充分论证依据时，可以调整。

表 2-1　　1000MW 机组主厂房楼（屋）面活荷载标准值

名　称	荷载（kN/m²）	备　注
一、汽机房		
1. 中间层		
管道层	8	
高压厂用配电装置楼面	10	悬吊电缆桥架和荷载较大设备，应另行计入荷载
格栅楼面	4	
2. 17.00m 运转层		
一般域楼面	15	
检修区域楼面	25～40①	设计应提供检修大件堆放图 转子荷载应按指定支承点堆放荷载采用
格栅楼面	4	
3. 屋面	1	
二、除氧间		
1. 运转层楼面	10	
2. 低压加热器层楼面	8	
3. 高压加热器层楼面	10（12②）	括号内可用于加热器双列布置时
4. 除氧器层楼面	10	
5. 屋面	2	无设备屋面

续表

名　称	荷载（kN/m²）	备　注
三、煤仓间		
1. 给煤机层楼面	6	
2. 皮带层楼面	5	
3. 皮带机头部传动装置楼面	10	
4. 输煤除尘器层楼面	4	按设备等效荷载校核
5. 屋面	2	

注 1. 汽机房检修平台大件堆放荷载按机务所提大件摆放图确定。表中活荷载标准值系按照等效均布活荷载确定，但不包括高、中、低转子的荷载，其堆放荷载应按支承点荷载采用。
2. 加热器采用双排布置，楼面活荷载取值考虑了此因素。

第四节　地震作用下工艺活荷载组合值

对于 1000MW 级机组，其工艺活荷载的组成与 600MW 级机组基本相同，仅仅是荷载的数值有所变化，所以在地震作用下的工艺活荷载组合值系数均采用 DL 5022《火力发电厂土建结构设计技术规程》中的规定。

计算地震作用时，各可变荷载的组合系数应按表 2–2 的数值采用。

表 2–2　　组 合 值 系 数

荷 载 种 类	组合值系数
一般设备荷载（管道、设备等正常运行时）	1.0
汽机房屋面活荷载	不考虑
雪荷载	0.5
煤斗中的煤、除氧器（包括重力荷载和水重）	0.8
主厂房框架按计算主框架用的楼面活荷载（含除氧煤仓间屋面，不含大件检修安装荷载）计算时	0.7
长期作用的水平荷载（如导线张力）	1.0
长期作用的动力荷载	0.25
吊车悬吊物重力（软钩吊车）	不考虑

第五节　工　程　实　例

以下介绍 1000MW 机组工艺荷载取值的工程（铜陵发电厂六期“上大压小”改扩建 2×1000MW 机组）应用。

铜陵发电厂位于安徽省铜陵市西南方向约 7.5km 的横港工业区，西距长江约 1.5km。该工程为一台 1000MW 机组，主厂房采用双框架三列式前煤仓布置，现浇钢筋混凝土框排架结构。汽机房屋面采用实腹钢梁有檩体系，屋面采用单层压型钢板底模，现浇钢筋混凝土板加保温防水的结构型式；除氧间与煤仓间屋面及各层楼盖采用 H 型钢梁—现浇钢筋混凝土楼板组合结构；汽机房平台采用现浇钢筋混凝土框架结构，楼板为 H 型钢梁—现浇钢筋混凝土板结构，与主厂房 A、B 轴框架柱铰接连接。煤斗采用支承式结构；汽轮发电机基础采用现浇钢筋混凝土框架结构，四周采用变形缝与周围建筑分开。

该工程主厂房运转层平台大件摆放图如图 2-1 所示。

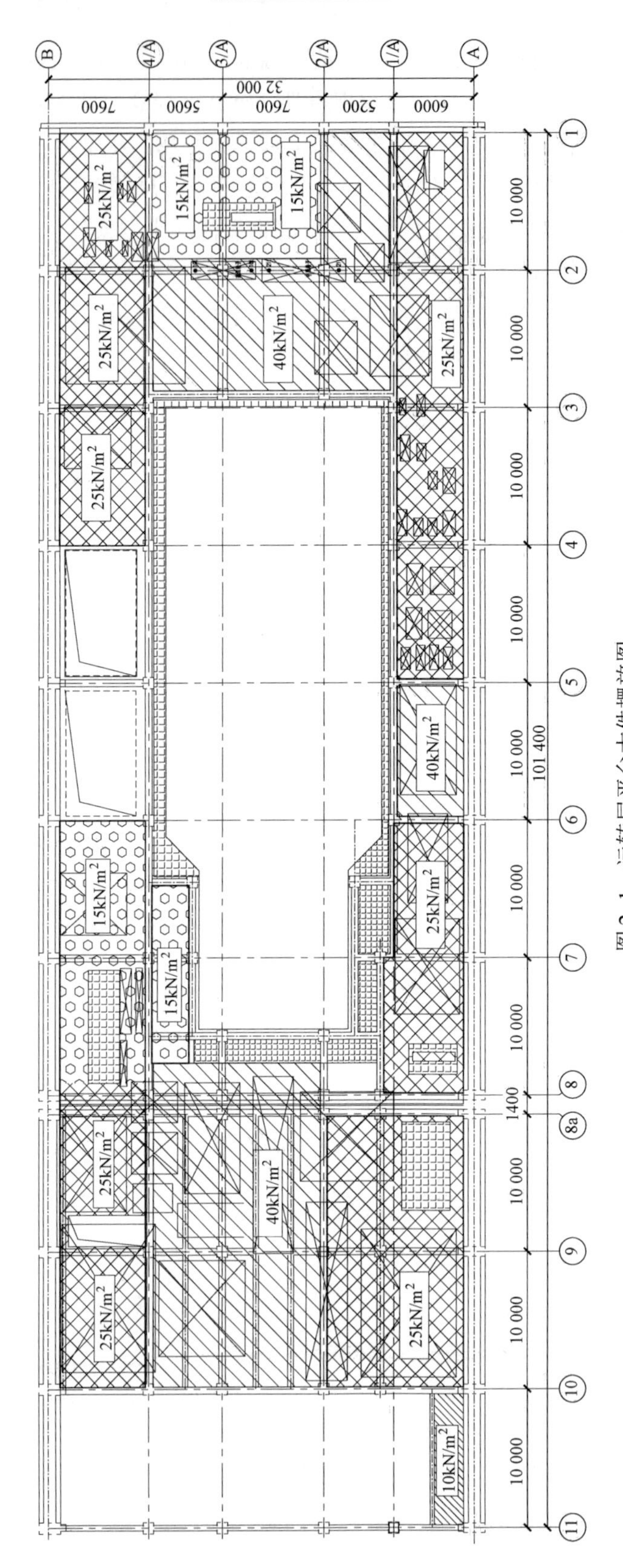

图 2-1 运转层平台大件摆放图

常规钢筋混凝土结构主厂房

第一节 常规三列式钢筋混凝土框架主厂房结构

在火力发电厂主厂房结构设计中，由于生产工艺的要求限制，常常出现部分为多层，部分为单层的大空间结构体系，这样就形成了我们常见的多层框架和单层排架连为一体的框排架结构体系。这种结构体系与一般民用建筑中的框架结构不同，由于设备种类繁多，运行参数复杂，导致结构整体布置不规则，空间整体性能较差，荷载传递路径不够明确。

受国家经济条件和施工技术的限制，我国早期投建的火电厂主厂房结构体系主要采用了钢筋混凝土现浇或装配式结构。由于结构体系本身的不足，常规钢筋混凝土主厂房结构整体抗震性能差、抗震能力偏低，且存在较多的薄弱环节，结构安全储备偏低，不宜在高烈度地区继续使用。7 度Ⅱ类场地土条件下，单机容量为 600MW 的钢筋混凝土主厂房结构能满足国家抗震规范和行业标准的基本要求。7 度Ⅲ类场地条件下，常规钢筋混凝土主厂房结构薄弱层侧移偏大和框架柱配筋过多造成施工困难的问题比较突出。

一、主要内容

常规钢筋混凝土框排架主厂房通常应用于低烈度区，而随着国家的发展，用电需求量的增大，在高烈度区建设高容量火电厂已成为国家面对的重要课题，所以常规钢筋混凝土框排架主厂房结构在高烈度区的动力特性、抗震性能尤为重要。

本章主要内容如下。

（1）对近年来火电厂钢筋混凝土框排架主厂房震害进行调查和分析，选出三种不同的结构体系进行计算和分析。三种结构体系分别为三列式钢筋混凝土框排架主厂房结构、汽机房+除氧间框排架结构和独立侧煤仓结构。

（2）采用 SAP2000 有限元软件对常规三列式钢筋混凝土框架主厂房结构、汽机房+除氧间框排架结构和侧煤仓结构分别进行建模，并根据结构的自身特点对结构进行适当简化。

（3）结构有限元模型建立后，并分别对 7 度区和 8 度区进行结构模态分析、反应谱分析和弹性时程分析。通过模态分析研究结构的周期、频率和振型；通过反应谱分析和时程分析计算地震作用下结构的地震作用效应（地震力和变形），由此确定结构的薄弱环节及结构的受力特点，同时对反应谱分析和时程分析结果进行比较，并根据现有国家规范来确定是否满足设计要求，以便于实际工程应用。

（4）通过计算分析，分析三种结构体系是否适用于高烈度区（8 度区及以上）。

本章技术路线如图 3–1 所示。

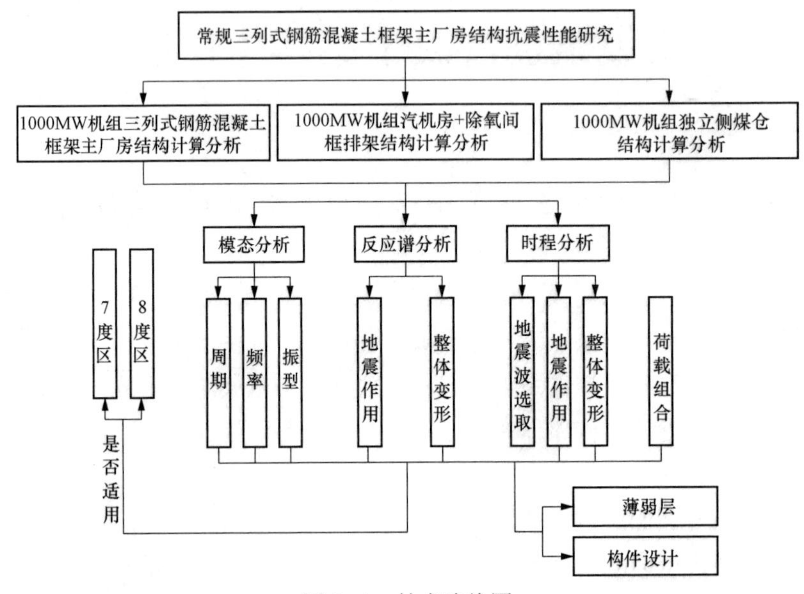

图 3–1　技术路线图

二、主要结论

（1）表 3–1 给出了 7 度、8 度的Ⅱ类场地条件下 1000MW 机组火电厂主厂房常规框排架结构计算结果。

表 3–1　　7 度、8 度的Ⅱ类场地常规结构计算结果

结构类型 烈度、场地类别		三列式主厂房框排架结构	布置支撑汽机房+除氧间框排架结构	布置支撑独立侧煤仓结构
7 度Ⅱ类场地	方案可行性	可行	可行	可行
	层间侧移	满足	满足	满足
	柱轴压比	较大	满足	较大
	控制指标	轴压比	轴压比	轴压比
8 度Ⅱ类场地	方案可行性	不可行	不可行	不可行
	层间侧移	不满足	不满足	满足
	柱轴压比	不满足	不满足	不满足
	控制指标	层间侧移、轴压比	层间侧移、轴压比	层间侧移、轴压比

注　7 度、8 度的Ⅱ类场地条件下汽机房+除氧间框排架结构和独立侧煤仓结构应布置侧向支撑。无支撑的汽机房+除氧间框排架结构和独立侧煤仓结构不能用于 7 度Ⅱ类场地条件。

（2）7 度Ⅱ类场地条件下，常规三列式主厂房框排架结构能够适用，基本周期为2.30s，但是C列部分柱轴压比较大（柱截面尺寸已达700mm×2000mm），柱截面选择由轴压比控制。

（3）8 度Ⅱ类场地条件下，常规三列式主厂房框排架结构（构件截面、混凝土强度等级等条件较7度时改变）整体偏柔，结构基本周期为2.17s，但结构层间侧移角不满足现有国家规范的要求，柱截面尺寸由轴压比控制。而增加三列式主厂房框排架结构的刚度，对减小侧移不明显。为此，三列式主厂房框排架结构不能在 8 度Ⅱ类场地条件下使用。

（4）汽机房+除氧间框排架结构纵向刚度较弱，地震作用下结构层间侧移不易满足要求，使用时应布置柱间支撑，增加结构纵向刚度。

（5）7 度Ⅱ类场地条件下，A排布置支撑的汽机房+除氧间框排架结构能够适用，基本周期在1.7s左右，增加A排支撑后结构振型有所改善，层间位移角满足规范要求。

（6）8 度Ⅱ类场地条件下，A排布置支撑的汽机房+除氧间框排架结构地震作用下位移过大，增大柱截面尺寸后，结构周期及层间位移角都有所减小，但侧移仍不能满足要求。为此，A排布置支撑的汽机房+除氧间框排架结构不宜在8度Ⅱ类场地条件下使用。

（7）无支撑独立侧煤仓结构整体刚度偏柔，纵向框架相对于横向框架的刚度较弱，周期长达3.0s左右。7度Ⅱ类场地条件下，侧煤仓框排架结构使用时应在其柱间布置柱间支撑，增加结构纵向刚度。

（8）7 度Ⅱ类场地条件下，布置有支撑的独立侧煤仓结构层间侧移角满足规范要求，而B列柱截面采用700mm×2000mm时，轴压比达到了0.84左右，结构中柱截面尺寸由轴压比控制。随着支撑数量的增加柱轴压比有所减小，所以该结构可以在7度Ⅱ类场地条件下应用。

（9）8 度Ⅱ类场地条件下，布置有支撑的独立侧煤仓结构横向层间侧移角最大值满足规范层间侧移要求，而结构中部分中柱轴压比已达到0.79，柱截面配筋率达到5.0%左右，柱截面尺寸由轴压比控制。

第二节 常规钢筋混凝土端部剪力墙主厂房结构

一、主要内容

以某1000MW机组主厂房框排架结构为原型，选取计算模型的柱网布置、工艺布置及荷载等条件，主要内容如下。

（1）端部剪力墙主厂房结构空间计算模型的确定，研究结构的动力特性。

（2）端部剪力墙主厂房结构地震作用反应谱分析，研究结构承载力、受力特点、变形特征及结构的薄弱环节。

（3）端部剪力墙主厂房结构地震作用时程分析，研究结构的传力机理，框架和排架、剪力墙间的协同工作情况，并与地震作用反应谱结果相对比。

（4）进行端部剪力墙主厂房结构平面模型与空间模型地震作用计算的对比分析。

二、有限元分析

采用 SAP2000 有限元软件对火力发电厂大容量机组主厂房端部剪力墙混凝土框排架结构分别进行 7 度区和 8 度区地震作用下的有限元分析。

（一）结构设计概况

计算模型平面布置参考某电厂结构，采用端部剪力墙结构布置形式，即在常规三列式火电厂主厂房结构的基础上，在端部布置剪力墙的结构型式。主厂房结构按 7 度Ⅱ类场地设计时，抗震措施按 8 度考虑，主厂房结构按 8 度Ⅱ类场地设计时，抗震措施按 9 度考虑。主厂房结构主要尺寸见表 3–2，厂房柱网布置如图 3–2 所示。

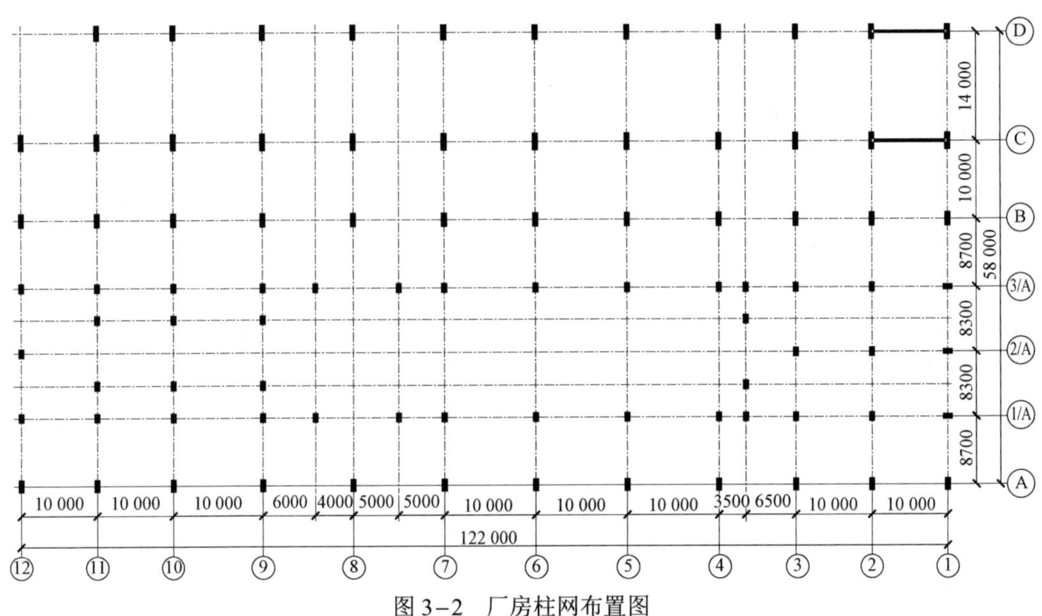

图 3–2　厂房柱网布置图

表 3–2　　主厂房结构主要构件尺寸　　mm

柱类别	33.70m（A 列柱 16.725m）以下	33.70m（A 列柱 16.725m）以上
A 列柱	C50　700×1600	C50　700×1200
B 列柱	C50　700×1800	C40　700×1200
C 列柱	C50　700×2200	C40　700×1200
D 列柱	C50　700×1600（8 度区 700×2000）	C40　700×1200
汽机房平台柱	C50　700×1200	—
剪力墙	400mm 厚，C50（标高 33.70m 以下），C40（标高 33.70m 以上）	
楼层板	C40　150mm 厚	

注　未特别标注时，进行 7 度区和 8 度区计算的截面和混凝土强度等级相同。

（二）有限元模型建立

考虑到结构型式的复杂性，有限元模型的建立应按下列原则进行适当的简化，有限元模型如图 3–3 所示。

（1）将结构中的结构构件简化为空间杆和壳单元，即梁柱简化为三维空间杆单元；楼板和剪力墙简化为壳单元。

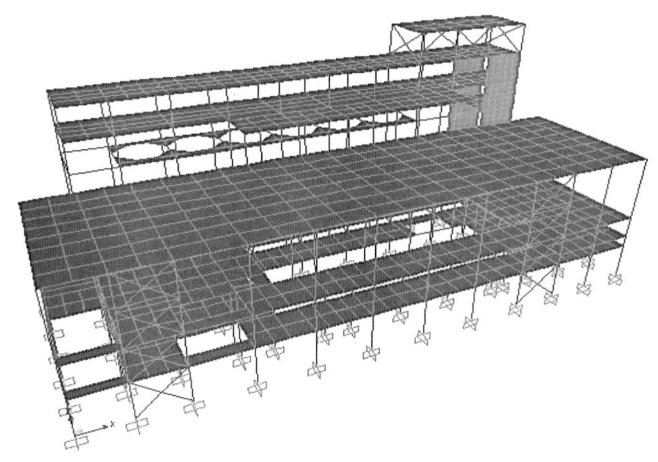

图 3–3　端部剪力墙模型图

（2）排架部分屋面刚度无法精确模拟，考虑到屋架对整体结构的动力反应影响较小，将屋架部分简化为一轴力杆件，并认为屋架与排架理想铰接，不考虑屋架在地震作用下的失效问题。

（3）将离散化的杆壳单元通过梁、柱、楼板、剪力墙程序自动形成的节点进行连接，从而生成考虑楼板平面内和平面外变形的结构整体三维有限元空间计算模型。

（三）结构动力特性分析

动力特性分析见表 3–3 和图 3–4。

表 3–3　　8 度区结构各阶模态参数

模态	周期（s）	频率（Hz）	x 向质量参与系数累计值	y 向质量参与系数累计值	R_z 向质量参与系数累计值
1	1.738	0.575	0.001	0.701	0.498
2	1.385	0.722	0.264	0.714	0.687
3	1.223	0.818	0.704	0.718	0.703
⋮	⋮	⋮	⋮	⋮	⋮
15	0.387	2.582	0.933	0.942	0.932

结果分析：

（1）7 度区主厂房结构基本周期在 1.835s，8 度区主厂房的基本周期为 1.74s，结构扭转效应明显，一、二阶振型的平动都带有严重的扭转，三阶振型为扭转振动。

（2）四阶振型与三阶振型相比，无论是周期、频率及振型参与系数都有明显改变，说明结构振动以前三阶振型为主。

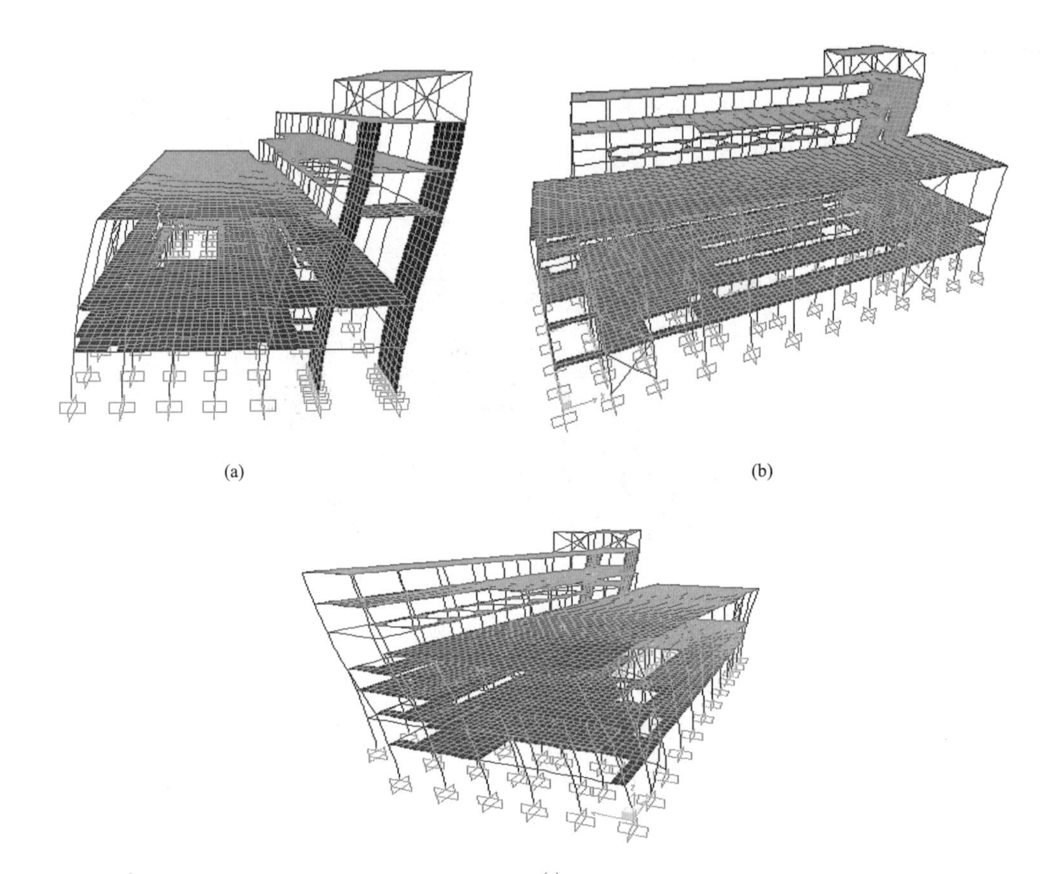

(a)　(b)　(c)

图 3-4　结构前三阶振型图

（a）一阶振型（*Y* 向带扭转的平动）；（b）二阶振型（*X* 向带扭转的平动）；（c）三阶振型（扭转振动）

（3）结构的高阶振型出现排架屋盖及梁柱构件的局部振动，振型复杂，与屋盖的简化思路有很大的关系。

（4）端部墙的布置加重了结构的质心和刚心的偏离，结构刚度和质量沿竖向与横向分布严重不均匀，前几阶振型耦合作用明显，该类结构地震作用计算时应采用平扭耦联振型分解反应谱法。

（四）7 度区端部剪力墙主厂房结构反应谱分析

主厂房结构为钢筋混凝土端部剪力墙结构，结构处于 7 度Ⅱ类场地，抗震构造措施按 8 度考虑。反应谱分析主要设计参数见表 3-4。

表 3-4　7 度区主要设计参数

地震烈度	地震分组	场地类型	特征周期	阻尼系数	α_{max}	周期折减系数
7 度（0.1*g*）	第二组	Ⅱ类	0.40s	0.05	0.08	0.8/0.9（纵向）

1. 单向地震作用计算

按 CQC 法与 SRSS 法地震作用下基底反力差别在 10%左右。为此主厂房分散剪力墙框排架结构地震作用计算振型组合应采用CQC法。通过计算可知，结构的重力荷载代表值为49 663.85t，纵向与横向地震作用下的楼层剪力系数大于0.020，满足规范在7度区抗震区下楼层剪力系数不得小于0.016的规定。

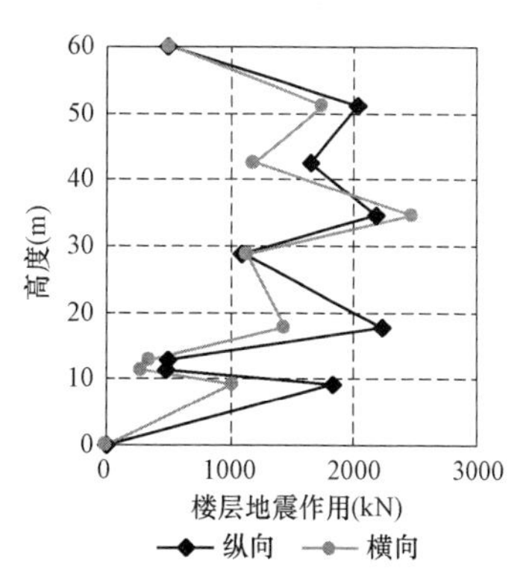

图3-5 单向地震作用下楼层地震作用分布图

从图3-5可以看出，结构纵向与横向最大楼层地震作用均发生在标高33.700m的第六层（煤斗层）处。结构底部剪力墙受的剪力达到总基底剪力的60%，倾覆力矩为结构总倾覆力矩的58%，结构纵向应按框架剪力墙的要求执行。

2. 单向地震作用结构整体变形

图3-6和图3-7给出了主厂房结构的楼层位移。分散剪力墙主厂房结构变形界于框架和剪力墙结构之间，结构下部变形趋于弯曲变形，结构上部变形接近剪切变形。地震作用下结构层间最大位移角纵向为1/2655，横向为1/994，均发生在标高为33.700m的第六层。

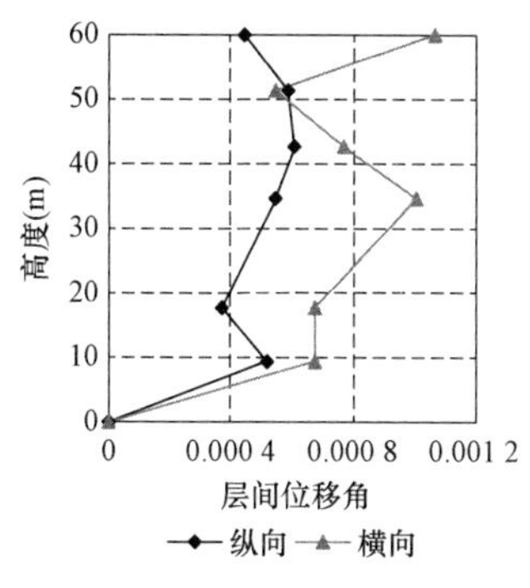

图3-6 结构层间位移角

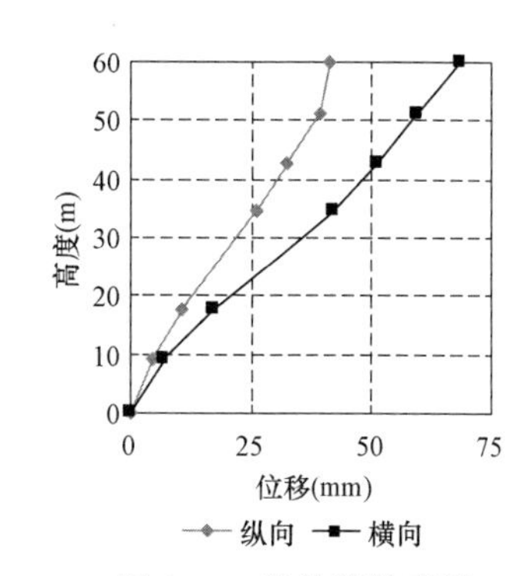

图3-7 结构整体变形

3. 双向地震作用计算

计算结果表明单向与双向地震作用下结构基底剪力相差2%左右。

4. 双向地震作用结构整体变形

表3-5 给出了结构双向地震作用下结构位移，双向地震作用下结构层间最大位移角纵向为1/1576，发生在标高41.685m的第七层，横向为1/926，发生在标高33.700m的第六层，其中结构层间最大位移角与层间侧移计算方法相关。

表3-5 双向地震作用下结构位移

工况 标高	x向地震作用	y向地震作用	层间侧移角	
	U_x（mm）	U_y（mm）	纵向（x向）	横向（y向）
8.355（一层）	5.086 2	6.600 3	1/1976	1/152
16.725（四层）	8.326 5	12.558	1/2327	1/1303

续表

标高 \ 工况	x 向地震作用	y 向地震作用	层间侧移角	
	U_x（mm）	U_y（mm）	纵向（x 向）	横向（y 向）
33.700（六层）	18.058 95	30.480 45	1/1743	1/926
41.685（七层）	23.123 1	36.909 6	1/1576	1/1299
50.255（八层）	28.378 35	41.796 3	1/1630	1/1755
58.905（九层）	32.416 65	51.501 45	1/2180	1/1163

5. 结构单向、双向地震作用对比分析

计算结果表明，双向地震作用对主厂房结构横向框架内力影响大于纵向框架。双向地震作用下主厂房结构横向框架柱剪力增大幅度为5%～45%，且越靠近主厂房端部的柱剪力增大幅度越大，其中对B、C柱列上部柱剪力影响更大（五至八层），放大系数可达1.35以上。双向地震作用下纵向框架柱剪力影响较小，放大系数可取1.05。通过对各列柱轴压比的计算，均小于0.8，满足规范限值要求。

6. 结构底层柱轴压比的计算

由《土规》可知主厂房框架剪力墙结构的框架柱抗震等级为二级，混凝土柱轴压比限值为0.8，对比主厂房框架一层柱底各柱列的轴压比最大值，可知A、B、C、D柱列轴压比计算值均满足规范限值要求。

（五）8度区端部剪力墙主厂房结构反应谱分析

主厂房结构为钢筋混凝土端部剪力墙结构，结构处于8度Ⅱ类场地，抗震构造措施按9度考虑。反应谱分析主要设计参数见表3-6。

表3-6　8度区主要设计参数

地震烈度	地震分组	场地类型	特征周期	阻尼系数	α_{max}	周期折减系数
8度（0.2g）	第二组	Ⅱ类	0.40s	0.05	0.16	0.8/0.9（纵向）

1. 双向地震作用与单向地震作用对比

双向地震作用下，各列柱承受的剪力与单向地震作用的计算结果进行对比，各列柱所受剪力大小几乎没有变化。

对比单向地震作用计算结果，结构平均位移有增大，但是最大层间侧移角出现位置并没有改变，均发生在标高33.700m处，纵向最大层间位移角为1/1102，横向最大层间位移角为1/521。

2. 局部杆件双向地震作用计算结果与单向地震作用计算结果对比

（1）变形对比。结构变形如图3-8～图3-10所示。结构在双向地震作用下6～12轴线基本发生的是横向平动，其扭转变形与其在单向地震作用下的扭转变形相比明显变小，但1～6轴线扭转变形明显变大。其中1轴线柱的最大平均位移为80mm，最大层间位移角为1/499，已经超过规范要求的1/550；1轴线的侧移角为此时结构侧移角的1.25

倍，11 轴线的侧移角为此时结构侧移角的 0.9 倍。与单向地震作用计算结果相比较，1～6 轴线扭转效应明显增加，1 轴线柱的平均位移约为横向地震作用计算结果的 1.09 倍；6 轴线柱的平均位移与横向地震作用下的计算结果相比，基本没有变化；11 轴线柱的平均位移约为横向地震作用计算结果的 0.9 倍。

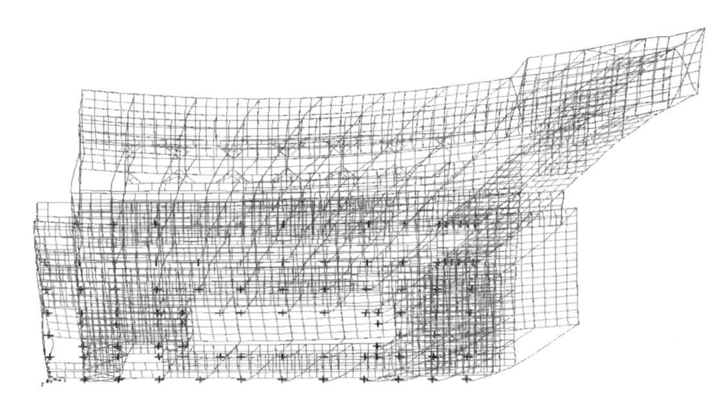

图 3－8　双向地震作用下结构变形图

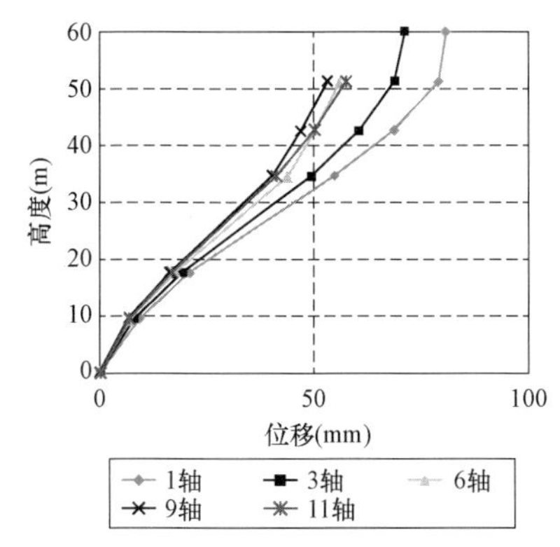

图 3－9　双向地震下部分轴线横向变形图

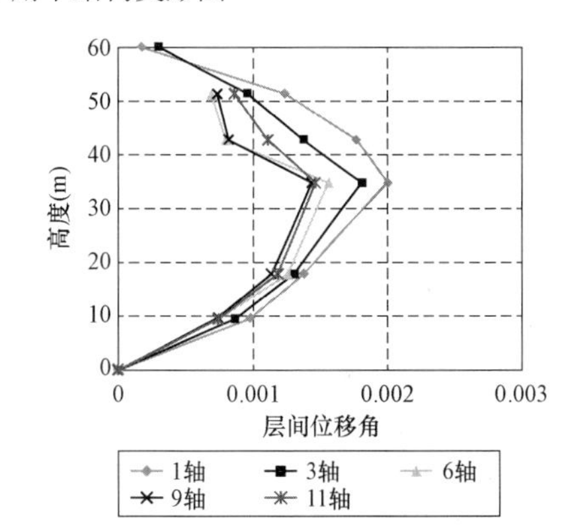

图 3－10　双向地震下部分轴线横向层间位移角

（2）内力对比。双向地震作用对主厂房框架横向内力的影响要比纵向明显。双向地震作用输入加剧了结构的扭转，其结构的扭转效应相比单向地震作用输入时明显增大。结构属于扭转不规则结构，楼层竖向构件的最大弹性水平位移已经大于该楼层平均层间位移值的 1.2 倍。

3. 场地类别对结构地震反应的影响

由计算结果可知，Ⅰ类场地条件下，结构在地震作用下的层间剪力为Ⅱ类场地条件下的 0.76～0.81 倍，Ⅲ类场地条件是Ⅱ类的 1.31 倍，Ⅳ类场地条件是Ⅱ类的 1.72～1.81 倍。结构在地震作用下的位移角限值，Ⅰ类为Ⅱ类的 0.78～0.80 倍，Ⅲ类为Ⅱ类的 1.3～1.35 倍，Ⅳ类为Ⅱ类的 1.72～1.78 倍。Ⅰ类场地的位移角限值为 1/848，Ⅱ类场地的位移角限值为 1/568，Ⅲ类场地的位移角限值为 1/484，Ⅳ类场地的位移角限值为 1/358。

4. 平面与空间计算结果的区别及空间作用调整系数

采用平面计算模型计算的结果与空间计算模型计算的结果相比，内力有区别。由于结构本身的复杂性，采用平面计算模型计算时又忽略了结构的扭转效应、剪力墙的影响、平面缩进、各榀框架间的协同工作等，导致平面模型的计算结果与空间模型的计算结果相比存在很大的离散性。因此，该类结构适宜采用空间计算模型进行抗震分析。

5. 不同计算模型对比分析

（1）运转层平台梁与框架柱的连接方式对结构的影响。分析表明运转层平台与框架的连接方式，对结构的影响不大。

（2）剪力墙位置对结构的影响。通过改变剪力墙的布置位置，在 B、C 列柱布置剪力墙，对主厂房进行有限元分析。在双向地震力作用下，此类结构的最大位移角均超过了 C、D 列柱布置剪力墙时的情况，结构有强烈的扭转效应，为防止结构的角柱因扭转作用受力过大，导致破坏，建议不要采用这种剪力墙布置形式。

（六）8 度区端部剪力墙主厂房结构地震作用时程分析

（1）时程分析计算基底平均剪力值与反应谱计算结果对比。端部剪力墙主厂房结构弹性时程分析结果满足《抗规》中对时程分析法的规定，即每条时程曲线计算所得的结构底部剪力不小于振型分解反应谱法求得的底部剪力的 65%，多条时程曲线计算所得的结构底部剪力的平均值不应小于振型分解反应谱法求得的底部剪力的 80%。

（2）剪力墙承受了 50%～65%结构的总地震作用，框架柱承受 35%以上的地震作用。

（3）框架与剪力墙承受的剪力并不按照一定的比例趋势增加，说明框架与剪力墙之间的变形并不相同，框架与剪力墙间的协同工作情况并不理想。

（4）时程分析计算下，基底受到的剪力仅为反应谱计算结果的 85%左右，C 列 1 轴柱顶点的最大位移是反应谱计算结果的 1.1 倍左右。这是由于反应谱分析只考虑了结构的前 15 阶振型的作用，而前 15 阶振型中结构高层的局部振动较少。而时程分析考虑的是结构在已有地震作用下的反应，计算过程中包含屋顶的局部作用。

（5）时程分析过程中，同层部分点的位移值存在差值，甚至有相位差存在，结构的扭转变形明显。

三、主要结论

（1）主厂房结构将长肢剪力墙布置在结构的端部，这种剪力墙布置方式不符合抗震设计基本原则。结构纵向为框架—剪力墙结构，地震作用下框架与剪力墙间不能有效地传递剪力作用，协同工作能力较差，不宜在高烈度地区使用。

（2）端部剪力墙主厂房结构的刚度和质量沿竖向分布不均匀，结构前几阶振型耦合明显、扭转效应明显，结构地震作用计算应采用双向地震作用计算。

（3）端部剪力墙主厂房结构质量、刚度分布不均匀，体型收进、短柱对结构的影响严重，多遇地震作用下结构的最大层间位移角发生在标高 33.700m 的煤斗层处。

（4）主厂房结构的布置受工艺的约束，结构体系中存在大量的钢筋混凝土短柱，设计中应采取有效构造措施或设置型钢混凝土柱予以避免。

第三节　工　程　实　例

相关的研究成果已在 DL 5022—2012 中体现，并在陕西府谷电厂一期（2×600MW）机组工程等多个项目中应用。

陕西府谷电厂一期（2×600MW）为新建工程，厂址位于陕西省府谷县境内，北距庙沟门镇约 3km，东距县城约 50km，府谷—庙沟门镇—准格尔公路由厂区北侧通过，交通较为便利。

陕西府谷电厂一期为两台 600MW 亚临界直接空冷凝汽式汽轮发电机组，主厂房采用双框架三列式前煤仓布置，现浇钢筋混凝土框排架结构。汽机房屋面采用双坡实腹钢梁有檩体系，屋面采用自防水带保温复合压型钢板轻型屋面；除氧间与煤仓间屋面及各层楼盖采用 H 型钢梁—现浇钢筋混凝土楼板组合结构；汽机房大平台采用现浇钢筋混凝土框架结构，楼板为 H 型钢梁—现浇钢筋混凝土板结构，与主厂房 A、B 轴框架柱铰接连接。煤斗采用支承式结构；汽轮发电机基础采用现浇钢筋混凝土框架式结构，四周采用变形缝与周围建筑分开。

主厂房结构主要布置参数见表 3–7，结构平、剖面布置如图 3–11 和图 3–12 所示，设计条件如下。

（1）抗震设防烈度为 6 度，地震动峰值加速度为 0.063g～0.071g，设计地震分组为第三组；场地类别为Ⅲ类。

（2）基本风压为 0.42kN/m^2，地面粗糙度为 B 类。

（3）基本雪压为 0.25kN/m^2。

表 3–7　　主厂房结构主要布置参数（一台机）

项　次	参　数
横向宽度（m）	A～B：27.0
	B～C：10.5
	C～D：11.0
纵向长度（m）	90.0
柱截面（mm）	A 排柱：600×1600
	B 排柱：800×1600
	C 排柱：800×2000
	D 排柱：800×1800
运转层高度（m）	13.65
煤斗支承层高度（m）	32.07
皮带层高度（m）	39.55～39.85
屋面高度（m）	汽机房：30.40
	除氧间：34.70～35.00
	煤仓间：48.90～49.30

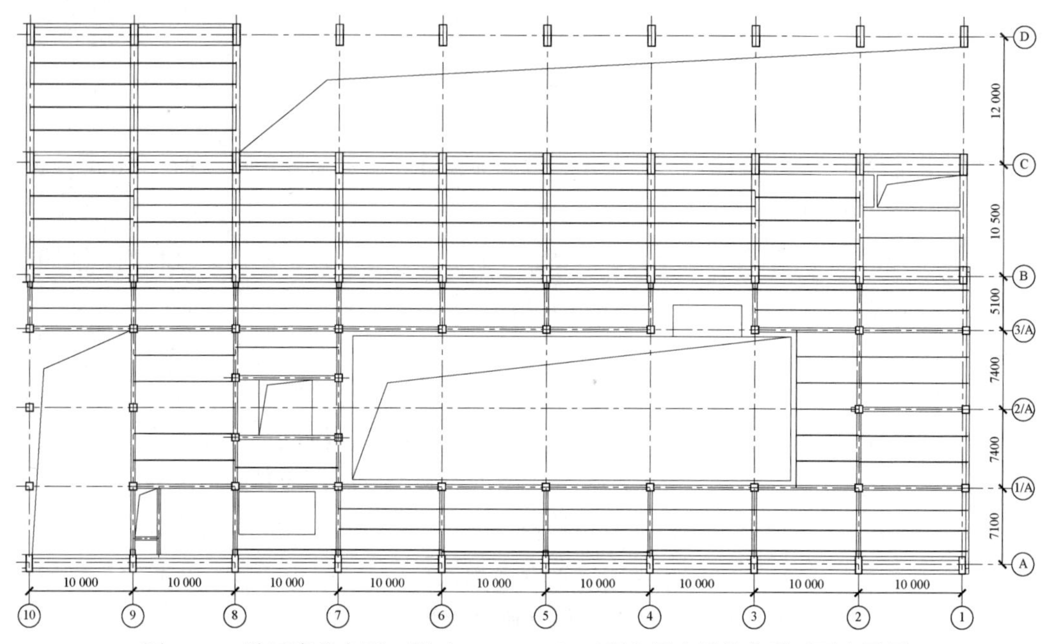

图 3-11 陕西府谷电厂一期（2×600MW）工程主厂房结构典型平面布置图

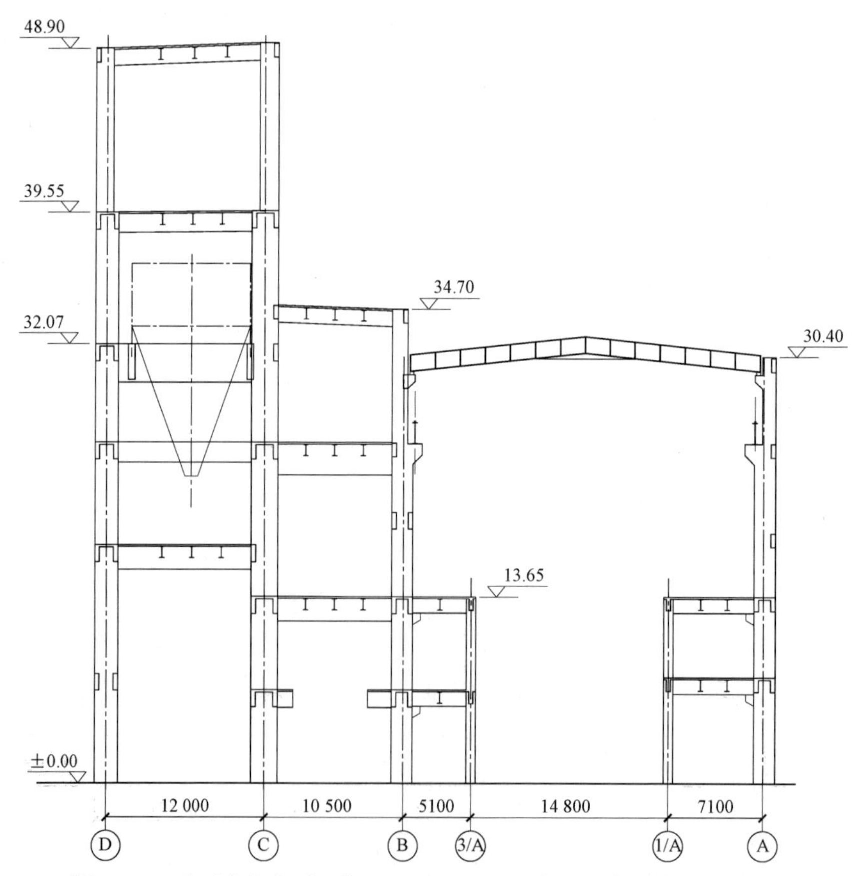

图 3-12 陕西府谷电厂一期（2×600MW）工程主厂房结构典型剖面图

第四章

框架—分散剪力墙主厂房结构

常规钢筋混凝土框架—剪力墙结构的端部剪力墙一般横向刚度较弱，为解决此问题，在横向布置分散剪力墙，提高结构的抗侧移能力，结构的扭转效应会有所降低。此种结构采用钢筋混凝土柱，纵横向布置剪力墙，形成了钢筋混凝土框架—分散剪力墙结构体系。

第一节　钢筋混凝土框架—分散剪力墙结构体系

主厂房钢筋混凝土框架—分散剪力墙结构计算分析模型参数为：按 8 度Ⅱ类场地设计，按 9 度采取构造措施。结构总宽度 58m（汽机房宽 34m，除氧间宽 10m，煤仓间宽 14m），总高度 59.905m，共 9 层，其中第 9 层为凸出屋面部分。采用钢筋混凝土分散剪力墙，纵向剪力墙布置在 B、C、D 列柱的 1、3、5、7、9 和 11 轴线，横墙布置在 D 列柱与纵墙相交。A、B、C、D 列柱及梁均采用钢筋混凝土柱，结构框架部分抗震等级为一级，抗震墙的抗震等级为一级。

主要构件截面尺寸如下。

汽机房大平台柱：两端（1、12 轴线）钢筋混凝土柱 RC1000mm×700mm，其他钢筋混凝土柱 RC 700mm×700mm，混凝土强度等级 C50。

A 列：钢筋混凝土柱 RC700mm×1200mm，混凝土强度等级 C50。

B 列：钢筋混凝土柱 RC800mm×1600mm，混凝土强度等级 C50。

C 列：钢筋混凝土柱 RC800mm×1800mm，混凝土强度等级 C50。

D 列：钢筋混凝土柱 RC800mm×1600mm，混凝土强度等级 C50。

剪力墙厚度：标高 0.000m 到标高 33.700m（六层）厚度为 400mm，标高 33.700m（六层）到标高 50.255m（八层）厚度为 300mm，混凝土强度等级 C50。

钢筋混凝土框架—分散剪力墙结构平面布置图如图 4-1 所示。

钢筋混凝土框架—分散剪力墙结构计算模型如图 4-2 所示。

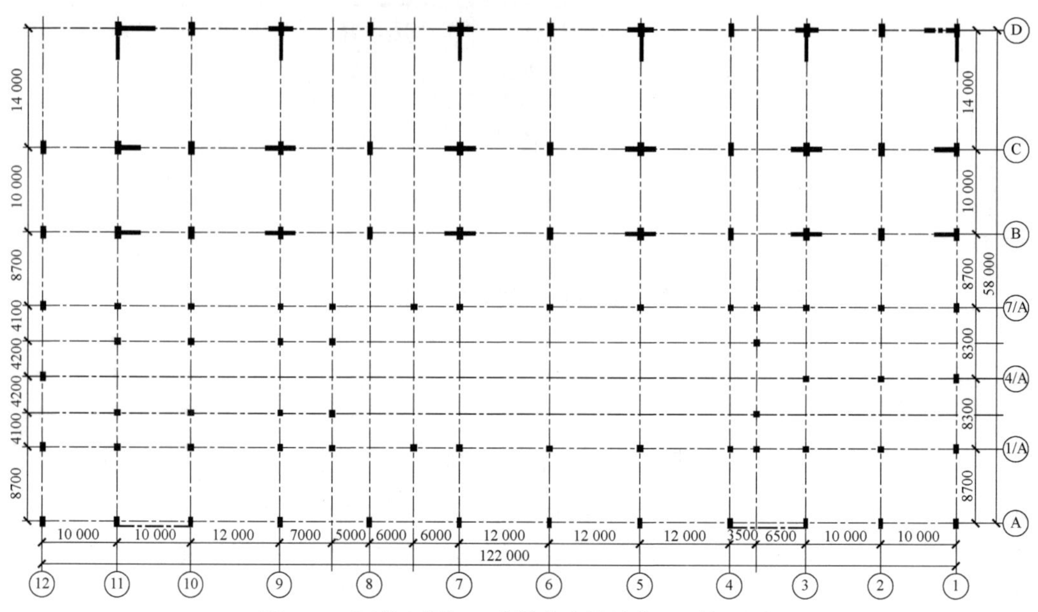

图 4-1　混凝土框架—分散剪力墙结构平面布置图

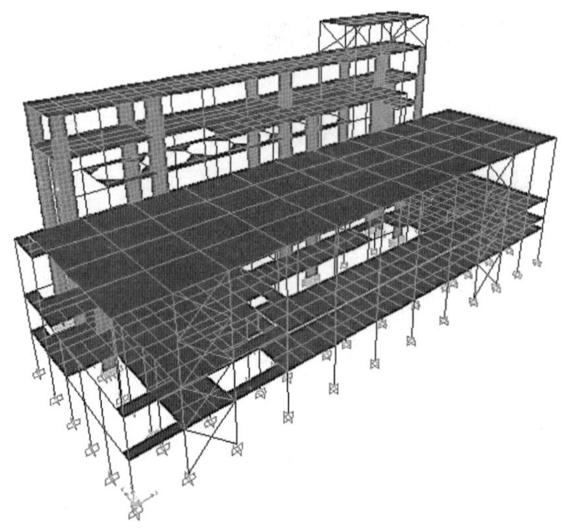

图 4-2　混凝土框架—分散剪力墙结构计算模型

一、主要内容

一般分析步骤及内容主要包括：

（1）RC 框架—分散剪力墙结构合理剪力墙位置的布置及空间有限元计算模型的建立。

（2）RC 框架—分散剪力墙结构荷载条件的确定。

（3）RC 框架—分散剪力墙结构计算模型的动力特性分析，包括周期、频率、振型。

（4）RC 框架—分散剪力墙结构在 8 度区的反应谱分析，包括单向地震作用反应谱分析、场地类别对结构地震作用的影响、双向地震作用反应谱分析及结构单向地震作用双向地震作用对比分析。

（5）RC 框架—分散剪力墙结构在 8 度区的弹性时程分析，由此确定结构的薄弱环节以及结构受力特点，同时对反应谱分析和时程分析结果进行比较。

钢筋混凝土框架—分散剪力墙结构体系技术路线如图 4–3 所示。

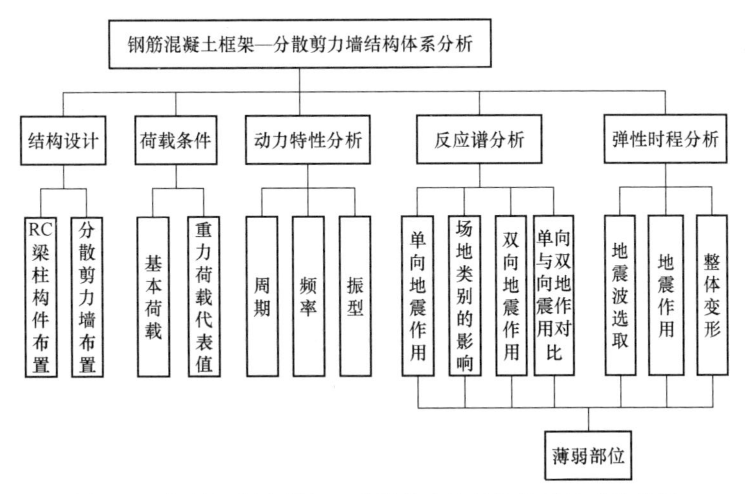

图 4–3　钢筋混凝土框架—分散剪力墙结构体系技术路线图

二、主要结论

通过对 RC 框架—分散剪力墙结构体系具体抗震性能的评价，得到如下主要结论和建议。

（1）7 度区Ⅱ类场地条件的计算结果表明，结构在纵向地震作用下最大层间位移角为 1/1448，横向地震作用下最大层间位移角为 1/1639，满足规范要求，综合分析可以使用。

（2）在 8 度区Ⅱ类场地，地震作用下结构最大层间位移角纵向为 1/767，横向为 1/902，8 度区Ⅰ类和Ⅱ类场地条件下结构的抗侧刚度基本得到满足。但剪力墙破坏之后，框架柱承担的剪力增大，而柱子轴压比较大、延性较差，因此不宜使用此结构，建议使用延性更好的型钢混凝土柱构成型钢混凝土框架—分散剪力墙结构。

（3）由于工艺上的要求，结构布置复杂，抗侧力构件分布不均匀，加上各层的荷载和质量分布差别较大，造成了主厂房结构扭转效应明显，需按双向地震作用考虑，比较符合实际。对于主厂房框排架结构地震作用的计算，应进行平扭耦联的双向地震作用反应分析，对横向框架内力影响大于纵向框架；横向框架柱剪力增大幅度为 5%～35%，且越靠近主厂房端部的柱剪力增大幅度越大。

（4）RC 框架—分散剪力墙结构在基本振型地震作用下，若剪力墙部分承担的倾覆力矩大于结构总倾覆力矩的 50%时，承担剪力适中，剪力墙部分可以起到第一道防线的作用。8 度单向地震作用下剪力墙纵向剪力分配占 74%，弯矩占 66%；横向剪力分配占 48%，弯矩占 41%，可知横向柱子承担大部分的弯矩和剪力，因此可以通过增加横向剪力墙数量或提高柱子的延性来保证结构的抗震性能。

（5）由于火力发电厂整体结构布置复杂，空间整体性能差，荷载传递路径不明确，并且存在大量的错层和短柱，因此这些构件就成了结构的薄弱部位。短柱容易发生剪切破坏，如果没有一定的延性，则必然导致脆性破坏，对结构的整体抗震性能产生不利影响。

（6）由于主厂房结构部分楼层缺乏刚性楼板的作用，剪力墙与框架柱承受的竖向荷载、楼层地震作用有差别，加之各楼层抗侧力构件变形不一致，地震过程中楼层地震作用需依靠梁的轴向刚度来传递，地震作用过程中部分梁会产生较大的轴向拉力或压力，在设计中应引起足够重视。

（7）分散剪力墙主厂房结构弹性时程分析时，三条地震波进行时程分析的计算结果满足现行《抗规》GB 50011—2010 的相关规定。三条时程曲线计算所得的结构底部剪力的平均值小于振型分解反应谱法的计算结果，该主厂房分散剪力墙结构设计时基底剪力计算可直接采用振型分解反应谱法。

第二节　型钢混凝土框架—分散剪力墙结构体系

鉴于大容量机组主厂房结构在高烈度地区的出现，提出在高烈度地区大容量火力发电厂主厂房采用型钢混凝土框架（SRC）—钢筋混凝土分散剪力墙的新型主厂房混合结构体系。

新型主厂房混合结构计算分析模型参数为：结构由 11 个开间组成，总长 122m；结构总宽度为 62m，由 3 个部分组成：汽机房跨度 34m，除氧间跨度 10m，煤仓间跨度 14m；共 9 层，总高度为 59.905m，其中第 9 层为凸出屋面部分。主厂房结构按 8 度Ⅱ类场地设计，按 9 度采取构造措施。主体结构采用钢筋混凝土分散剪力墙，剪力墙布置在 B、C、D 列柱，墙厚 300～400mm，剪力墙厚度满足《土规》的要求。考虑到汽机房 A 列柱的受荷较小而采用钢筋混凝土柱，B、C、D 列柱所受荷载较大而采用型钢混凝土柱。梁采用钢筋混凝土构件（部分可以为型钢混凝土梁），混凝土强度等级 C45。结构框架部分抗震等级为一级，抗震墙的抗震等级为一级。

主要构件截面尺寸如下。

汽机房平台柱：两端（1、12 轴线）钢筋混凝土柱 RC1000mm×700mm，其他部分钢筋混凝土柱 RC700mm×700mm，混凝土强度等级 C45。

A 列：钢筋混凝土柱 RC700mm×1200mm，混凝土强度等级 C45。

B 列：型钢混凝土柱 SRC800mm×1200mm，内置工字钢 H800×450×18×24（含钢率 3.66%，标高 0.000m 到标高 33.700m），标高 33.700m 以上 RC800mm×1200mm，混凝土强度等级 C45。

C 列：型钢混凝土柱 SRC800mm×1400mm，内置工字钢 H1000×450×18×24（含钢率 3.50%，标高 0.000m 到标高 33.700m），标高 33.700m 以上 RC800mm×1200mm，混凝土强度等级 C45。

D 列：型钢混凝土柱 SRC800mm×1200mm，内置工字钢 H800×450×18×24（含钢率 3.66%，标高 0.000m 到标高 33.700m），标高 33.700m 以上 RC800mm×1200mm，混凝土强度等级 C45。

剪力墙厚度：标高 0.000m 到标高 33.700m（六层）厚度为 400mm，标高 33.700m（六层）到标高 50.255m（八层）厚度为 300mm，混凝土强度等级 C45。

型钢混凝土框架—分散剪力墙结构平面布置图如图 4-4 所示。

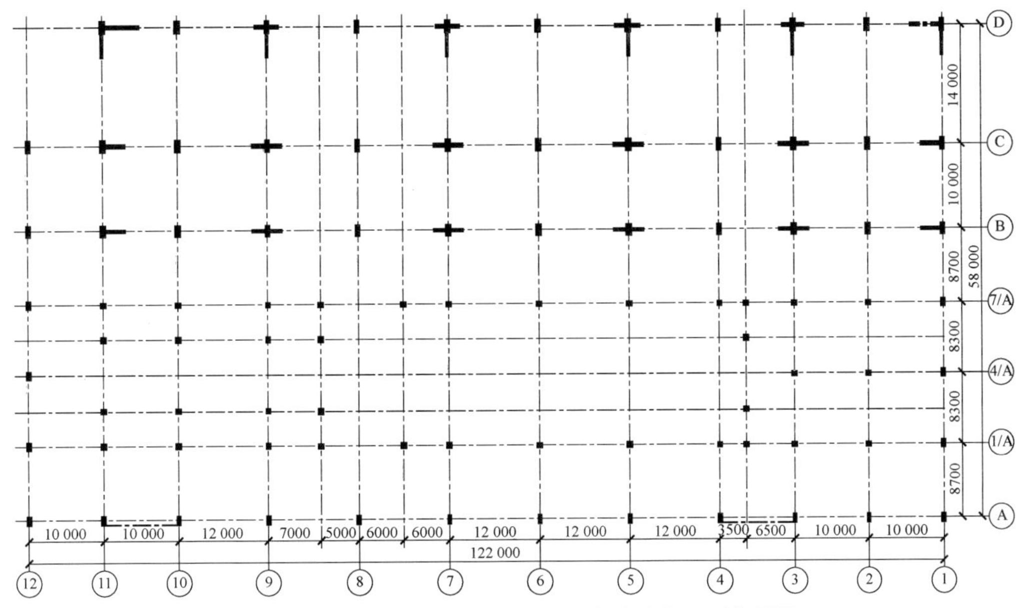

图 4-4 型钢混凝土框架—分散剪力墙结构平面布置图

型钢混凝土框架—分散剪力墙结构计算模型如图 4-5 所示。

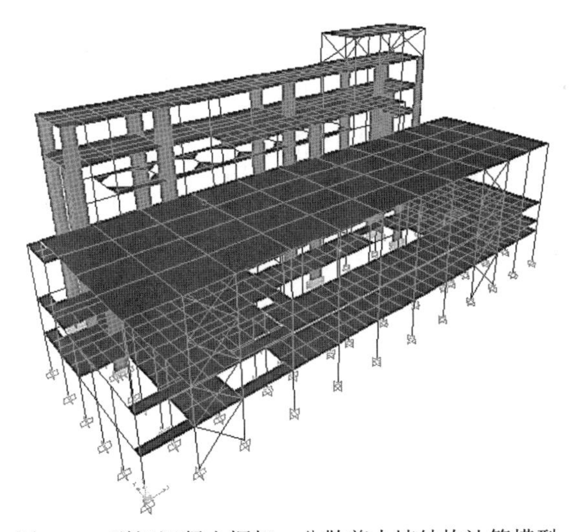

图 4-5 型钢混凝土框架—分散剪力墙结构计算模型

一、主要内容

为了研究型钢混凝土框架（SRC）—钢筋混凝土分散剪力墙混合结构体系的力学性能，以 1000MW 机组新型主厂房混合结构为原型，建立 SRC 框架—钢筋混凝土分散剪力墙混合结构体系主厂房有限元模型。主要分析内容如下：

（1）新型主厂房混合结构的结构设计，包括合理剪力墙数量及合理布置位置的确定，各层合理层间刚度比值的确定。

（2）新型主厂房混合结构空间有限元计算模型的建立。

（3）新型主厂房混合结构荷载条件的确定。

（4）新型主厂房混合结构计算模型的动力特性分析，包括周期、频率、振型。

（5）新型主厂房混合结构在 8 度区的反应谱分析，包括单向地震作用反应谱分析、场地类别对结构地震作用的影响、双向地震作用反应谱分析及结构单向地震作用与双向地震作用对比分析。

（6）新型主厂房混合结构在 8 度区的弹性时程分析，由此确定结构的薄弱环节及结构受力特点，同时对反应谱分析和时程分析结果进行比较。

（7）新型主厂房混合结构的动力弹塑性分析，包括模型结构在 8 度和 9 度地震作用的弹塑性时程分析，原型结构在 8 度地震作用的弹塑性时程分析，由此确定结构的力学性能以及结构的薄弱环节。

型钢混凝土框架—分散剪力墙结构体系技术路线如图 4–6 所示。

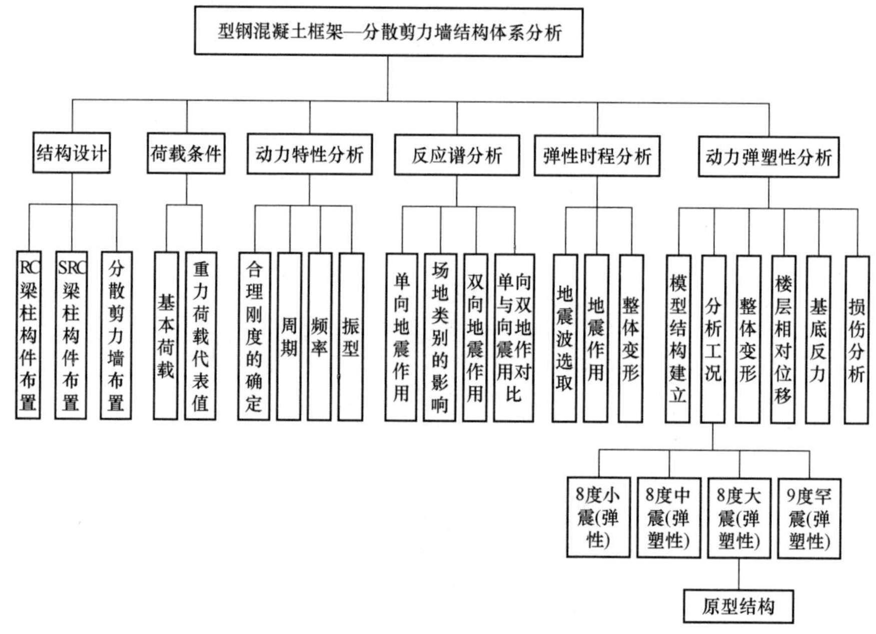

图 4–6　型钢混凝土框架—分散剪力墙结构体系技术路线

二、主要结论

通过对新型主厂房混合结构体系具体抗震性能的评价，得到如下主要结论并提出建议。

（1）新型主厂房混合结构中出现了楼面板的多次缩进，各层层高、各层梁截面尺寸及各楼层承担的竖向荷载差别较大，这些因素造成结构刚度、质量沿竖向分布不均匀。主厂房的框架（B、C、D 轴线）在 4 层（标高 16.725m）以上部分的长宽比为 4.0～6.2，长宽比较大引起上部结构扭转效应明显。

（2）新型主厂房混合结构布置满足工艺的要求，结构抗震性能良好，结构地震作用计算应采用空间计算模型进行计算分析。

（3）结构横向刚度弱是造成新型主厂房混合结构体系扭转的主要因素，为减少扭转效应，宜在主厂房横向布置剪力墙，且尽量分散对称布置。

（4）新型主厂房混合结构刚度和质量沿竖向分布严重不均匀，结构前几阶振型耦合效应明显、扭转效应明显，宜按双向地震作用进行结构抗震设计。

（5）按 CQC 法与 SRSS 法分别计算的地震作用基底反力效应，其差别在 10%左右，新型主厂房混合结构地震作用计算振型组合应采用 CQC 法。

（6）当新型主厂房混合结构的层间侧移角限值控制在 1/650～1/850 范围时，结构的重力二阶效应小于 5%，新型主厂房混合结构二阶效应可以忽略。

（7）新型主厂房混合结构变形属弯剪变形（结构下部变形以弯曲变形为主，上部变形以剪切变形为主），双向地震作用加剧了结构的扭转效应，结构的层间侧移角限值可以取为 1/750。

（8）新型主厂房混合结构纵向与横向最大楼层地震作用均发生在标高 33.700m（六层）。底部纵向剪力墙承担的地震剪力占结构总基底剪力的 67%，承担的倾覆力矩为结构总倾覆力矩的 59%。底部横向剪力墙承担的地震剪力占结构总基底剪力的 55%，承担的倾覆力矩为结构总倾覆力矩的 48%。

（9）由于结构的刚度中心靠近 CD 跨的框架部分，结构的质量中心在下部靠近排架部分，而结构上部质量主要由 CD 跨的框架部分提供，结构在纵向的偏心距 e_1 远大于结构在横向的偏心距 e_2，横向地震作用下结构的扭转效应小于纵向地震作用下的扭转效应。

（10）新型主厂房混合结构地震作用计算，应进行双向地震作用下的平扭耦联地震反应分析和设计。双向地震作用对新型主厂房混合结构横向框架内力影响大于纵向框架；双向地震作用较单向地震作用下横向框架柱剪力增大系数为 1.05～1.35，且越靠近主厂房端部，柱的剪力增大幅度越大；双向地震作用较单向地震作用下结构纵向框架柱的地震作用放大系数可取 1.05。

（11）地震作用弹性时程分析表明，三条地震波时程分析的计算结果满足现行《抗规》GB 50011—2010 的相关规定。并且三条时程曲线计算所得的结构基底剪力的平均值小于振型分解反应谱法的计算结果，该新型主厂房混合结构设计时基底剪力计算可直接采用振型分解反应谱法。

（12）8 度小震作用下，主厂房模型结构层间位移角最大值为 1/1288，发生在煤斗层；8 度中震作用下，主厂房模型结构层间位移角最大值为 1/411，发生在运转层；8 度大震作用下，主厂房模型结构层间位移角最大值为 1/127，发生在运转层。

（13）8 度罕遇地震作用下结构顶层最大横向位移为 0.195m，为结构总高的 1/257（相应模型拟动力试验值为 1/232），在考虑重力二阶效应和大变形的情况下，结构最终仍保持直立，满足“大震不倒”的设防要求。

（14）8 度罕遇地震作用下，模型结构最大层间位移角为 1/127，发生在标高为

16.725m 的第四层，与模型结构拟动力试验结果相符，并且能够满足 JGJ 3—2010《高层建筑混凝土结构技术规程》对钢筋混凝土框架—分散剪力墙结构弹塑性层间位移角限值 1/100 的要求。

（15）9 度罕遇地震作用下，模型结构标高 50.255m 处楼层位移最大值为 0.322m，为结构总高的 1/156；结构薄弱楼层为标高 16.725m 处楼层，最大层间位移角为 1/77。不满足 JGJ 3—2010《高层建筑混凝土结构技术规程》对钢筋混凝土框架—分散剪力墙结构弹塑性层间位移角限值 1/100 的要求。

（16）8 度罕遇地震作用下，原型主厂房混合结构 50.255m 处楼层位移最大值为 0.208m，为结构总高的 1/241.6，在考虑重力二阶效应和大变形的情况下，结构最终仍保持直立，满足“大震不倒”的设防要求。

（17）8 度罕遇地震作用下，原型主厂房混合结构最大层间位移角为 1/140，发生在结构底部。说明强烈地震作用下新型主厂房混合结构的弹塑性变形，主要发生在底部。原型结构满足 JGJ 3—2010《高层建筑混凝土结构技术规程》对钢筋混凝土框架—剪力墙结构弹塑性层间位移角限值 1/100 的要求。

（18）新型主厂房混合结构型式的选择宜按抗震设防烈度选取，可参照表 4-1。

表 4-1　新型主厂房混合结构合理剪力墙数量

结构类型 / 设防烈度	新型主厂房混合结构			
	剪力墙数量			
	Ⅰ类场地	Ⅱ类场地	Ⅲ类场地	Ⅳ类场地
6 度	—	—	0～4	0～4
7 度	0～4	0～4	4～6	4～6
8 度	4～6	5～7	8～10	11 以上
9 度	11 以上	—	—	—

注　剪力墙的布置应符合工艺的要求，建议在 8 度Ⅳ类场地及 9 度以上地区主厂房应采用减震、隔震技术，或采用性能更好的结构体系。

（19）随着新型主厂房混合结构抗震设防烈度的提高，剪力墙数量增加。在 8 度Ⅳ类场地及 9 度以上地区时，结构的层间侧移不满足层间侧移的要求。

（20）结构体系中存在大量的钢筋混凝土短柱，设计中应采用有效构造措施或设置型钢混凝土柱予以避免。

第三节　型钢混凝土框架—分散剪力墙结构体系抗震性能试验

根据主厂房结构特点和试验研究目的，以一火力发电厂十二榀三列式型钢混凝土框架—分散剪力墙结构体系为原型，选取含有汽机房、除氧间及煤仓间三跨三榀框排架子结构进行空间模型试验。整个模型结构试验在 12.500m 高双向 L 形反力墙—台座上完成，试验过程由计算机—电液伺服加载器联机系统控制完成。试验共分为三个部分，分别是模型的动力特性测试试验、模型结构拟动力试验和模型结构拟静力试验。试验模型如图 4–7 所示。

(a)

(b)

图 4–7　试验模型

（a）纵向；（b）横向

一、试验内容

本次试验研究以一大型火力发电厂型钢混凝土混合结构主厂房结构体系为原型，建立一定比例的物模，测试、分析和研究新型混合结构体系的基本动力性能，为该类结构分析、特别是结构抗震设计提供数据。主要内容如下。

（1）结构体系的动力特性（振型、频率、周期、阻尼等）。

（2）地震作用下结构体系的受力性能和内力分布规律、破坏准则。

（3）地震作用下结构体系横向的变形能力及延性。

（4）剪力墙在地震作用历程中的裂缝发生、发展及分布规律、破坏机制，构件的变形性能和承载能力。

（5）结构体系薄弱部位（承载能力、变形能力）的确定。

（6）该结构体系的抗震设计原则，结构构造要求等。

二、试验方法

在前期对 1000MW 主厂房结构体系布置研究、初步试算的基础上，根据主厂房结构特点和试验研究目的，以一火力发电厂主厂房十二榀三列式型钢混凝土混合结构体系为原型，选取含有汽机房、除氧间及煤仓间三跨三榀框排架子结构进行空间模型试验。试验共分为三个部分，分别是模型动力特性测试试验、模型结构拟动力试验和模型结构拟静力试验。试验方法如下。

（1）通过锤击法测定结构的动力特性。

（2）首先进行拟静力单循环试验，正负向加载均由荷载控制，且在首次屈服前卸载，并测试出模型结构的柔度矩阵。

（3）接着进行拟动力试验，输入 EL—Centro 波，加速度峰值依次递增。

（4）在拟动力试验完成后，用拟静力试验方法将其破坏，观察结构体系的最后破坏模式，确定该结构的变形与承载能力薄弱环节和部位，以获得结构的最大承载力和最大有效变形，从而全面考察结构的抗震性能，为建立结构的破坏准则与判定水平寻找依据。

结构的破坏图及滞回曲线如图 4–8 和图 4–9 所示。

(a) (b)

图 4–8 结构破坏照片

（a）煤斗大梁处；（b）墙根部

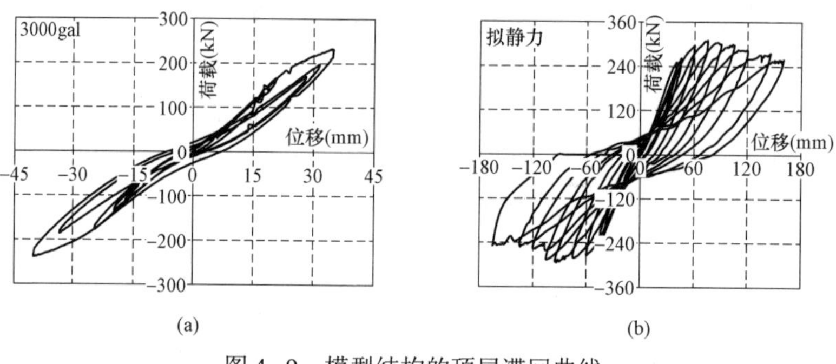

(a) (b)

图 4–9 模型结构的顶层滞回曲线

（a）拟动力；（b）拟静力

三、试验结论

（1）根据模型结构的拟动力试验研究结果，新型主厂房混合结构体系横向体系在输入加速度峰值 500gal 时，结构基本处于弹性阶段，能满足“小震不坏”的要求；在输入加速度峰值 2000gal 时，新型结构横向体系能满足“大震不倒”的要求。

（2）根据模型动力特性测试结果，通过相似关系换算到原型结构，得到新型主厂房混合结构体系的基本周期为 1.296s。使用有限元软件计算得到的基本周期为 1.515s，考虑到模型缩尺后的尺寸效应和以往试验的经验，认为试验测试的结构基本周期和计算分析的结果具有很好的一致性。

（3）新型主厂房混合结构体系第一振型为横向平动，第二振型为纵向平动，第二周期与第一周期的比值为 0.95，纵横方向的刚度相差不大，刚度均匀，可以有效降低扭转效应的影响。

（4）模型结构在试验过程中，底层构件开裂的顺序是：横向剪力墙—B 列柱、D 列柱—A 列柱、1/A 列柱—C 列柱。横向剪力墙很好地起到了第一道抗震防线的作用，它不仅延缓了设置剪力墙框架柱的开裂，更是大大延缓了未设置剪力墙框架柱的开裂。当底部横向剪力墙约束边缘构件钢筋屈服后，剪力墙承担的水平地震剪力比例为 62.8%。当模型结构位移达到极限位移时，型钢混凝土框架柱中型钢也未屈服，型钢混凝土框架承载力储备较高。

（5）根据模型结构位移—荷载滞回曲线和骨架曲线，该新型主厂房混合结构耗能能力较强，当底部横向剪力墙边缘约束构件钢筋发生屈服后，结构荷载上升至极限荷载，然后再下降到极限荷载的 83%这段过程比较平缓，结构体系的延性较好，变形能力较强。

（6）新型主厂房混合结构体系质量和刚度分布不均匀，根据模型结构拟动力和拟静力试验现象，D 列剪力墙底层、煤斗大梁底下剪力墙，以及煤斗层和除氧器层间未布置剪力墙的短柱是比较薄弱的环节，在设计中应当重视。

（7）煤斗大梁和除氧器大梁之间柱可视为超短柱，虽然采用型钢混凝土结构，改善了其延性和耗能能力，但在水平地震作用下，破坏较重，因此应该重点关注。

（8）新型主厂房混合结构体系 C、D 列柱煤斗层以上部分按钢筋混凝土构件设计，根据试验现象和数据分析，该部分构件变形能力较好，承载力也满足要求，该方案可行。

第四节　主厂房异型及错层节点抗震性能试验

本试验以一大型火力发电厂型钢混凝土混合结构主厂房结构体系为原型，建立节点模型结构进行试验。其中节点总高均为 2550mm，边节点上柱高均为 850mm，中节点 SCC1、SCC2 上柱高 650mm，SCC3、SCC4 上柱高 700mm，SCC5、SCC6 上柱高 800mm；边节点柱箍筋为Φ10@100，核心区箍筋为Φ6@120，中节点轴压比均相同，箍筋为Φ10@100，核心区箍筋为Φ6@120。典型模型设计如图 4–10 所示。

一、试验内容

本次试验选取 10 个中间层型钢混凝土节点进行试验，其中包括 4 个 T 形边节点和 6 个十字形的异型中节点。着重了解混合结构体系子结构的传力机理，地震作用下子结构的受力特点、抗震性能和破坏机理，从而为混合结构体系合理的设计方法与抗震构造措施的提出创造条件。

试验主要内容如下。

（1）对比分析钢筋混凝土节点与型钢混凝土节点受力与变形性能。

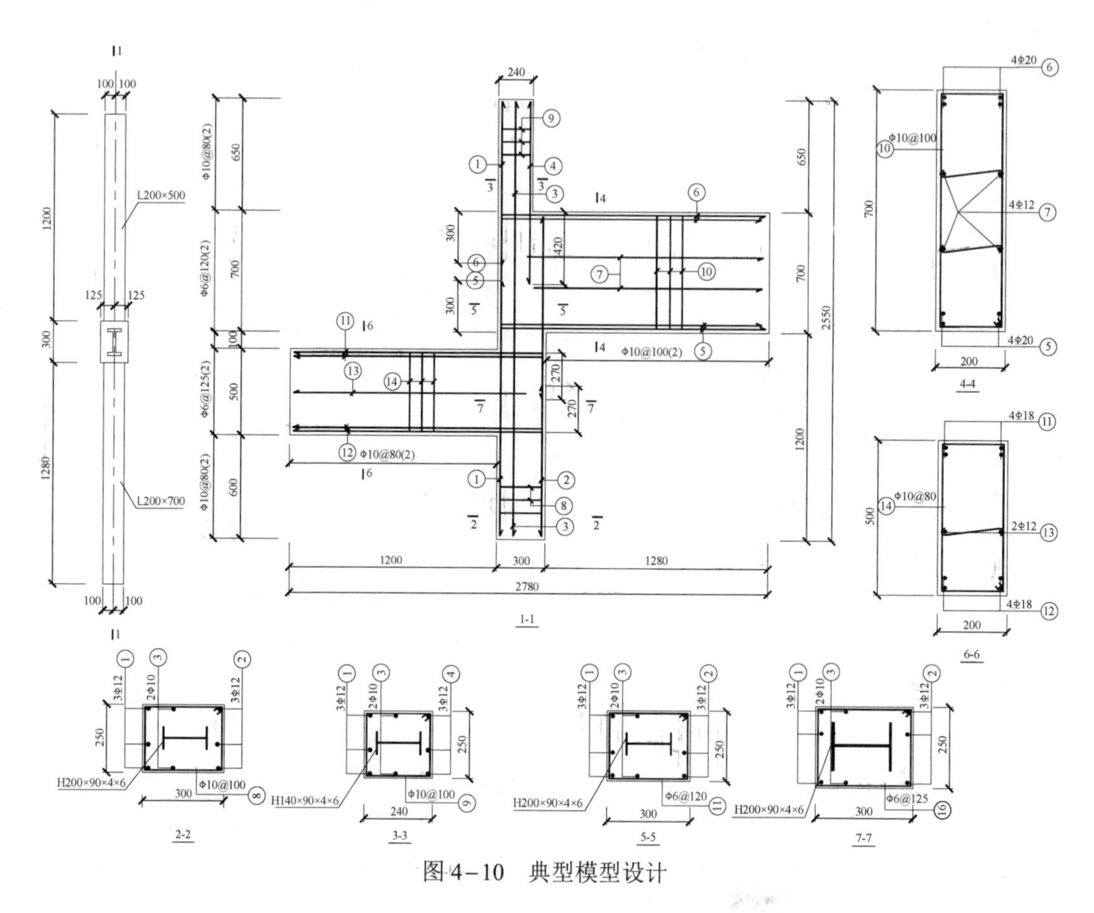

图 4-10　典型模型设计

（2）节点两侧梁截面及位置变化、节点上下柱截面变化、轴压比变化对节点区受力及变形性能的影响。

（3）剪力墙、钢筋混凝土梁与型钢混凝土梁对节点区受力及变形的不同影响。

（4）异型节点传力路径、受力机理、刚度退化及耗能性能（即延性）。

二、试验方法

10 个模型节点试验在 12.5m 高单向反力墙一台座上完成，试验过程通过对 TDS-602 静态数据采集仪、100t 竖向反力加载系统及 MTS 电液伺服试验系统联合操作使用来完成。试验为结构拟静力试验，采用柱端加载方式，加载直至结构的承载力降至极限荷载的 85%以下，宣告试件破坏，试验结束。

主要内容如下。

（1）试验设计与制作。

（2）加载制度和测试内容。

（3）试件破坏形态分析。

（4）试验结果分析。

结构的破坏图及节点耗能曲线如图 4-11 和图 4-12 所示。

(a)

(b)

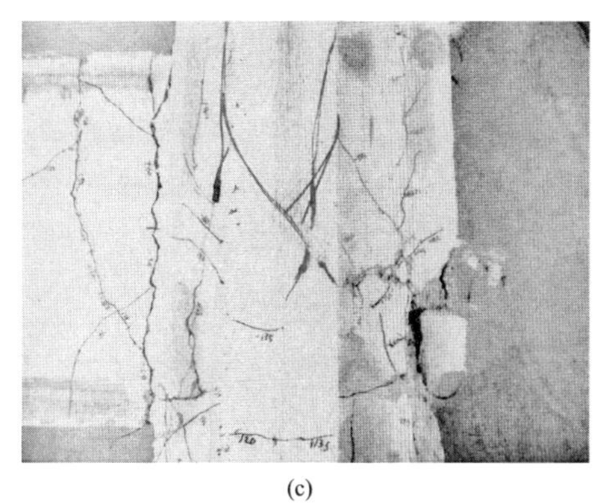

(c)

图 4-11 结构破坏图

（a）整体；（b）局部 1；（c）局部 2

三、试验结论

通过试验和理论分析表明，采用 SRC 柱的边节点和子结构，在抗裂性能、承载力、耗能及刚度、延性等方面均优于普通钢筋混凝土边节点和子结构。

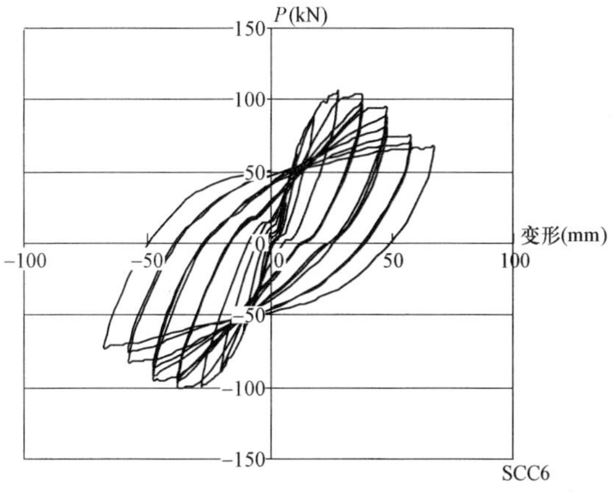

图 4-12 节点耗能曲线

（1）10 个试件的破坏形态大致可分为：核心区剪切破坏、柱端塑性铰破坏和黏结锚固破坏。对于火力发电厂结构的异型节点，应加强柱端塑性铰区内的构造措施，限制柱纵向受力筋或型钢之间的距离，加密柱端塑性铰区域内的箍筋，或采取其他的加固措施，以提高柱端塑性铰的转动能力，增强其延性；由于梁柱钢筋和混凝土之间过早地退出了协同工作，在低周反复作用的加载制度下强度和刚度出现较大退化，在设计时应保证锚固强度，加强钢筋和混凝土的黏结力方面采取一些措施，同时要加强施工质量；核心区剪切破坏试件，斜裂缝开展较均匀，传力方式明确，主斜裂缝明显形成，核心区混凝土表面分割成许多菱形小块，钢筋和型钢均已达到屈服。

（2）在所有加配短肢剪力墙的子结构中，剪力墙的水平裂缝较为均匀，较好地完成了“第一道抗震防线”的任务，对于节点抗剪承载能力的提高有很大的贡献。

（3）型钢混凝土节点的延性好于普通钢筋混凝土节点的延性，在柱子或梁内配置一定的型钢后可以明显改善结构的整体延性，有效提高变形能力；轴压比的增大虽然可以提高试件的承载能力，但是会降低试件的整体延塑性发展和变形性能。

（4）型钢混凝土节点在开裂、屈服直至破坏的全过程中，曲线变化较普通钢筋混凝土平坦，刚度下降缓慢。这表明型钢混凝土节点较普通钢筋混凝土节点有良好的后期变形能力和后期承载能力，符合“大震不倒”的抗震原则。其中，短肢剪力墙不但增加了刚度，而且在很大程度上延缓了刚度退化。

（5）斜压杆、桁架机构等型钢混凝土节点的传力方式对型钢混凝土异型节点同样适用，只是对于型钢混凝土异型边节点受力最大部位与钢筋混凝土异型边节点一样，均为“小核心”部位；型钢混凝土完全错开了子结构的最大受力位置即节点的“小核心”位置。

（6）随着错层高度的增大，子结构中间部位逐渐从整个节点所受水平剪力的最大位置转变为节点的最小位置，（可由试件破坏形态和应力应变变化对比得知），完全错开300mm的子结构上下节点的受力及抗震性能更像是普通中间层边节点；完全错开300mm的子结构在其上下节点部位可按照中间层端节点抗剪承载力公式计算，错层部位可按柱抗剪承载力公式计算配箍。

（7）错层高度对节点受力性能的影响是很明显的，这主要是因为错层高度的变化引起了节点受力机理的改变，随着错层高度的增加，节点受力逐渐从类似中节点的情况向端节点方向过渡。

（8）子结构中梁纵筋在节点区的锚固性能优于中间层中节点梁纵筋的锚固性能，使得子结构在耗能性能上优于中间层中节点。

（9）子结构在加载方向不同时形成的传力机构也不相同。正向加载时，节点区主压应力所形成的主要斜压杆是在上柱节点区“小核心”沿对角线分布，而下柱节点区下部斜裂缝平行于柱边缘形成竖向压杆；反向加载时，主要斜压杆在上柱“小核心”仍沿对角线分布，由于变柱截面和型钢梁约束的影响，下柱节点区下部斜裂缝沿对角线开裂不明显；随着错层高度的降低，正向加载时，斜压杆逐渐重叠，裂缝呈贯穿节点的趋势。

（10）随着错层高度的减小，节点区上下部分的斜压杆逐渐重叠，裂缝贯穿节点，形成沿节点区对角线分布的斜压杆；而主拉应力由分布在节点区上下两端逐渐变得集中（正向）。从总体趋势看，随着错层高度的降低，子结构的传力机构由中间层端节点逐步向中间层中节点过渡。在配筋相同条件下，错层高度减小将使上下部分受力逐渐重叠，节点区受力增大，节点受力条件逐步变得不利。

（11）异型节点抗震承载力公式。

1）根据错层节点的试验结果，并考虑到错层节点的梁纵筋表现出比普通中节点更好的锚固性能，建议将一级抗震等级框架节点的计算剪力予以调整5%。

不完全错层和小错层节点剪力设计值

$$V_j = 1.15\frac{(M_{\mathrm{buE}}^l + M_{\mathrm{buE}}^r)}{Z}\left(1 - \frac{Z}{H_c - h_b}\right) \tag{4-1}$$

2）型钢混凝土框架错层异型节点的受剪承载力应符合下列公式的规定。

型钢混凝土柱与型钢混凝土梁连接的梁柱异型中节点

$$V_j \leqslant \frac{1}{r_{\mathrm{RE}}}\left[0.1\eta_j\alpha\frac{A_{大}}{A_{小}}f_c b_j h_j + 0.05\eta_j n f_c b_j h_j + 0.8 f_{yv}\frac{A_{sv}}{S}(h_0 - a_s') + 0.58 f_a t_w h_w\right] \tag{4-2}$$

型钢混凝土柱与钢筋混凝土梁连接的梁柱异型中节点

$$V_j \leqslant \frac{1}{r_{\mathrm{RE}}}\left[0.1\eta_j\alpha\frac{A_{大}}{A_{小}}f_c b_j h_j + 0.05\eta_j n f_c b_j h_j + 0.8 f_{yv}\frac{A_{sv}}{S}(h_0 - a_s') + 0.2 f_a t_w h_w\right] \tag{4-3}$$

3）通过试验分析可以初步得出：完全错开 300mm 的错层节点在其上下节点部位可按照中间层端节点抗剪承载力公式计算，错层部位可按柱抗剪承载力公式计算配箍。

第五节　工　程　实　例

相关的成果已在《火力发电厂主厂房钢筋混凝土结构设计技术导则》中体现，并在山西灵石启光 2×350MW 低热值煤发电工程等多个项目中应用。

山西灵石启光 2×350MW 低热值煤发电工程位于山西省晋中市灵石县城西南方向约 15km 段纯镇原志家庄村区域内，厂外集煤站位于电厂西侧约 400m 处的段纯河对岸区域。厂址南侧紧邻三双公路和段纯河、东北侧为黄土台地，东侧紧邻中煤化工有限公司，西侧紧邻志新洗煤厂。

山西灵石启光工程为两台 350MW 机组，主厂房采用两列式现浇钢筋混凝土单框—排架结构。汽机房 A 排柱采用框架+钢支撑结构；除氧煤仓间 B、C 排为框架—分散剪力墙结构。汽机房屋面采用实腹钢梁有檩体系，屋面采用轻型自防水带保温压型钢板；除氧煤仓间屋面及各层楼盖采用 H 型钢梁—现浇钢筋混凝土楼板组合结构；汽机房平台采用现浇钢筋混凝土框架结构，楼板为 H 型钢梁—现浇钢筋混凝土板结构，与主厂房 A、B 轴框架柱铰接连接。煤斗采用悬吊式结构；汽轮发电机基础采用现浇钢筋混凝土框架式结构，四周采用变形缝与周围建筑分开。

主厂房结构主要布置参数见表 4–2，结构平、剖面布置如图 4–13 和图 4–14 所示，设计条件如下。

（1）抗震设防烈度为 8 度，地震动峰值加速度为 0.23g，设计地震分组为第一组；场地类别为Ⅱ类。

（2）基本风压为 0.40kN/m^2，地面粗糙度为 B 类。

（3）基本雪压为 0.33kN/m^2。

表 4–2　　主厂房结构主要布置参数（一台机）

项　次	参　数
横向宽度（m）	A—B：27.0
	B—C：10.5
纵向长度（m）	79.0
柱截面（mm）	A 排柱：700×1600
	B 排柱：700×1800
	C 排柱：700×1800
运转层高度（m）	12.55
煤斗支承层高度（m）	40.135
皮带层高度（m）	40.95～41.05
屋面高度（m）	汽机房：32.00
	除氧煤仓间：59.30～59.60

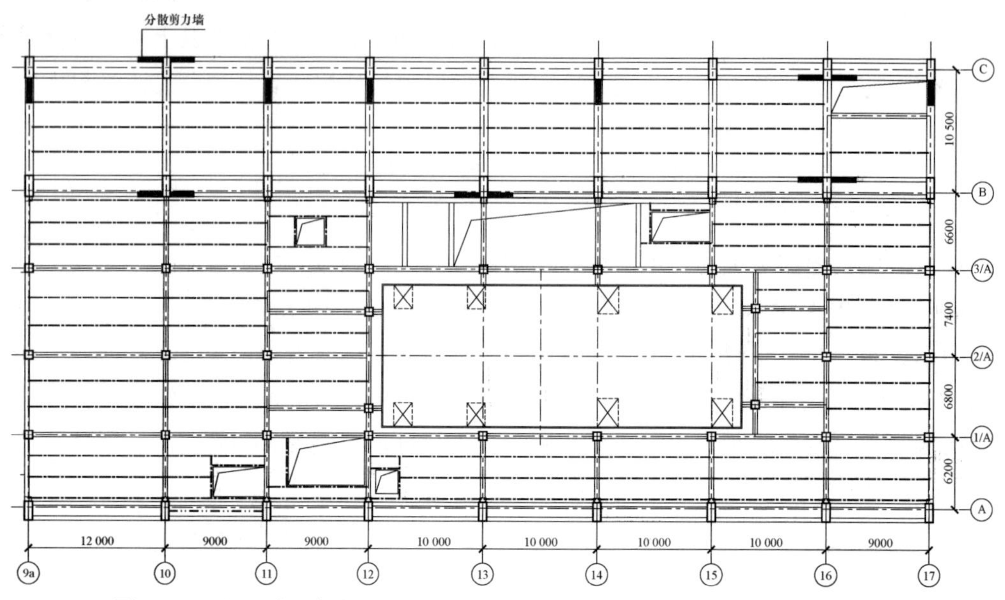

图 4-13　山西灵石启光 2×350MW 低热值煤发电工程主厂房典型平面布置图

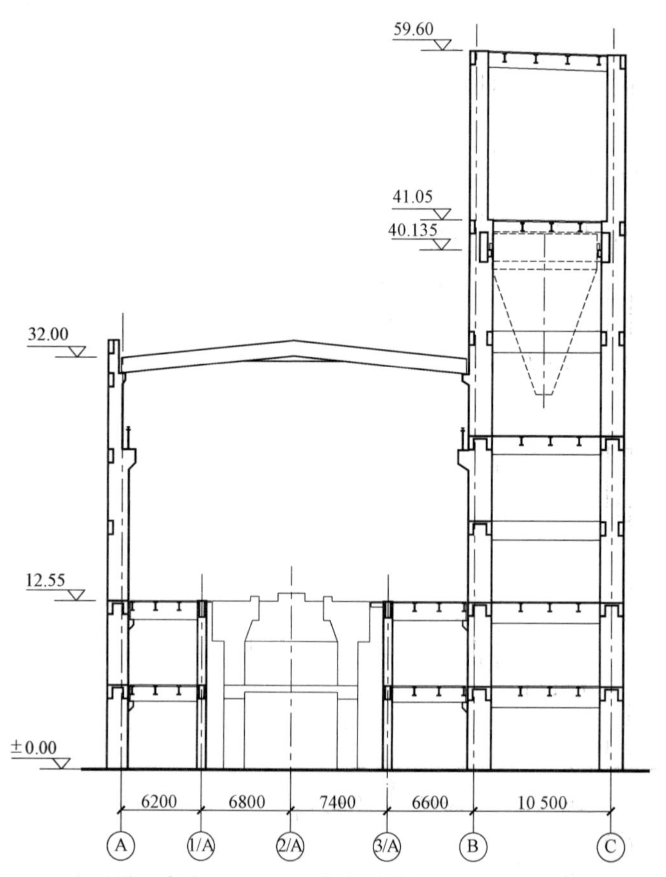

图 4-14　山西灵石启光 2×350MW 低热值煤发电工程主厂房典型剖面图

第五章

单跨框—排架主厂房结构

第一节　常规单跨框—排架结构主厂房结构

一、主要内容

（一）模型概述

本计算分析共涉及三个模型，分别为：

（1）模型一：某660MW机组汽机房+煤仓间混凝土单框架结构。

（2）模型二：某600MW机组汽机房+除氧间混凝土单框架结构。

（3）模型三：某1000MW机组汽机房+煤仓间混凝土单框架结构。

下文中分别以模型一、模型二、模型三代替。

（二）主要计算内容

首先进行了8度大震设防水平下Ⅰ$_1$类场地至Ⅳ类场地的地震弹塑性计算，在该地震设防水平下，对计算结果不满足规范要求的算例补充进行7度大震设防水平下的地震弹塑性计算。考虑到双向地震作用下造成的破坏一般大于单向地震作用，因此单向地震作用下不满足规范要求的算例不再进行双向地震作用计算，仅对单向地震作用下满足规范要求的算例（8度大震或7度大震设防水平下）补充进行双向地震作用计算。

弹塑性时程计算中，单向地震输入时，8度大震设防水平下，地震波峰值加速度取值为400gal，7度大震设防水平下，地震波峰值加速度取值为220gal；双向地震输入计算时，按规范要求，本章中，地震动加速度峰值按照X:Y=1:0.85进行双向地震作用计算。每种情况下，选取对应设防烈度和场地类别下，单向地震作用计算时引起结构破坏最大（层间位移角最大）的地震波作为双向地震作用时该方向的输入地震动。

由于支撑沿X轴方向布置，因此仅分析地震动沿X轴输入的算例。

（三）模型尺寸与示意图

1. 模型一

模型一主体结构共11层，总高度60m，纵向最大尺寸（沿X轴）92m，横向最大尺寸（沿Y轴）46.5m，该模型基本形状及几何尺寸如图5–1所示。

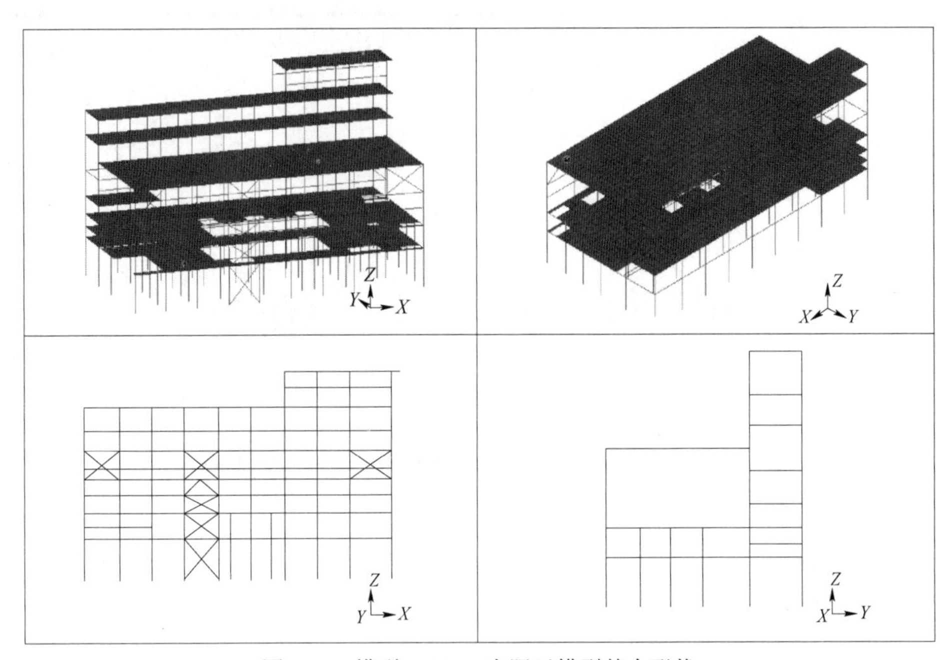

图 5-1 模型一 Marc 有限元模型基本形状

2. 模型二

模型二主体结构总计 4 层，纵向最大尺寸 112.0m，横向最大尺寸 49.5m，高 57.8m，该模型基本形状及几何尺寸如图 5-2 所示。

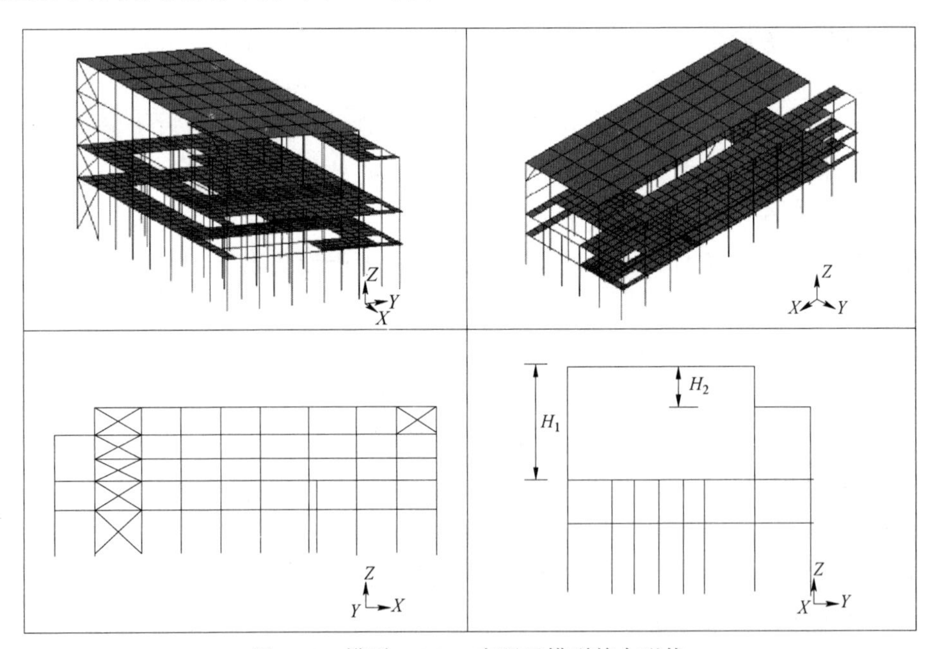

图 5-2 模型二 Marc 有限元模型基本形状

3. 模型三

模型三楼层共 7 层，结构纵向最大尺寸 96.0m，横向最大尺寸 39.0m，高度 35.8m，该模型基本形状及几何尺寸如图 5-3 所示。

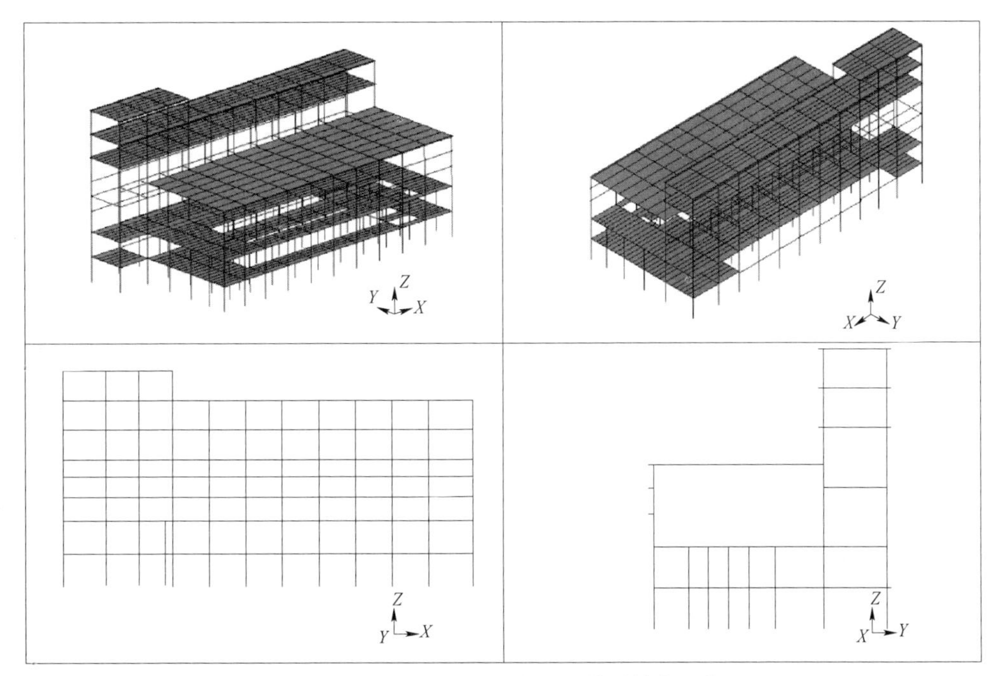

图 5-3　模型三 Marc 有限元模型基本形状

二、有限元分析

（一）建模方法

采用通用有限元软件 MSC.Marc 2007 建立有限元模型，其中钢筋混凝土梁柱构件采用清华大学土木工程系开发的 THUFIBER 程序建立纤维梁单元，楼板用膜单元模拟，近似只考虑楼板的质量贡献，忽略楼板的刚度贡献。在 MSC.Marc 中建立有限元模型时，模型一按（1×恒载+0.8×活载）将作用于结构的荷载等效为结构质量，模型二与模型三均按（1×恒载+0.9×活载）将作用于结构的荷载等效为结构质量。梁上均布线荷载折算为梁的自重密度，钢筋混凝土梁柱、钢梁及节点上作用的集中荷载等效为重力的质量块，附加在集中荷载作用位置。楼板上的均布面荷载折算为楼板的自重密度。

Marc 弹塑性计算采用隐式积分方法，阻尼采用 Rayleigh 阻尼，阻尼比为 0.05。

（二）选波方法

采用中国建筑科学研究院与重庆大学共同开发的选波程序，保证生成记录反应谱和规范反应谱相吻合。

GB 50011—2010 规定建筑结构的地震影响系数应根据烈度、场地类别、设计地震分组和结构自振周期及阻尼比确定。其水平地震影响系数最大值应按 GB 50011—2010 中表 5.1.4-1 采用；特征周期应根据场地类别和设计地震分组按《抗规》中表 5.1.4-2 采用，计算大震作用时，特征周期应增加 0.05s（见表 5-1～表 5-3）。

表 5-1　　水平地震影响系数最大值（GB 50011—2010 表 5.1.4-1）

地震影响	6 度	7 度	8 度	9 度
多遇地震	0.04	0.08（0.12）	0.16（0.24）	0.32
设防地震	0.12	0.22（0.32）	0.42（0.60）	0.8
大震	0.28	0.50（0.72）	0.90（1.20）	1.4

注　括号中数值分别用于设计基本地震加速度为 0.15g 和 0.30g 的地区。

表 5-2　　特征周期值（GB 50011—2010 表 5.1.4-2）　　（s）

设计地震分组	场地类别				
	I_0	I_1	Ⅱ	Ⅲ	Ⅳ
第一组	0.20	0.25	0.35	0.45	0.65
第二组	0.25	0.30	0.40	0.55	0.75
第三组	0.30	0.35	0.45	0.65	0.90

表 5-3　　计算大震作用的特征周期　　（s）

设计地震分组	场地类别				
	I_0	I_1	Ⅱ	Ⅲ	Ⅳ
第二组	0.30	0.35	0.45	0.60	0.80

（三）选波结果

地震波选取结果见表 5-4。

表 5-4　　地震波选取结果

模型	方向	场地类别	所选地震波
模型一	X	I_1	Usa02623、Usa04037 和 Usa04430
		Ⅱ	Usa000160、Usa02587 和 Usa04430
		Ⅲ	Prc00256、Usa02619 和 Usa02625
		Ⅳ	Usa02572、Usa04028 和 Usa04211
	Y	I_1	Usa02359、Usa02755 和 Usa04430
		Ⅱ	Usa02623、Usa02625 和 Usa04268
		Ⅲ	Usa00335、Usa02587 和 Usa02619
		Ⅳ	Usa02568、Usa02572 和 Usa04211
模型二	X	I_1	Usa00074、Usa02755 和 Usa04430
		Ⅱ	Usa00641、Usa00721 和 Usa04268
		Ⅲ	Usa00335、Usa02587 和 Usa02619
		Ⅳ	Usa00232、Usa00335 和 Usa02568

续表

模型	方向	场地类别	所选地震波
模型二	Y	$Ⅰ_1$	CHI00032、Usa02755 和 Usa04268
		Ⅱ	Usa00074、Usa03095 和 Usa04073
		Ⅲ	Usa00152、Usa02619 和 Usa04073
		Ⅳ	Prc00256、Usa00232 和 Usa00335
模型二	X	$Ⅰ_1$	Usa00074、Usa00151 和 Usa00160
		Ⅱ	Prc00256、Usa00001 和 Usa00010
		Ⅲ	Prc00256、Usa00022 和 Usa00061
		Ⅳ	Usa00406、Usa02570 和 Usa04073
	Y	$Ⅰ_1$	Usa00074、Usa02755 和 Usa04430
		Ⅱ	Prc00256、Usa00061 和 Usa04502
		Ⅲ	Usa00335、Usa02570 和 Usa02587
		Ⅳ	Usa00014、Usa00022 和 Usa00232

三、主要结论

1. 模型一

为便于查看，将 8 度大震、补充计算的 7 度大震及补充计算的双向地震作用的计算结果汇总于表 5-5。结果表明，模型一在 7 度Ⅰ类和Ⅱ类场地上满足要求。

表 5-5　　模型一对应不同场地类型和地震设防水平的适用情况

设防水平、场地类别	X 轴输入是否满足设防要求	Y 轴输入是否满足设防要求	双向地震作用是否满足设防要求	总体是否满足设防要求
7—$Ⅰ_1$*	√	√	√	√
7—Ⅱ	√	√	√	√
7—Ⅲ	√	×	—	×
7—Ⅳ	×	√	—	×
8—$Ⅰ_1$	√	√	×	×
8—Ⅱ	√	×	—	×
8—Ⅲ	×	×	—	×
8—Ⅳ	×	×	—	×

* 此列中数字表示大震设防烈度，“—”后的罗马数字表示场地类别。

2. 模型二

为便于查看，将 8 度大震设防水平、补充计算 7 度大震设防水平和补充计算的双向地震作用的计算结果汇总于表 5-6。结果表明，模型二在 7 度Ⅰ类和Ⅱ类场地和 8 度Ⅰ类场地上满足要求。

表 5-6　　模型二对应不同场地类型和地震设防水平的适用情况

设防水平 场地类别	X 轴输入 是否满足设防要求	Y 轴输入 是否满足设防要求	双向地震作用 是否满足设防要求	总体是否满足设防要求
7—$Ⅰ_1$*	√	√	√	√
7—Ⅱ	√	√	√	√
7—Ⅲ	×	√	—	×
7—Ⅳ	×	√	—	×
8—$Ⅰ_1$	√	√	√	√
8—Ⅱ	×	√	—	×
8—Ⅲ	×	√	—	×
8—Ⅳ	×	×	—	×

* 此列中数字表示大震设防烈度，“—”后的罗马数字表示场地类别。

3. 模型三

为便于查看，将 8 度大震水平、补充计算的 7 度大震水平及补充计算的双向地震作用的计算结果汇总如表 5-7 所示。结果表明，模型三在 7 度所有场地上满足要求。

表 5-7　　模型三对应不同场地类型和地震设防水平的适用情况

设防水平 场地类别	X 轴输入 是否满足设防要求	Y 轴输入 是否满足设防要求	双向地震作用是否 满足设防要求	总体是否满足 设防要求
7—$Ⅰ_1$*	√	√	√	√
7—Ⅱ	√	√	√	√
7—Ⅲ	√	√	√	√
7—Ⅳ	√	√	√	√
8—$Ⅰ_1$	×	√	—	×
8—Ⅱ	√	√	√	√
8—Ⅲ	√	×	—	×
8—Ⅳ	×	√	—	×

* 此列中数字表示大震设防烈度，“—”后的罗马数字表示场地类别。

第二节　改进型单跨框—排架主厂房结构

一、主要内容

1. 计算模型

主厂房单跨框—排架结构改进体系计算分析以模型一为对象，进行了两种改进体系的计算。

（1）模型一改进体系 1（模型 A）：电厂模型一加剪力墙后地震作用计算。

（2）模型一改进体系 2（模型 B）：电厂模型一改混凝土约束本构后地震作用计算。

以下分别以模型 A、模型 B 代表。

2. 计算内容

按要求本文仅计算模型 A 是否满足 7 度大震设防水平下Ⅲ类、Ⅳ类与 8 度大震设防水平下的 $Ⅰ_1$ 类、Ⅱ类场地的弹塑性层间位移角要求，以及需要补充计算的双向地震作用算例。

模型 B 地震计算中电厂有限元模型仅修改了原电厂模型一的混凝土约束本构，其他条件保持不变。计算中考虑原模型一地震计算中不满足规范要求的 7 度大震设防水平下的Ⅲ类、Ⅳ类场地和 8 度大震设防水平下的 $Ⅰ_1$ 类、Ⅱ类场地的算例及需要补充计算的双向地震作用算例。原模型一适用情况见表 5–8。

表 5–8　原模型一对应不同场地类型和地震设防水平的适用情况

设防水平 场地类别	*X* 轴输入 是否满足设防要求	*Y* 轴输入 是否满足设防要求	双向地震作用 是否满足设防要求	总体 是否满足设防要求
7—$Ⅰ_1$*	√	√	√	√
7—Ⅱ	√	√	√	√
7—Ⅲ	√	×	—	×
7—Ⅳ	×	√	—	×
8—$Ⅰ_1$	√	√	×	×
8—Ⅱ	√	×	—	×
8—Ⅲ	×	×	—	×
8—Ⅳ	×	×	—	×

*　此列中数字表示大震设防烈度，“—”后的罗马数字表示场地类别。

由表 5–8 可知，原模型一在 7 度Ⅲ场地上 *Y* 向与双向不满足要求，其中 *Y* 向三条波有一条波输入后结构层间位移角不满足规范要求，因为加剪力墙后结构的位移角小于原框架，所以在模型 A 地震计算中只计算原模型一在 7 度大震设防水平下单向输入不满足要求的地震波和双向输入不满足要求的地震波，7 度Ⅳ类与 8 度 $Ⅰ_1$、Ⅱ类场地按同样道理选择输入的地震波。模型 B 地震计算算例设置情况按照相同原则制定。

二、有限元分析

1. 模型 A

本节中主要通过在原模型一的基础上增设剪力墙，得到新的有限元模型，然后进行计算。模型 A 的 Marc 有限元模型框架部分的建立方法、材料本构关系、地震波选取方法及对应各类别场地选取得到的地震波情况可参考“主厂房单框架结构抗震性能计算分析报告”，此处不再赘述。模型 A 的 Marc 有限元模型中剪力墙部分采用分层壳单元，墙中的分布钢筋转化为各向同性的钢筋网片层，暗柱中的钢筋采用分层壳中插入钢筋单元的方法建立。其平面布置示意图如图 5-4 所示。

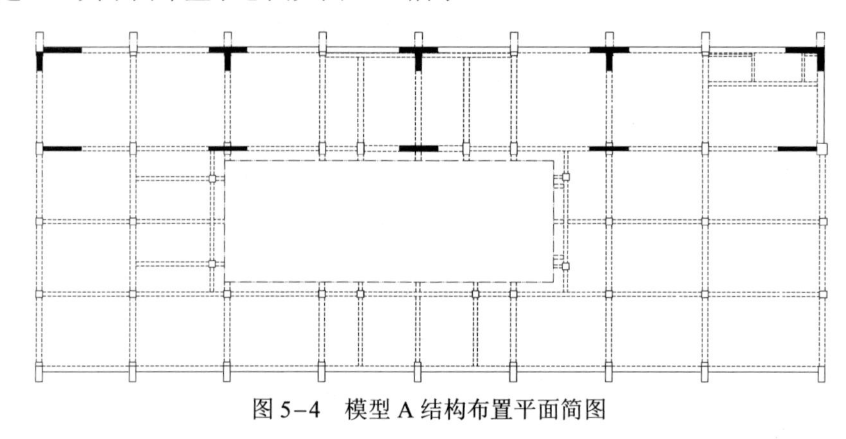

图 5-4　模型 A 结构布置平面简图

2. 模型 B

通过两种途径可以提高对混凝土的约束：一是加密箍筋布置（减小箍筋间距），本例中箍筋间距为 60mm；二是增加复合箍筋的肢数。本节中主要分析了提高箍筋约束后的结构抗震性能。模型 B 箍筋形式采用复合箍，根据 GB 5011—2010 中表 5.3.9“柱箍筋加密区的箍筋最小配箍特征值”的要求，按最不利情况取柱轴压比为 0.9 时的按复合箍考虑的箍筋最小配箍特征值 0.23，进而确定柱的箍筋体积配箍率。

三、主要结论

1. 模型 A

在双向地震、单向地震作用下，模型 A 在 7 度Ⅲ类场地、Ⅳ类与 8 度 I_1 类场地、Ⅱ类场地条件下，最大层间位移角均满足《抗规》规定的钢筋混凝土框剪结构弹塑性层间位移角限值（θ_p=0.01）。模型 A 结构适用情况见表 5-9。

表 5-9　　模型 A 对应不同场地类型和地震设防水平的适用情况

设防水平 场地类别	X 轴输入 是否满足设防要求	Y 轴输入 是否满足设防要求	双向地震作用 是否满足设防要求	总体 是否满足设防要求
7—Ⅲ*	√	√	√	√
7—Ⅳ	√	√	√	√
8—I_1	√	√	√	√
8—Ⅱ	√	√	√	√

* 此列中数字表示大震设防烈度，“—”后的罗马数字表示场地类别。

2. 模型 B

在双向地震、单向地震作用下，模型 B 在 7 度Ⅲ类场地与 8 度 I_1 类场地、Ⅱ类场地条件下，最大层间位移角均满足《抗规》规定的钢筋混凝土框剪结构弹塑性层间位移角限值（θ_p=0.01）。模型 B 在 7 度Ⅳ类场地条件下，最大层间位移角略微超过《抗规》规定的钢筋混凝土框剪结构弹塑性层间位移角限值。模型 B 结构适用情况见表 5-10。

表 5-10　　　　模型 B 对应不同场地类型和地震设防水平的适用情况

设防水平 场地类别	X 轴输入 是否满足设防要求	Y 轴输入 是否满足设防要求	双向地震作用 是否满足设防要求	总体 是否满足设防要求
7—Ⅲ*	√	√	√	√
7—Ⅳ	×	√	×	×
8—$Ⅰ_1$	√	√	√	√
8—Ⅱ	√	√	√	√

*　此列中数字表示大震设防烈度，“—”后的罗马数字表示场地类别。

第三节　设　计　指　南

一、范围

（1）本设计指南适用于单机容量为 600～1000MW 新建、扩建的火力发电厂主厂房单跨框—排架联合结构的土建结构设计。其他容量机组的单跨框—排架联合结构主厂房可参照执行。

（2）本指南适用于从 6 度区至 8 度Ⅱ类场地条件范围内的火力发电厂主厂房混凝土单跨框—排架联合结构体系及改进后体系的设计，改进后体系指增设分散布置的剪力墙、增设支撑或采用特殊构造措施等。当场地条件比 8 度Ⅱ类地区更为不利时，可采用组合（混合）结构体系、钢结构体系等，也可进行专题研究后确定结构体系。

二、规范性引用文件

本指南出版时，下列引用文件均为有效版本。这些标准都会被修订，使用本指南的单位应探讨使用下列标准最新版本的可能性。

GB 50068—2001　建筑结构可靠度设计统一标准

GB 50223—2008　建筑工程抗震设防分类标准

GB 50260—2013　电力设施抗震设计规范

DL 5022—2012　火力发电厂土建结构设计技术规程

GB 50009—2012　建筑结构荷载规范

GB 50010—2010　混凝土结构设计规范（2015 年版）

GB 50017—2003　钢结构设计规范

GB 50011—2010　建筑抗震设计规范（2016 年版）

JGJ 3—2010　高层建筑混凝土结构技术规程

GB 50191—2012　构筑物抗震设计规范

三、定义

1. 单跨框—排架联合结构体系

本节所述单跨框—排架联合结构体系指除氧间（或煤仓间）单跨框架联合汽机房排架及汽机大平台所构成的框排架结构体系（见图 5-5）。

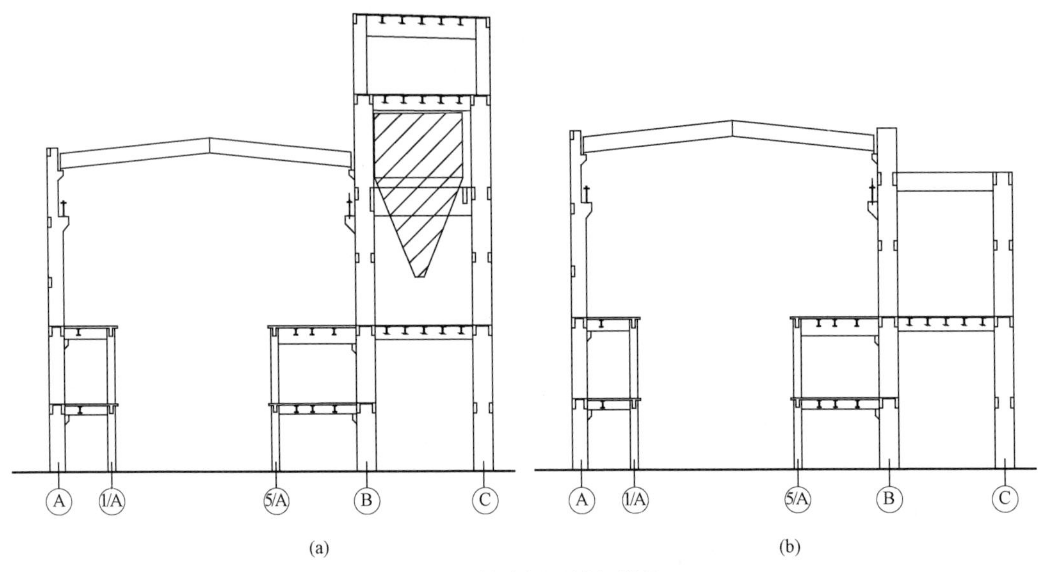

图 5-5　单跨框—排架结构

（a）汽机房与煤仓间联合的单跨框—排架结构；（b）汽机房与除氧间联合的单跨框—排架结构

2. 分散剪力墙

分散剪力墙指分散布置于框排架中的剪力墙（见图 5-6）。

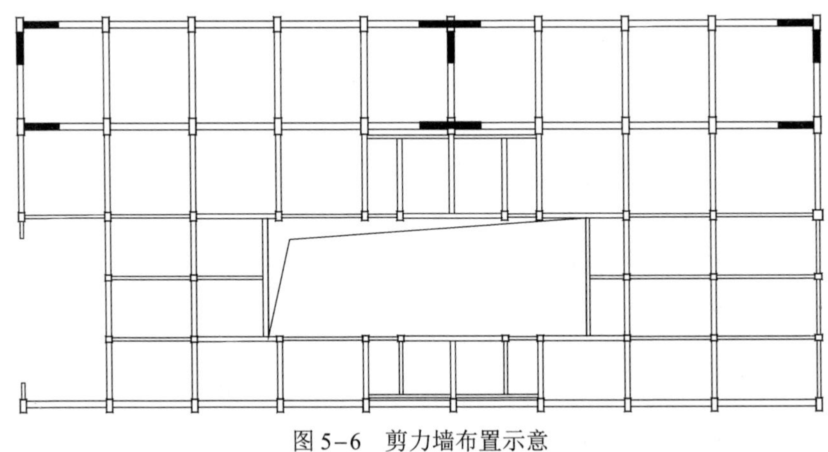

图 5-6　剪力墙布置示意

3. 连续复合矩形螺旋箍

连续复合矩形螺旋箍是由一根钢筋加工成的矩形螺旋箍筋（见图 5-7）。

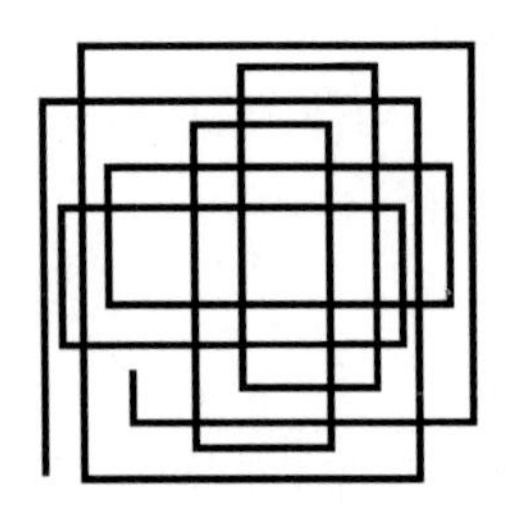

图 5-7　连续复合矩形螺旋箍

四、一般规定

1. 结构体系

（1）除氧间（或煤仓间）单跨框架联合汽机房排架及汽机大平台所构成的单跨框—排架联合结构体系的适用范围可按表 5-11 确定。

表 5-11　　单跨框—排架联合结构体系的适用范围

项　次	设防烈度及场地类别						
	6 度 I_0～Ⅳ类	7 度 I_0、I_1类	7 度 Ⅱ类	7 度 Ⅲ类	7 度 Ⅳ类	8 度 I_0、I_1类	8 度 Ⅱ类
煤仓间与汽机房联合	可行						
除氧间与汽机房联合	可行					可行	

注　对地处 7 度Ⅲ、Ⅳ类场地和 8 度Ⅱ类场地的除氧间与汽机房联合的单跨框—排架联合结构体系，其受力状况优于煤仓间与汽机房联合的情况。当除氧间高度不大于汽机房高度，钢支撑按照《抗规》的要求设计时也可采用。

（2）对汽机房与煤仓间联合的混凝土单跨框—排架联合结构体系，当场地条件比 7 度Ⅱ类场地更不利时，至少采用下列措施之一后可适当放宽其应用范围。

1）增设分散布置的剪力墙。

2）增设钢支撑或特殊支撑。

3）框架柱轴压比不大于 0.55。

4）采取特殊构造措施等。

（3）特殊构造措施包括特殊的配箍措施（如连续复合矩形螺旋箍），增设芯柱的框架柱等。

（4）特殊支撑可采用耗能支撑或屈曲约束支撑，可参考图 5-8 进行结构布置。

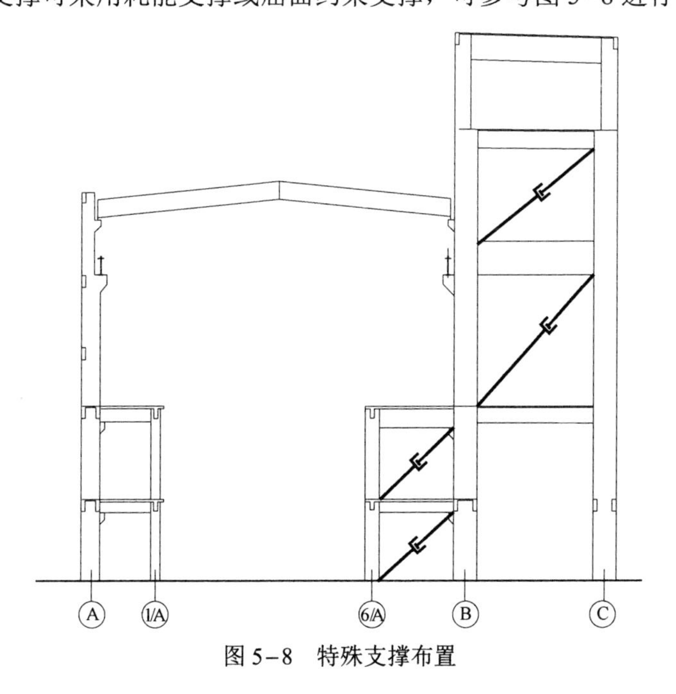

图 5-8　特殊支撑布置

（5）采取特殊措施后放宽使用的结构体系，使用时宜经弹塑性分析验证。

（6）结构在两个主轴方向的动力特性宜接近，抗侧力构件的布置宜规则对称，避免出现错层，并降低扭转不规则的不利影响。

（7）混凝土单跨框—排架联合结构的汽机大平台应与煤仓间或除氧间连接，宜采用刚接的连接方式。

2. 结构分析

（1）符合表 5-11 要求的单跨框—排架联合结构体系，可不进行动力弹塑性分析，但应按照《抗规》的简化方法进行相应的弹塑性变形验算。

（2）计算时应建立空间计算模型，宜采用不少于两个合适的不同力学模型进行分析。

（3）弹性计算时采用振型分解反应谱法，并应计入扭转效应的影响。8 度区的大跨度和长悬挑结构应考虑竖向地震作用的影响。

（4）弹性分析的软件可选择 SATWE、MIDAS 或 SAP2000；弹塑性分析的软件可选择 ABAQUS、MARC 或 ADINA 等。

（5）结构弹性和弹塑性层间位移角均应满足《抗规》的规定。

（6）弹塑性时程分析所选地震波应满足 GB 50011—2010 第 5.1.2 条对选波的规定。

3. 材料

（1）主厂房设计时，优先选用较高强度等级的混凝土材料，主框架混凝土强度等级不宜低于 C40。

（2）受力主筋优先采用 HRB400E 级和 HRB500E 级钢筋，箍筋优先采用 HRB400E 级钢筋，也可采用 HRB335 级和 HPB300 级钢筋。

（3）结构中钢材宜采用 Q345B 和 Q235B 等级及更优质的低合金高强度结构钢。

（4）受力钢筋和结构中钢材应满足 GB 50011—2010 第 3.9 节的规定。

五、结构构件及构造措施

1. 框架柱和梁

（1）当结构体系满足表 5-11 要求时，框架柱轴压比应满足《土规》中关于柱轴压比的规定。

（2）当需要优化柱截面或提高柱屈服后延性时，可采用型钢混凝土组合柱取代钢筋混凝土柱；也可采用增设芯柱的形式，芯柱可采用高强预制钢管混凝土柱，并设置在两端。

（3）框架梁柱节点核芯区应根据《抗规》和《土规》的要求进行验算，验算不满足时应采取附加措施保证节点的安全。

（4）应根据弹塑性分析的结果，对出现的薄弱部位尤其是薄弱柱部位进行加强，可采取严格的配箍措施。

（5）框架柱和梁其他的构造措施可按照《抗规》的规定执行。

2. 剪力墙

（1）剪力墙应沿两个主轴方向分散布置，主要布置在除氧间或煤仓间内，均匀分散靠边布置，尽量使结构刚度均匀。

（2）剪力墙布置时应与工艺专业配合，避开主要管道和主要检修通道，小直径管道可绕开剪力墙或在墙上开洞。尽量利用楼梯间和卫生间等位置布置剪力墙。

（3）设置剪力墙的结构体系，底层剪力墙部分承担的结构总地震倾覆力矩不宜小于20%。应根据在规定的水平力作用下结构底层剪力墙部分承受的地震倾覆力矩与结构总地震倾覆力矩的比值，确定相应的设计方法，并应符合下列规定。

1）当剪力墙部分承担的地震倾覆力矩大于地震总倾覆力矩的 50%时，按框架—剪力墙结构进行设计。

2）当剪力墙部分承担的结构总地震倾覆力矩大于 20%小于 50%时，可按照框架—剪力墙结构进行设计，但框架部分的轴压比和抗震等级宜按框架结构的规定采用。

（4）所设置的剪力墙数量不宜少于两片，剪力墙之间楼屋盖的长宽比应符合 GB 50011—2010 第 5.1.6 条的规定；剪力墙长度一般应超过 5 倍墙厚，但小于 8m。单片剪力墙底部承担的水平剪力不应超过结构底部总水平剪力的 30%。

（5）剪力墙厚度宜取柱中距 1/30～1/40，且大于层高的 1/40，并不应小于 200mm。墙厚大于 400mm 小于 700mm 时，宜在墙中部再配置一排钢筋；当墙厚大于 700mm 时宜采用四排钢筋。

（6）剪力墙端部在主轴线相交处的框架柱宜保留以形成端柱。

（7）在剪力墙非端柱侧的构造边缘构件中，为提高承载能力和延性，可设置型钢以构成型钢混凝土剪力墙。

（8）剪力墙宜从基础顶面起贯通厂房全高，如需开洞则不宜大于墙平面面积的 1/6，且洞口宜上下对齐；但不应在构造边缘构件范围内开洞，在开孔处要采取补强措施。

（9）端部配有型钢的钢筋混凝土剪力墙的厚度、水平和竖向分布钢筋的最小配筋率，宜符合国家标准 GB 50010《混凝土结构设计规范》和行业标准 JGJ 3《高层建筑混凝土结构技术规程》的规定。剪力墙端部型钢周围应配置纵向钢筋和箍筋，以形成暗柱，其箍筋配置应符合国家标准《混凝土结构设计规范》的有关规定。

（10）钢筋混凝土剪力墙端部配置的型钢，其混凝土保护层厚度宜大于 50mm；水平分布钢筋应绕过或穿过墙端型钢，且应满足钢筋锚固长度要求。

（11）周边有型钢混凝土柱和梁的现浇钢筋混凝土剪力墙，剪力墙的水平分布钢筋应绕过或穿过周边柱型钢，且应满足钢筋锚固长度要求；当采用间隔穿过时，宜另加补强钢筋。周边柱的型钢、纵向钢筋、箍筋配置应符合型钢混凝土柱的设计要求，周边梁可采用型钢混凝土梁或钢筋混凝土梁；当不设周边梁时，应设置钢筋混凝土暗梁，暗梁的高度可取 2 倍墙厚。

（12）剪力墙的其他构造措施可按照《抗规》的规定执行。

3. **支撑**

（1）钢支撑—混凝土框架结构中的钢支撑应在两个主轴方向同时设置，且宜上下连续布置，可采用交叉支撑、人字形支撑或 V 形支撑。

（2）底层的钢支撑框架按刚度分配的地震倾覆力矩应大于结构总地震倾覆力矩的 50%。

（3）钢支撑框架部分的斜杆，可按端部铰接计算。

（4）混凝土框架部分承担的地震作用，应按框架结构和支撑框架结构两种计算模型计算，并宜取两者的较大值。当采用性能设计方法，或采取可靠措施能够保证支撑在大震作用下不退出工作时，可不按上述要求设计。

（5）钢支撑框架部分的其他要求可按照 GB 50011—2010《抗规》中附录 G 的规定执行。

（6）防屈曲支撑应选择出力较大能满足主厂房结构使用的支撑类型。

4. 节点

（1）增设高强钢管混凝土芯柱的框架柱可采用图 5-9 所示的配置形式。

（2）支撑与梁柱节点连接可采用图 5-10 所示的连接方式。

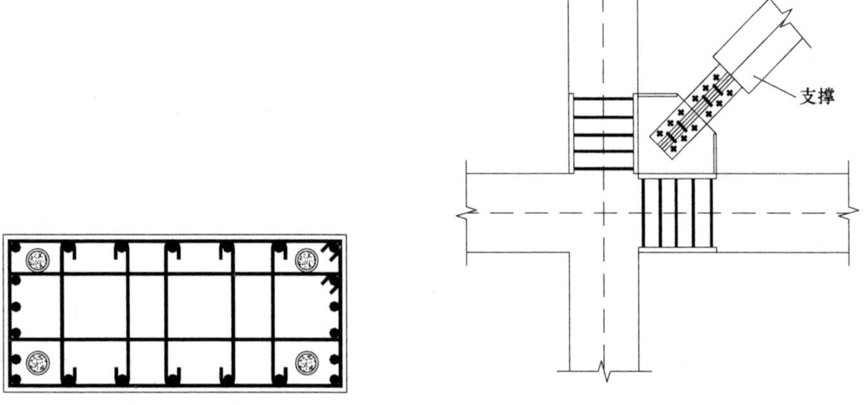

图 5-9　带高强钢管混凝土芯柱框架柱　　图 5-10　支撑与框架的连接节点

（3）型钢混凝土剪力墙端部有端柱与无端柱构造，如图 5-11 所示。

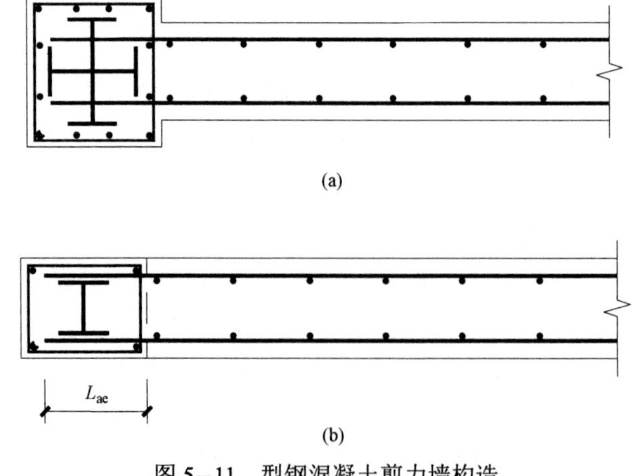

图 5-11　型钢混凝土剪力墙构造

（a）有端柱；（b）无端柱

（4）大平台与 A、B 轴柱相连节点宜采用刚接，刚接接头可采用按规范预留大平台梁钢筋的做法，也可采用图 5-12 所示的连接形式，钢筋连接可采用机械连接或剖口焊连接。其中，柱上可设置牛腿以方便节点施工，有条件时也可以用钢支托代替。

（5）大平台与 A、B 轴柱相连节点采用铰接连接方式时，节点应有良好的转动能力和传递水平力的能力。

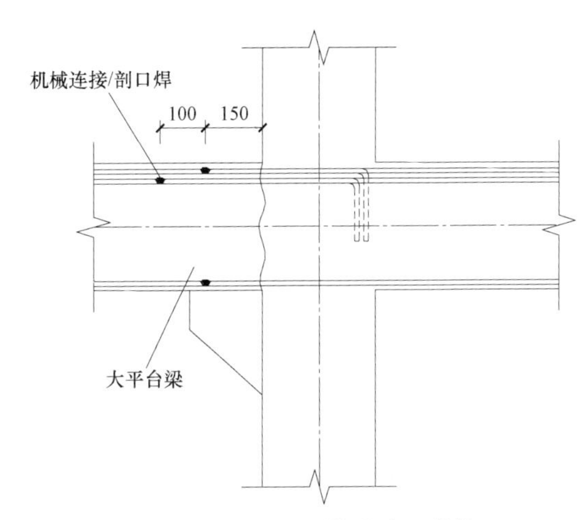

图 5-12　大平台梁与柱刚接节点（单位：mm）

第四节　工　程　实　例

相关的成果已在《火力发电厂主厂房钢筋混凝土结构设计技术导则》Q/DG 1-T012—2014 中体现，并在国电宝鸡第二发电厂扩建工程等多个项目中应用。

国电宝鸡第二发电厂位于宝鸡市凤翔县长青镇石头坡村西，距宝鸡市 32km，距凤翔县 19km，西临千河和宝中铁路，东靠石头坡村和宝冯公路，南面 3.5km 为陈村车站，交通比较便利。该项目在一期工程西北端的预留扩建场地上建设，扩建场地位于千河Ⅱ级阶地，地形为狭长形带状地形，地表开阔平坦，厂区自然地面标高为 643～660m，自然坡率 14.3‰。

国电宝鸡第二发电厂为两台 600MW 机组，主厂房采用现浇钢筋混凝土框排架结构，煤仓间为侧煤仓布置的独立纯框架结构。汽机房屋面采用双坡实腹钢梁有檩体系，屋面采用自防水带保温双层压型钢板；除氧间与煤仓间屋面及各层楼盖采用 H 型钢梁—现浇钢筋混凝土楼板组合结构；汽机房平台采用现浇钢筋混凝土框架结构，楼板为 H 型钢梁—现浇钢筋混凝土板结构，与主厂房 A、B 轴框架柱铰接连接。煤斗采用支承式结构；汽轮发电机基础采用现浇钢筋混凝土框架式结构，四周采用变形缝与周围建筑分开。

主厂房结构主要布置参数见表 5-12，结构平、剖面布置如图 5-13 和图 5-14 所示，设计条件如下。

（1）抗震设防烈度为 7 度，地震动峰值加速度为 0.181g，设计地震分组为第一组；场地类别为Ⅱ类。

（2）基本风压为 0.35kN/m^2，地面粗糙度为 B 类。

表 5-12　　主厂房结构主要布置参数（一台机）

项　次	参　数
横向宽度（m）	A—B：30.0
	B—C：9.0

续表

项　次	参　数
纵向长度（m）	76.0
柱截面（mm）	A 排柱：700×1600
	B 排柱：700×2000
	C 排柱：700×1800
运转层高度（m）	13.65
除氧器层高度（m）	23.00
屋面高度（m）	汽机房：34.63
	除氧间：23.00～23.30

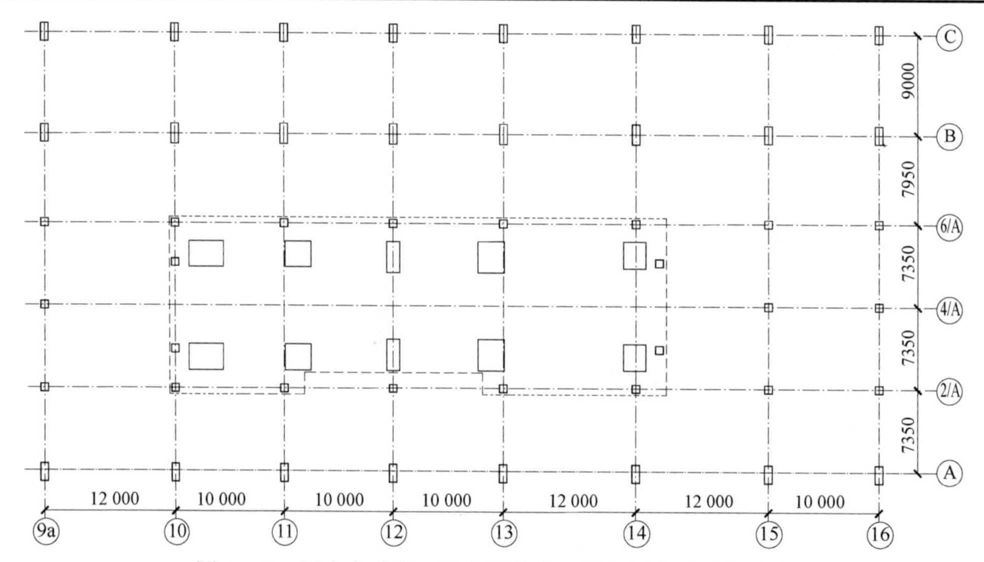

图 5-13　国电宝鸡第二发电厂扩建工程主厂房平面布置图

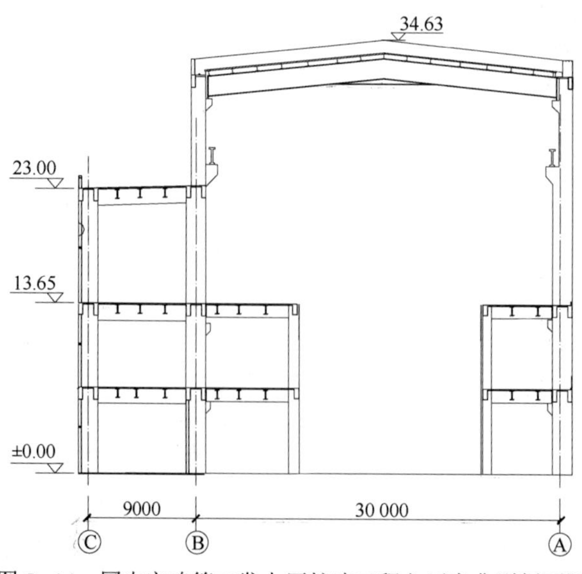

图 5-14　国电宝鸡第二发电厂扩建工程主厂房典型剖面图

第六章 循环流化床单跨框—排架主厂房结构

循环流化床机组比传统布置的单框—排架结构的整体高度增加，工艺布置上取消了磨煤机，运转层的高度比传统方案有所抬高。本章对350、600MW机组容量的这种单跨框—排架结构体系及其改进体系的抗震性能进行了相关分析，包括结构的破坏模式和部位及此类结构适用的范围。

第一节　循环流化床机组混凝土主厂房结构

一、主要分析内容

选取2×350MW超临界热电联产机组钢筋混凝土结构主厂房（悬吊式煤斗）和600MW超临界热电联产机组钢筋混凝土结构主厂房（支撑式煤斗）作为分析对象，结构体系为汽机房+除氧煤仓间，除氧煤仓间为现浇钢筋混凝土单框架结构，汽机房为钢筋混凝土竖向排架结构（大平台以上为排架），整体为单跨框—排架结构体系，结构模型如图6-1所示。

350MW主厂房一号机纵向7跨共长63.00m，横向总长37.85m，除氧煤仓间共7层，总高48.55m，其中煤斗层标高42.20m，汽机房屋顶层标高33.90m，结构第1～4层A列框架柱截面尺寸700mm×1700mm，第1～6层B、C列框架柱截面尺寸750mm×1800mm，煤斗梁截面尺寸650mm×2200mm和600mm×2200mm。

350MW主厂房二号机纵向10跨共长95.00m，横向总长37.70m，除氧煤仓间共8层，总高57.55m，其中煤斗层标高42.20m，汽机房屋顶层标高33.90m，结构第1～4层A列框架柱截面尺寸700mm×1400mm，结构B、C列框架柱和煤斗梁的截面尺寸与一号机相同。

600MW主厂房纵向8跨共长91.00m，横向总长39.00m，除氧煤仓间共8层，总高67.80m，其中煤斗层标高44.97m，汽机房屋顶层标高33.70m，结构第1～4层A列框架柱截面尺寸700mm×1600mm，第1～3层B、C列框架柱截面尺寸900mm×2000mm，第4～5层B、C列框架柱截面尺寸900mm×1500mm，6层以上B、C列框架柱截面尺寸900mm×1200mm，煤斗梁截面尺寸主要为800mm×2600mm和700mm×2000mm，A、B、C列纵梁截面尺寸400mm×1000mm（双梁）。

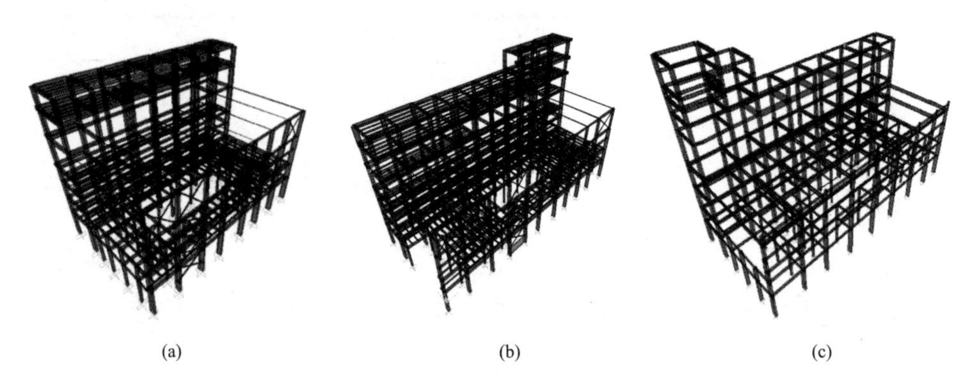

(a) (b) (c)

图 6-1　火电厂主厂房结构模型

(a) 350MW 一号机主厂房；(b) 350MW 二号机主厂房；(c) 600MW 主厂房

采用理论分析与有限元分析结合的方法，完成以下主要内容：

（1）对 2×350MW 流化床机组的一号机主厂房结构（悬吊煤斗）进行 7 度（0.15g）和 8 度（0.2g）罕遇地震作用下的动力弹塑性分析，地震动输入根据Ⅱ类场地三种特征周期条件，分别选择 2 组天然波和 1 组人工波（共 9 组时程），并考虑地震作用的主方向分别作用于结构纵、横向，共进行 36 种弹塑性工况分析，对该主厂房结构的抗震性能进行了分析、对比和研究。

（2）对 2×350MW 流化床机组的二号机主厂房结构（悬吊煤斗）进行 7 度（0.1g）设防地震、7 度（0.1g）罕遇地震、7 度（0.15g）罕遇地震、8 度（0.2g）罕遇地震作用下的动力弹塑性分析，考虑Ⅱ类场地三种特征周期，地震作用的主方向分别作用于结构纵、横向，共进行 40 种弹塑性工况分析，对该主厂房结构的抗震性能进行了分析、对比和研究。

（3）对 600MW 流化床机组的主厂房结构（支承煤斗）进行 7 度（0.1g）罕遇地震和 8 度（0.2g）罕遇地震作用下的动力弹塑性分析，考虑Ⅱ类场地三种特征周期，地震作用的主方向分别作用于结构纵、横向，共进行了 22 种弹塑性工况分析，对该主厂房结构的抗震性能进行了分析、对比和研究。

二、有限元分析

采用弹性和弹塑性动力时程分析方法进行计算分析，采用的软件主要有：PKPM、SAP2000、ABAQUS 和 MATLAB。计算分析的过程和主要结果如下：

1. 结构有限元分析模型

分别在 SAP2000、ABAQUS 中建立结构模型，与 SATWE 模型进行对比，确保对于不同软件，结构模型的动力特征一致，见表 6-1。

表 6-1　SAP2000 模型和 SATWE 模型模态分析结果对比

振型	350MW 一号机			350MW 二号机			600MW 主厂房		
	周期（s）		扭转系数	周期（s）		扭转系数	周期（s）		扭转系数
	SATWE	SAP2000		SATWE	SAP2000		SATWE	SAP2000	
1	2.16	2.07	0.05	2.23	2.27	0.06	2.30	2.34	0.03

续表

振型	350MW 一号机			350MW 二号机			600MW 主厂房		
	周期（s）		扭转系数	周期（s）		扭转系数	周期（s）		扭转系数
	SATWE	SAP2000		SATWE	SAP2000		SATWE	SAP2000	
2	1.73	1.76	0.06	1.84	1.84	0.15	1.85	1.66	0.09
3	1.34	1.32	0.88	1.47	1.50	0.68	1.44	1.26	0.61

2. 选取地震动

考虑Ⅱ类、三种分组场地条件，选择满足规范要求的地震加速度时程曲线，其中包括 6 组天然地震波和 3 组人工波，如图 6-2 所示。

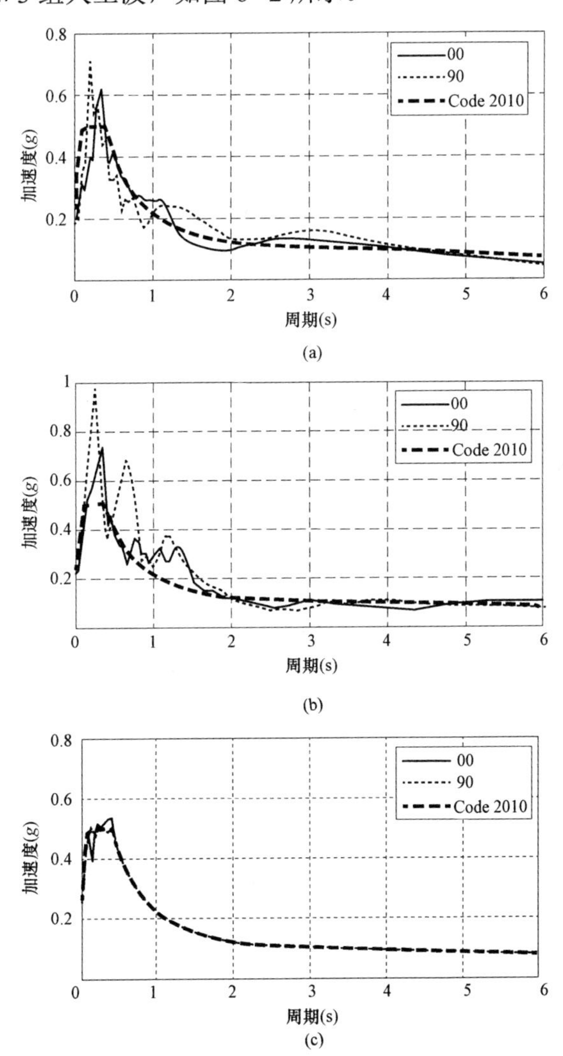

图 6-2　特征周期 T_g 为 0.40s 的三组地震波反应谱

（a）天然波 1；（b）天然波 2；（3）人工波 1

（00 表示纵向；90 表示横方向；Code 2010 表示按照抗震规范）

3. 结构动力特性计算分析

在 SAP2000 中建立钢筋混凝土主厂房结构的线性模型，进行模态分析，考察结构主要振型的特点，以此考察结构在水平面内的扭转响应和竖向刚度有无明显的薄弱层。主厂房结构水平向偏心率如图 6–3 所示。

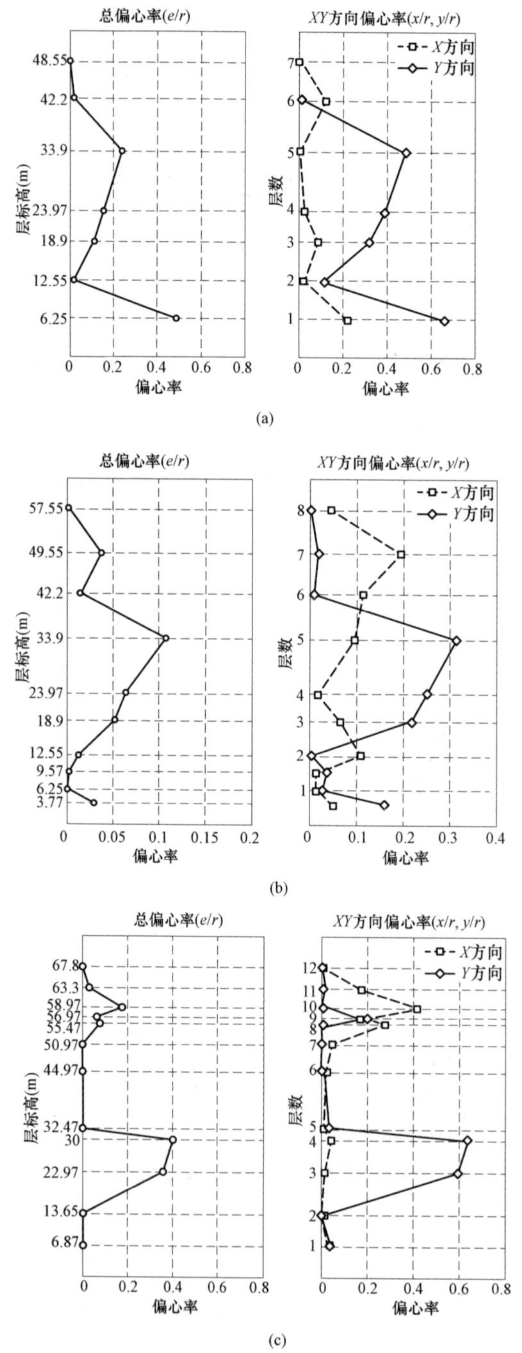

图 6–3　火电厂主厂房结构水平向偏心率

（a）350MW 一号机主厂房；（b）350MW 二号机主厂房；（c）600MW 主厂房

4. ABAQUS 弹塑性分析模型

在 ABAQUS 中建立钢筋混凝土结构弹塑性分析模型，考虑结构模型在材料、边界和几何非线性属性，梁、柱构件采用纤维模型，支撑采用考虑压屈和受拉屈服的支撑单元。材料本构模型如图 6–4 所示。

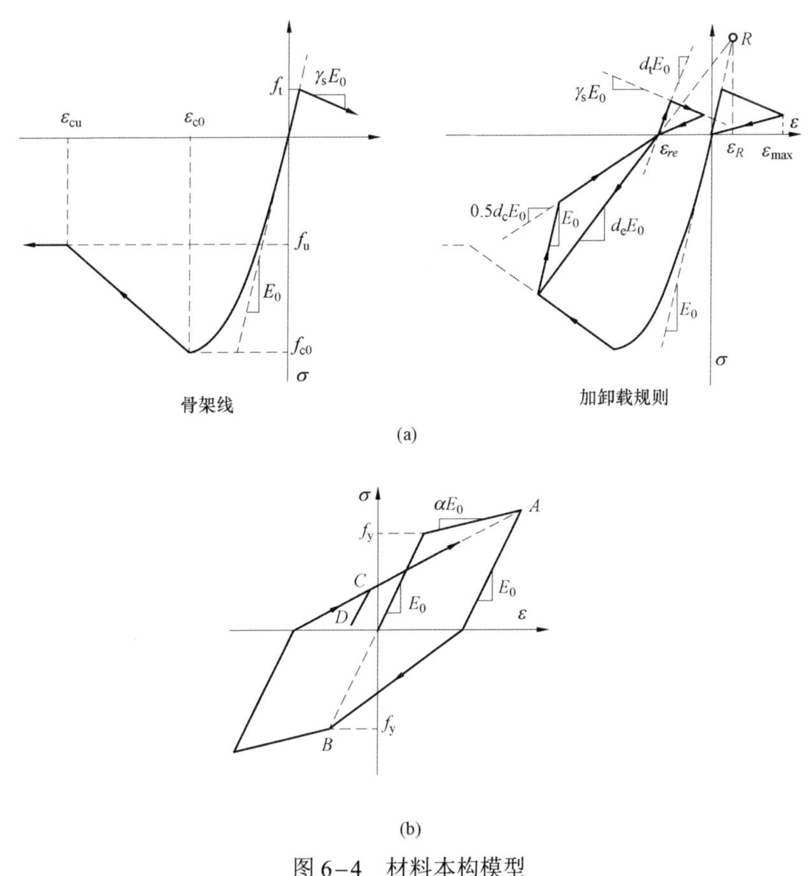

图 6–4　材料本构模型

（a）混凝土材料骨架曲线及滞回规则；（b）钢筋材料滞回规则

5. 地震作用下的弹塑性时程分析

在 ABAQUS 中对主厂房结构模型进行不同设防烈度下弹塑性时程分析，基于整体层面和构件层面分别对结构抗震性能进行评估，得到结构的薄弱部位、损伤发展顺序，校验结构是否能够满足相应的抗震性能要求。

（1）宏观方面，主厂房结构模型层间位移角的分析结果见图 6–5。

1）在 7 度罕遇地震作用下，结构最大层间位移角未超过规范限值，结构抗震性能满足规范要求。

2）在 8 度罕遇地震作用下，结构最大层间位移角超过了规范限值，不满足规范要求。

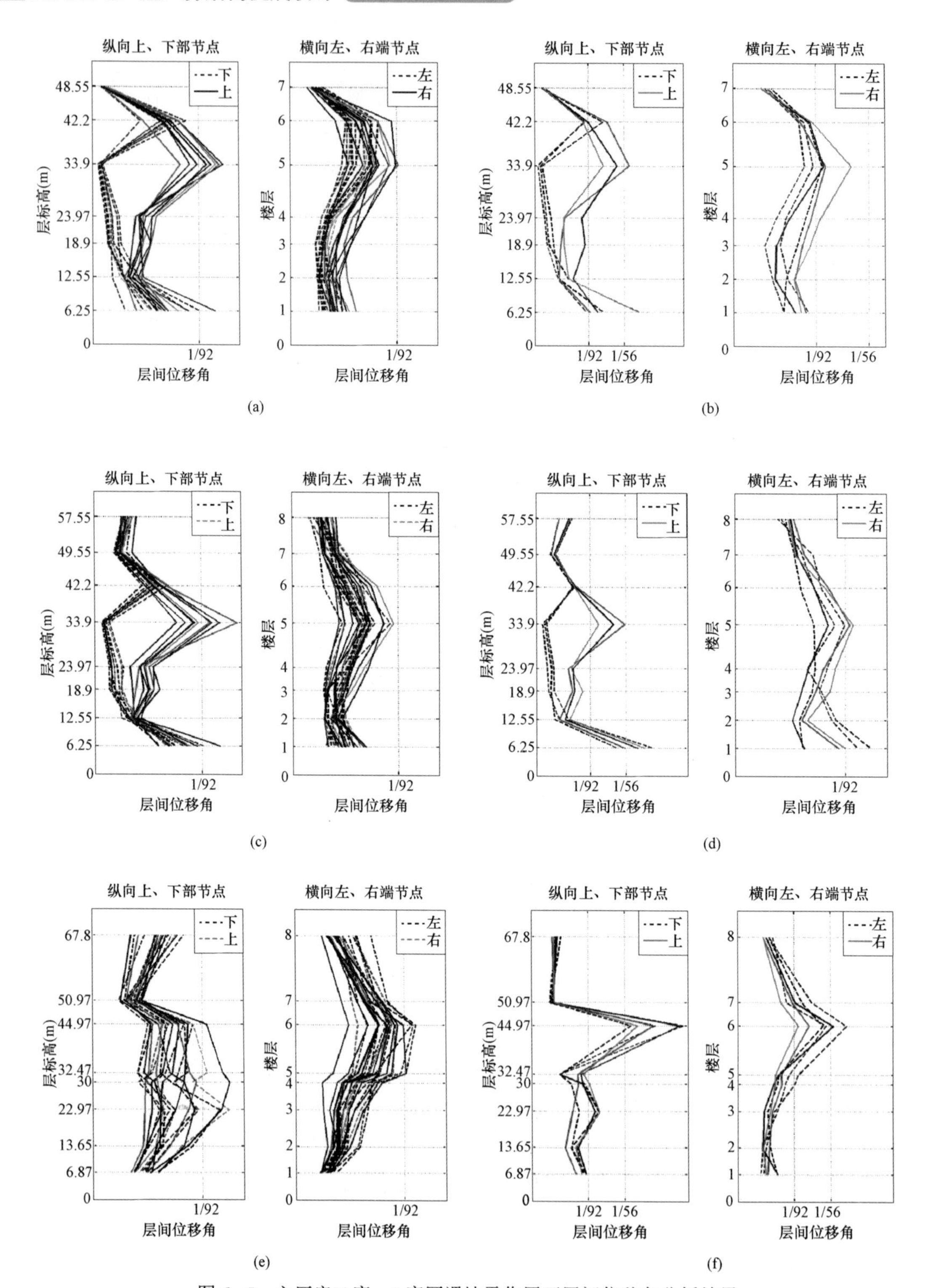

图 6-5　主厂房 7 度、8 度罕遇地震作用下层间位移角分析结果

（a）350MW 一号机主厂房 7 度罕遇地震作用；（b）350MW 一号机主厂房 8 度罕遇地震作用；
（c）350MW 二号机主厂房 7 度罕遇地震作用；（d）350MW 二号机主厂房 8 度罕遇地震作用；
（e）600MW 主厂房 7 度罕遇地震作用；（f）600MW 主厂房 8 度罕遇地震作用

（2）微观方面主厂房结构模型在7度、8度罕遇地震作用下构件损伤分析结果见图6-6。

1）在7度罕遇地震作用下，构件受损较轻，结构抗震性能满足规范要求。

2）在8度罕遇地震作用下，构件受损比较严重，尤其是结构底部楼层及煤斗层部位的柱构件损伤较重。

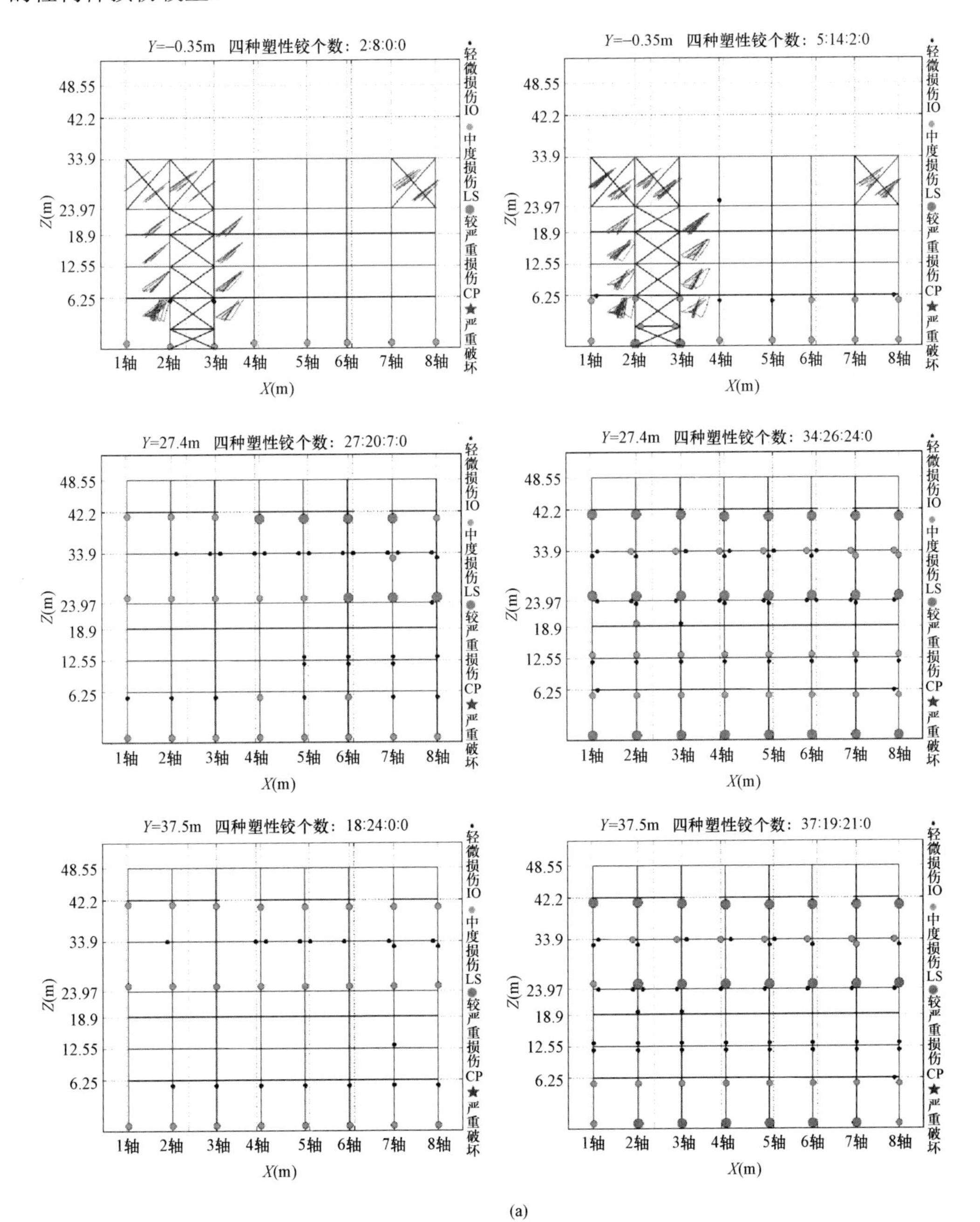

(a)

图6-6　主厂房7度、8度罕遇地震作用下构件损伤分析结果（左侧为7度罕遇，右侧为8度罕遇）（一）

（a）350MW一号机主厂房

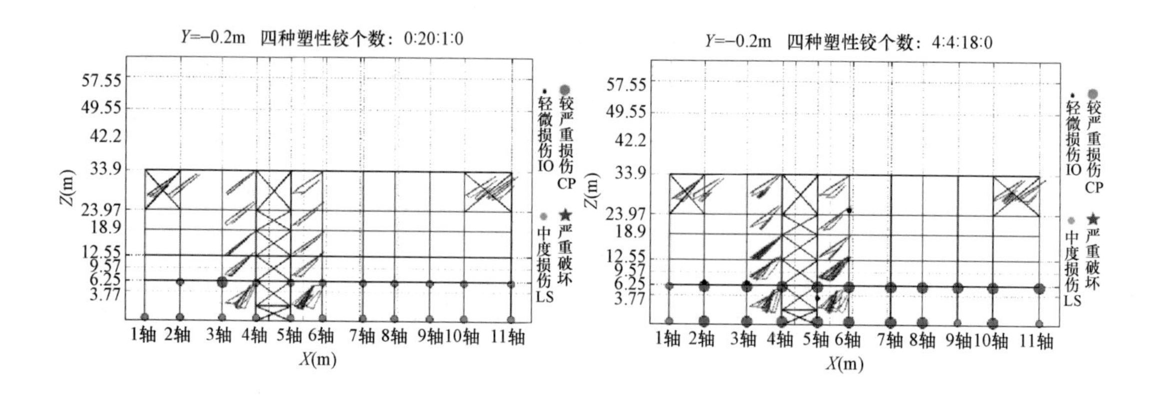

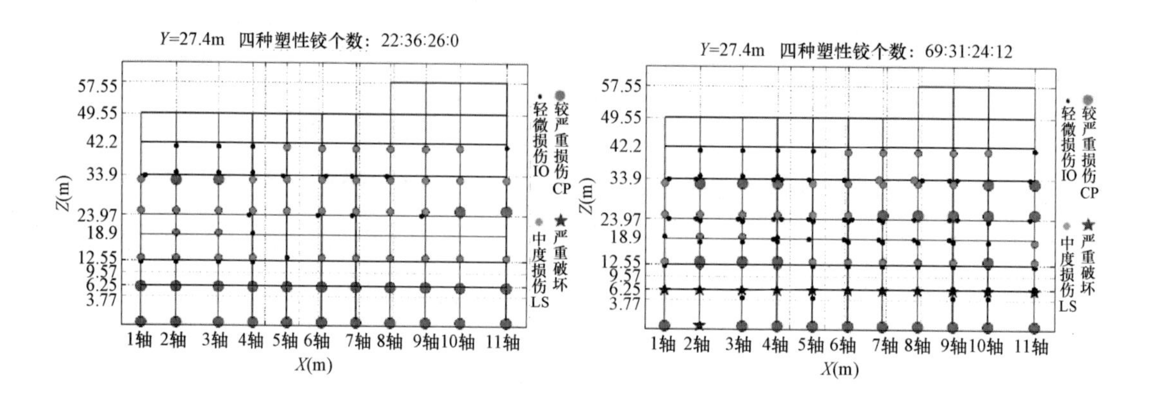

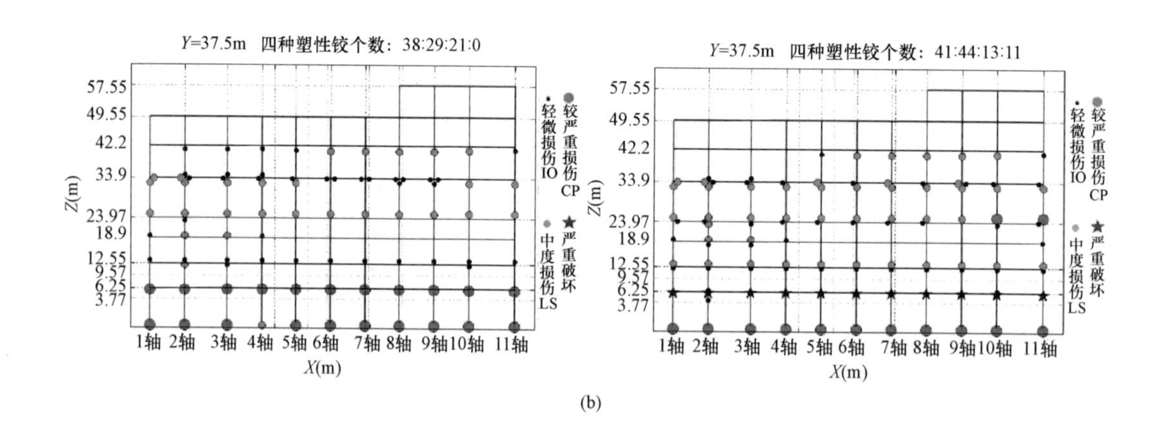

(b)

图 6-6 主厂房 7 度、8 度罕遇地震作用下构件损伤分析结果（左侧为 7 度罕遇，右侧为 8 度罕遇）（二）

（b）350MW 二号机主厂房

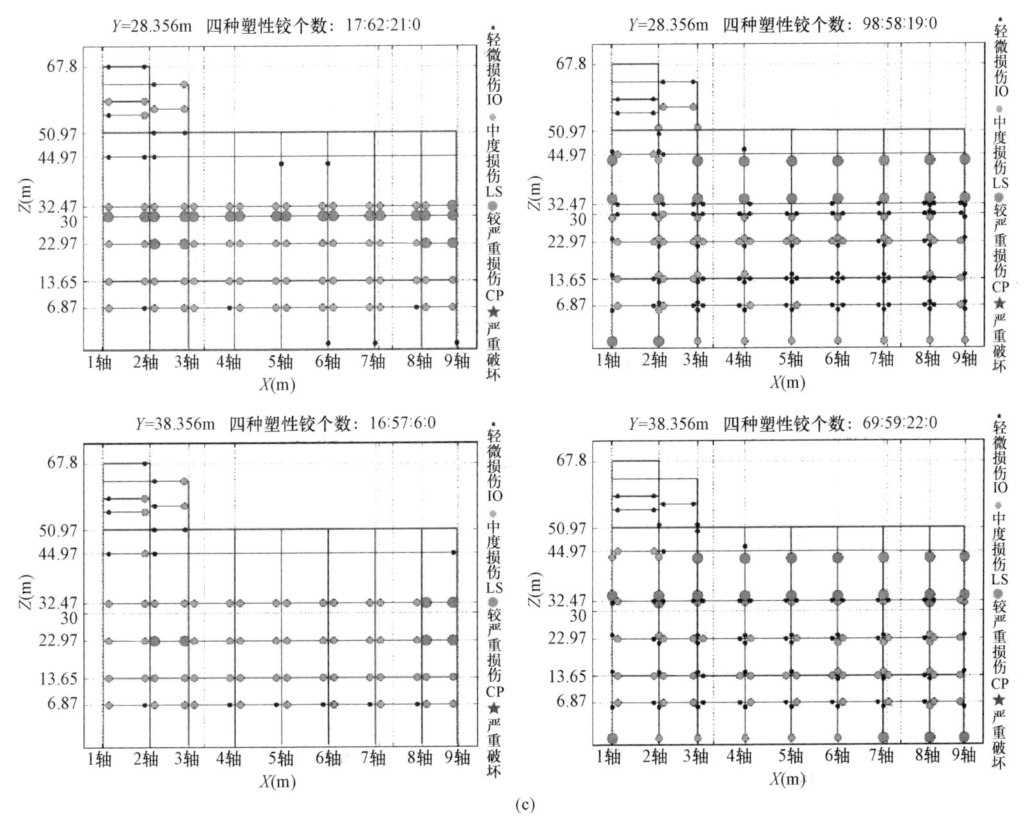

图 6-6　主厂房 7 度、8 度罕遇地震作用下构件损伤分析结果（左侧为 7 度罕遇，右侧为 8 度罕遇）（三）

（c）600MW 主厂房

三、主要结论

（1）结构刚度和质量竖向分布不规则，有软弱层，楼层质量水平分布不规则，存在明显的扭转。

（2）2×350MW 流化床机组一、二号机钢筋混凝土主厂房结构（悬吊煤斗）和 600MW 主厂房钢筋混凝土主厂房结构（支承煤斗），在 7 度（0.15g，Ⅱ类场地）罕遇地震作用下，抗震性能满足规范要求；上述三个典型循环流化床单框—排架结构主厂房，在不做改进的前提下，8 度（0.2g）罕遇地震作用下不能满足规范要求。

（3）结构层间变形较大的楼层是第 1 层、煤斗层、和汽机房屋顶标高层。损伤集中于除氧煤仓间的底层、煤斗层和错层处。

（4）结构破坏模式以柱塑性铰为主，未形成强柱弱梁的机制。过高的柱轴压比导致底层框架柱在罕遇地震作用下损伤严重，建议柱轴压比控制在 0.65 左右。

第二节　改进型循环流化床机组混凝土主厂房结构

上述 3 个典型循环流化床单框—排架结构主厂房，在 8 度（0.2g）罕遇地震作用下不能满足规范要求，基于传统加强结构的思想和消能减震设计理论对原结构进行改进，主要改进措施分为：增大柱截面尺寸、增设分散剪力墙、布置防屈曲支撑及煤斗减震技术方案。

一、主要分析内容

（1）8 度（0.2g）罕遇地震作用下，对 2×350MW 流化床机组一、二号机主厂房结构和 600MW 主厂房结构采用防屈曲支撑或煤斗减震技术后分别进行 18 组弹塑性工况分析（共 108 组），研究消能减震改进型方案适用性。

（2）8 度（0.2g）罕遇地震作用下，对 2×350MW 流化床机组二号机主厂房结构增设分散剪力墙或增大柱截面后的改进方案进行抗震性能分析，研究传统加强改进型方案适用性。

二、有限元分析

采用弹性和弹塑性动力时程分析方法进行，采用的软件：SAP2000、ABAQUS 和 MATLAB。研究的过程和主要结果如下。

1. 确定主厂房结构改进方案

（1）根据工艺要求及耗能器布置原则确定防屈曲支撑设计方案。火电厂主厂房防屈曲支撑减震结构模型如图 6-7 所示。

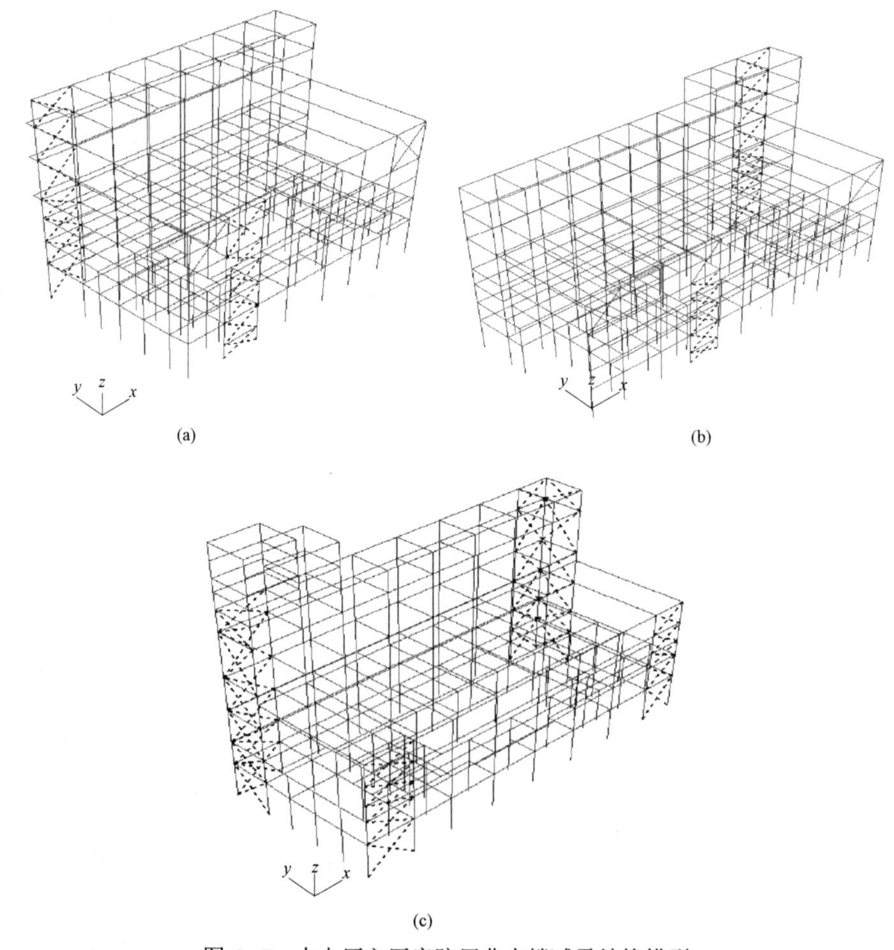

图 6-7 火电厂主厂房防屈曲支撑减震结构模型

（a）350MW 一号机主厂房；（b）350MW 二号机主厂房；（c）600MW 主厂房

（2）依据调频减振原理，确定煤斗减震技术方案。火电厂主厂房煤斗减震布置如图 6–8 所示。

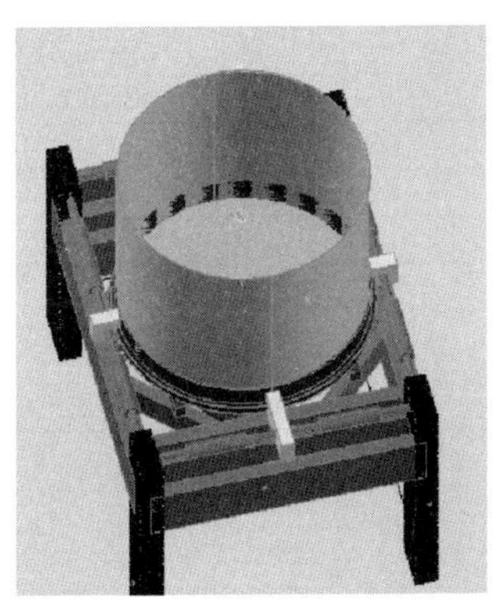

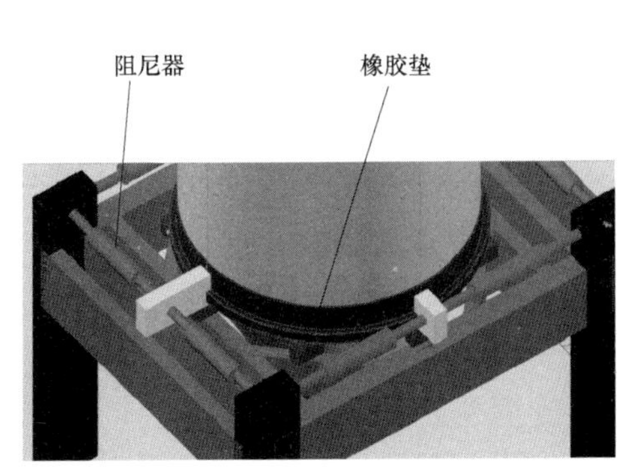

图 6–8　火电厂主厂房煤斗减震布置示意图

（3）增大柱子截面尺寸（350MW 二号机主厂房）。将 B、C 列第 1～6 层的柱子截面尺寸由原来的 750mm×1800mm 改为 900mm×2000mm。

（4）布置分散剪力墙方案（350MW 二号机主厂房）。在结构 B、C 列第 1～6 层的部分柱子处布置分散剪力墙，剪力墙厚度 600mm，长度 3.6m。

火电厂主厂房传统加强改进型结构模型如图 6–9 所示。

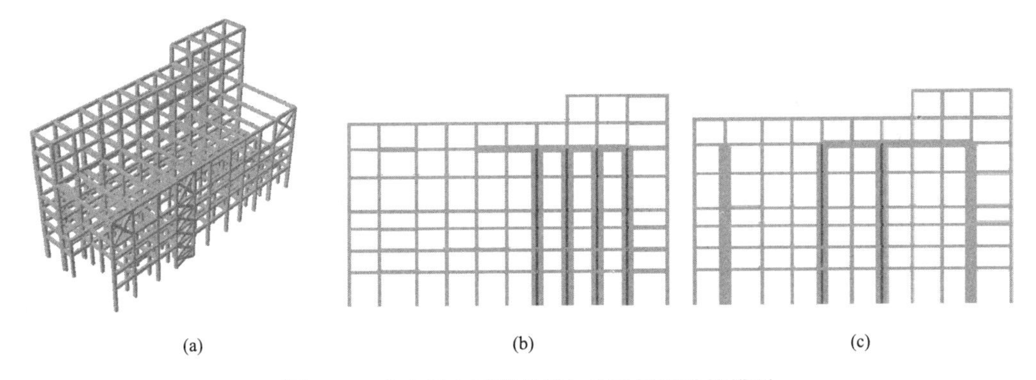

图 6–9　火电厂主厂房传统加强改进型结构模型

（a）增大柱子截面尺寸；（b）分散剪力墙方案 1；（c）分散剪力墙方案 2

2. 改进型结构有限元分析模型的确定

在 ABAQUS 中建立改进型结构弹塑性分析模型，钢筋混凝土结构部分与之前建立方法相同，添加的防屈曲支撑采用 ABAQUS 提供的连接单元 CONN3D2 模拟，同时采用 ABAQUS 提供的弹簧单元 SPRING2 和黏滞阻尼单元 DASHPOT2 建立支撑式煤斗减震模型。

3. 改进型结构在 8 度罕遇地震作用下的弹塑性时程分析及与原结构对比

（1）防屈曲支撑模型减震效果对比。

1）最大层间位移角分析结果对比见表 6–2。

表 6-2　　　　　　　　　　最大层间位移角分析结果对比

工况	350MW 一号机 X 主方向		350MW 一号机 Y 主方向		350MW 二号机 X 主方向		350MW 二号机 Y 主方向		600MW X 主方向		600MW Y 主方向	
地震波	前	后	前	后	前	后	前	后	前	后	前	后
工况 1	1/52	1/59	1/82	1/61	1/56	1/70	1/83	1/80	1/42	1/54	1/61	1/67
工况 2	1/60	1/84	1/45	1/87	1/49	1/80	1/49	1/90	1/30	1/64	1/57	1/62
工况 3	1/47	1/65	1/64	1/72	1/43	1/56	1/54	1/72	1/41	1/53	1/47	1/69
平均值	1/52	1/68	1/60	1/72	1/49	1/67	1/59	1/80	1/37	1/57	1/54	1/66

2）构件损伤对比如图 6-10 所示。

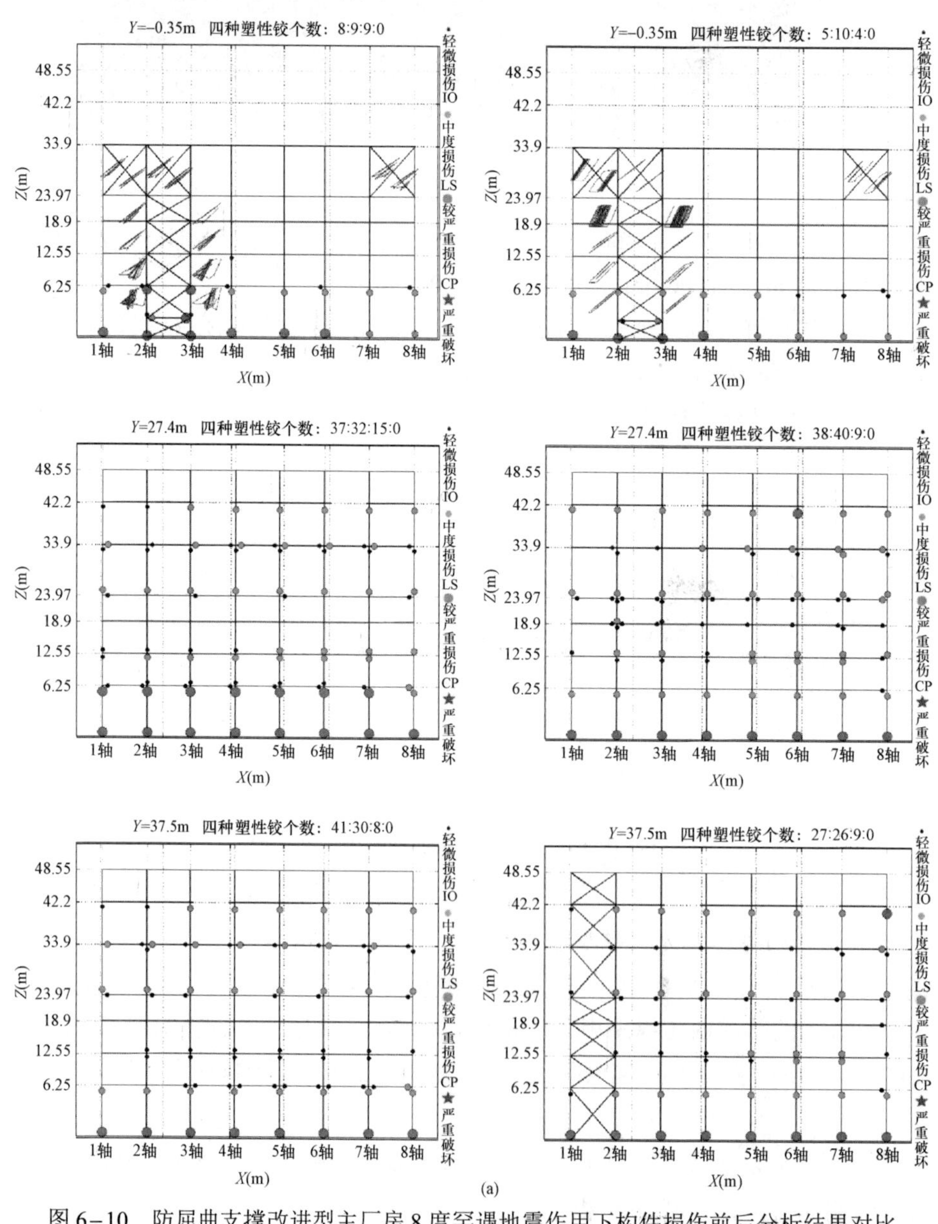

(a)

图 6-10　防屈曲支撑改进型主厂房 8 度罕遇地震作用下构件损伤前后分析结果对比（左侧为改进前，右侧为改进后）（一）

（a）350MW 一号机主厂房

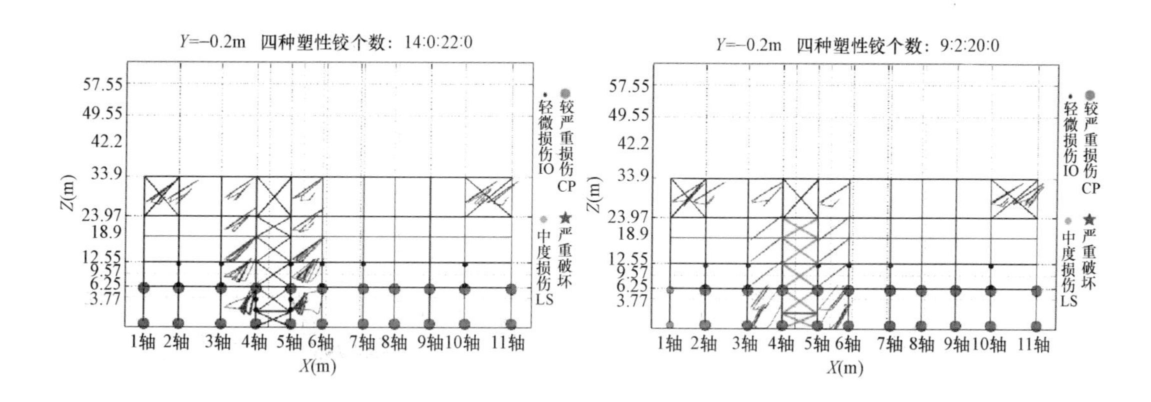

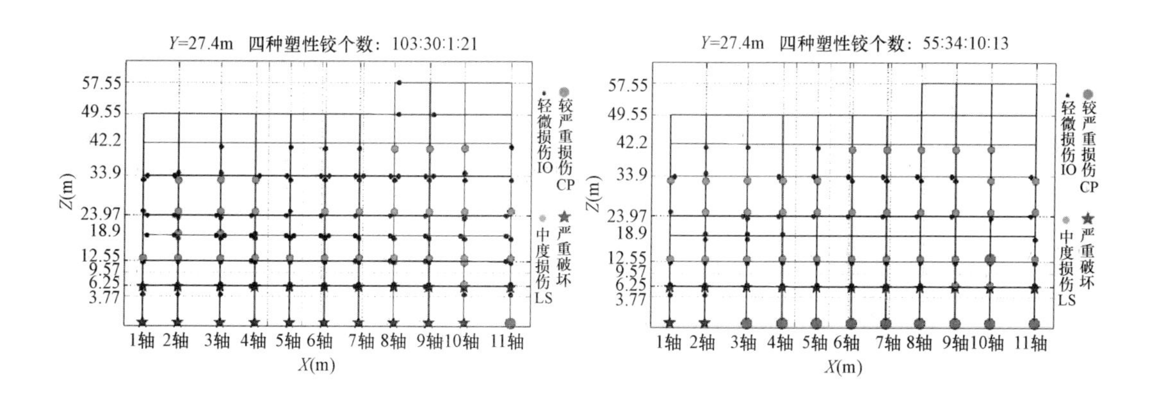

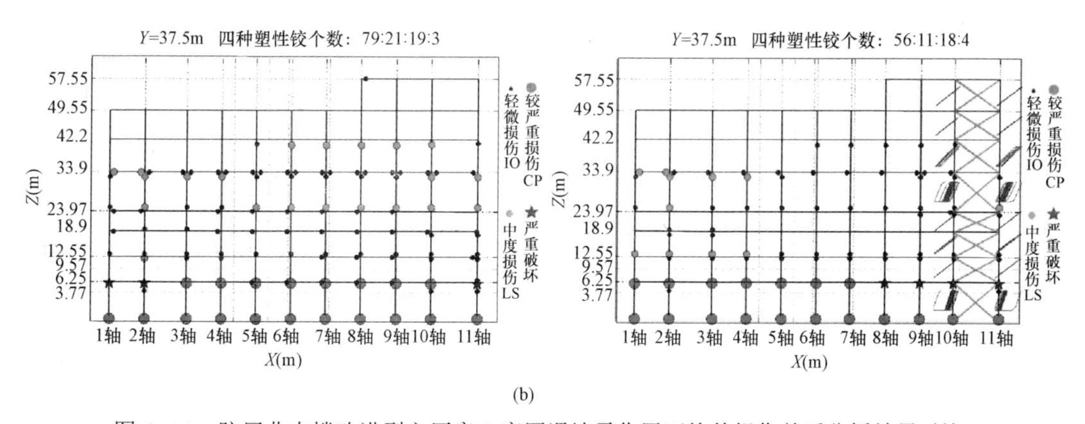

(b)

图 6-10　防屈曲支撑改进型主厂房 8 度罕遇地震作用下构件损伤前后分析结果对比（左侧为改进前，右侧为改进后）（二）

（b）350MW 二号机主厂房

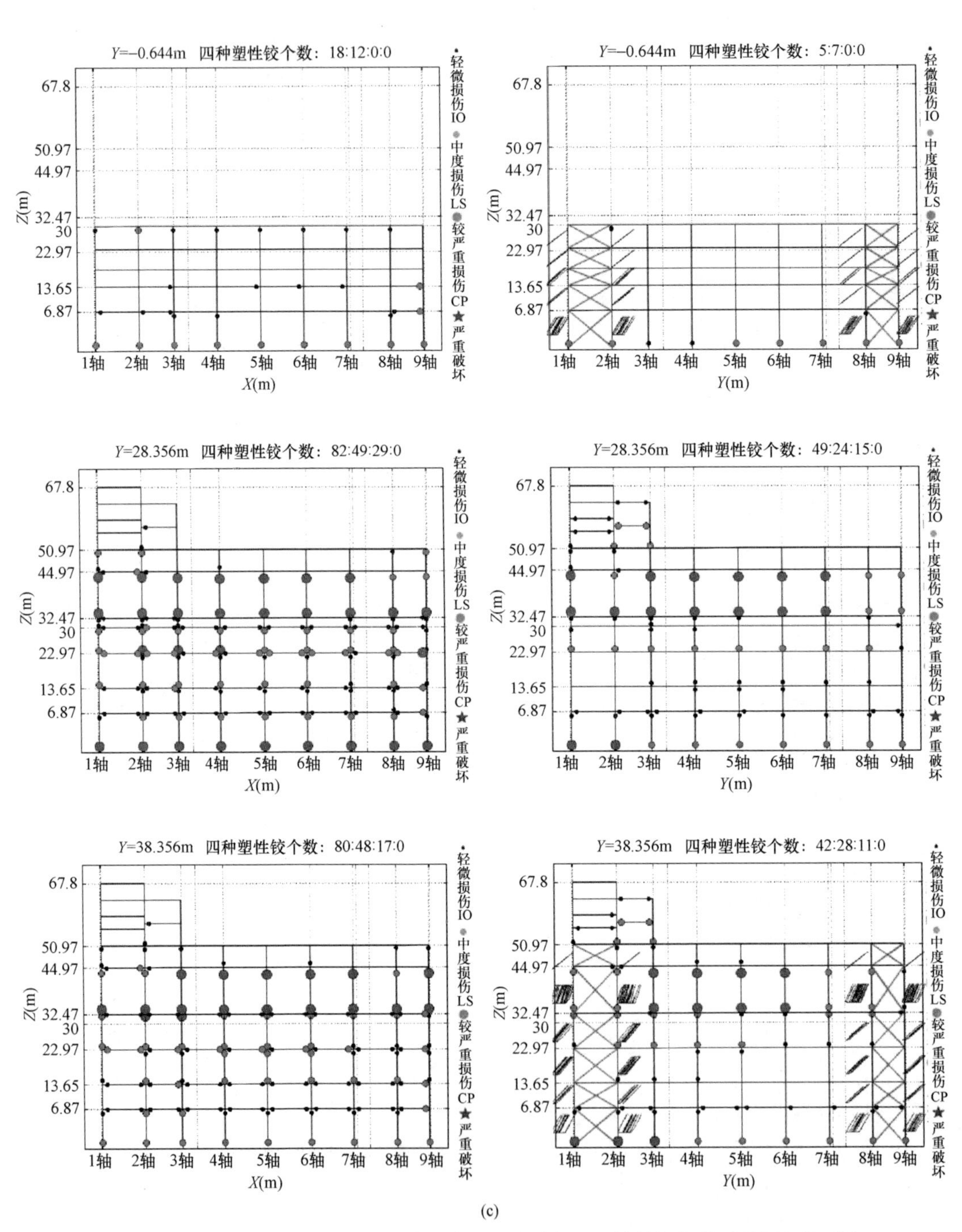

(c)

图 6-10 防屈曲支撑改进型主厂房 8 度罕遇地震作用下构件损伤前后分析结果对比

（左侧为改进前，右侧为改进后）（三）

（c）600MW 主厂房

（2）煤斗减震模型减震效果对比。

1）最大层间位移角分析结果对比见表 6-3。

表 6-3　　　　最大层间位移角分析结果对比

工况	350MW 一号机 X 主方向		350MW 一号机 Y 主方向		350MW 二号机 X 主方向		350MW 二号机 Y 主方向		600MW X 主方向		600MW Y 主方向	
地震波	前	后	前	后	前	后	前	后	前	后	前	后
工况 1	1/52	1/69	1/82	1/86	1/57	1/85	1/77	1/73	1/42	1/68	1/61	1/84
工况 2	1/60	1/65	1/45	1/62	1/49	1/69	1/49	1/70	1/30	1/97	1/57	1/69
工况 3	1/47	1/67	1/64	1/86	1/43	1/37	1/54	1/63	1/41	1/75	1/47	1/74
平均值	1/52	1/67	1/60	1/81	1/49	1/56	1/58	1/68	1/36	1/78	1/54	1/75

2）构件损伤对比如图 6-11 所示。

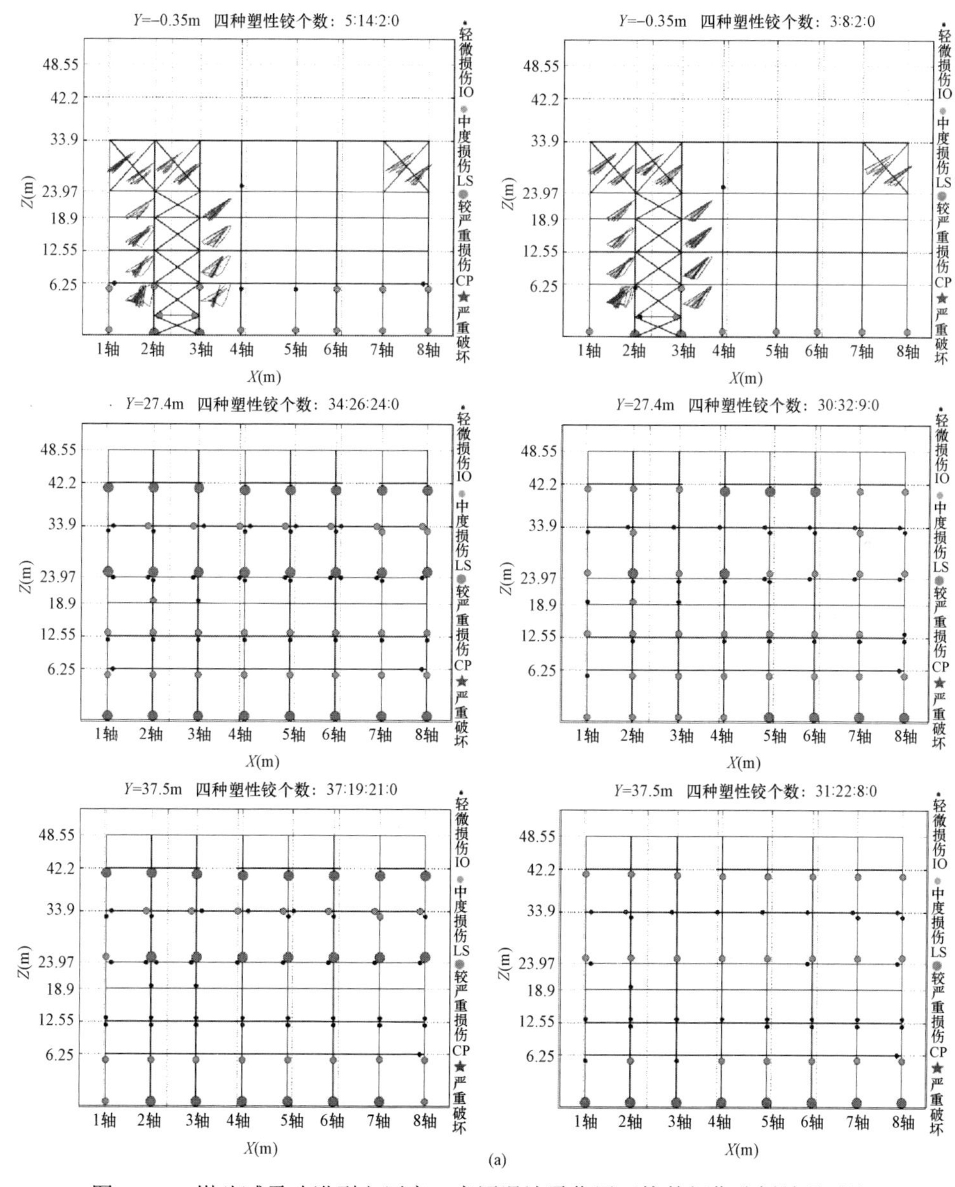

图 6-11　煤斗减震改进型主厂房 8 度罕遇地震作用下构件损伤分析结果对比
（左侧为改进前，右侧为改进后）（一）
（a）350MW 一号机主厂房

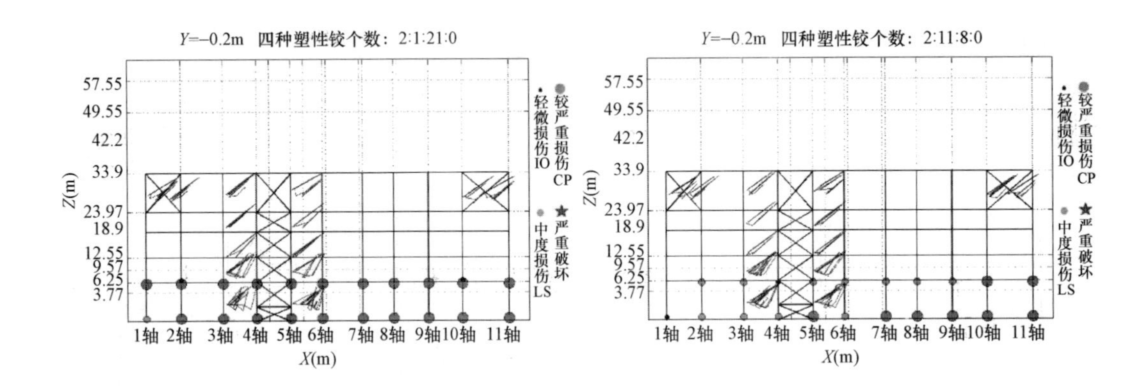

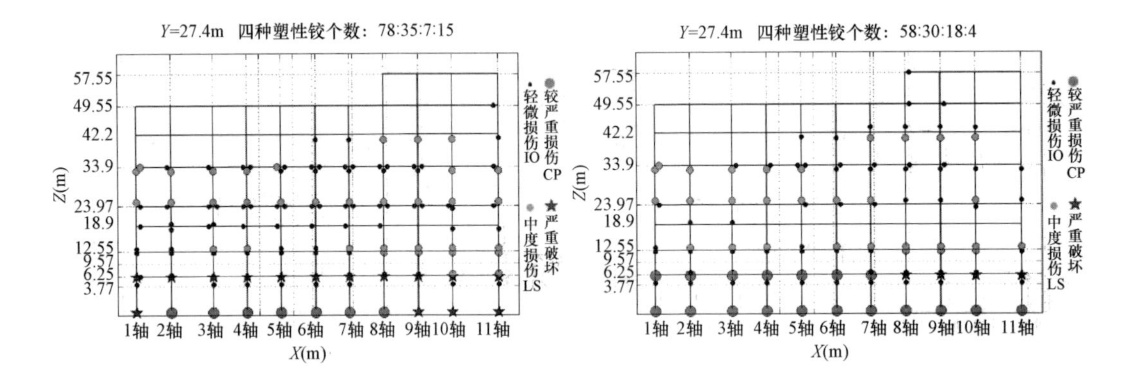

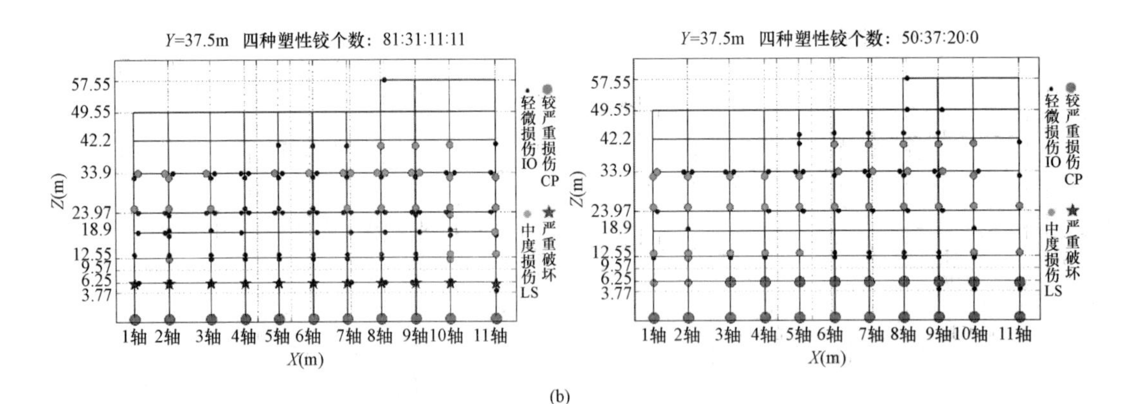

(b)

图 6-11 煤斗减震改进型主厂房 8 度罕遇地震作用下构件损伤分析结果对比（左侧为改进前，右侧为改进后）（二）

（b）350MW 二号机主厂房

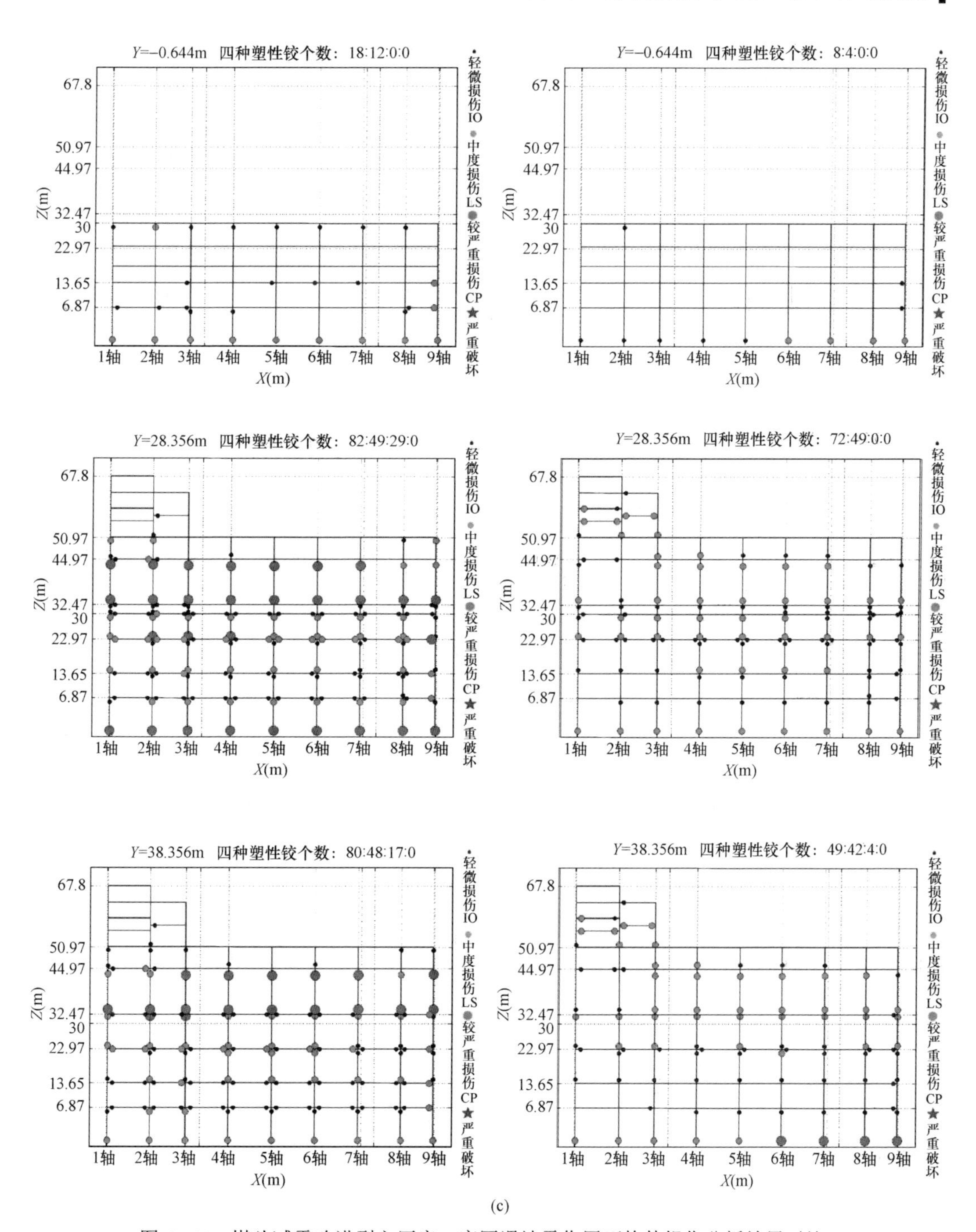

图 6-11 煤斗减震改进型主厂房 8 度罕遇地震作用下构件损伤分析结果对比
（左侧为改进前，右侧为改进后）（三）

（c）600MW 主厂房

（3）布置分散剪力墙效果对比。

1）最大层间位移角分析结果对比见表 6-4。

表 6-4　　最大层间位移角分析结果对比

工况	方案 1 X 主方向		方案 1 Y 主方向		方案 2 X 主方向		方案 2 Y 主方向	
地震波	前	后	前	后	前	后	前	后
工况 1	1/56	1/83	1/83	1/84				
工况 2	1/49	1/64	1/49	1/72	1/43	1/62	1/54	1/83
工况 3	1/43	1/65	1/54	1/77				
平均值	1/48	1/69	1/59	1/77	1/43	1/62	1/54	1/83

2）构件损伤对比如图 6-12 所示。

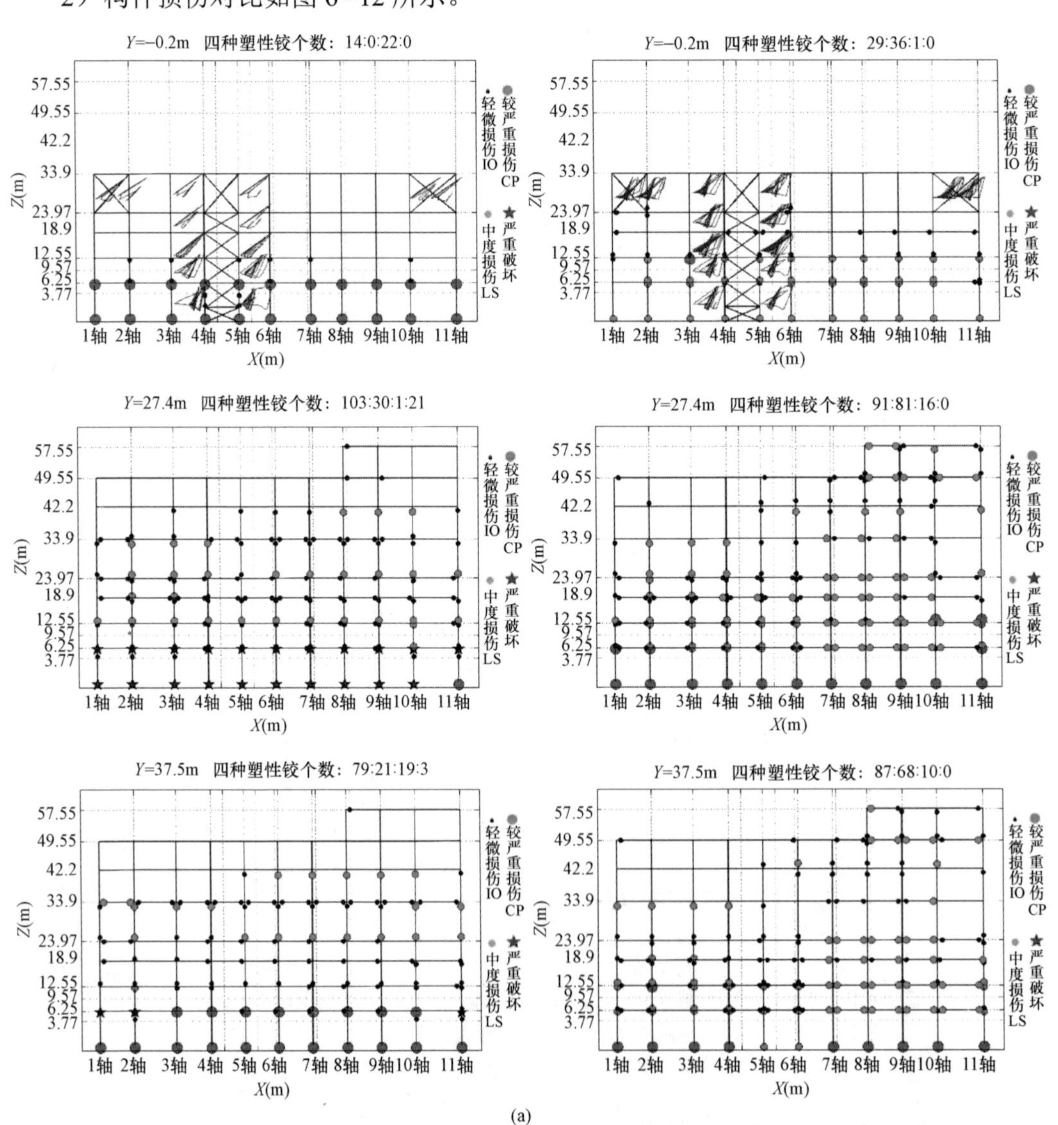

图 6-12　布置分散剪力墙改进型主厂房 8 度罕遇地震作用下构件损伤分析结果对比（左侧为改进前，右侧为改进后）（一）

（a）方案 1

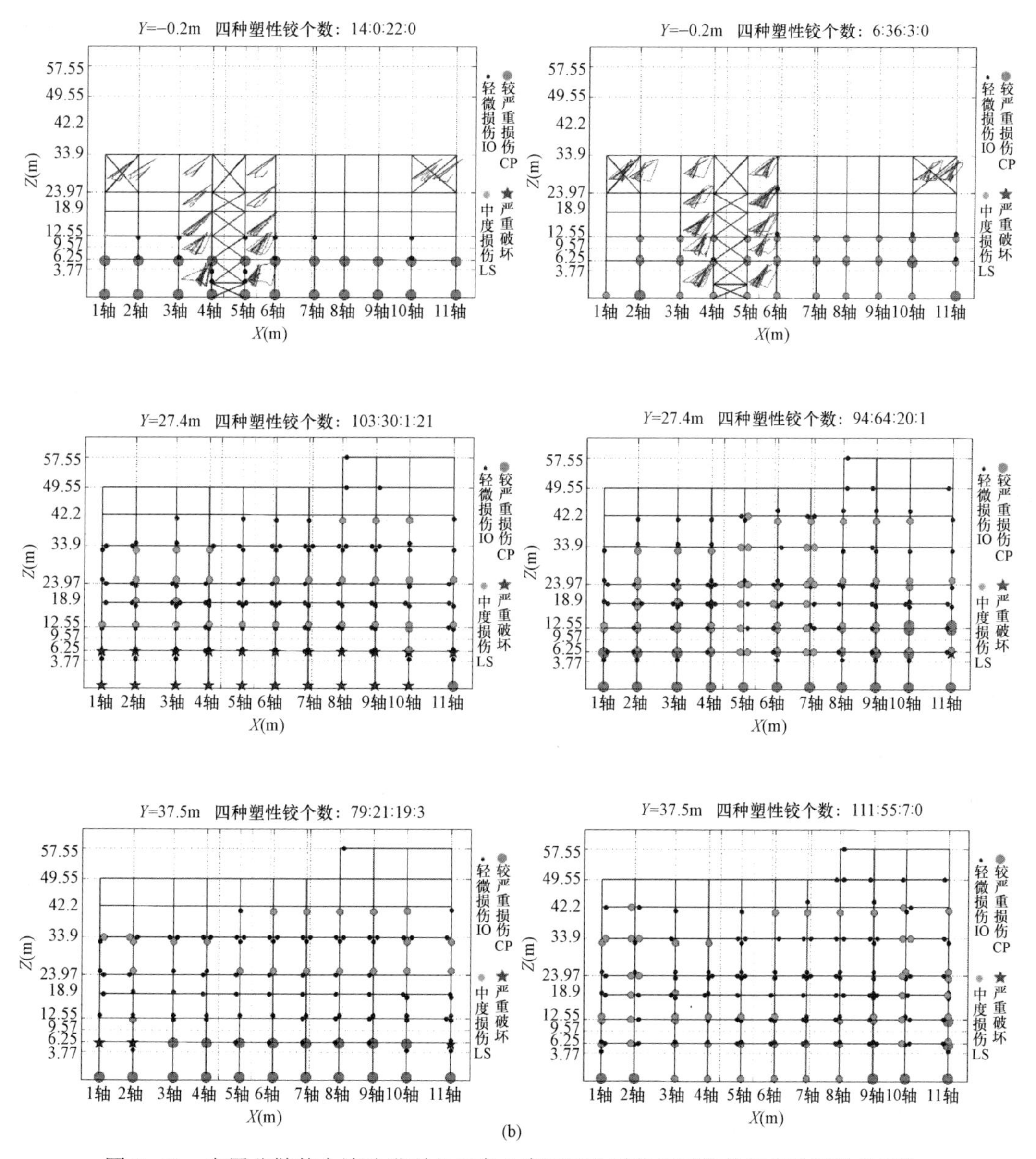

图 6-12 布置分散剪力墙改进型主厂房 8 度罕遇地震作用下构件损伤分析结果对比（左侧为改进前，右侧为改进后）（二）

（b）方案 2

（4）增大柱截面尺寸效果对比。将 B、C 列第 1～6 层的柱子截面尺寸由原来的 750mm×1800mm 改为 900mm×2000mm。

1）最大层间位移角对比如图 6-13 所示。

2）构件损伤对比图 6-14 所示。

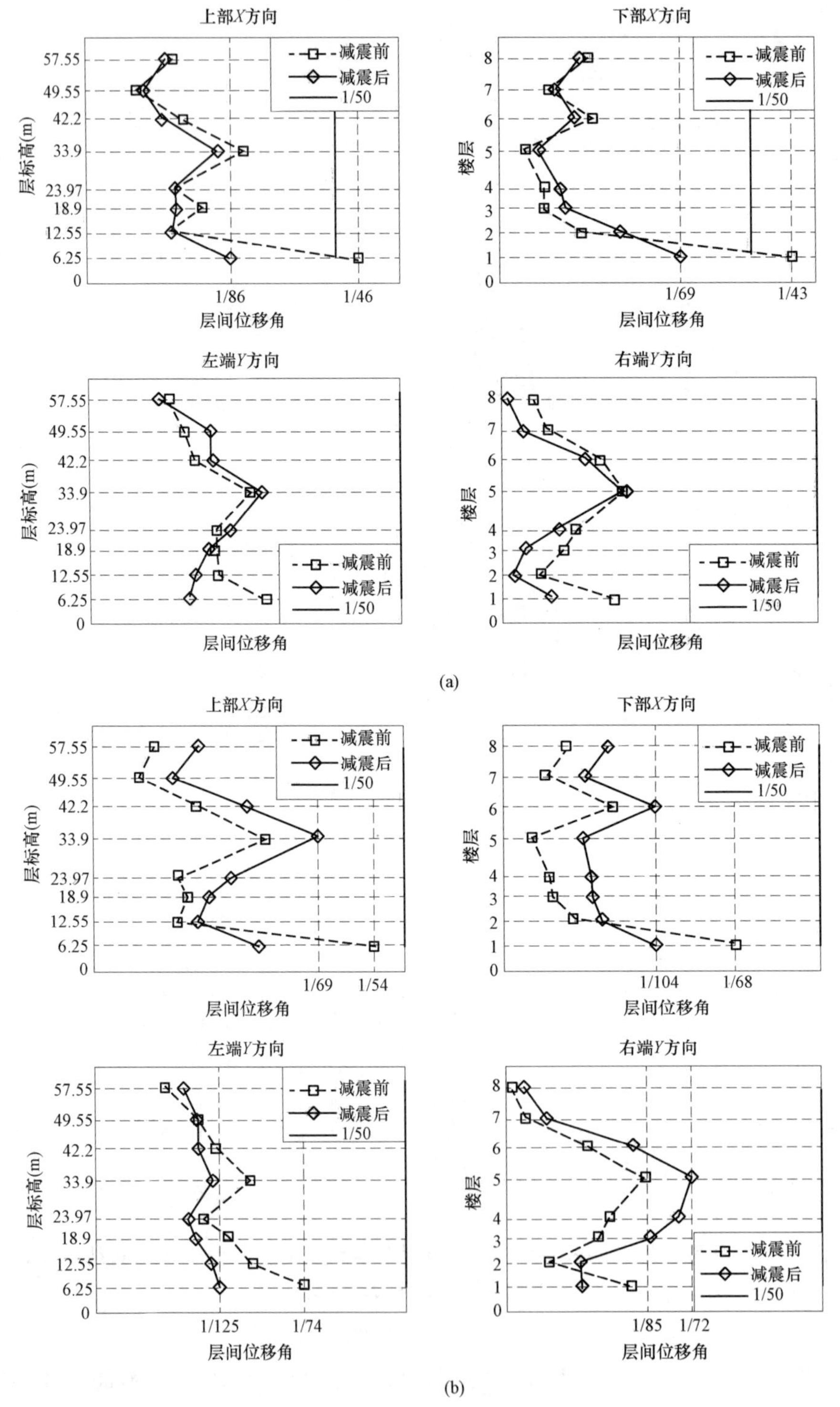

图 6-13 增大柱截面尺寸改进型主厂房 8 度罕遇地震作用下最大层间位移结果对比

(a) X 主方向；(b) Y 主方向

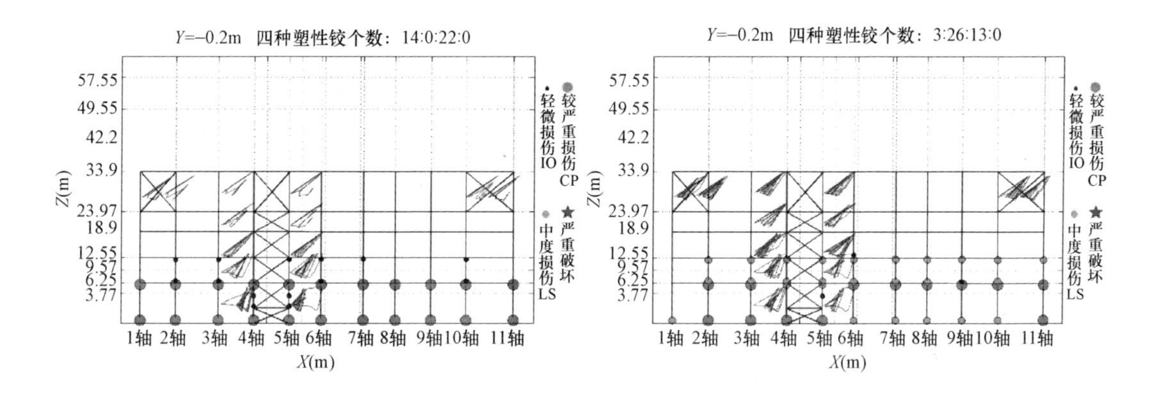

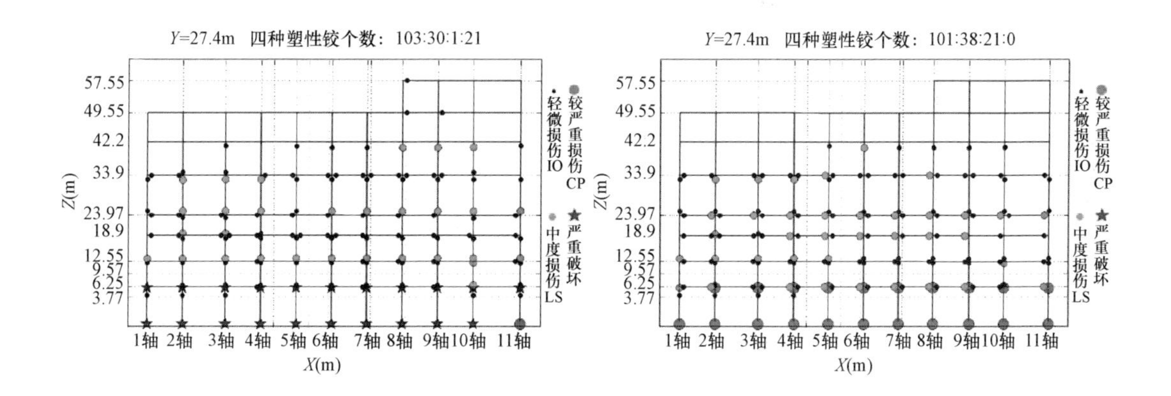

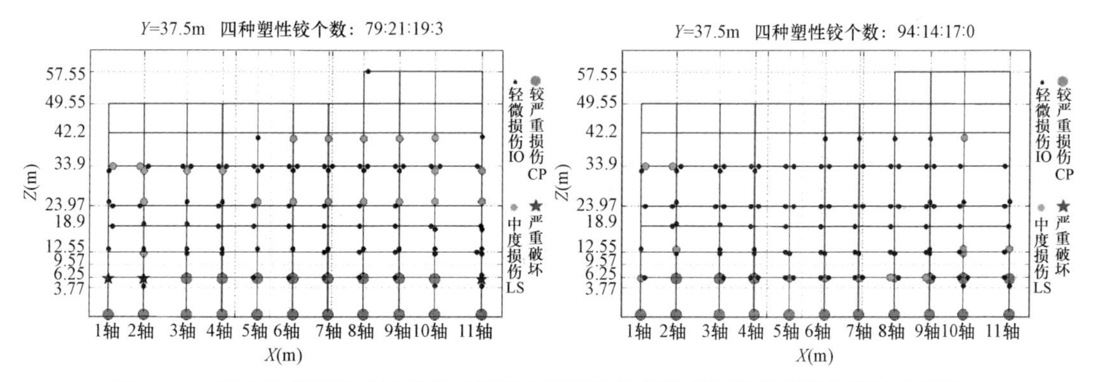

图 6－14 增大柱截面尺寸改进型主厂房 8 度罕遇地震作用下构件损伤分析结果对比
（左侧为改进前，右侧为改进后）

三、主要结论

（1）增设防屈曲支撑可以有效改善结构扭转不规则、提高结构刚度和阻尼水平，可显著增强结构的抗震性能。采用防屈曲支撑的钢筋混凝土流化床主厂房结构体系可以应用于 8 度（0.2g）设防区域。

（2）采用煤斗减震技术可以有效提高结构的抗震性能，可应用于 8 度（0.2g）设防区域。

（3）增设分散剪力墙可以有效改善结构扭转不规则、提高结构刚度，显著增强结构抗震性能。分散剪力墙钢筋混凝土流化床主厂房结构体系在 8 度（0.2*g*）罕遇地震作用下抗震性能明显优于框排架体系，但底部剪力明显增加。建议对其计算方法和抗震措施进行进一步研究。

第三节 工 程 实 例

相关的研究成果已在《火力发电厂主厂房钢筋混凝土结构设计技术导则》Q/DG 1–T012—2014 中体现，并在山阴二期 2×350MW 低热值煤发电供热工程等多个项目中应用。

山阴电厂二期 2×350MW 低热值煤供热工程位于山西省山阴县北周庄镇西北约 1.3km 处，西距洪涛山约 9km；西北部为黄花梁和黄花岭，相距约 9km；南距山阴县城约 10km；东部依次为大（同）太（原）一级公路、北同蒲铁路和大（同）运（城）高速公路，另外厂区附近还有县乡公路通过，交通便利。一期 2×300MW 已建成投产，二期建设 2×350MW，紧靠一期北侧扩建。

山阴电厂二期工程为 2×350MW 机组，主厂房采用两列式现浇钢筋混凝土单框—排架结构。汽机房 A 排柱采用框架+钢支撑结构；除氧煤仓间 B、C 排为纯框架结构。汽机房屋面采用实腹钢梁有檩体系，屋面板采用自防水带保温复合压型钢板屋面；除氧煤仓间屋面及各层楼盖采用 H 型钢梁—现浇钢筋混凝土楼板组合结构；汽机房平台采用现浇钢筋混凝土框架结构，楼板为 H 型钢梁—现浇钢筋混凝土板结构，与主厂房 A、B 轴框架柱铰接连接。煤斗采用悬吊式结构；汽轮发电机基础采用现浇钢筋混凝土框架式结构，四周采用变形缝与周围建筑分开。

主厂房结构主要布置参数见表 6–5，结构平、剖面布置如图 6–15 和图 6–16 所示，设计条件如下。

（1）抗震设防烈度为 7 度，地震动峰值加速度为 0.10g，设计地震分组为第二组；场地类别为Ⅱ类。

（2）基本风压为 0.50kN/m^2，地面粗糙度为 B 类。

（3）基本雪压为 0.35kN/m^2。

表 6–5 主厂房结构主要布置参数（一台机）

项　目	参　数
横向宽度（m）	A—B：27.0
	B—C：10.5
纵向长度（m）	84.0
柱截面（mm×mm）	A 排柱：700×1600
	B 排柱：800×1800
	C 排柱：800×1800
运转层高度（m）	12.55
煤斗支承层高度（m）	40.80

续表

项　　目	参　　数
皮带层高度（m）	41.79～41.90
屋面高度（m）	汽机房：32.60
	除氧煤仓间：48.95～49.30

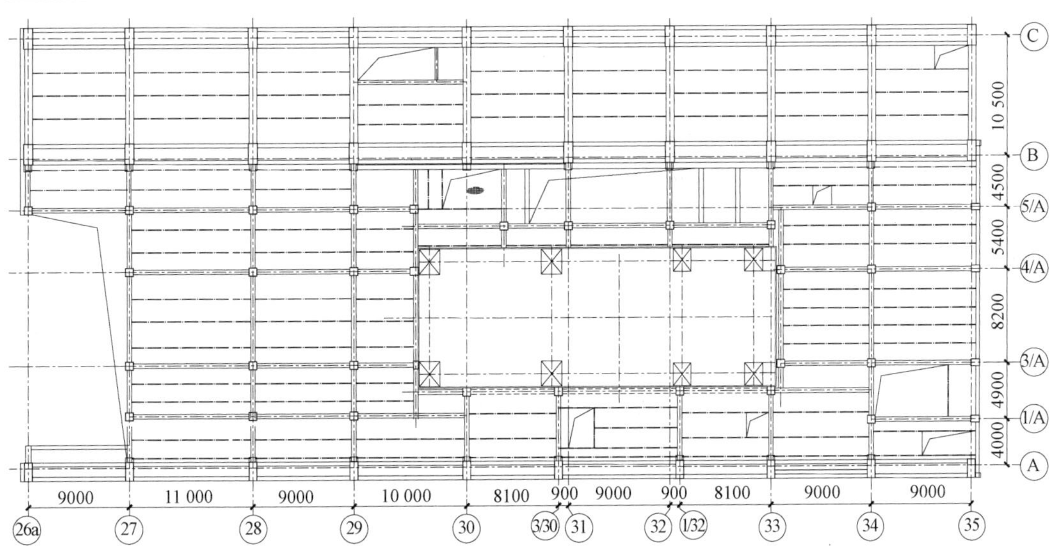

图 6-15　山阴二期 2×350MW 低热值煤发电供热工程主厂房典型平面布置图

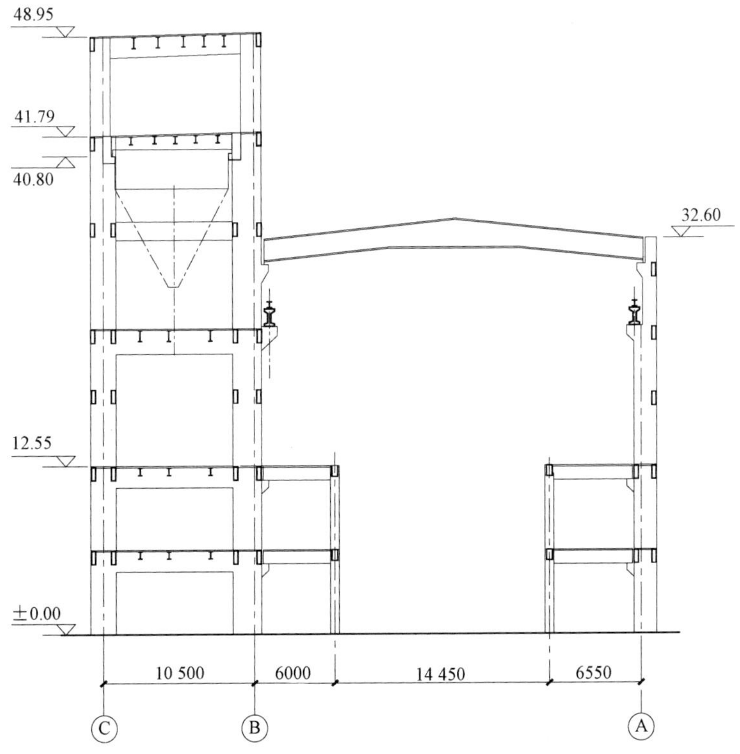

图 6-16　山阴二期 2×350MW 低热值煤发电供热工程主厂房典型剖面图

第四节 常规单跨框—排架结构与循环流化床单跨框—排架结构抗震性能对比

循环流化床火电厂结构与常规的汽机房+除氧煤仓间单跨框架和汽机房+除氧间单跨框架都属于单框—排架结构，火电厂单框架结构不同于民用建筑中纯粹的单框架，但仍会表现出部分相同的特征，本节依据现有分析结果对常规和循环流化床单框—排架结构的主要抗震性能进行分析对比，两种厂房结构剖面布置见图 6–17。

一、单跨框—排架结构模型特点

火电厂中单框架在运转层以下，大平台框架往往与煤仓间或除氧间框架连接在一起，其下部实际上构成了多跨框架。但在运转层以上，还属于单跨框架（尽管汽机房屋面梁对此单框架有一定的约束），会表现出单框架的一些性质。根据动力特性分析结果来看，该类单框—排架结构，各层质量分布不均，煤斗所在楼层质量大且偏心较为明显，导致以平动为主的振型都存在明显的扭转分量，其对结构抗震产生非常不利的影响。

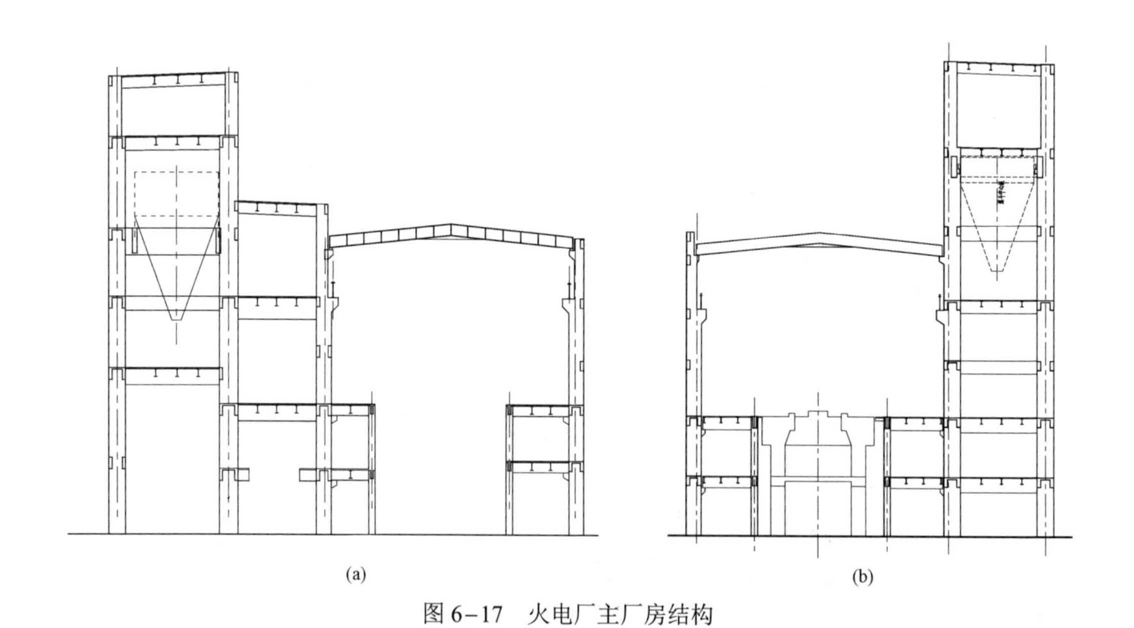

图 6–17 火电厂主厂房结构

（a）常规单框—排架结构；（b）循环流化床单框—排架结构

二、破坏特征

循环流化床和常规单框—排架结构在地震作用时，各个工况、不同模型具有各自的破坏特点，但破坏特征具有一定的相似性。

（1）在地震作用下，结构最大层间位移角位置常出现在首层，首层是结构的薄弱层，部分工况错层位置的位移角较大，亦为结构关键的部位。

（2）汽机房排架和单框架在结构的第 5 层（汽机房屋盖层）的纵向抗侧刚度相差较大，结构扭转响应比较明显。

（3）结构构件塑性铰出铰部位主要集中在结构底层，底层单框架部分的两排柱柱顶和柱底损伤相对而言最为严重，其次煤斗层部位的梁柱构件损伤亦较为明显。

由于除氧间单跨框架结构高度相对较低，循环流化床和常规汽机房+除氧煤仓间单框架的破坏特征更为相似，另外循环流化床单框—排架结构中煤斗层的动力响应较常规单框—排架结构的动力响应更为明显，这可以从循环流化床 600MW 主厂房结构的层间位移角和结构损伤状态中看出，对于循环流化床主厂房应注重加强煤斗层的抗震设计（见图 6–18 和图 6–19）。

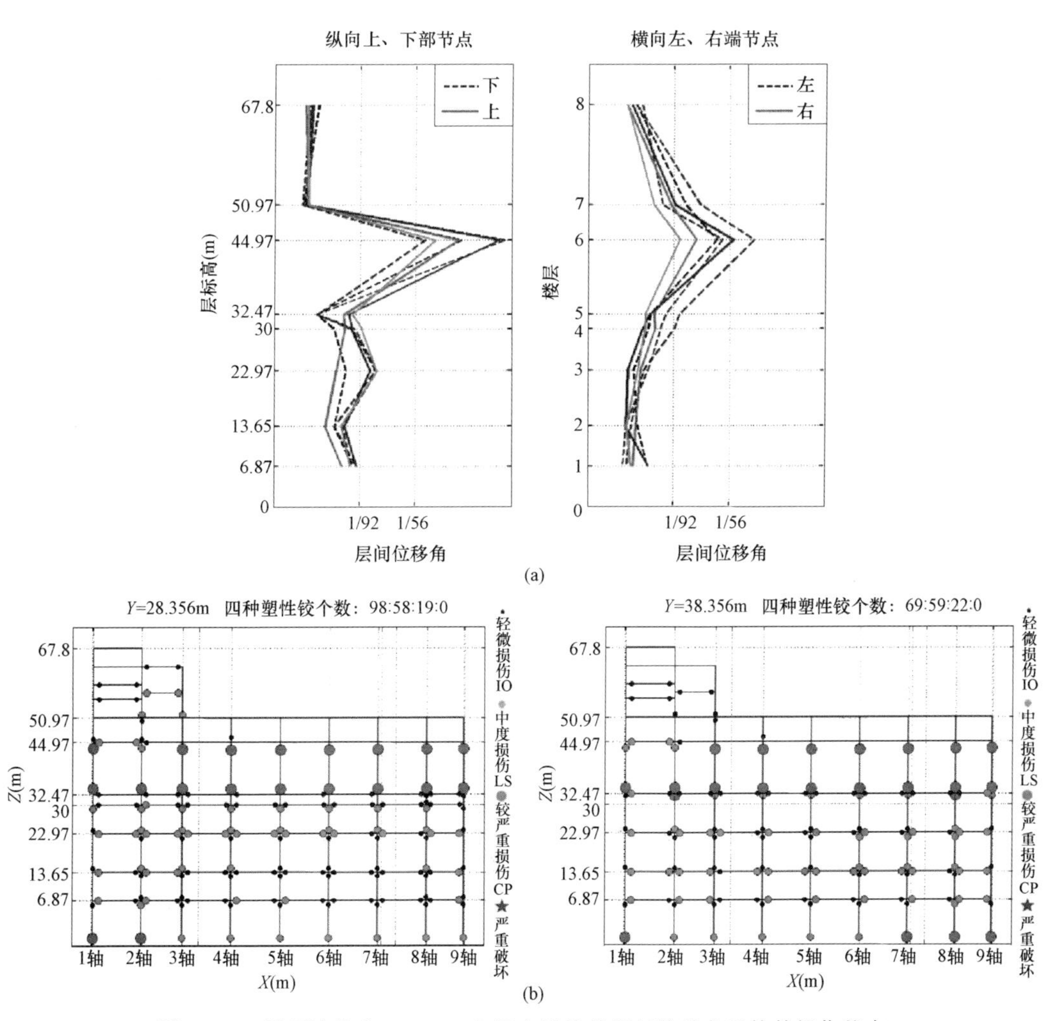

图 6–18 循环流化床 600MW 主厂房结构的层间位移角及构件损伤状态

（a）层间位移角；（b）构件损伤状态

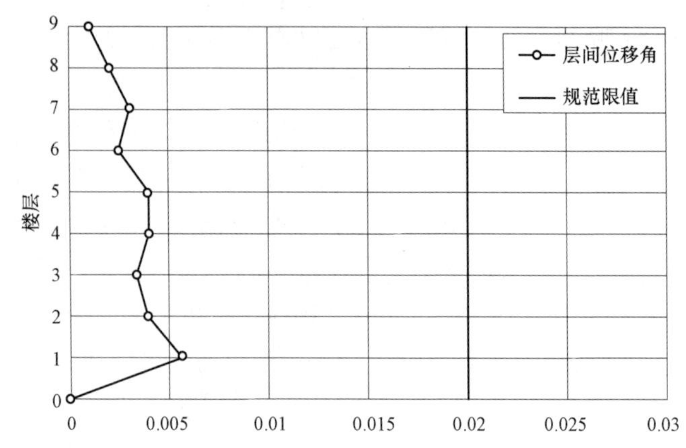

图 6-19　常规单框—排架结构双向地震作用 7 度 I_1 类场地层间位移角结果

三、主要结论

对常规单框—排架结构和循环流化床单框—排架结构抗震性能的研究工作都包含了 7 度和 8 度（0.2*g*）设防烈度并考虑了不同场地类别的影响，同时对改进型单框—排架结构体系进行了抗震性能分析研究，在此基础上得到如下结论。

（1）考虑双向地震作用下，常规单框—排架结构和循环流化床单框—排架结构在 7 度大震Ⅱ类场地条件时，最大层间位移角均满足规范限值，在比 7 度Ⅱ类场地更为不利时，单框—排架结构的抗震性能需专门研究验算，而在 8 度大震时，若继续采用单框—排架结构则不再能满足规范要求。

（2）过高的轴压比导致底层框架柱在罕遇地震作用下损伤严重，在提高钢筋混凝土单框—排架结构体系抗震性能时，可采取降低柱轴压比的措施。

（3）对单框—排架结构体系进行改进后（增设分散剪力墙和布置耗能支撑），增加了结构抗震防线，结构抗震性能得到提高，能够在 8 度（0.2*g*）罕遇地震作用下满足规范要求，进一步改进后的单框—排架结构体系结构的适用范围就可以扩大。

对于循环流化床单框—排架结构，其煤斗层动力响应较为明显，采用煤斗减震技术可以有效提高结构的抗震性能，可应用于 8 度（0.2*g*）设防区域。设计时需进行合理的减震参数研究和详尽的弹塑性分析与验算。

竖向框排架主厂房结构

第一节　常规竖向框排架结构体系弹性及弹塑性分析

一、主要内容

1. 背景与意义

在大容量火力发电厂汽机房中，独立布置的运转层以下部分采用框架，其以上部分采用排架结构型式，汽机房 A、B 排与大平台框架共同构成抗侧力体系，通常称为竖向框排架结构。竖向框排架结构汽机房在地震作用下的结构破坏模式、在高烈度地区的应用范围、抗震构造措施、在百万机组中的应用等问题需要进行研究。

本章选取具有代表性的 600MW 的主厂房框排架进行罕遇地震作用下的抗震性能分析，给出结构破坏模式、损伤分布位置，并在此基础上提出对原结构的改进方案。

2. 抗震设防条件

设计基本加速度：7 度（0.1g）；场地类别为Ⅱ、Ⅳ类，考虑 6 个场地特征周期（0.35s、0.40s、0.45s、0.65s、0.75s、0.90s）；

设计基本加速度：8 度（0.2g）；场地类别为Ⅱ、Ⅲ类，考虑 5 个场地特征周期（0.35s、0.40s、0.45s、0.55s、0.60s）。

3. 结构基本信息

所选择的分析模型包含：

（1）模型一：轻屋面（大平台与 A、B 柱刚接）不加除氧器。

（2）模型二：轻屋面（大平台与 A、B 柱铰接）不加除氧器。

（3）模型三：重屋面（大平台与 A、B 柱刚接）不加除氧器。

（4）模型四：重屋面（大平台与 A、B 柱铰接）不加除氧器。

（5）模型五：轻屋面（大平台与 A、B 柱刚接）加除氧器。

（6）模型六：重屋面（大平台与 A、B 柱刚接）加除氧器。

结构模型三维透视图如图 7−1 所示。项目的 6 个结构模型各层层高均相同；结构构件的布置方式除因加除氧器后个别框架梁的布置方式有所调整外，其余构件的布置方式均一致；结构质量的差别主要集中在大平台位置（有无除氧器）和屋面（轻、重屋面）。

结构层高分布见表 7–1，不同结构模型对应的结构楼层质量分布见表 7–2。

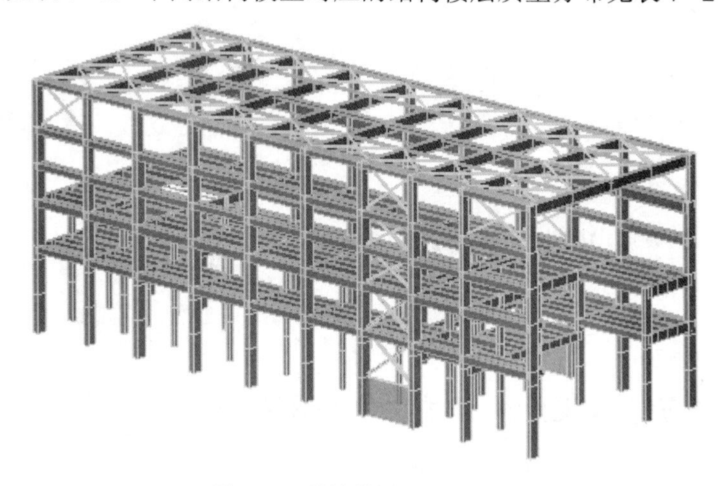

图 7–1　结构模型三维透视图

表 7–1　结构层高分布

楼层	层高（m）	底标高（m）	顶标高（m）
1	5.50	0.00	5.50
2	4.95	5.50	10.45
3	1.90	10.45	12.35
4	6.80	12.35	19.15
5	5.20	19.15	24.35
6	5.15	24.35	29.50
7	6.75	29.50	36.25

表 7–2　结构楼层质量分布　（t）

楼层	模型一、模型二		模型三、模型四		模型五		模型六	
	恒载	活载	恒载	活载	恒载	活载	恒载	活载
1	698.1	0	698.1	0	698.1	0	698.1	0
2	990.3	186.2	990.3	186.2	990.3	186.2	990.3	186.2
3	2813	3377.9	2813	3377.9	2813	3377.9	2813	3377.9
4	3652.6	5633.3	3652.6	5633.3	3612.8	6141.8	3612.8	6141.8
5	925.6	353.6	925.6	353.6	925.6	353.6	925.6	353.6
6	916.8	212.8	916.8	212.8	916.8	212.8	916.8	212.8
7	1363.9	171.7	2085.4	171.7	1363.9	171.7	1951.6	171.7
合计	11 360.3	9935.5	12 081.8	9935.5	11 320.5	10 444	11 908.2	10 444
总质量	21 295.8		22 017.3		21 764.5		22 352.2	

注　结构质量计算时重力荷载代表值的活载组合值系数取 0.8。

4. 结构构件尺寸和材料信息

该项目所包含的 6 个结构模型所用的材料信息和框架柱、主梁和支撑的截面尺寸均一样，模型的材料信息和构件的截面尺寸见表 7–3。

表 7–3　　结构构件信息统计

楼层	平面位置	构件类别	材料强度	钢筋强度	主要构件截面尺寸（mm）
1～6 层	A 列、B 列	框架柱	C40	HRB335	800×1600
7 层	A 列、B 列	框架柱	C40	HRB335	800×1200
1～4 层	1/A 列、2/A 列	框架柱	C40	HRB335	700×700
1～4 层	3/A 列	框架柱	C40	HRB335	700×1200
2 层	A 列～3/A 列/7 轴、8 轴	框架梁	C50	HRB400	400×1200
	8 轴～9 轴/A 列 8 轴～9 轴/1/A 列 8 轴～9 轴/3/A 列	框架梁	C40	HRB335	400×900
3 层	1 轴～3 轴/A 列、B 列 7 轴～9 轴/A 列、B 列	框架梁	C40	HRB335	400×900（双梁）
	3 轴～7 轴/A 列、B 列	框架梁	C40	HRB335	400×1000（双梁）
	9 轴～10 轴/A 列、B 列	框架梁	C40	HRB335	400×1100（双梁）
	1 轴～2 轴/1/A 列	框架梁	C40	HRB335	400×1300
	2 轴～9 轴/1/A 列	框架梁	C40	HRB335	400×1000
	1 轴～2 轴/3/A 列	框架梁	C40	HRB335	600×2000
	2 轴～3 轴/3/A 列	框架梁	C40	HRB335	500×1200
	3 轴～10 轴/3/A 列	框架梁	C40	HRB335	400×1000
	A 列～2/A 列/1 轴	框架梁	C40	HRB335	400×900
	A 列～1/A 列/2 轴～8 轴	框架梁	C40	HRB335	500×1200
	3/A 列～B 列/2 轴～10 轴	框架梁	C40	HRB335	500×1400
	3/A 列～B 列/2 轴	框架梁	C40	HRB335	500×1400
	3/A 列～B 列/3 轴	框架梁	C40	HRB335	600×1800
4 层	1 轴～3 轴/A 列、B 列 7 轴～9 轴/A 列、B 列	框架梁	C40	HRB335	400×1100（双梁）
	3 轴～7 轴/A 列、B 列	框架梁	C40	HRB335	400×1200（双梁）
	9 轴～10 轴/A 列、B 列	框架梁	C40	HRB335	400×1200（双梁）
	1 轴～9 轴/1/A 列	框架梁	C40	HRB335	400×1200
	1 轴～9 轴/3/A 列	框架梁	C40	HRB335	400×1200
	A 列～2/A 列/1 轴	框架梁	C40	HRB335	400×1300
	2/A 列～B 列/1 轴	框架梁	C40	HRB335	400×1600
	A 列～1/A 列/2 轴 A 列～1/A 列/7 轴～9 轴	框架梁	C40	HRB335	500×1400
	A 列～1/A 列/3 轴～6 轴	框架梁	C40	HRB335	600×1400
	3/A 列～B 列/2 轴～3 轴	框架梁	C40	HRB335	600×1600
	3/A 列～B 列/4 轴 3/A 列～B 列/6 轴～9 轴	框架梁	C40	HRB335	600×1800
	3/A 列～B 列/5 轴	框架梁	C40	HRB335	600×2000

续表

楼层	平面位置	构件类别	材料强度	钢筋强度	主要构件截面尺寸（mm）
5 层	1 轴～3 轴/A 列、B 列 7 轴～9 轴/A 列、B 列	框架梁	C40	HRB335	400×900（双梁）
	3 轴～7 轴/A 列、B 列	框架梁	C40	HRB335	400×1000（双梁）
	9 轴～10 轴/A 列、B 列	框架梁	C40	HRB335	400×1100（双梁）
6 层	1 轴～3 轴/A 列、B 列 7 轴～9 轴/A 列、B 列	框架梁	C40	HRB335	400×900 25×1600×600×36×400×36
	3 轴～7 轴/A 列、B 列	框架梁	C40	HRB335	400×1000 25×1600×600×36×400×36
	9 轴～10 轴/A 列、B 列	框架梁	C40	HRB335	400×1100 25×1600×600×36×400×36
7 层	1 轴～3 轴/A 列、B 列 7 轴～9 轴/A 列、B 列	框架梁	C40	HRB335	350×700 10×300×300×15×300×15
	3 轴～7 轴/A 列、B 列	框架梁	C40	HRB335	350×800 10×300×300×15×300×15
	9 轴～10 轴/A 列、B 列	框架梁	C40	HRB335	350×900 10×300×300×15×300×15
2～4 层	7 轴～8 轴/A 列、B 列	X 支撑 （双槽钢）	Q235	—	20b
5～7 层	7 轴～8 轴/A 列、B 列	X 支撑 （双槽钢）	Q235	—	20b
7 层	1 轴～2 轴/A 列、B 列 9 轴～10 轴/A 列、B 列	X 支撑 （双槽钢）	Q235	—	32c

二、有限元分析

采用弹性和弹塑性动力时程分析方法进行有限元分析，采用的软件包括 PKPM、SAP2000、ABAQUS 和 MATLAB。主要分析过程和结果如下。

1. 结构有限元分析模型的确定

分别在 SAP2000、ABAQUS 中建立结构模型，与原 SATWE 模型进行对比，保证不同的软件中结构模型的重量和模态分析结果一致。SAP2000 和 ABAQUS 中建立的有限元模型如图 7–2 所示。

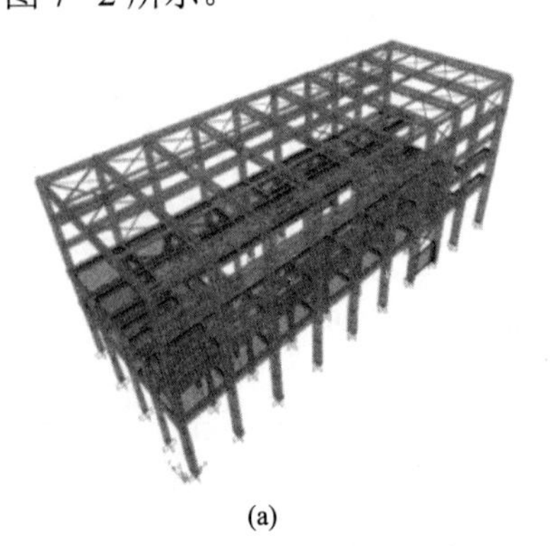

(a)

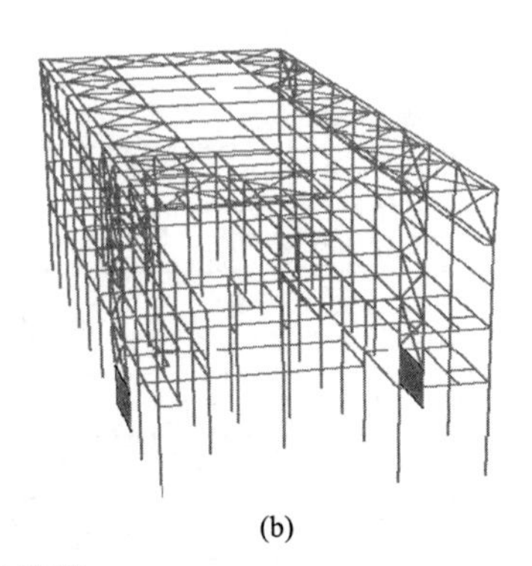

(b)

图 7–2　有限元模型

（a）SAP2000 有限元模型；（b）ABAQUS 有限元模型

2. 结构动力特性计算分析

在 SAP2000 中建立火电厂汽机房竖向框排架结构的线性模型，进行模态分析，考察结构主要振型的特点。主要考察结构在水平面内是否存在明显的扭转、竖向有无明显的薄弱层。

3. 结构有限元弹塑性分析模型的确定

在 ABAQUS 中建立钢筋混凝土结构弹塑性分析模型，梁柱采用纤维模型，支撑则采用考虑压屈和受拉屈服的支撑单元。

4. 结构在地震作用下的弹塑性分析

在 ABAQUS 中进行结构弹塑性分析，采用性能设计的方法考察结构的薄弱部位，损伤发展顺序，校验结构是否能够满足相应的“大震”性能要求。其中 ABAQUS 弹塑性模型说明如下。

（1）单元。梁、柱杆件采用纤维梁单元，梁柱钢筋直接读取 SATWE 设计配筋面积（归并后数据）后布于梁柱干净的截面中（柱布于四周，梁布于上下皮）。模型中未建立楼板单元，用两种途径考虑楼板单元的作用：一是基于刚性楼板假定将同层节点水平自由度约束起来，二是对于考虑刚度放大的中梁和边梁增加梁翼缘，做成 T 形梁。重力荷载代表值（恒活载）以质量点的形式分散施加于梁节点。

（2）材料。本工程中材料包括钢材和混凝土。

钢筋采用 Clough 3 线性模型。考虑包辛格效应，在循环过程中考虑了刚度退化，以此来模拟钢筋与混凝土的联结滑移效果。纤维梁中单轴混凝土模型采用 OpenSees 中的 concrete02 混凝土单轴本构模型。

（3）瑞雷阻尼的定义。模型各模态的阻尼比都取 5%，根据 x、y 向基本模态计算瑞雷阻尼，在 ABAQUS 模型中，赋予质量单元 alpha 比值。

（4）构件截面和配筋。构件的截面和配筋按照 SATWE 的计算结果给定。

5. 确定结构损伤状态

根据计算结果确定结构的损伤状态，框架构件（柱、梁）的破坏基于混凝土压应变和钢筋的拉应变加以判断。

6. 主要计算结果

7 度罕遇地震下和 8 度罕遇地震下各结构层间位移角最大值见表 7-4 和表 7-5。

表 7-4　　7 度罕遇地震作用下各结构层间位移角最大值统计

场地特征周期		0.35s	0.40s	0.45s	0.65s	0.75s	0.90s
轻屋面（大平台与 A、B 柱刚接）不加除氧器	框架部分	1/141	1/144	1/128	1/84	1/84	1/62
	排架部分	1/93	1/53	1/53	1/44	1/38	1/30
轻屋面（大平台与 A、B 柱铰接）不加除氧器	框架部分	1/99	1/89	1/79	1/61	1/62	1/55
	排架部分	1/55	1/42	1/48	1/36	1/27	1/32
重屋面（大平台与 A、B 柱刚接）不加除氧器	框架部分	1/144	1/142	1/131	1/96	1/73	1/64
	排架部分	1/80	1/55	1/44	1/50	1/29	1/35

续表

场地特征周期		0.35s	0.40s	0.45s	0.65s	0.75s	0.90s
重屋面（大平台与 A、B 柱铰接）不加除氧器	框架部分	1/99	1/82	1/87	1/69	1/41	1/40
	排架部分	1/54	1/39	1/48	1/36	1/24	1/28
轻屋面（大平台与 A、B 柱刚接）加除氧器	框架部分	1/136	1/140	1/118	1/80	1/77	1/63
	排架部分	1/91	1/53	1/55	1/44	1/37	1/31
重屋面（大平台与 A、B 柱刚接）加除氧器	框架部分	1/138	1/143	1/114	1/85	1/67	1/54
	排架部分	1/70	1/56	1/48	1/43	1/31	1/34

表 7-5　　8 度罕遇地震作用下各结构层间位移角最大值统计

场地特征周期		0.35s	0.40s	0.45s	0.55s	0.65s
轻屋面（大平台与 A、B 柱刚接）不加除氧器	框架部分	1/42	1/51	1/56	1/41	1/27
	排架部分	1/44	1/34	1/39	1/27	1/25
轻屋面（大平台与 A、B 柱铰接）不加除氧器	框架部分	1/43	1/49	1/56	1/39	1/35
	排架部分	1/33	1/28	1/25	1/25	1/19
重屋面（大平台与 A、B 柱刚接）不加除氧器	框架部分	1/49	1/61	1/53	1/66	1/28
	排架部分	1/36	1/29	1/30	1/24	1/21
重屋面（大平台与 A、B 柱铰接）不加除氧器	框架部分	1/41	1/50	1/47	1/39	1/35
	排架部分	1/29	1/24	1/24	1/24	1/16
轻屋面（大平台与 A、B 柱刚接）加除氧器	框架部分	1/42	1/49	1/65	1/39	1/28
	排架部分	1/37	1/33	1/40	1/27	1/24
重屋面（大平台与 A、B 柱刚接）加除氧器	框架部分	1/50	1/55	1/53	1/65	1/28
	排架部分	1/35	1/30	1/30	1/22	1/20

三、主要结论

在完成 6 个结构模型在罕遇地震作用下结构的抗震性能分析的基础上，对各模型在 7 度区和 8 度区罕遇地震作用下的计算结果做出汇总，得出如下结论。

（1）竖向排架部分层间位移角大，楼层水平质量分布不均匀，结构扭转明显。

（2）结构破坏以柱形成塑性铰和钢支撑屈曲为主，未出现强柱弱梁破坏模式，损伤部位主要集中于底层柱上下两端和大平台标高处排架的柱脚。

（3）轻屋面（大平台与 A、B 柱刚接）不加除氧器结构模型和轻屋面（大平台与 A、B 柱刚接）加除氧器结构模型可用于 7 度Ⅱ（第一组～第三组）、Ⅳ类（第一组～第二组）；重屋面（大平台与 A、B 柱刚接）不加除氧器、重屋面（大平台与 A、B 柱刚接）加除氧器、轻屋面（大平台与 A、B 柱铰接）不加除氧器和重屋面（大平台与 A、B 柱铰接）不加除氧器 4 个结构模型能用于 7 度Ⅱ（第一组～第三组）、Ⅳ类（第一组）场地。

第二节　改进型竖向框排架结构体系弹性及弹塑性分析

一、主要内容

6 个结构模型在罕遇地震作用下结构的抗震性能分析结果表明，按原设计方案均难以满足 8 度区的抗震设防要求。通过增大原结构构件的截面及配筋和在部分框架柱中加入钢骨形成格构式型钢混凝土柱的两种方法对原结构进行改进。同时对改进后的结构模型进行 8 度罕遇地震作用下的结构抗震性能分析。

1. 结构所处自然条件

设计基本加速度：7 度（0.1*g*），场地类别为Ⅱ、Ⅳ类对应的 6 个不同的地震分组；8 度（0.2*g*），场地类别为Ⅱ、Ⅲ类对应的 5 个不同的地震分组。

2. 结构基本信息

内容包含 6 个改进后的模型在罕遇地震作用下结构的抗震性能分析。

由于对结构的改进方案仅包含结构的材料信息和具体构件的几何信息，并未对原结构的整体结构尺寸及构件的布置方式进行改变，因而结构的三维透视图如图 7–1 所示。为了便于说明结构的改进方案，给出结构的轴线布置如图 7–3 所示。

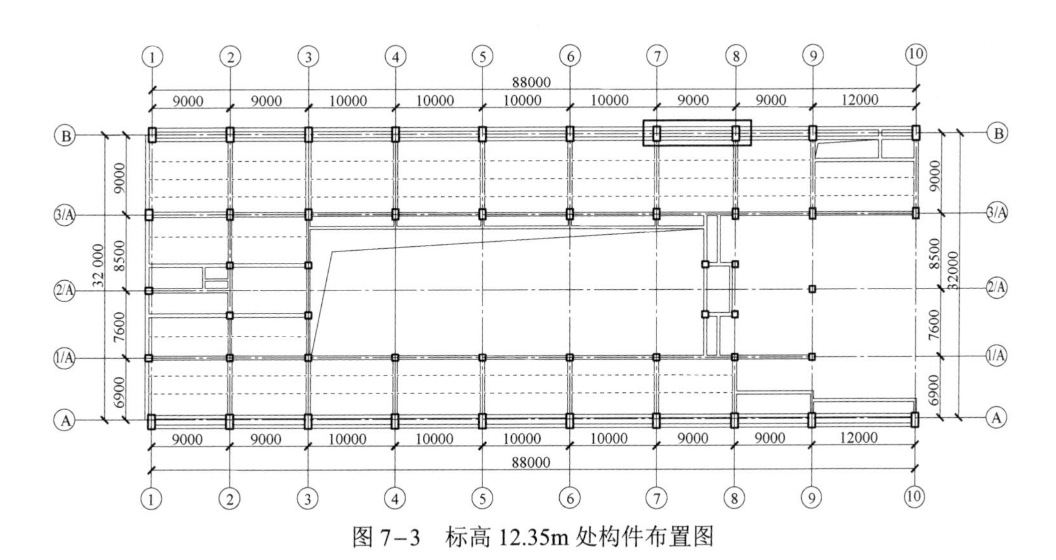

图 7–3　标高 12.35m 处构件布置图

3. 增大竖向构件截面和配筋的方案

针对 6 个不同的结构模型根据不同的场地特征周期调整框架柱的截面尺寸和配筋率及支撑的截面尺寸，使得结构能满足 8 度区各场地条件下的抗震设防要求。不同场地特征周期下所采用结构构件的信息见表 7–6～表 7–17。

表 7-6　　结构框架梁信息统计

<table>
<tr><th>楼层</th><th>平面位置</th><th>构件类别</th><th>材料强度</th><th>钢筋强度</th><th>主要构件截面尺寸（mm×mm）</th></tr>
<tr><td rowspan="2">2 层</td><td>A 列～3/A 列/7 轴、8 轴</td><td>框架梁</td><td>C50</td><td>HRB335</td><td>400×1200</td></tr>
<tr><td>8 轴～9 轴/A 列
8 轴～9 轴/1/A 列
8 轴～9 轴/3/A 列</td><td>框架梁</td><td>C50</td><td>HRB335</td><td>400×900</td></tr>
<tr><td rowspan="13">3 层</td><td>1 轴～3 轴/A 列、B 列
7 轴～9 轴/A 列、B 列</td><td>框架梁</td><td>C50</td><td>HRB335</td><td>400×900（双梁）</td></tr>
<tr><td>3 轴～7 轴/A 列、B 列</td><td>框架梁</td><td>C50</td><td>HRB335</td><td>400×1000（双梁）</td></tr>
<tr><td>9 轴～10 轴/A 列、B 列</td><td>框架梁</td><td>C50</td><td>HRB335</td><td>400×1100（双梁）</td></tr>
<tr><td>1 轴～2 轴/1/A 列</td><td>框架梁</td><td>C50</td><td>HRB335</td><td>400×1300</td></tr>
<tr><td>2 轴～9 轴/1/A 列</td><td>框架梁</td><td>C50</td><td>HRB335</td><td>400×1000</td></tr>
<tr><td>1 轴～2 轴/3/A 列</td><td>框架梁</td><td>C50</td><td>HRB335</td><td>600×2000</td></tr>
<tr><td>2 轴～3 轴/3/A 列</td><td>框架梁</td><td>C50</td><td>HRB335</td><td>500×1200</td></tr>
<tr><td>3 轴～10 轴/3/A 列</td><td>框架梁</td><td>C50</td><td>HRB335</td><td>400×1000</td></tr>
<tr><td>A 列～2/A 列/1 轴</td><td>框架梁</td><td>C50</td><td>HRB335</td><td>400×900</td></tr>
<tr><td>A 列～1/A 列/2 轴～8 轴</td><td>框架梁</td><td>C50</td><td>HRB335</td><td>500×1200</td></tr>
<tr><td>3/A 列～B 列/2 轴～10 轴</td><td>框架梁</td><td>C50</td><td>HRB335</td><td>500×1400</td></tr>
<tr><td>3/A 列～B 列/2 轴</td><td>框架梁</td><td>C50</td><td>HRB335</td><td>500×1400</td></tr>
<tr><td>3/A 列～B 列/3 轴</td><td>框架梁</td><td>C50</td><td>HRB335</td><td>600×1800</td></tr>
<tr><td rowspan="13">4 层</td><td>1 轴～3 轴/A 列、B 列
7 轴～9 轴/A 列、B 列</td><td>框架梁</td><td>C50</td><td>HRB335</td><td>400×1100（双梁）</td></tr>
<tr><td>3 轴～7 轴/A 列、B 列</td><td>框架梁</td><td>C50</td><td>HRB335</td><td>400×1200（双梁）</td></tr>
<tr><td>9 轴～10 轴/A 列、B 列</td><td>框架梁</td><td>C50</td><td>HRB335</td><td>400×1200（双梁）</td></tr>
<tr><td>1 轴～9 轴/1/A 列</td><td>框架梁</td><td>C50</td><td>HRB335</td><td>400×1200</td></tr>
<tr><td>1 轴～9 轴/3/A 列</td><td>框架梁</td><td>C50</td><td>HRB335</td><td>400×1200</td></tr>
<tr><td>A 列～2/A 列/1 轴</td><td>框架梁</td><td>C50</td><td>HRB335</td><td>400×1300</td></tr>
<tr><td>2/A 列～B 列/1 轴</td><td>框架梁</td><td>C50</td><td>HRB335</td><td>400×1600</td></tr>
<tr><td>A 列～1/A 列/2 轴
A 列～1/A 列/7 轴～9 轴</td><td>框架梁</td><td>C50</td><td>HRB335</td><td>500×1400</td></tr>
<tr><td>A 列～1/A 列/3 轴～6 轴</td><td>框架梁</td><td>C50</td><td>HRB335</td><td>600×1400</td></tr>
<tr><td>3/A 列～B 列/2 轴～3 轴</td><td>框架梁</td><td>C50</td><td>HRB335</td><td>600×1600</td></tr>
<tr><td>3/A 列～B 列/4 轴
3/A 列～B 列/6 轴～9 轴</td><td>框架梁</td><td>C50</td><td>HRB335</td><td>600×1800</td></tr>
<tr><td>3/A 列～B 列/5 轴</td><td>框架梁</td><td>C50</td><td>HRB335</td><td>600×2000</td></tr>
<tr><td rowspan="3">5 层</td><td>1 轴～3 轴/A 列、B 列
7 轴～9 轴/A 列、B 列</td><td>框架梁</td><td>C50</td><td>HRB335</td><td>400×900（双梁）</td></tr>
<tr><td>3 轴～7 轴/A 列、B 列</td><td>框架梁</td><td>C50</td><td>HRB335</td><td>400×1000（双梁）</td></tr>
<tr><td>9 轴～10 轴/A 列、B 列</td><td>框架梁</td><td>C50</td><td>HRB335</td><td>400×1100（双梁）</td></tr>
</table>

续表

楼层	平面位置	构件类别	材料强度	钢筋强度	主要构件截面尺寸（mm×mm）
6层	1轴～3轴/A列、B列 7轴～9轴/A列、B列	框架梁	C50	HRB335	400×900 25×1600×600×36×400×36
	3轴～7轴/A列、B列	框架梁	C50	HRB335	400×1000 25×1600×600×36×400×36
	9轴～10轴/A列、B列	框架梁	C50	HRB335	400×1100 25×1600×600×36×400×36
7层	1轴～3轴/A列、B列 7轴～9轴/A列、B列	框架梁	C50	HRB335	350×700 10×300×300×15×300×15
	3轴～7轴/A列、B列	框架梁	C50	HRB335	350×800 10×300×300×15×300×15
	9轴～10轴/A列、B列	框架梁	C50	HRB335	350×900 10×300×300×15×300×15

表7-7　场地特征周期在0.35～0.45s时轻屋面（大平台与A、B柱刚接）不加除氧器和轻屋面（大平台与A、B柱刚接）加除氧器结构模型竖向构件信息

楼层	平面位置	构件类别	材料强度	钢筋强度	截面（mm）	配筋率（%）
1～6层	A列、B列	框架柱	C50	HRB335	800×1600	3.0
7层	A列、B列	框架柱	C50	HRB335	800×1200	3.0
1～4层	1/A列、2/A列	框架柱	C50	HRB335	700×700	3.0
1～4层	3/A列	框架柱	C50	HRB335	700×1200	3.0
2～4层	7轴～8轴/A列 7轴～8轴/B列	X支撑 （双槽钢）	Q235	—	32c	—
5～7层	7轴～8轴/A列 7轴～8轴/B列	X支撑 （双槽钢）	Q235	—	20b	—
7层	1轴～2轴/A列 1轴～2轴/B列 9轴～10轴/A列 9轴～10轴/B列	X支撑 （双槽钢）	Q235	—	20b	—

表7-8　场地特征周期为0.55s时轻屋面（大平台与A、B柱刚接）不加除氧器和轻屋面（大平台与A、B柱刚接）加除氧器结构模型竖向构件信息

楼层	平面位置	构件类别	材料强度	钢筋强度	截面（mm）	配筋率（%）
1～6层	A列、B列	框架柱	C50	HRB335	900×1700	3.5
7层	A列、B列	框架柱	C50	HRB335	900×1300	3.5
1～4层	1/A列、2/A列	框架柱	C50	HRB335	700×700	3.5
1～4层	3/A列	框架柱	C50	HRB335	800×1300	3.5
2～4层	7轴～8轴/A列 7轴～8轴/B列	X支撑 （双槽钢）	Q235	—	32c	—
5～7层	7轴～8轴/A列 7轴～8轴/B列	X支撑 （双槽钢）	Q235	—	20b	—
7层	1轴～2轴/A列 1轴～2轴/B列 9轴～10轴/A列 9轴～10轴/B列	X支撑 （双槽钢）	Q235	—	20b	—

表 7-9　场地特征周期为 0.65s 时轻屋面（大平台与 A、B 柱刚接）不加除氧器和轻屋面（大平台与 A、B 柱刚接）加除氧器结构模型竖向构件信息

楼层	平面位置	构件类别	材料强度	钢筋强度	截面（mm）	配筋率（%）
1～6 层	A 列、B 列	框架柱	C50	HRB335	1000×1800	3.5
7 层	A 列、B 列	框架柱	C50	HRB335	1000×1400	3.5
1～4 层	1/A 列、2/A 列	框架柱	C50	HRB335	700×700	3.5
1～4 层	3/A 列	框架柱	C50	HRB335	800×1400	3.5
2～4 层	7 轴～8 轴/A 列 7 轴～8 轴/B 列	X 支撑（双槽钢）	Q235	—	40c	—
5～7 层	7 轴～8 轴/A 列 7 轴～8 轴/B 列	X 支撑（双槽钢）	Q235	—	32c	—
7 层	1 轴～2 轴/A 列 1 轴～2 轴/B 列 9 轴～10 轴/A 列 9 轴～10 轴/B 列	X 支撑（双槽钢）	Q235	—	32c	—

表 7-10　场地特征周期在 0.35～0.45s 时轻屋面（大平台与 A、B 柱铰接）不加除氧器结构模型竖向构件信息

楼层	平面位置	构件类别	材料强度	钢筋强度	截面（mm）	配筋率（%）
1～6 层	A 列、B 列	框架柱	C50	HRB335	900×1700	3.5
7 层	A 列、B 列	框架柱	C50	HRB335	900×1300	3.5
1～4 层	1/A 列、2/A 列	框架柱	C50	HRB335	700×700	3.5
1～4 层	3/A 列	框架柱	C50	HRB335	800×1300	3.5
2～4 层	7 轴～8 轴/A 列 7 轴～8 轴/B 列	X 支撑（双槽钢）	Q235	—	32c	—
5～7 层	7 轴～8 轴/A 列 7 轴～8 轴/B 列	X 支撑（双槽钢）	Q235	—	20b	—
7 层	1 轴～2 轴/A 列 1 轴～2 轴/B 列 9 轴～10 轴/A 列 9 轴～10 轴/B 列	X 支撑（双槽钢）	Q235	—	20b	—

表 7-11　场地特征周期为 0.55～0.65s 时轻屋面（大平台与 A、B 柱铰接）不加除氧器结构模型竖向构件信息

楼层	平面位置	构件类别	材料强度	钢筋强度	截面（mm）	配筋率（%）
1～6 层	A 列、B 列	框架柱	C50	HRB335	1000×2000	3.5
7 层	A 列、B 列	框架柱	C50	HRB335	1000×1600	3.5
1～4 层	1/A 列、2/A 列	框架柱	C50	HRB335	700×700	3.5
1～4 层	3/A 列	框架柱	C50	HRB335	800×1400	3.5
2～4 层	7 轴～8 轴/A 列 7 轴～8 轴/B 列	X 支撑（双槽钢）	Q235	—	40c	—

续表

楼层	平面位置	构件类别	材料强度	钢筋强度	截面（mm）	配筋率（%）
5～7层	7轴～8轴/A列 7轴～8轴/B列	X支撑 （双槽钢）	Q235	—	32c	—
7层	1轴～2轴/A列 1轴～2轴/B列 9轴～10轴/A列 9轴～10轴/B列	X支撑 （双槽钢）	Q235	—	32c	—

表7-12　场地特征周期在0.35～0.45s时重屋面（大平台与A、B柱刚接）不加除氧器和重屋面（大平台与A、B柱刚接）加除氧器结构模型竖向构件信息

楼层	平面位置	构件类别	材料强度	钢筋强度	截面（mm）	配筋率（%）
1～6层	A列、B列	框架柱	C50	HRB335	800×1600	3.0
7层	A列、B列	框架柱	C50	HRB335	800×1200	3.0
1～4层	1/A列、2/A列	框架柱	C50	HRB335	700×700	3.0
1～4层	3/A列	框架柱	C50	HRB335	700×1200	3.0
2～4层	7轴～8轴/A列 7轴～8轴/B列	X支撑 （双槽钢）	Q235	—	32c	—
5～7层	7轴～8轴/A列 7轴～8轴/B列	X支撑 （双槽钢）	Q235	—	20b	—
7层	1轴～2轴/A列 1轴～2轴/B列 9轴～10轴/A列 9轴～10轴/B列	X支撑 （双槽钢）	Q235	—	20b	—

表7-13　场地特征周期为0.55s时重屋面（大平台与A、B柱刚接）不加除氧器和重屋面（大平台与A、B柱刚接）加除氧器结构模型竖向构件信息

楼层	平面位置	构件类别	材料强度	钢筋强度	截面（mm）	配筋率（%）
1～6层	A列、B列	框架柱	C50	HRB335	900×1800	3.5
7层	A列、B列	框架柱	C50	HRB335	900×1400	3.5
1～4层	1/A列、2/A列	框架柱	C50	HRB335	700×700	3.5
1～4层	3/A列	框架柱	C50	HRB335	800×1400	3.5
2～4层	7轴～8轴/A列 7轴～8轴/B列	X支撑 （双槽钢）	Q235	—	40c	—
5～7层	7轴～8轴/A列 7轴～8轴/B列	X支撑 （双槽钢）	Q235	—	32c	—
7层	1轴～2轴/A列 1轴～2轴/B列 9轴～10轴/A列 9轴～10轴/B列	X支撑 （双槽钢）	Q235	—	32c	—

表 7-14　　场地特征周期为 0.65s 时重屋面（大平台与 A、B 柱刚接）不加除氧器和重屋面（大平台与 A、B 柱刚接）加除氧器结构模型竖向构件信息

楼层	平面位置	构件类别	材料强度	钢筋强度	截面（mm）	配筋率（%）
1～6 层	A 列、B 列	框架柱	C50	HRB335	1000×2100	3.5
7 层	A 列、B 列	框架柱	C50	HRB335	1000×1700	3.5
1～4 层	1/A 列、2/A 列	框架柱	C50	HRB335	700×700	3.5
1～4 层	3/A 列	框架柱	C50	HRB335	800×1400	3.5
2～4 层	7 轴～8 轴/A 列 7 轴～8 轴/B 列	X 支撑（双槽钢）	Q235	—	40c	—
5～7 层	7 轴～8 轴/A 列 7 轴～8 轴/B 列	X 支撑（双槽钢）	Q235	—	32c	—
7 层	1 轴～2 轴/A 列 1 轴～2 轴/B 列 9 轴～10 轴/A 列 9 轴～10 轴/B 列	X 支撑（双槽钢）	Q235	—	32c	—

表 7-15　　场地特征周期在 0.35～0.45s 时重屋面（大平台与 A、B 柱铰接）不加除氧器结构模型竖向构件信息

楼层	平面位置	构件类别	材料强度	钢筋强度	截面（mm）	配筋率（%）
1～6 层	A 列、B 列	框架柱	C50	HRB335	900×1700	3.5
7 层	A 列、B 列	框架柱	C50	HRB335	900×1300	3.5
1～4 层	1/A 列、2/A 列	框架柱	C50	HRB335	700×700	3.5
1～4 层	3/A 列	框架柱	C50	HRB335	800×1300	3.5
2～4 层	7 轴～8 轴/A 列 7 轴～8 轴/B 列	X 支撑（双槽钢）	Q235	—	32c	—
5～7 层	7 轴～8 轴/A 列 7 轴～8 轴/B 列	X 支撑（双槽钢）	Q235	—	20b	—
7 层	1 轴～2 轴/A 列 1 轴～2 轴/B 列 9 轴～10 轴/A 列 9 轴～10 轴/B 列	X 支撑（双槽钢）	Q235	—	20b	—

表 7-16　　场地特征周期为 0.55s 时重屋面（大平台与 A、B 柱铰接）不加除氧器结构模型竖向构件信息

楼层	平面位置	构件类别	材料强度	钢筋强度	截面（mm）	配筋率（%）
1～6 层	A 列、B 列	框架柱	C50	HRB335	1000×2000	3.5
7 层	A 列、B 列	框架柱	C50	HRB335	1000×1600	3.5
1～4 层	1/A 列、2/A 列	框架柱	C50	HRB335	700×700	3.5
1～4 层	3/A 列	框架柱	C50	HRB335	800×1400	3.5
2～4 层	7 轴～8 轴/A 列 7 轴～8 轴/B 列	X 支撑（双槽钢）	Q235	—	40c	—

续表

楼层	平面位置	构件类别	材料强度	钢筋强度	截面（mm）	配筋率
5～7 层	7 轴～8 轴/A 列 7 轴～8 轴/B 列	X 支撑 （双槽钢）	Q235	—	32c	—
7 层	1 轴～2 轴/A 列 1 轴～2 轴/B 列 9 轴～10 轴/A 列 9 轴～10 轴/B 列	X 支撑 （双槽钢）	Q235	—	32c	—

表 7–17　　场地特征周期为 0.65s 时重屋面（大平台与 A、B 柱铰接）不加除氧器结构模型竖向构件信息

楼层	平面位置	构件类别	材料强度	钢筋强度	截面（mm）	配筋率（%）
1～6 层	A 列、B 列	框架柱	C50	HRB335	1000×2100	3.5
7 层	A 列、B 列	框架柱	C50	HRB335	1000×1700	3.5
1～4 层	1/A 列、2/A 列	框架柱	C50	HRB335	700×700	3.5
1～4 层	3/A 列	框架柱	C50	HRB335	800×1400	3.5
2～4 层	7 轴～8 轴/A 列 7 轴～8 轴/B 列	X 支撑 （双槽钢）	Q235	—	40c	—
5～7 层	7 轴～8 轴/A 列 7 轴～8 轴/B 列	X 支撑 （双槽钢）	Q235	—	32c	—
7 层	1 轴～2 轴/A 列 1 轴～2 轴/B 列 9 轴～10 轴/A 列 9 轴～10 轴/B 列	X 支撑 （双槽钢）	Q235	—	32c	—

4. 部分 SRC 柱改进方案

在原有 6 个火电厂汽机房模型抗震性能分析的基础上，选择各荷载工况下的最不利结构体系（重屋面铰接—不加除氧器），对其进行改进分析，并与原结构进行对比，结构不同位置处的平面图如图 7–4～图 7–6 所示。

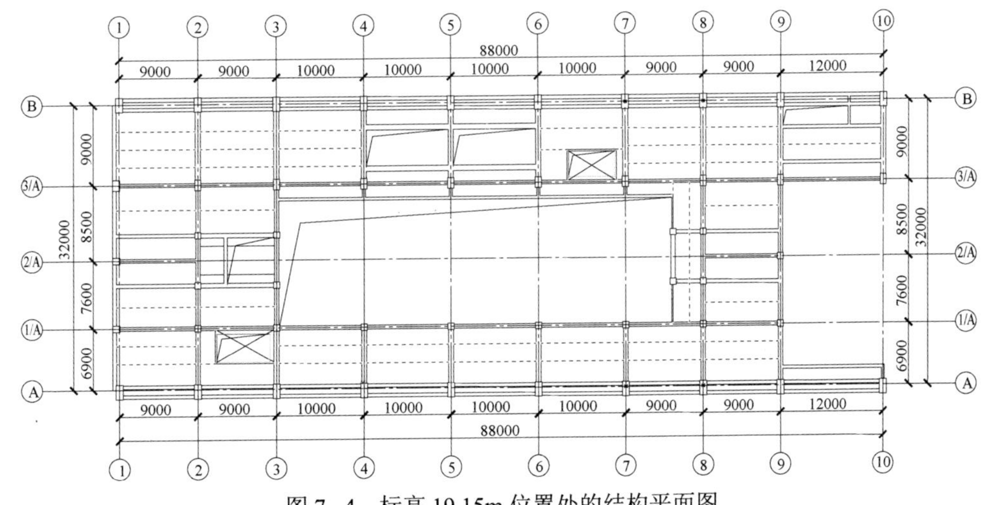

图 7–4　标高 19.15m 位置处的结构平面图

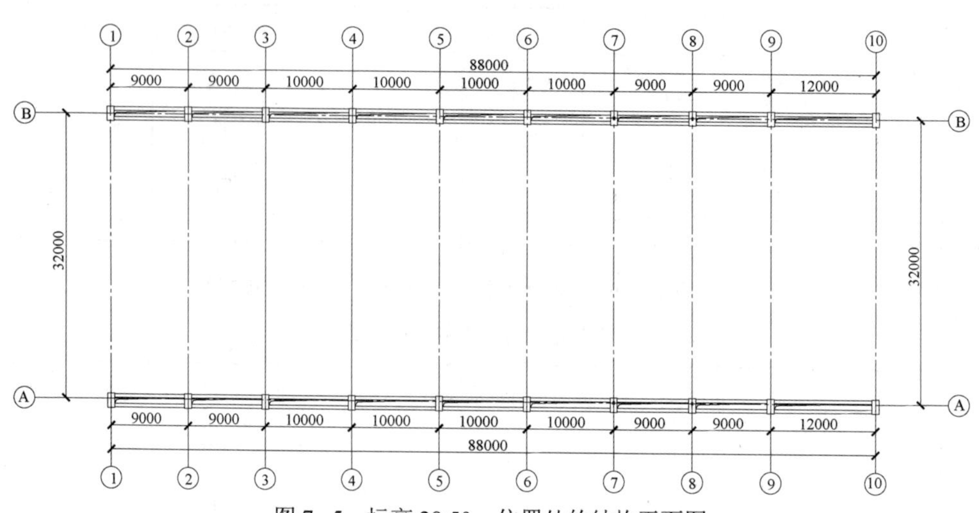

图 7–5　标高 29.50m 位置处的结构平面图

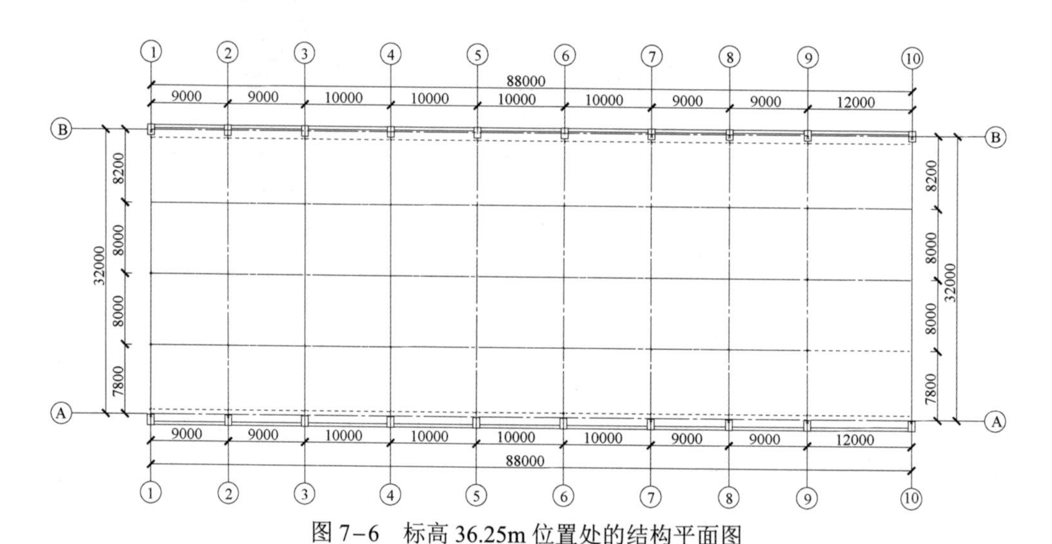

图 7–6　标高 36.25m 位置处的结构平面图

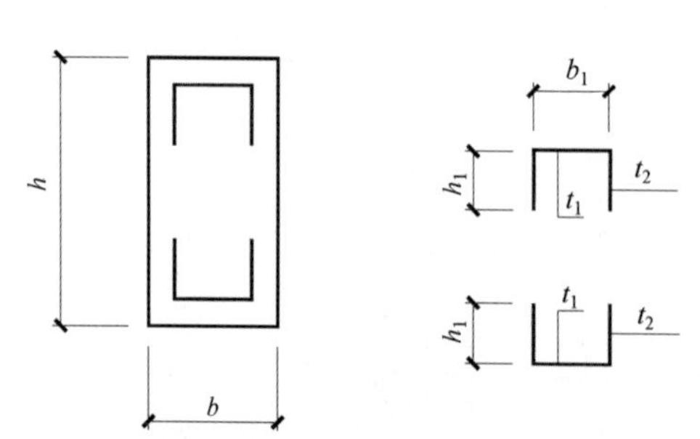

图 7–7　所选用的型钢截面类型

采用的型钢截面类型如图 7–7 所示，根据 JGJ 138—2001《型钢混凝土组合结构技术规程》的规定，型钢应在截断楼层位置处向上延伸两层。

在增大柱截面的基础上，在损伤相对严重的柱中再添加钢骨。给出两种改进方案，分别对应场地特征周期 0.45s 和 0.65s。改进后的柱截面尺寸和添加的钢骨类型见表 7–18 和表 7–19。将竖向支撑改成 40c 的槽钢，相应的截面尺寸为 400mm×104mm×14.5mm×18mm。

表 7–18　　8 度区（T_g=0.45s）对结构的改进方案

柱对应的楼层标高（m）	柱所在轴线	b（mm）	h（mm）	b_1（mm）	h_1（mm）	t_1（mm）	t_2（mm）	配钢率（%）
0～19.15	A、B	900	1800	600	450	28	28	5.19
0～19.15	1/A	800	1200	500	300	20	20	4.58
0～19.15	2/A	800	1200	—	—	—	—	—
0～19.15	3/A	900	1800	600	450	28	28	5.19
19.15～29.5	A、B	900	1800	500	400	20	20	3.21
29.5～36.25	A、B	900	1400	500	400	10	10	2.06

表 7–19　　8 度区（T_g=0.65s）对结构的改进方案

柱对应的楼层标高（m）	柱对应的轴线编号	b（mm）	h（mm）	b_1（mm）	h_1（mm）	t_1（mm）	t_2（mm）	配钢率（%）
0～19.15	A、B	1000	2200	700	500	40	40	6.18
0～19.15	1/A	1000	1200	600	300	30	30	6.00
0～19.15	2/A	1000	1200	—	—	—	—	—
0～19.15	3/A	1000	2000	600	400	36	36	5.04
19.15～29.5	A、B	1000	2200	700	500	40	40	6.18
29.5～36.25	A、B	1000	1800	600	400	36	36	5.60

二、有限元分析

针对 6 个不同的结构模型，根据不同的场地特征周期反复调整框架柱的截面尺寸和配筋率及支撑的截面尺寸，使得结构能满足 8 度区各场地条件下的抗震设防要求。有限元模型的建立方法及分析过程与内容同本章第一节中相关内容。

（1）按照改变竖向构件截面尺寸和配筋的方法对结构改进后的计算结果见表 7–20。

表 7–20　　8 度罕遇地震作用下改进后各结构层间位移角最大值统计

场地特征周期		0.35s	0.40s	0.45s	0.55s	0.65s
轻屋面（大平台与 A、B 柱刚接）不加除氧器	框架部分	1/78	1/86	1/78	1/61	1/50
	排架部分	1/51	1/39	1/38	1/33	1/37
轻屋面（大平台与 A、B 柱铰接）不加除氧器	框架部分	1/57	1/61	1/72	1/56	1/56
	排架部分	1/40	1/42	1/39	1/33	1/41
重屋面（大平台与 A、B 柱刚接）不加除氧器	框架部分	1/59	1/82	1/78	1/66	1/77
	排架部分	1/43	1/33	1/38	1/33	1/51
重屋面（大平台与 A、B 柱铰接）不加除氧器	框架部分	1/56	1/61	1/58	1/60	1/57
	排架部分	1/42	1/38	1/36	1/33	1/40
轻屋面（大平台与 A、B 柱刚接）加除氧器	框架部分	1/67	1/73	1/84	1/57	1/71
	排架部分	1/49	1/37	1/39	1/34	1/33
重屋面（大平台与 A、B 柱刚接）加除氧器	框架部分	1/58	1/79	1/83	1/56	1/59
	排架部分	1/40	1/33	1/37	1/34	1/37

（2）按照部分 SRC 型钢混凝土柱方案对结构改进后的计算结果见表 7–21。

表 7-21　SRC 改进后 8 度罕遇地震下重屋面（大平台与 A、B 柱铰接）不加除氧器结构在三条地震波作用下的层间位移角最大值

工况	人工波		天然波 1		天然波 2	
方向	X	Y	X	Y	X	Y
方案一（0.45s）	1/128	1/49	1/164	1/49	1/118	1/49
方案二（0.65s）	1/111	1/49	1/77	1/49	1/145	1/44

三、主要结论

1. 按照改变竖向构件截面尺寸和配筋的方法对结构进行改进

8 度罕遇地震Ⅱ类和Ⅲ类条件各结构的框排架部分的层间位移角限值均能满足规范要求，个别构件达到了严重破坏的损伤状态，多数构件处于中等损伤及以下状态，结构可以达到抗震性能 4 的水准要求。

2. 按照部分 SRC 型钢混凝土柱方案对原结构改进

（1）按照方案一对原结构进行改进，在设防烈度为 8 度，场地特征周期 0.45s 条件下，多数框架柱处于中度损伤状态及以下，结构的抗震性能可以达到抗震性能 4 的水准要求，可以在此设防条件下采用此类结构型式。

（2）按照方案二对原结构进行改进，在设防烈度为 8 度，场地特征周期 0.65s 条件下，多数框架柱处于中度损伤状态及以下，结构的抗震性能可以达到抗震性能 4 的水准要求。可以在此设防条件下采用此类结构型式。

第三节　竖向框排架结构位移角限值试验

一、试验内容

从实际的重屋面火电厂汽机房竖向框排架结构中选取一榀有代表性的构件，选取大平台下一层的框架结构和大平台上的排架柱组成单榀竖向框排架结构体系，位置如图 7-8 所示。按照 1:5 的比例对原构件进行缩尺，缩尺后试件总高 5.48m。对缩尺后的试件进行低周反复荷载试验（拟静力试验）。结构构件的实际尺寸如图 7-9～图 7-12 所示，混凝土的强度等级为 C40，纵向钢筋为 HRB400，箍筋为 HPB300。

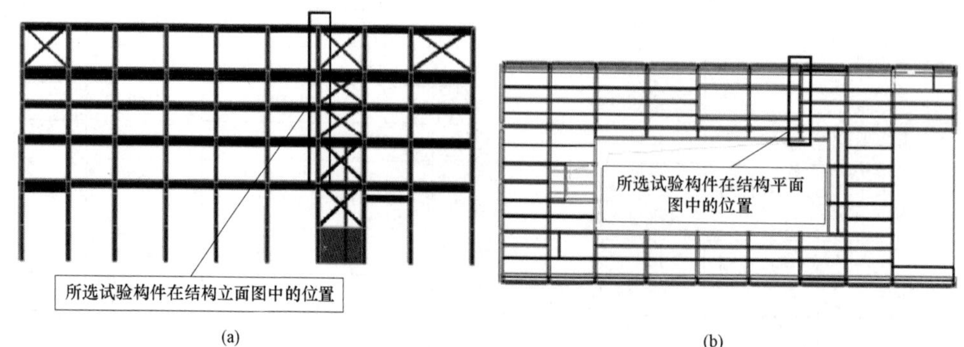

图 7-8　所选试验构件在结构中的位置

（a）立面位置；（b）平面位置

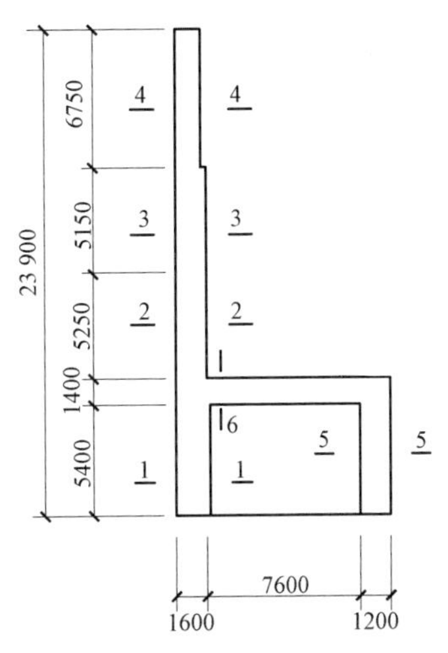

图 7–9　原构件的立面尺寸

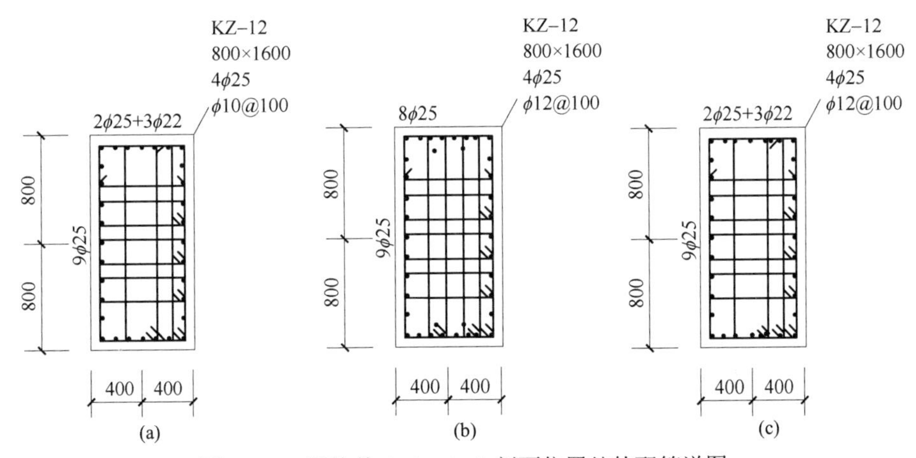

图 7–10　原构件 1–1～3–3 剖面位置处的配筋详图

（a）1–1 剖面配筋；（b）2–2 剖面配筋；（c）3–3 剖面配筋

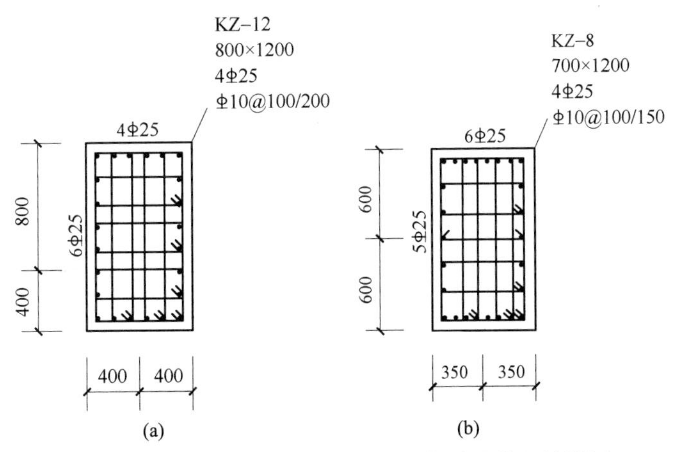

图 7–11　原构件 4–4 及 6–6 剖面位置处的配筋详图

（a）4–4 剖面配筋；（b）6–6 剖面配筋

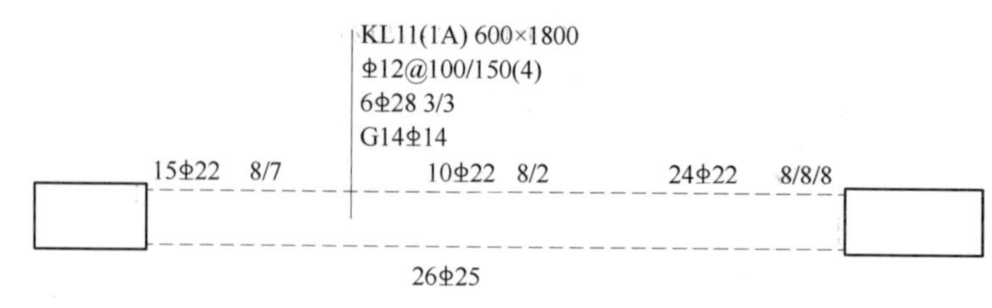

图 7-12 原构件框架梁配筋图

二、试验方法

1. 边界条件

竖向千斤顶连接在可随试件顶端水平向左右移动的滑板上，以考虑竖向力对排架柱产生的 $P-\Delta$效应，试件的下端固定于实验室地锚上。

2. 几何比例

根据场地容许的最大尺寸确定几何缩尺比例为 1:5，构件的高度、跨度、截面、配筋均按照该比例进行缩尺。

3. 试件的材料及制作

选取与实际结构同标号的商品混凝土、钢构件和钢筋作为试件制作材料，即材料相似关系满足 1:1，材料指标满足 E_2:E_1=1:1。

4. 试件的养护与运输（见图 7-13）

(a)

(b)

图 7-13 试件的养护与运输

（a）试件的养护；（b）试件的运输

5. 加载方案

试验的加载方案如图 7-14 和图 7-15 所示。其中加载装置为电液伺服加载系统，系统由一个竖向作动器和一个水平向作动器加载。考虑到柱顶端应力较为集中、结构平面外失稳及水平千斤顶连接耳板宽度等问题，水平千斤顶加载点距离柱顶端 550mm。

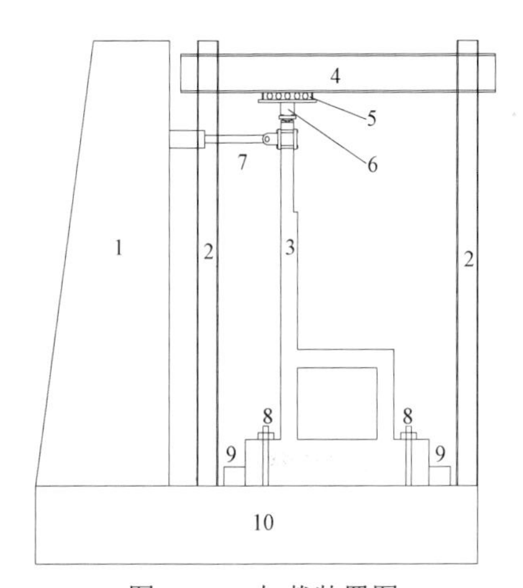

图 7–14　加载装置图

1—反力墙；2—门架；3—试件；4—反力梁；5—滚轴装置；
6—竖向作动器；7—水平作动器；
8—压梁；9—支撑梁；10—台座

图 7–15　加载装置照片

试验开始时先运行竖向作动器，待竖向作动器加载至预期数值后，运行水平向作动器，选取跨中水平向作动器加载点处的位移计测得的位移值进行位移控制加载。

采用位移控制加载：在结构构件顶端位移和水平力组成的滞回曲线表现出屈服特征前，顶端加载位移间隔取 5mm，以确定出现第一条裂缝时构件的顶端位移；滞回曲线表现出屈服特征后，顶端加载位移间隔取 10mm，且同一位移等级加载两圈，加载到结构承载力为峰值承载力 80%以下时，试验方可结束。

三、试验结论

（1）试件排架柱底出现第一批裂缝时，对应的排架柱层间位移角为 1/256。由于本次试验仅有一个试件，根据框架柱和排架柱受力机理的不同，参考多遇地震下框架柱层间位移角限值，建议火电厂汽机房竖向框排架结构排架部分多遇地震下的设计层间位移角可取 1/350。

（2）试件排架柱屈服时，对应的排架柱层间位移角为 1/127，试件承载力下降至峰值承载力的 85%时，对应的排架柱层间位移角为 1/28，GB 50011—2010《抗规》给出的单层钢筋混凝土柱排架结构罕遇地震下的层间位移角限值为 1/30，基本能与本次试验的结果相吻合。

第四节　工　程　实　例

相关的研究成果已在《火力发电厂主厂房钢筋混凝土结构设计技术导则》Q/DG 1–T012—2014 中体现，并在国电哈密大南湖煤电一体化 2×660MW 工程等多个项目中应用。

国电哈密大南湖煤电一体化 2×660MW 工程位于新疆维吾尔自治区东部哈密市境内。拟建厂址位于哈密市南偏西约 73km 处，距南湖乡约 60km。哈密市是新疆的东大门，公路、铁路交通均十分便利，由于拟建电厂是煤矿的配套坑口电站，工程场地距哈（哈密）罗（罗布泊）公路（S235 省道）东约 26km，目前进入场地的道路为简易公路，交通条件较好。

国电哈密大南湖煤电一体化工程为两台 660MW 机组，汽机房横向为现浇钢筋混凝土竖向框排架结构，纵向为钢筋混凝土框架—钢支撑结构；侧煤仓设在两炉之间，采用现浇钢筋混凝土框架结构。汽机房屋面采用实腹钢梁有檩体系，屋面板采用自防水带保温复合压型钢板轻型屋面；汽机房平台采用现浇钢筋混凝土框架结构，楼板为 H 型钢梁—现浇钢筋混凝土板结构，与主厂房 A、B 轴框架刚接连接。侧煤仓间采用钢筋混凝土框架结构，各层楼（屋）面采用钢梁—现浇钢筋混凝土板组合结构。煤斗采用支承式结构；汽轮发电机基础采用现浇钢筋混凝土框架结构，四周采用变形缝与周围建筑分开。

主厂房结构主要布置参数见表 7–22，结构平、剖面布置如图 7–16 和图 7–17 所示，设计条件如下。

（1）抗震设防烈度为 7 度，地震动峰值加速度为 0.094g，设计地震分组为第三组；场地类别为Ⅱ类。

（2）基本风压为 0.60kN/m^2，地面粗糙度为 B 类。

表 7–22　　主厂房结构主要布置参数（一台机）

项　　次	参　　数
横向宽度（m）	A～B：32.0
纵向长度（m）	85.0
柱截面（mm）	A 排柱：700×1500
	B 排柱：700×1500
中间层高度（m）	7.75
运转层高度（m）	15.45
屋面高度（m）	汽机房：33.10

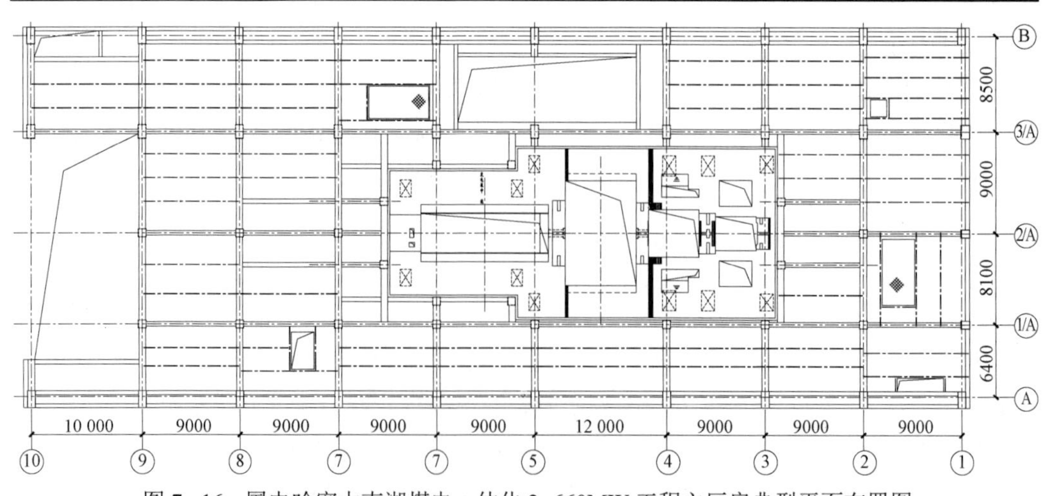

图 7–16　国电哈密大南湖煤电一体化 2×660MW 工程主厂房典型平面布置图

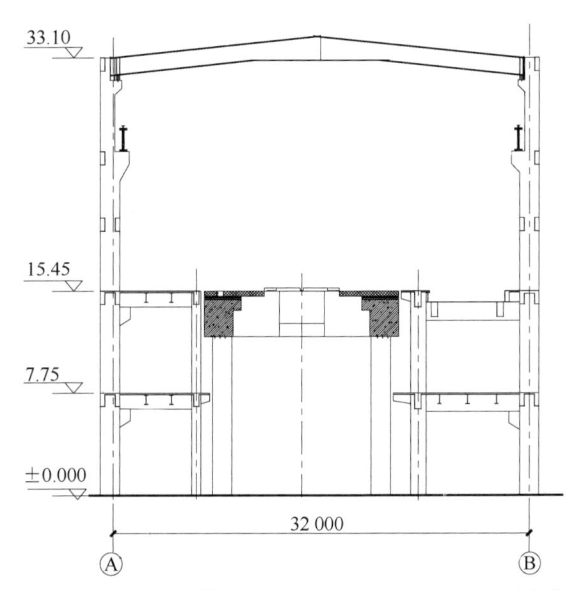

图 7-17　国电哈密大南湖煤电一体化 2×660MW 工程主厂房典型剖面图

侧煤仓主厂房结构

第一节 带混凝土贮仓的三列柱侧煤仓结构

一、主要内容

火电厂钢筋混凝土侧煤仓结构是一种新型结构型式，目前广泛使用的是钢筋混凝土侧煤仓—钢煤斗结构，而钢筋混凝土侧煤仓—钢筋混凝土煤斗结构尚无应用实例。钢筋混凝土煤斗结构上部刚度较大，上下刚度比增大较多，其地震响应有可能较钢煤斗结构更加明显。鉴于钢筋混凝土侧煤仓结构及外荷载的特殊性和复杂性，有必要采用弹塑性分析方法对其抗震性能开展深入研究。采用钢筋混凝土侧煤仓能够为结构提供较大的抗侧刚度，极大提高煤仓空间利用率，降低皮带层高度，从而大幅降低工程造价并加快施工进度。现行规范对该类结构的抗震性能规定尚不明确，研究成果可以为该类结构的规范修订提供参考依据。

根据火电厂钢筋混凝土侧煤仓结构的通用布置方案，重点对我国火力发电厂2×1000MW 机组侧煤仓结构三列不等跨柱（以下简称“三柱”）的结构布置方案分别开展研究。通过有限元分析计算，对该类结构进行弹塑性分析，研究其抗震性能。根据数值分析结果，得到该类结构合理的适用范围，并提出相应的抗震构造措施建议。

通过钢筋混凝土侧煤仓—钢筋混凝土煤斗结构的三维计算模型建立，进行钢筋混凝土侧煤仓—钢筋混凝土煤斗结构的动力特性分析、钢筋混凝土侧煤仓—钢筋混凝土煤斗结构的地震反应分析及损伤分析，对钢筋混凝土侧煤仓—钢筋混凝土煤斗结构的抗震构造措施提出建议。

二、有限元分析

新型钢筋混凝土侧煤仓—钢筋混凝土煤斗三柱结构为不设柱间支撑的钢筋混凝土结构体系。其纵向跨度 73.00m，横向跨度 20.00m，高度 63.70m，结构总层数为 9 层，楼板厚 120mm。B、C 排框架柱尺寸为 1000mm×1600mm，A 排框架柱尺寸为 1000mm×1200mm。侧煤仓混凝土墙位于结构的第 5 层及第 6 层，其厚度为 350mm。框架梁、板、柱及混凝土墙均采用 C40 混凝土，钢筋采用 HRB400。结构平、立面布置如图 8-1 和图 8-2 所示。

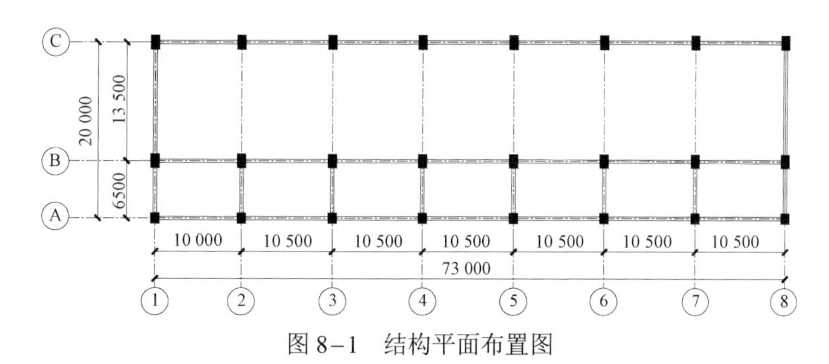

图 8–1　结构平面布置图

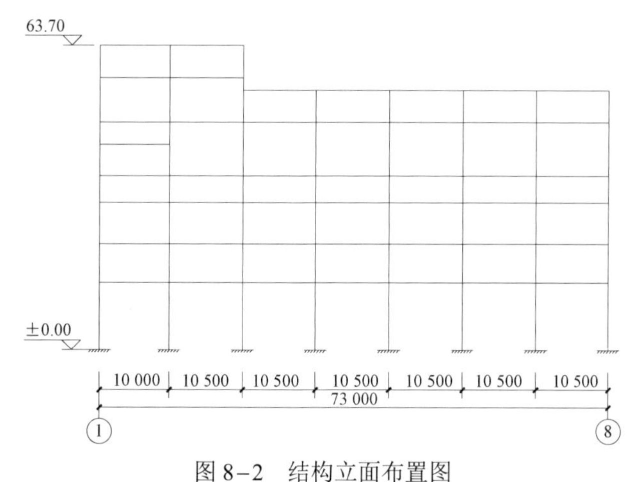

图 8–2　结构立面布置图

（一）三维有限元模型的建立

结构的混凝土构件采用三维实体单元 C3D8R 模拟，钢筋采用杆单元 T3D2 模拟。荷载等效为质量点耦合到相应构件上，建立钢筋混凝土侧煤仓结构的空间结构模型。混凝土的本构关系选用塑性损伤模型。计算模型及质量点耦合图如图 8–3 和图 8–4 所示。

图 8–3　三柱结构三维计算模型图

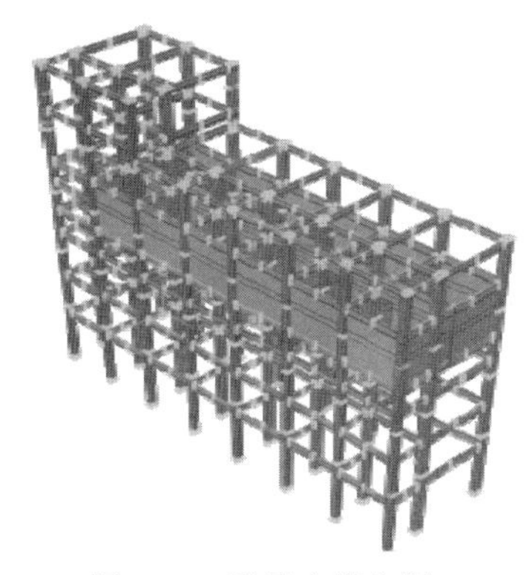

图 8–4　质量点耦合图

（二）动力特性分析

采用 ABAQUS 软件计算结构的动力特性，计算结果与 PKPM 计算结果进行对比分析，见表 8–1。

表 8-1　　ABAQUS 与 PKPM 软件计算周期对比　　(s)

振型	PKPM	ABAQUS	误差（%）
1	2.784	2.613	6.14
2	2.531	2.338	7.63
3	2.181	2.059	5.59
4	1.298	1.362	4.93
5	1.157	1.183	2.25
6	0.950	1.003	5.58

（三）抗震性能分析及损伤分析

抗震性能分析内容为：能量响应分析、基底剪力分析、变形能力分析、损伤分析。

1. 地震动选择

根据规范反应谱和结构动力性能采用 El-Centro 波、兰州波和 Taft 波（见图 8-5）。

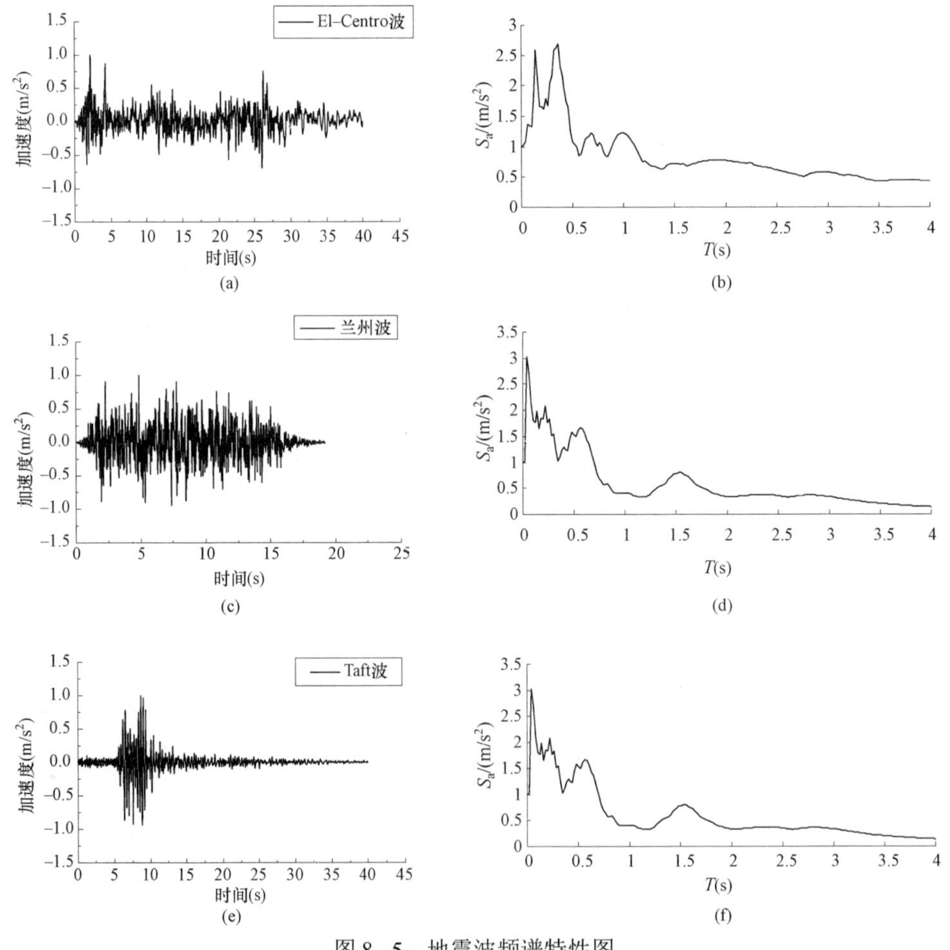

图 8-5　地震波频谱特性图

（a）El-Centro 波时程曲线；（b）El-Centro 波反应谱；（c）兰州波时程曲线；（d）兰州波反应谱；（e）Taft 波时程曲线；（f）Taft 波反应谱

2. 能量响应分析

在 ABAQUS 中，各能量项存在如下平衡公式

$$E_{IE}+E_{KE}+E_{VD}+E_{FD}-E_{WK}=常量 \tag{8-1}$$

$$E_{IE}=E_{SE}+E_{PD}+E_{CD}+E_{AE}+E_{DMD} \tag{8-2}$$

式中　E_{IE}——结构内能；

E_{KE}——结构动能；

E_{VD}——黏性耗散能，即阻尼耗能；

E_{FD}——摩擦耗能；

E_{WK}——外力功，即输入能；

E_{SE}——弹性应变能；

E_{PD}——塑性应变能；

E_{CD}——蠕变耗能；

E_{AE}——由缩减积分引起的 Hourglass 能量，即应变能；

E_{DMD}——损伤耗能。

当地震作用较小时，结构的输入能主要以弹性应变能形式存储；当地震作用超过一定强度时，输入能主要依靠塑性耗能和阻尼耗能来耗散。结构耗能曲线如图 8-6 所示。

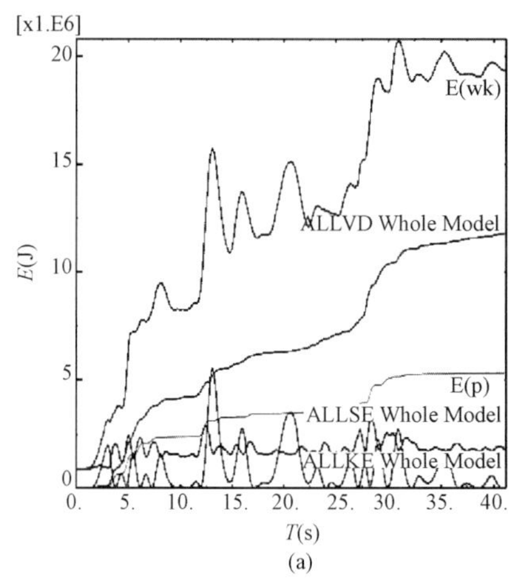

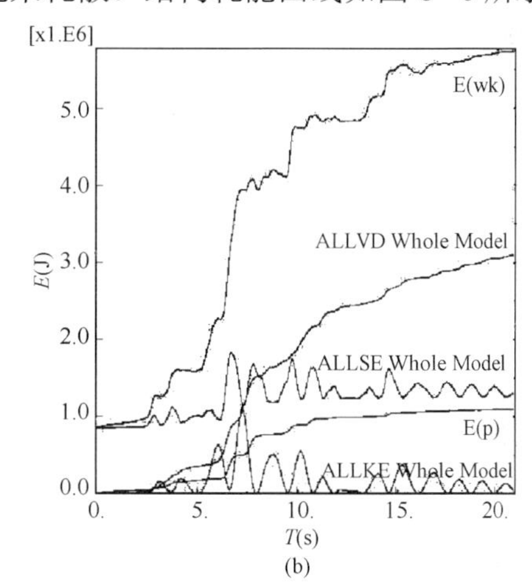

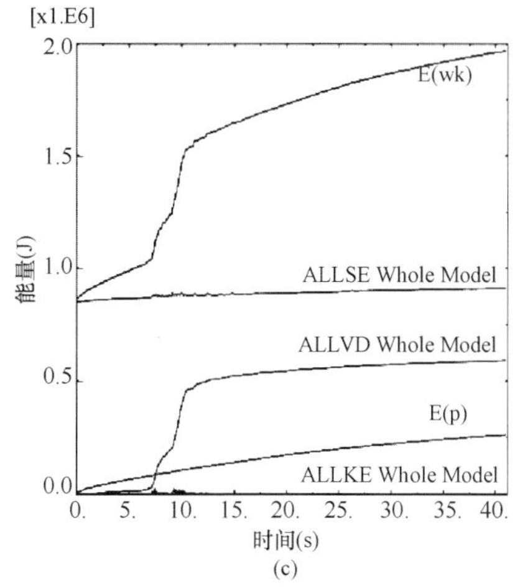

图 8-6　结构耗能曲线

（a）El-Centro 波；（b）兰州波；（c）Taft 波

随着地震作用的增强，弹性应变能占结构输入能的比例均逐渐减小，阻尼耗能及塑性耗能总和占结构输入能的比例均逐渐增大。

3. 基底剪力分析（见图 8-7）

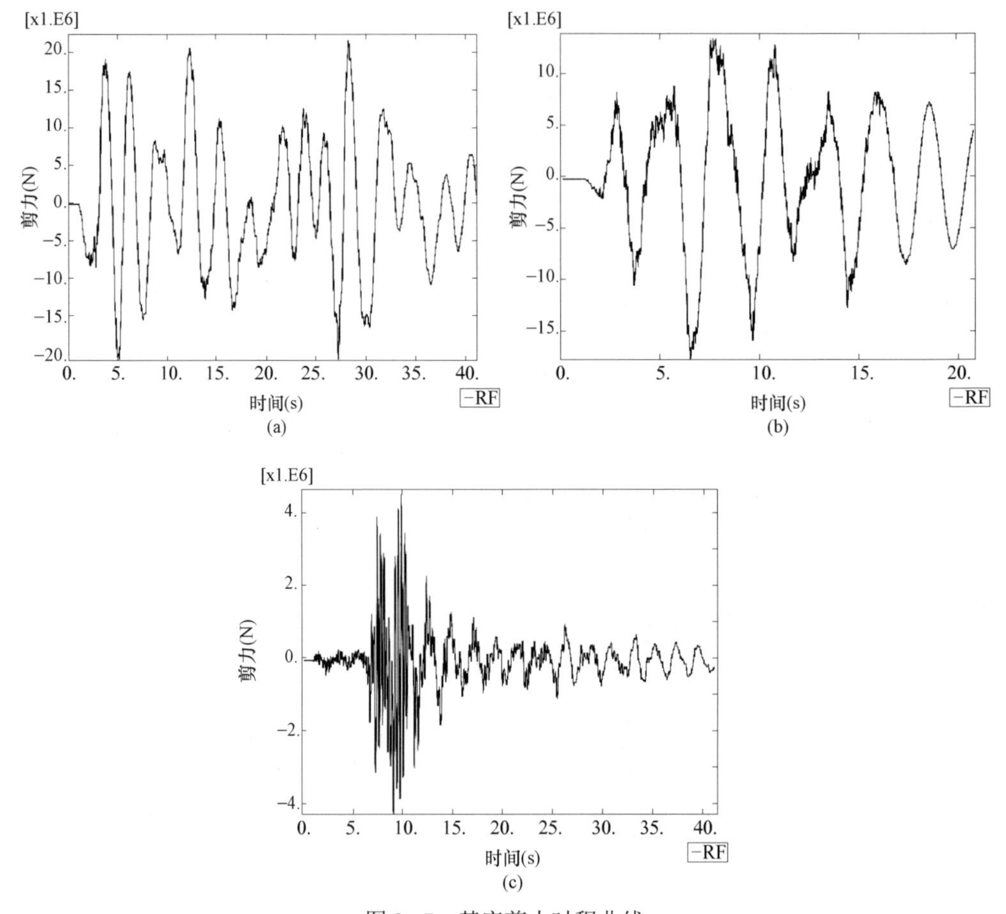

图 8-7　基底剪力时程曲线

（a）El-Centro 波；（b）兰州波；（c）Taft 波

地震作用后的基底剪力系数，El-Centro 波最大，Taft 波最小。

4. 变形能力分析

结构的变形可以有效地反映结构在地震作用下的破坏程度。目前，直接建立结构的破坏程度与变形之间的关系，也是实际工程中最容易实现的。因此，选用与变形有关的参数层间位移角来描述结构的性能状态，见表 8-2 和表 8-3。

表 8-2　　层间位移角（7 度罕遇地震作用）

楼层	最大层间位移（m）	产生时刻（s）	层高（m）	最大层间位移角
1	-0.045 083 7	28.46	11.5	1/255
2	-0.044 270 4	28.47	9.0	1/203
3	-0.036 771 9	28.47	9.5	1/258

续表

楼层	最大层间位移（m）	产生时刻（s）	层高（m）	最大层间位移角
4	0.009 988 61	5.13	5.0	1/501
5	−0.008 446 1	28.37	5.8	1/687
6	−0.005 249 89	3.64	4.2	1/800
7	−0.010 576 5	3.62	7.5	1/709
8	−0.003 688 45	28.13	2.5	1/678
9	−0.009 225 85	28.15	8.7	1/943

根据 GB 50191—2012《构筑物抗震设计规范》对弹塑性层间位移角限值的规定，该结构在 7 度罕遇地震作用下的最大弹塑性层间位移角满足要求。

表 8−3　　层间位移角（8 度罕遇地震作用）

楼层	最大层间位移（m）	产生时刻（s）	层高（m）	最大层间位移角
1	−0.122 339	28.65	11.5	1/94
2	−0.114 713	28.65	9.0	1/78
3	−0.090 600 1	12.77	9.5	1/104
4	−0.022 951 7	12.78	5.0	1/217
5	0.010 522 2	12.54	5.8	1/551
6	−0.010 522 2	12.54	4.2	1/399
7	−0.019 122 7	12.54	7.5	1/392
8	−0.006 244 66	12.54	2.5	1/400
9	−0.016 681 7	12.55	8.7	1/521

根据 GB 50191—2012《构筑物抗震设计规范》对弹塑性层间位移角限值的规定，该结构在 8 度罕遇地震作用下的最大弹塑性层间位移角不满足要求。

5. 损伤分析

假定塑性损伤模型中，混凝土材料主要为拉裂和压碎破坏，混凝土进入塑性后的损伤分为受拉损伤（受拉损伤因子用“DT”表示）和受压损伤（受压损伤因子用“DC”表示），以此来模拟损伤引起的弹性刚度退化。当单元达到塑性应变的极限值时，认为其达到完全损伤。构件损伤等级见表 8−4。

表 8−4　　构 件 损 伤 等 级

损伤等级	Ⅰ级 完全弹性	Ⅱ级 基本完好	Ⅲ级 轻微破坏	Ⅳ级 中等破坏	Ⅴ级 严重破坏	Ⅵ级 完全破坏
损伤数值	0	0～0.2	0.2～0.4	0.4～0.65	0.65～0.9	>0.9

（1）7 度罕遇地震作用下结构的损伤值。损伤结果统计见表 8−5。

表 8-5　　整体损伤值　　（%）

层数	DC	DT
1	0.42	0.95
2	0.22	0.42
3	0.27	0.64
4	0.27	0.25
5	0.06	0.13
6	0.06	0.14
7	0.04	0.16
8	0.06	0.15
9	0.05	0.18

1）框架柱。从计算结果可以看出：部分柱出现塑性应变，最大塑性应变值为 8.76×10^{-3}，结构总体的塑性变形不很严重；框架柱第 1 层柱损伤较大，损伤部位大都集中在结构底部及与梁相连的节点位置，除第 1 层柱外，其余层柱损伤较小；7 度罕遇地震作用下，整体损伤较小，柱受力性能良好。

2）框架梁。从计算结果可以看出：框架梁损伤较框架柱更严重，其中第 2 层梁及混凝土墙下的损伤最为严重，局部受压损伤最大值为 0.969 1，接近完全损伤；混凝土墙下部横向框架梁的损伤大于纵向框架梁，与横向框架梁相连的节点区刚度退化较大；混凝土墙上部的框架梁损伤相对较小，结构第 8 层、第 9 层的 X、Z 方向的刚度分布比较均匀，构件基本上无损伤。

3）混凝土墙。从计算结果可以看出：混凝土墙中仅有局部墙体发生了受压损伤现象；外围墙体仅在底部出现少部分受拉损伤现象；在两片混凝土墙相交处刚度退化严重，其余部位刚度并无明显退化。

4）结论。从以上分析可以得出以下结论：7 度罕遇地震作用下，该结构所有柱均产生明显的裂缝，多数梁产生明显的裂缝，部分梁产生轻微裂缝；结构各层最大层间位移角满足规范的要求；结构第 1、第 2、第 4 层损伤较严重，损伤集中在横向 AB、BC 两跨的框架梁上，其余各层构件也均出现了不同程度的损伤，但损伤程度均小于第 2 层和第 4 层构件；整体结构基本可以满足“大震不倒”的要求。

（2）8 度罕遇地震作用下结构的损伤值。损伤评估见表 8-6。

表 8-6　　整体损伤值　　（%）

层数	DC	层数	DC
1	0.510	6	0.008
2	0.342	7	0.014
3	0.357	8	0.005
4	0.103	9	0.015
5	0.088		

1）框架柱。从计算结果可以看出：8 度罕遇地震作用下，大部分框架柱混凝土出现不同程度的损伤，混凝土柱底、梁柱节点区有明显的受压损伤；局部损伤较为明显的楼层为第 1、第 2、第 4 层，最大损伤发生在底层柱，底层多数混凝土柱发生严重破坏；8 度罕遇地震作用下，混凝土柱损伤较大，柱受力性能较 7 度地震作用有明显降低。

2）框架梁。从计算结果可以看出：8 度罕遇地震作用下，混凝土梁发生明显的损伤及刚度退化，其值均明显大于混凝土柱，计算分析截止到 30s 中断，后续结果不收敛；损伤最为严重的部位集中在第 1 层，该层混凝土梁大都超过严重破坏程度；梁中混凝土出现明显的塑性变形，塑性变形值明显大于混凝土柱的塑性变形值，起到了很好的耗能作用。

3）混凝土墙。从计算结果可以看出：8 度罕遇地震作用下，所有墙体的混凝土均发生较为明显的损伤，但损伤值不大，未达到严重破坏的程度；在两片混凝土墙相交处刚度退化严重，其余部位刚度并无明显退化。

4）结论。从以上分析可以得出以下结论：8 度罕遇地震作用下，构件裂缝进一步发展，结构中各类构件损伤破坏较为严重，大多数构件损伤指数主要集中在 0.65～0.9，属于严重破坏等级；结构最大层间位移角不满足规范要求；结构第 1、第 2、第 4 层损伤较严重，其中第 2 层框架梁的损伤最为严重，其次是第 1 层和第 4 层构件；其余各层构件均出现了不同程度的损伤。由于结构损伤严重，局部发生过大应力集中，导致计算分析截止到 30s 中断，后续结果不收敛；综合结构层间位移角、构件损伤及应力云图等分析结果，评判该结构在 8 度罕遇地震作用下达不到“大震不倒”的要求。

三、主要结论及建议

（一）结论

分别进行了三柱式侧煤仓结构在 El–Centro 波、兰州波和 Taft 波作用下的 6 度、7 度及 8 度罕遇地震作用的抗震性能分析及损伤分析。主要结论如下。

（1）由于火电厂侧煤仓混凝土结构的特殊性，该结构中存在大量深梁、短柱、混凝土墙等大尺寸构件，因此，采用空间实体模型进行该类结构的全过程精细化分析更符合真实情况。

（2）根据场地特性及结构特点，选择 El–Centro 波、Taft 波和兰州波作为地震动输入，进行结构弹塑性时程反应分析，结构地震反应结果、耗能及损伤规律较一致，说明选用地震波的正确性。

（3）不同地震动作用下，钢筋混凝土侧煤仓结构的弹塑性层间位移角在 El–Centro 波作用下最大，兰州波次之，Taft 波最小。结构在 6 度及 7 度罕遇地震作用下的最大弹塑性层间位移角满足要求，在 8 度罕遇地震作用下，该结构的最大弹塑性层间位移角不满足要求。

（4）三种地震波作用下结构损伤规律基本一致。其中，El–Centro 波作用下结构损伤最明显，兰州波次之，Taft 波最小。El−Centro 波与兰州波作用下，结构的损伤部位较一致。

（5）6 度罕遇地震作用下，结构第 1 层框架梁存在轻微损伤，第 2 层框架梁少量短跨方向构件出现中等程度损伤，混凝土墙下的部分框架梁也出现了轻微破坏，结构整体损伤程度轻微，可以满足“大震不倒”的要求。

（6）7 度罕遇地震作用下，第 1 层梁、柱的混凝土损伤较为严重，第 1 层为结构的薄弱层；侧煤仓所在层的混凝土墙与墙交叉处混凝土有轻微损伤，结构产生中等破坏，但整体结构基本可以满足“大震不倒”的要求。

（7）8 度罕遇地震作用下，该结构中各类构件损伤破坏较为严重，大多数构件损伤指数主要集中在 0.65～0.9，尤其是结构的第 1、第 2、第 4 层的大部分构件发生严重破坏，属于严重破坏等级，不能满足“大震不倒”的要求，需要修改设计方案或增加构造措施。

（二）措施建议

1. 薄弱部位的加强

（1）采用变截面柱，增大第 1 层梁、柱的截面尺寸，提高第 1 层梁、柱中混凝土强度等级，并对第 2 层和第 4 层的梁端、柱端箍筋加密，提高延性。

（2）在各层梁的节点区附加纵筋和箍筋、在框架梁端部设置水平加腋，从而形成节点区约束混凝土。

（3）第 5 层和第 6 层混凝土墙端部及墙与墙交叉处增设暗柱，从而提高混凝土墙的承载力，避免交叉处混凝土的局部压碎。

2. 结构刚度的调整

（1）采取减小转换层以上结构构件的刚度，如减小混凝土墙截面尺寸、合理布置混凝土墙位置，以降低混凝土墙的混凝土强度等级。

（2）增大转换层以下梁、柱等截面尺寸，提高其混凝土的强度等级。

（3）改变混凝土墙的构件型式，可减小截面尺寸，墙内部增设型钢。

（4）调整结构混凝土墙材料，降低墙厚，采用钢纤维混凝土，可显著提高混凝土的抗拉强度及韧性。

（5）混凝土墙处可以设缝，将混凝土墙沿柱侧分割成独立单元，单元之间采用柔性连接，外部采用特种材料涂抹，保证其密封效果。

3. 错层部位的处理

（1）第 5 层和第 8 层的短柱可以采用高强混凝土、复合箍筋、局部改用钢纤维混凝土等措施来提高抗剪、抗拉能力及延性。

（2）第 5 层和第 8 层的错层处箍筋应沿全柱段加密，结构两侧尽量采用变形性能相近和侧向刚度相近的结构体系。

（3）错层处平面外受力的混凝土墙应尽量少开洞，并设置与其垂直的墙肢或扶壁柱。

第二节　带混凝土贮仓的两列柱侧煤仓结构

一、主要内容

根据火电厂钢筋混凝土侧煤仓结构的通用布置方案，重点对火力发电厂内 2×1000MW 机组侧煤仓结构两列柱（以下简称“两柱”）的结构布置方案进行了分析。通过有限元分析计算，进行该类结构的弹塑性分析，研究其抗震性能。根据数值分析结果，得到该类结构合理的适用范围，并提出相应的抗震构造措施建议。

二、有限元分析

新型钢筋混凝土侧煤仓—钢筋混凝土煤斗结构为不设柱间支撑的钢筋混凝土结构体系，其纵向跨度 73.0m，横向跨度 17.0m，高度 63.70m。结构总层数为 9 层，第 1 层至第 9 层层高分别为 11.50m、9.00m、9.50m、5.00m、5.80m、4.20m、7.50m、2.50m、8.70m。框架柱尺寸为 1000mm×1600mm，楼板厚 120mm。侧煤仓混凝土墙位于结构的第 5 层和第 6 层，其厚度为 350mm。框架梁、板、柱及混凝土墙均采用 C40 混凝土，钢筋采用 HRB400。结构平、立面布置如图 8–8 和图 8–9 所示。建模方法与三列柱侧煤仓结构有限元模型相同，计算模型如图 8–10 所示。

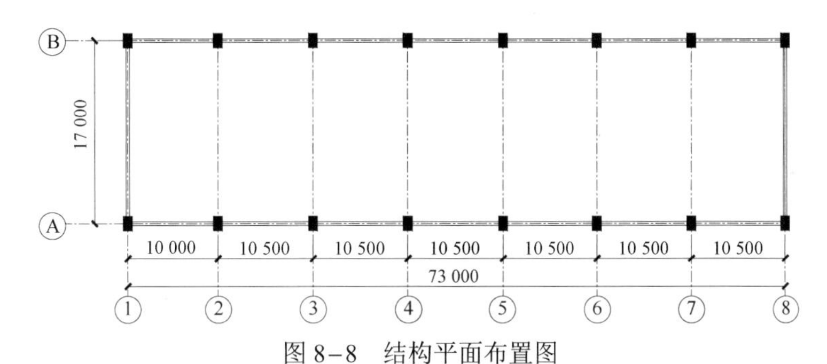

图 8–8　结构平面布置图

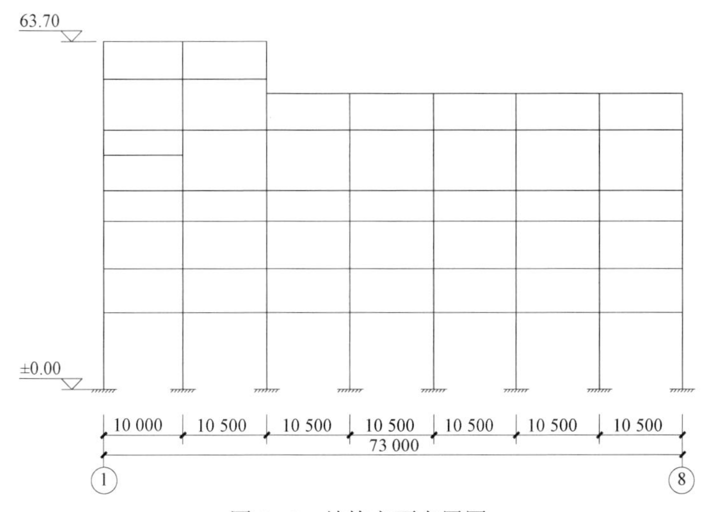

图 8–9　结构立面布置图

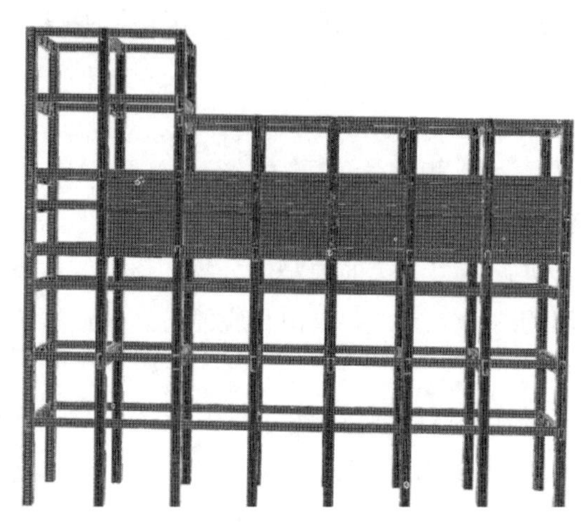

图 8-10 两柱结构三维计算模型图

（一）动力特性分析

该主厂房混凝土框架结构动力特性（见表 8-7）主要表现为：

结构第一阶振型为 X 向的平动，PKPM 周期值为 2.590s，ABAQUS 计算的周期值为 2.472s，两者误差为 5%；第二阶振型为 Z 向的平动，PKPM 的周期值为 2.136s，ABAQUS 计算的周期值为 2.179s，两者误差为 2%；第三阶振型主要表现为结构 Y 向的扭转振动，PKPM 的周期值为 1.877s，ABAQUS 计算的周期值为 1.861s，两者误差为 1%。由此得出，两种有限元模型计算结果较接近，模型误差满足要求。

表 8-7　ABAQUS 与 PKPM 软件计算周期对比　（s）

振型	PKPM	ABAQUS	误差
1	2.590	2.472	5%
2	2.136	2.179	2%
3	1.877	1.861	1%

（二）抗震性能分析及损伤分析

抗震性能分析内容为：能量响应分析、基底剪力分析、变形能力分析、损伤分析。

1. 地震动选择

与三柱结构相同，均采用了 El-Centro 波、兰州波和 Taft 波。

2. 能量响应分析

能量响应结果如图 8-11 所示。

当地震作用较小时，结构的输入能主要以弹性应变能的方式存储起来；当地震作用超过一定强度时，输入能主要依靠塑性耗能和阻尼耗能来耗散。

3. 变形能力分析（见表 8–8、表 8–9）

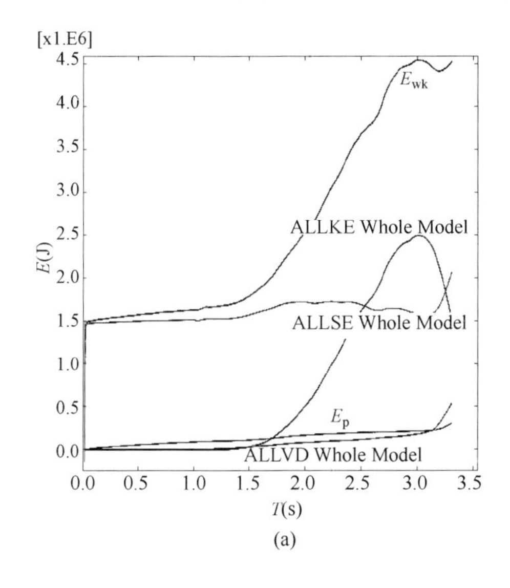

(a)

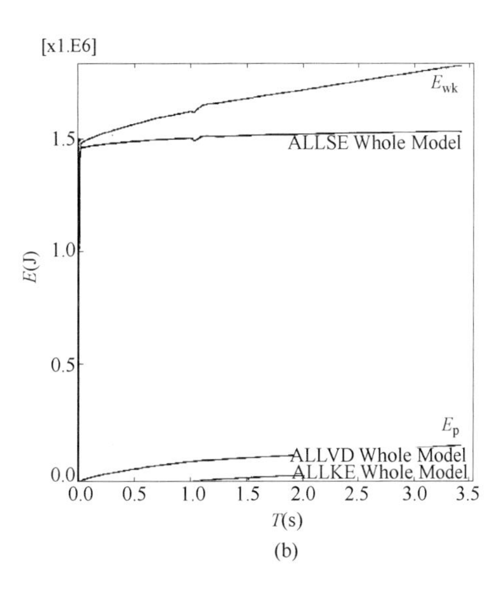

(b)

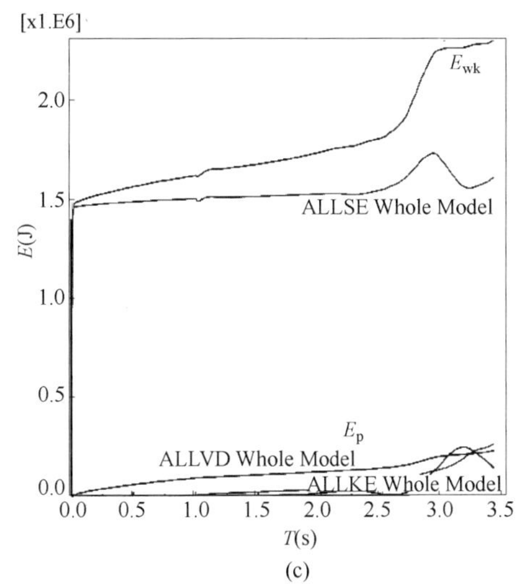

(c)

图 8–11　结构耗能曲线

（a）El–Centro 波；（b）兰州波；（c）Taft 波

表 8–8　　**层间位移角（6 度罕遇地震作用）**

楼层	最大层间位移（m）	产生时刻（s）	层高（m）	最大层间位移角
1	0.016 9	2.60	11.5	1/681
2	0.014 6	2.66	9	1/617
3	0.018 7	2.70	9.5	1/507
4	0.013 5	2.70	5	1/371
5	0.011 5	2.74	5.8	1/505
6	0.010 9	2.74	4.2	1/384

续表

楼层	最大层间位移（m）	产生时刻（s）	层高（m）	最大层间位移角
7	0.010 2	2.72	7.5	1/737
8	0.006 9	2.72	2.5	1/362
9	0.007 6	2.74	8.7	1/1143

根据规范对弹塑性层间位移角限值的规定，该结构在 6 度罕遇地震作用下的最大弹塑性层间位移角满足要求。

表 8–9　　层间位移角（7 度罕遇地震作用）

楼层	最大层间位移（m）	产生时刻（s）	层高（m）	最大层间位移角
1	0.064 269	2.60	11.5	1/179
2	0.086 803	2.66	9.0	1/104
3	0.091 094	2.70	9.5	1/104
4	0.061 434	2.70	5.0	1/81
5	0.047 647	2.74	5.8	1/122
6	0.037 832	2.74	4.2	1/111
7	0.037 632	2.72	7.5	1/199
8	0.022 406	2.72	2.5	1/112
9	0.024 427	2.74	8.7	1/356

根据规范对弹塑性层间位移角限值的规定，该结构在 7 度罕遇地震作用下的最大弹塑性层间位移角不满足要求。

4. 损伤分析

损伤基本假定、损伤指标及损伤等级与三柱模型一致。

（1）7 度罕遇地震作用下结构的损伤值。El–Centro 波作用下结构的损伤结果及框架柱钢筋、混凝土应力如图 8–12 和图 8–13 所示，兰州波和 Taft 波分析过程类似。

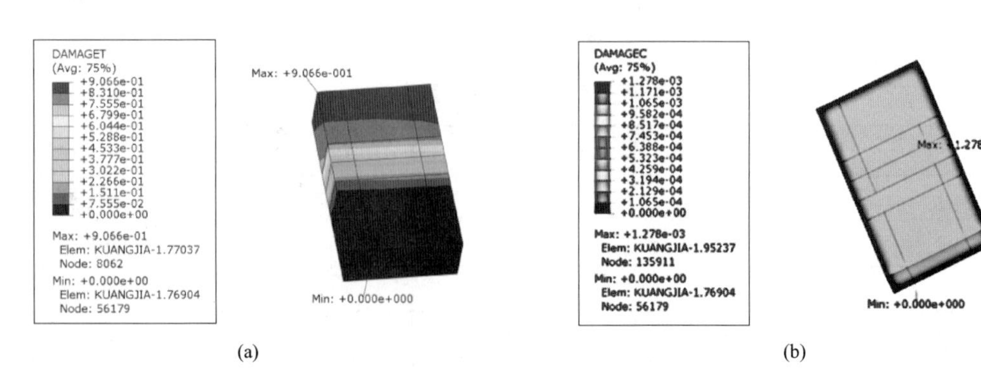

图 8–12　A 排 1 轴框架柱损伤结果（一）

（a）刚度退化云图；（b）受拉损伤云图

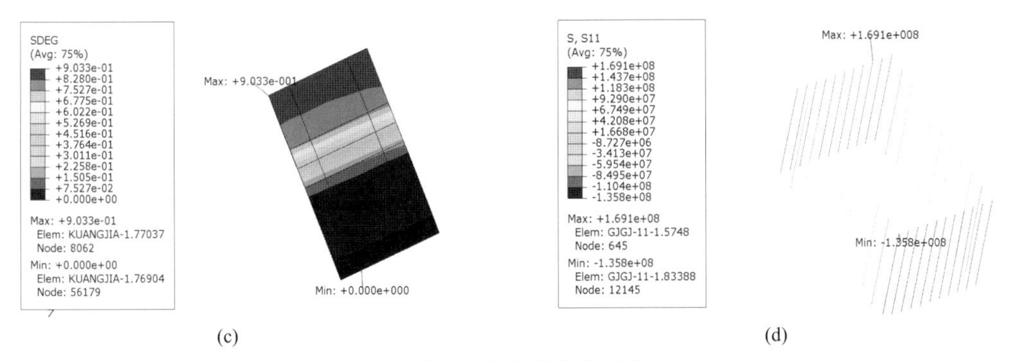

图 8-12　A 排 1 轴框架柱损伤结果（二）

（c）受压损伤云图；（d）钢筋受压损伤云图

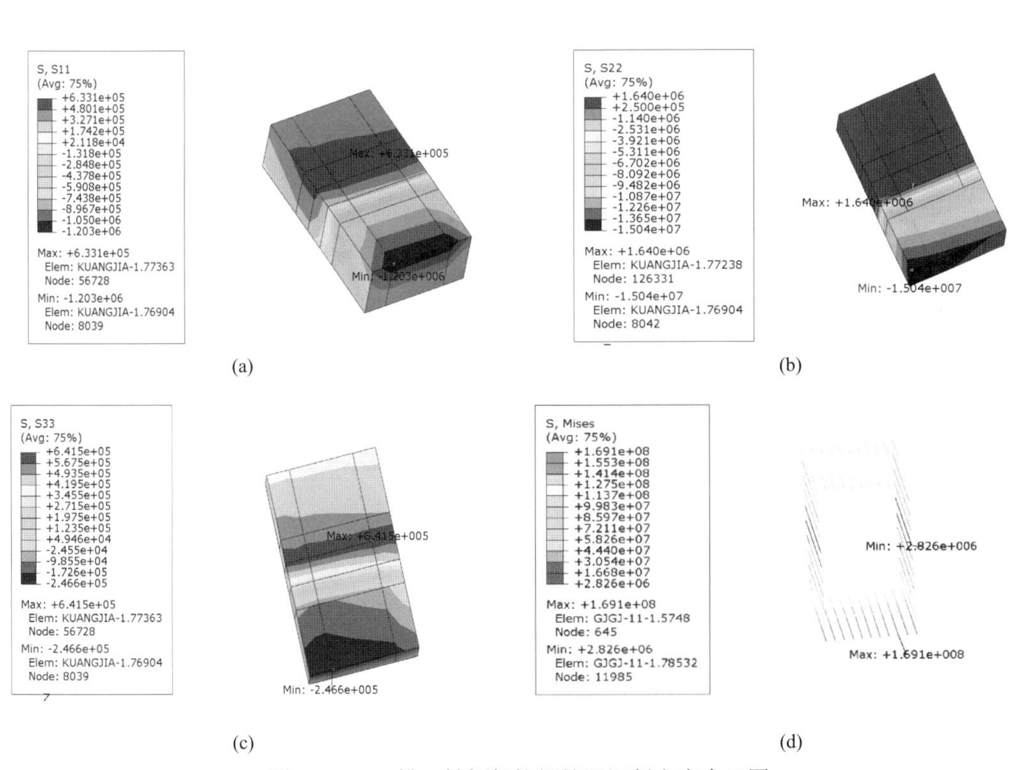

图 8-13　A 排 1 轴框架柱钢筋及混凝土应力云图

由局部损伤结果可知：

在 El-Centro 波作用下，A 排 1 轴框架柱受拉损伤值为 0.90，综合损伤值 SDEG 为 0.403，如图 8-14 和图 8-15 所示。

该结构的钢筋在 X、Y、Z 方向及 Mises 强度最大的应力为 1.691×10^8Pa，未达到钢筋最大应力值 3.6×10^8Pa，该层构件处于未屈服工作状态；此结构的混凝土在 X、Y、Z 方向及 Mises 强度最大的应力为 1.504×10^7Pa，混凝土材料最大应力为 2.4×10^7Pa。

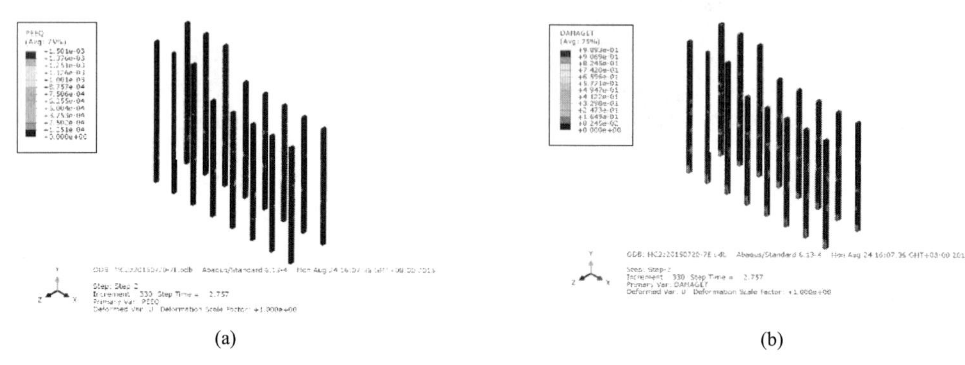

(a) (b)

图 8-14 框架柱损伤云图

（a）塑性应变云图；（b）受压损伤云图

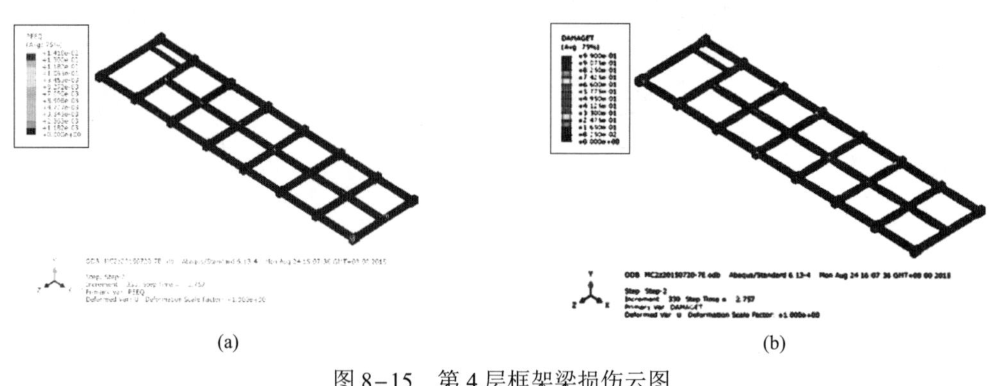

(a) (b)

图 8-15 第 4 层框架梁损伤云图

（a）受压损伤云图；（b）塑性应变云图

1）框架柱。由以上计算结果可以看出：罕遇地震作用下所有混凝土柱在节点区刚度均产生明显退化，所有单元中柱的混凝土刚度退化系数 SDEG 最大的为 0.991 3，塑性应变 PEEQ 最大值为 0.015 01，混凝土柱刚度退化严重，整体性较差；框架柱内的混凝土在柱底、梁柱节点区有明显的受拉损伤，破坏较为严重。

2）框架梁。由以上计算结果可以看出：中间横梁的混凝土受压损伤较大，且主框架梁中混凝土受压损伤明显；梁中混凝土出现明显的塑性变形；受压损伤较明显。

3）混凝土墙。由以上计算结果可以看出：AB 跨中间的所有墙体的混凝土均未发生明显的受压损伤，混凝土均在底部有明显的受拉损伤，A 排 1 轴上所有墙体的混凝土存在受压损伤现象，并得到一定程度的发展；外围墙体的混凝土仅在底部出现少部分受压损伤现象；中间跨三片混凝土墙相交处刚度退化严重，其余部位刚度并无明显退化。罕遇地震作用下，混凝土墙的整体受力性能良好，如图 8-16 所示。

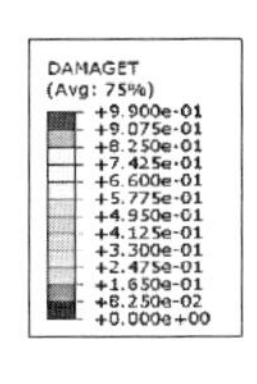

(a)

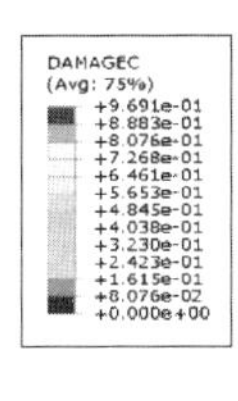

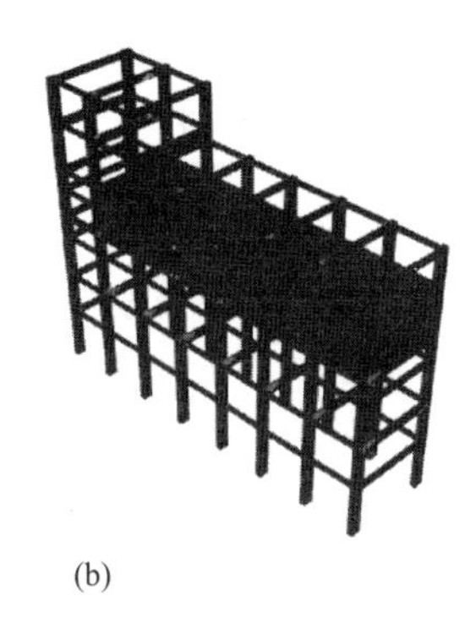

(b)

图 8-16　结构整体损伤云图

（a）受压损伤云图；（b）受拉损伤云图

第 1 层柱的混凝土受拉损伤最大，最大值为 0.99，整体损伤严重。

框架梁的混凝土受压损伤相对严重，第 2、第 4 层梁的混凝土受压损伤最为严重，由于该层梁上的活荷载较大，在罕遇地震作用下，局部单元混凝土抗压损伤最大值为 0.969 1。

4）结论。从以上分析可以得出以下结论：7 度抗震设防时，三种地震波作用下结构弹塑性分析结果和损伤规律基本一致，其中，El-Centro 波作用下结构的地震反应及损伤最明显，兰州波次之，Taft 波最小；结构在地震作用初始时刻混凝土受拉损伤值较大，受压损伤值较小，随着地震作用的不断增大，混凝土墙下部框架梁受拉区钢筋出现较大的损伤且钢筋应力增加，除混凝土墙下的梁外其余梁均出现不同程度的损伤；7 度罕遇地震作用下，大部分框架柱构件刚度退化现象较明显，其中框架柱刚度退化及损伤均集中在第 1 层，结构不能保证“大震不倒”的要求。

（2）6 度罕遇地震作用下结构的损伤值。

1）框架柱。从计算结果可以看出：罕遇地震作用下，框架柱的混凝土刚度退化较小；柱内的混凝土在梁柱节点区有明显的受压损伤，少数中部框架柱中出现轻微塑性应变。

2）框架梁。从计算结果可以看出：罕遇地震作用下，框架梁中整体塑性应变 PEEQ 值小于 3.64×10^{-3}，中间横梁的刚度退化偏大，退化最严重单元的刚度退化系数 SDEG 值为 0.994；中间横梁的混凝土出现明显的受压损伤现象。

3）混凝土墙。从计算结果可以看出：AB 跨中间的所有墙体的混凝土均未发生较为明显的受压损伤；混凝土均在底部有明显的受拉损伤，A 排 1 轴上所有墙体的混凝土存在受压损伤现象，并得到一定程度的发展；外围墙体的混凝土仅在底部出现少部分受压损伤现象；在中间跨三片混凝土墙相交处刚度退化严重，其余部位刚度并无明显退化。罕遇地震作用下，混凝土墙的整体受力性能良好。

第 1 层柱的混凝土受压损伤相对较大，最大值为 0.13，除第 1 层柱外，其余层柱的混凝土受压损伤较小，整体性较好。

框架梁的混凝土受压损伤相对严重，第 2、第 4 层梁的混凝土受压损伤最为严重，由于该层梁上的活荷载较大，在罕遇地震作用下，局部单元混凝土抗压损伤最大值为

0.969 1；框架柱在地震作用下损伤值较小，应力值较小，整体损伤不大，可以满足“大震不倒”的原则。

4）结论。从以上分析可以得出以下结论：从分析结果来看，6 度抗震设防时，三种地震波作用下结构弹塑性分析结果和损伤规律基本一致，其中，El–Centro 波作用下结构的地震反应及损伤最明显，兰州波次之，Taft 波最小；结构在地震作用初始时刻混凝土受拉损伤值较大，受压损伤值较小，地震作用时受拉区钢筋出现较大的损伤破坏，同时应力增加，除混凝土墙下的梁外其余梁整体损伤不大；6 度罕遇地震作用下，框架柱在地震作用下损伤值较小，框架柱在地震初始作用下应力值较小，整体损伤不大，满足“大震不倒”的原则。

三、主要结论及建议

（一）结论

本章进行了新型钢筋混凝土侧煤仓—钢筋混凝土煤斗结构不设柱间支撑（两柱型式）在 El–Centro 波、兰州波、Taft 波作用下 6、7 度罕遇地震作用下的弹塑性时程反应分析及损伤分析，主要结论如下。

（1）三种地震波作用下结构弹塑性分析结果和损伤规律基本一致。其中，El–Centro 波作用下结构的地震反应及损伤最明显，兰州波次之，Taft 波最小。三种地震波作用下，结构的损伤部位较一致；Taft 波的地震能量较小，结构损伤程度较前两种地震波作用小。

（2）6 度罕遇地震作用下，结构各层的最大弹塑性层间位移角均满足 GB 50191—2012《构筑物抗震设计规范》的 6.2.27 条关于弹塑性层间位移角限值的要求；7 度罕遇地震作用下，结构最大弹塑性层间位移角均有较大提高，其中 El–Centro 波作用下，结构 Z 向最大的弹塑性层间位移角为 1/81（在第 4 层产生），第 2、第 3、第 6 及第 8 层的层间位移角分别为 1/104、1/104、1/111 及 1/112，如果按局部框架剪力墙结构来考虑，则均大于 GB 50191—2012《构筑物抗震设计规范》的 6.2.27 条关于弹塑性层间位移角限值的要求。因此不满足要求，可能会导致结构发生脆性倒塌。

（3）结构在地震作用初始时刻混凝土受拉损伤值较大，受压损伤值较小；地震作用后，混凝土墙下部框架梁受拉区钢筋出现较大损伤，且钢筋应力增加，除混凝土墙下的梁外其余梁均出现不同程度的损伤。

（4）7 度罕遇地震作用下，大部分框架柱的刚度退化及损伤值较大，其中底层框架损伤最严重。由结构损伤计算结果可知，该结构不能保证满足“大震不倒”的要求。因此，本结构不适用于 7 度抗震设防地区。

（5）6 度罕遇地震作用下，框架柱在地震作用下损伤值较小，框架柱在地震初始作用下应力值较小，结构中受到严重损害的构件相对较少，整体损伤不大，可以满足“大震不倒”的要求，结合弹塑性时程分析结果可知，本结构适用于 6 度抗震设防地区。

（二）措施建议

为了提高结构的整体抗震性能及适用范围，应对结构体系及布置方案进行适度优化。由于第 5、第 6 层布置混凝土墙，刚度较大，形成刚度突变。根据 JGJ 3—2010《高层建筑混凝土结构技术规程》楼层侧向刚度不宜小于相邻上部楼层的70%或其相邻上三层刚度平均值的80%的规定，模型优化建议如下：

（1）由于薄弱层容易遭受严重震害，故根据刚度比的计算结果或层间剪力的大小判定薄弱层，并乘以相应放大系数，以保证结构安全；模型中混凝土墙折合成力作用在框架上；采取结构措施，脱开两柱与混凝土墙的连接，如使用滑动支座。

（2）可采取变截面柱，加强薄弱层刚度，减小混凝土墙所在层的刚度措施。在抗震薄弱部位，增加其刚度，如第1层和第4层加入斜支撑；同时减小第4层的高度；加大第4层以下梁、柱等截面尺寸，提高其混凝土的强度等级；第4层梁与墙整体设计；加大框架柱尺寸；框架柱设计为型钢混凝土柱。可减小混凝土墙的截面尺寸、调整混凝土墙布置位置、降低混凝土墙中混凝土的强度等级、加玻璃纤维、设置转换层、加大层高度，从而减小此层刚度。

总之，对该类特殊结构采用空间结构模型对其抗震性能进行精细化分析，根据分析结果采取上述合理措施提高抗震性能，同时，重视该类结构的抗震概念设计，采取合理的结构体系和构造措施，有效保障钢筋混凝土结构的抗震性能，以达到该结构体系更广泛适用范围的目的。

第三节　四柱变三柱侧煤仓结构分析及工程实例

一、主要分析内容

采用PKPM软件对某工程四柱变三柱侧煤仓结构进行弹性计算分析，主要分析计算内容如下。

（1）结构周期及阵型。

（2）结构位移。

（3）底层柱轴压比。

（4）结构梁柱配筋计算。

（5）四柱变三柱典型节点配筋图。

二、有限元分析

（一）结构概况

钢筋混凝土侧煤仓—钢煤斗结构为不设柱间支撑的钢筋混凝土框架结构体系，其纵向跨度73.70m，横向跨度21.00m（6.80m+7.40m+6.80m），高度58.45m。其中框架柱尺寸为800mm×1000mm，结构总层数为9层（7.75m、14.65m、19.75m、28.30m、38.05～38.15m、45.55～45.85m、50.10m、53.20～53.50m、58.45m），第1～8层的层高分别为10.95m、6.90m、5.10m、8.55m、9.85m、7.70m、4.25m、3.40m、4.95m，楼板厚100mm、120mm。侧煤仓剪力墙位于外侧柱分散全高布置，其厚度为400mm，框架梁、板、柱及剪力墙14.65m以下采用C45混凝土，14.65m以上采用C40混凝土，钢筋采用HRB400。结构各层平面布置如图8–17～图8–25所示，横向立面如图8–26所示。

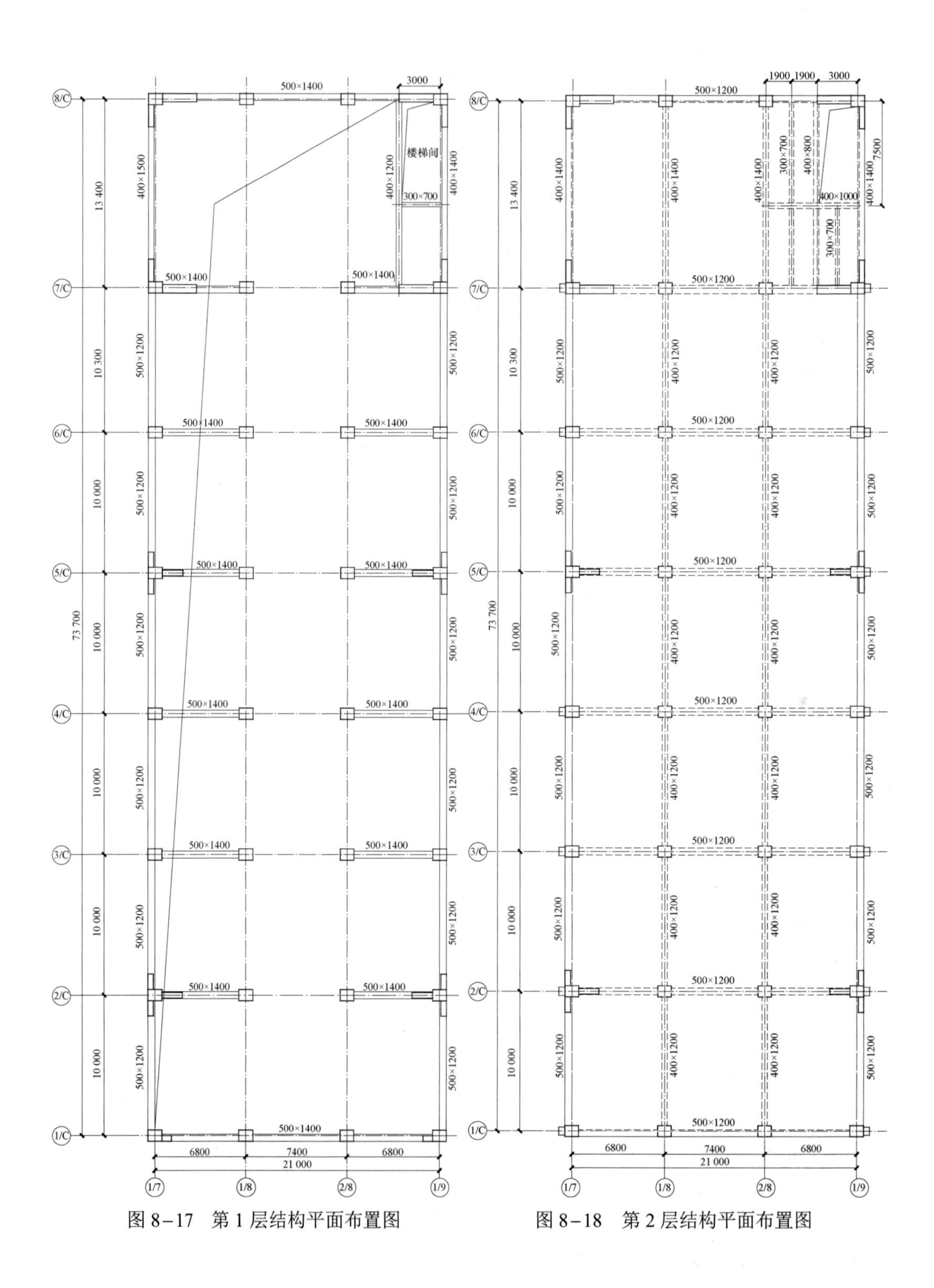

图 8-17　第 1 层结构平面布置图

图 8-18　第 2 层结构平面布置图

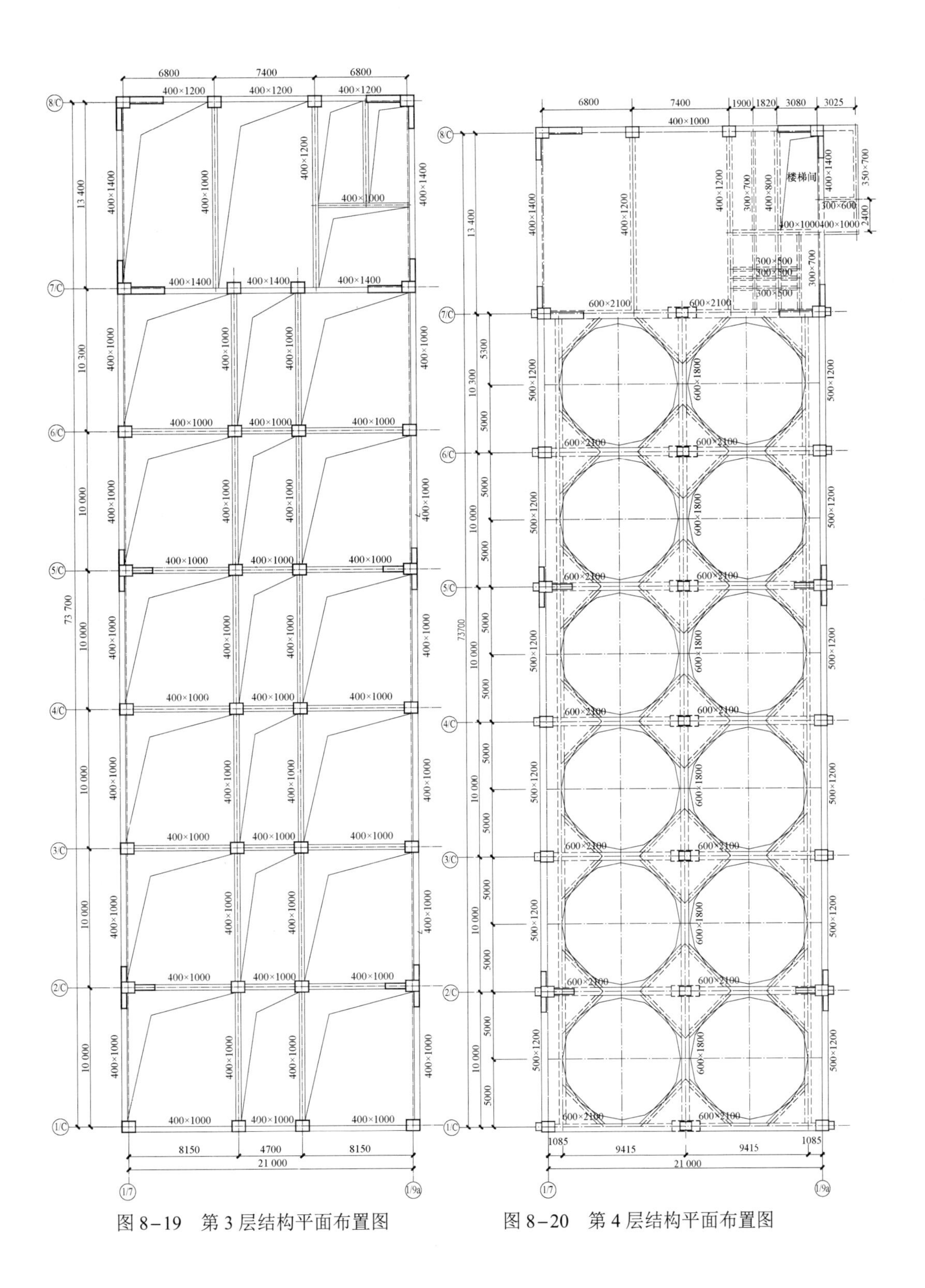

图 8-19　第 3 层结构平面布置图　　图 8-20　第 4 层结构平面布置图

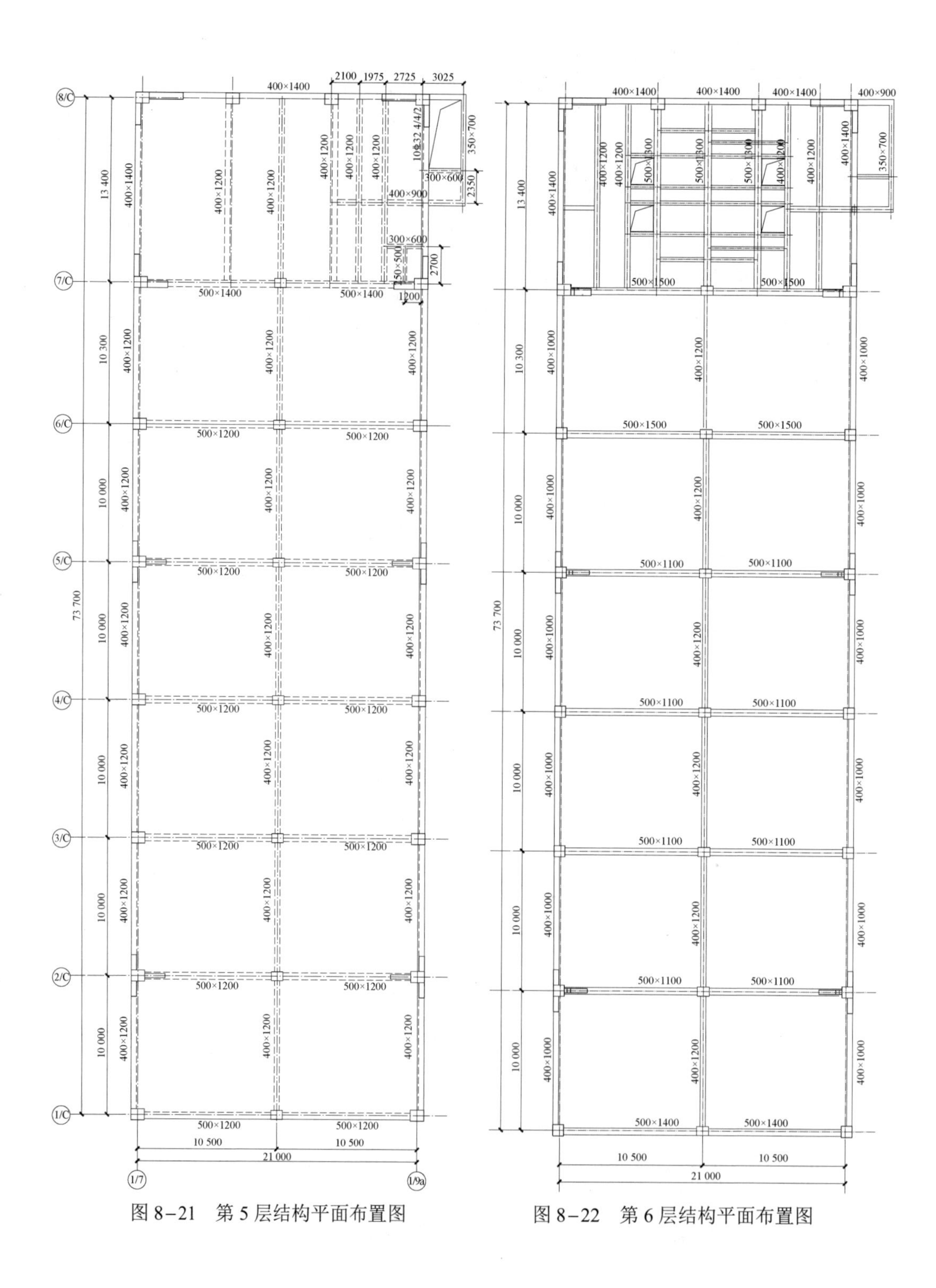

图 8-21 第 5 层结构平面布置图

图 8-22 第 6 层结构平面布置图

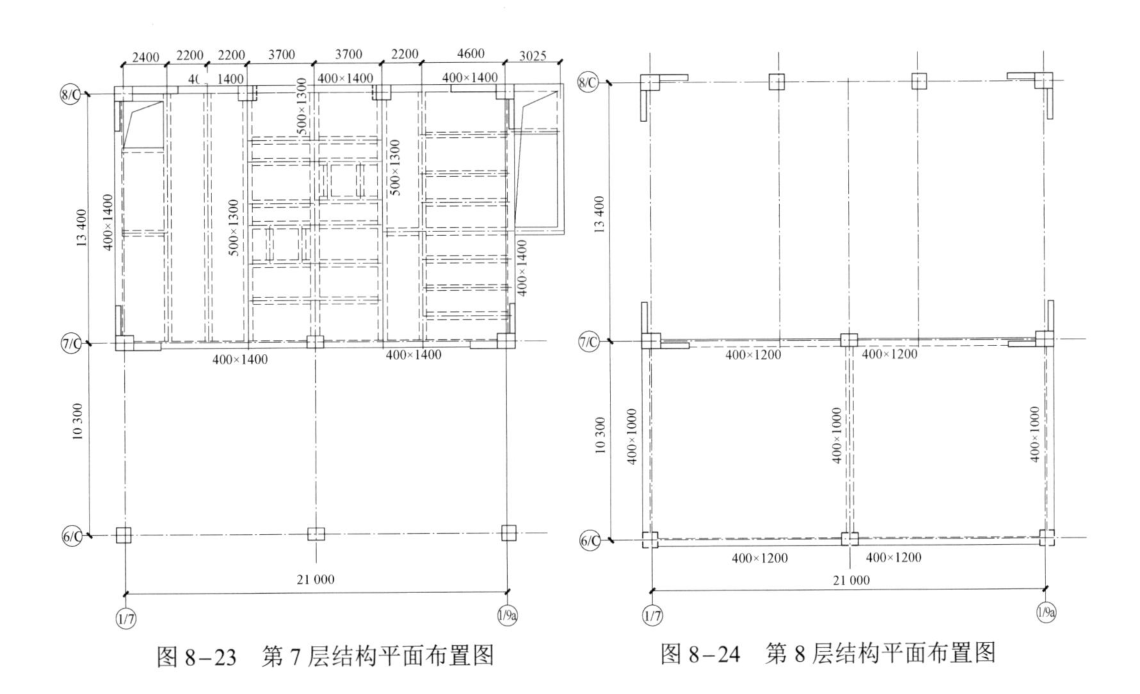

图 8-23　第 7 层结构平面布置图

图 8-24　第 8 层结构平面布置图

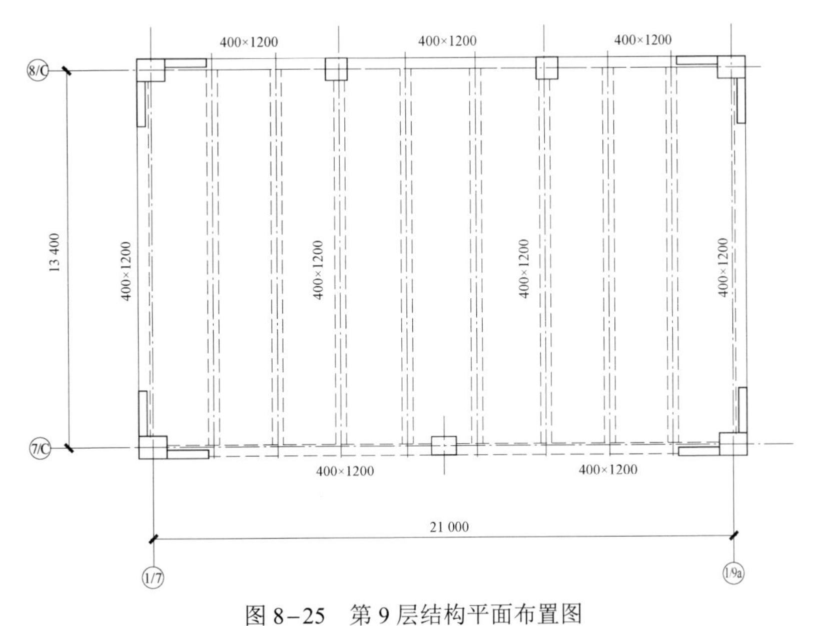

图 8-25　第 9 层结构平面布置图

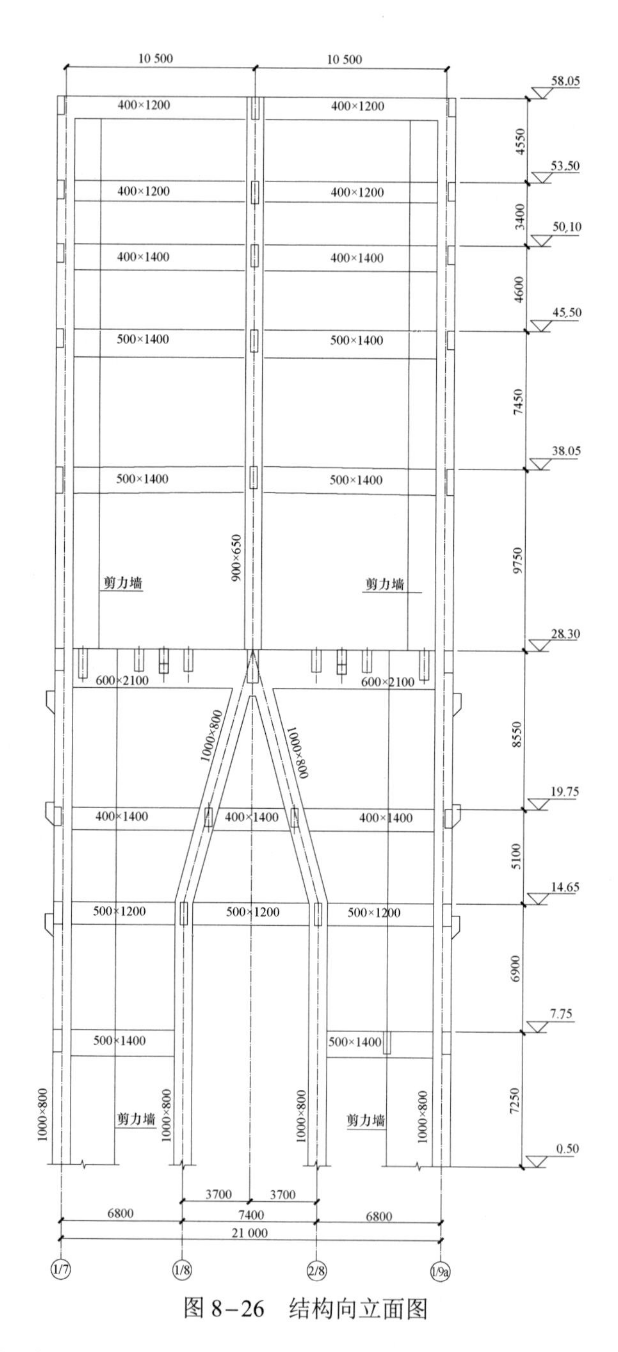

图 8-26 结构向立面图

（二）弹性分析结果

该工程设计参数为：50 年超越概率 10%的地震峰值加速度为 0.147g，对应特征周期为 0.45s，场地土类别Ⅱ类，基本风压 0.35kN/m^2（50 年一遇）。

1. 自振周期及振型（见表 8–10）

表 8–10 结构自振周期及振型

振型号	周期（s）	方向角（度）	类型	扭振成分	X 侧振成分	Y 侧振成分	总侧振成分	阻尼比
1	1.914 1	89.93	Y	0%	0%	100%	100%	5.00%
2	1.389 4	0.37	X	5%	95%	0%	95%	5.00%
3	1.307 4	178.09	T	68%	32%	0%	32%	5.00%
4	0.648 8	88.58	Y	0%	0%	100%	100%	5.00%
5	0.557 2	177.30	X	31%	69%	0%	69%	5.00%
6	0.444 8	0.09	T	61%	39%	0%	39%	5.00%
7	0.333 6	89.68	Y	1%	0%	99%	99%	5.00%
8	0.255 1	160.66	X	41%	44%	15%	59%	5.00%
9	0.250 4	65.82	Y	12%	8%	79%	88%	5.00%
10	0.248 4	178.75	T	88%	11%	1%	12%	5.00%
11	0.230 7	173.64	T	49%	50%	0%	51%	5.00%
12	0.226 4	85.31	T	91%	1%	8%	9%	5.00%
13	0.206 0	179.29	T	61%	39%	0%	39%	5.00%
14	0.181 2	85.71	T	92%	0%	8%	8%	5.00%
15	0.178 0	108.11	T	99%	0%	1%	1%	5.00%
16	0.170 3	70.69	T	95%	0%	4%	5%	5.00%
17	0.168 8	91.65	T	98%	0%	1%	2%	5.00%
18	0.167 0	135.26	T	97%	1%	3%	3%	5.00%
19	0.165 7	178.03	T	91%	9%	0%	9%	5.00%
20	0.164 4	172.15	T	99%	1%	0%	1%	5.00%
21	0.164 2	98.12	T	100%	0%	0%	0%	5.00%
22	0.161 7	143.74	T	100%	0%	0%	0%	5.00%
23	0.161 3	174.64	T	93%	7%	0%	7%	5.00%
24	0.156 9	79.57	T	97%	1%	2%	3%	5.00%

结构一阶振型表现为沿结构纵向（柱排数较多的方向）的整体平动，结构二阶振型表现为沿结构横向（柱排数较少的方向）的整体平动，结构三阶振型为整体的扭转。

2. 结构位移

X 方向地震作用下楼层最大层间位移角：1/733（第 2 层第 1 塔）。

Y 方向地震作用下楼层最大层间位移角：1/734（第 2 层第 1 塔）。

3. 底层柱轴压比

底层柱最大轴压比为 0.72，满足 DL 5022—2012《火力发电厂土建结构设计技术规程》对于一级框架轴压比不大于 0.75 的要求。

4. 配筋计算

从计算结果可以看出，除角柱外，其他柱全截面配筋率基本为构造配筋，角柱最大配筋率为 2.52%；框架梁纵向受拉钢筋的配筋率均小于 2.0%。

5. 四柱变三柱处柱配筋大样图

图 8–27 和图 8–28 为四柱变三柱处柱配筋典型大样图。

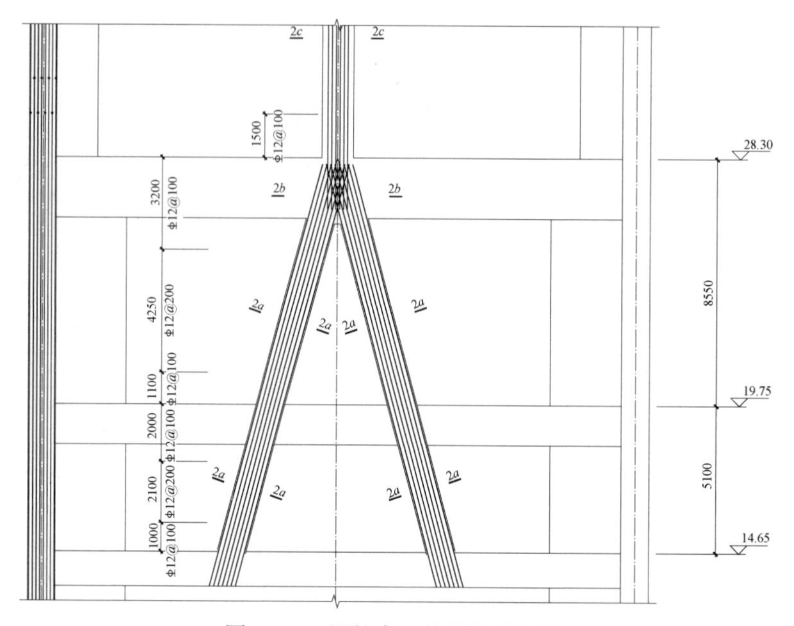

图 8-27 四柱变三柱处柱配筋图

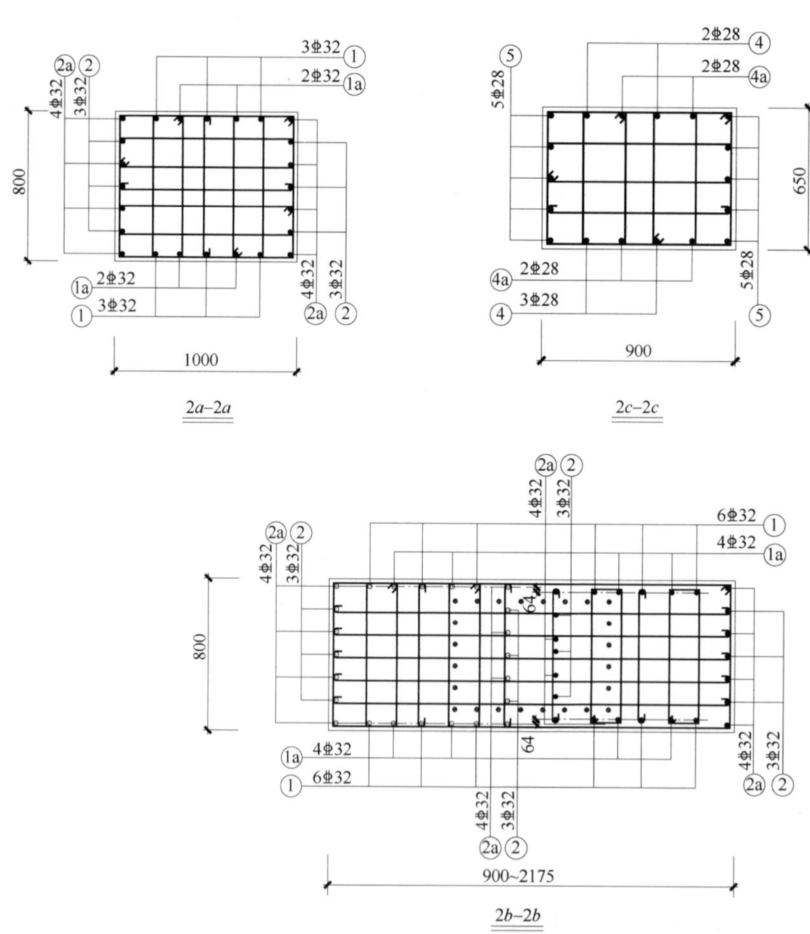

图 8-28 柱配筋详图

三、主要结论

通过 PKPM 软件对该工程四柱变三柱侧煤仓结构弹性计算分析结果可以得出以下结论。

（1）该四柱变三柱侧煤仓结构刚度和质量沿竖向分布不均匀，结构扭转明显。结构一阶振型为纵向整体平动，二阶振型为横向整体平动，三阶振型为整体的扭转。

（2）7 度（0.147g）、特征周期为 0.45s 多遇地震作用下，结构各层的最大弹性层间位移角满足规范要求；底层柱最大轴压比满足规范要求；框架梁、柱配筋率在合理范围内。

钢结构主厂房

第一节 主 要 内 容

对某电厂二期 2×1000MW 机组的钢结构主厂房的受力特点和抗震性能进行分析，主要分析内容如下。

（1）对主厂房结构在柱脚铰接和刚接、梁柱铰接和刚接及不同支撑设置情况下的自振周期和最大位移的对比分析，总结主厂房的刚度特性和受力特征。

（2）对主厂房钢结构在不同荷载组合下的受力和变形进行分析，得到其控制组合为地震组合。

（3）对主厂房钢结构的失稳类型的判定标准进行分析，给出了结构无侧移失稳的判定条件。

（4）对主厂房钢结构进行优化分析，给出合理的建议措施。

第二节 计 算 分 析

采用美国 Bentley 公司的结构分析软件 STAAD.Pro V8i 进行有限元分析，其中地震作用采用 CQC 组合方法。

一、电厂钢结构体系受力分析

（一）模型概况

某电厂二期扩建工程，扩建容量为 2×1000MW，采用国产超临界空冷发电机组（以下简称“工程 A”）。图 9–1 为该电厂主结构标高 9.45m 平面示意图，图 9–2 为 6 轴立面图。

（二）设计条件及设计参数

基本风压：离地面 10m 高，50 年一遇，10min 平均最大风速为 24.2m/s，相应风压为 0.37kN/m^2。地面粗糙类别：B。

基本雪压：0.15kN/m^2（50 年一遇）。

抗震设防烈度：8 度。

设计基本地震加速度：场地 50 年超越概率 10%的地震动峰值加速度为 0.262g，地震动反应谱特征周期为 0.50s。

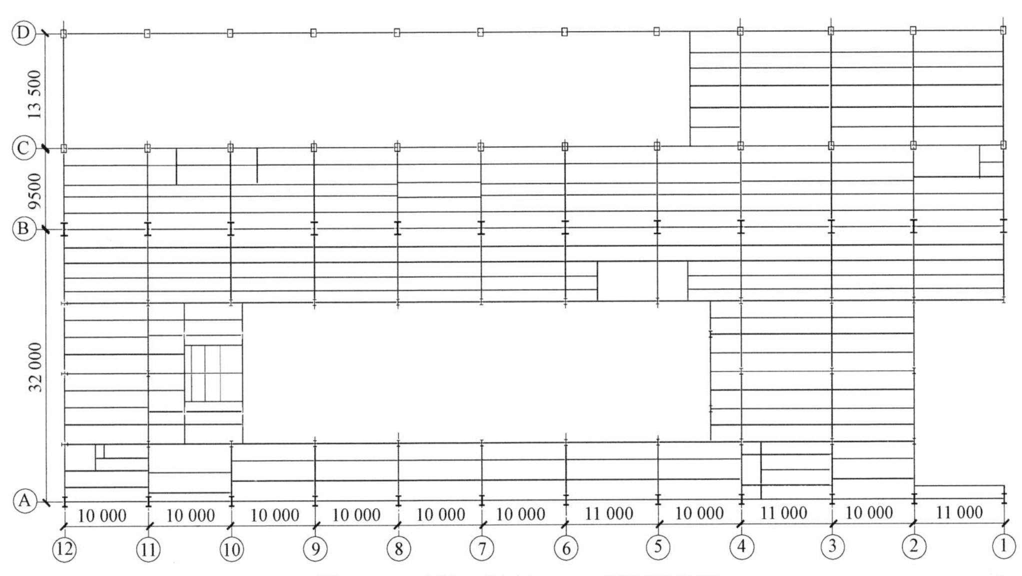

图 9-1　工程 A 标高 9.45m 平面示意图

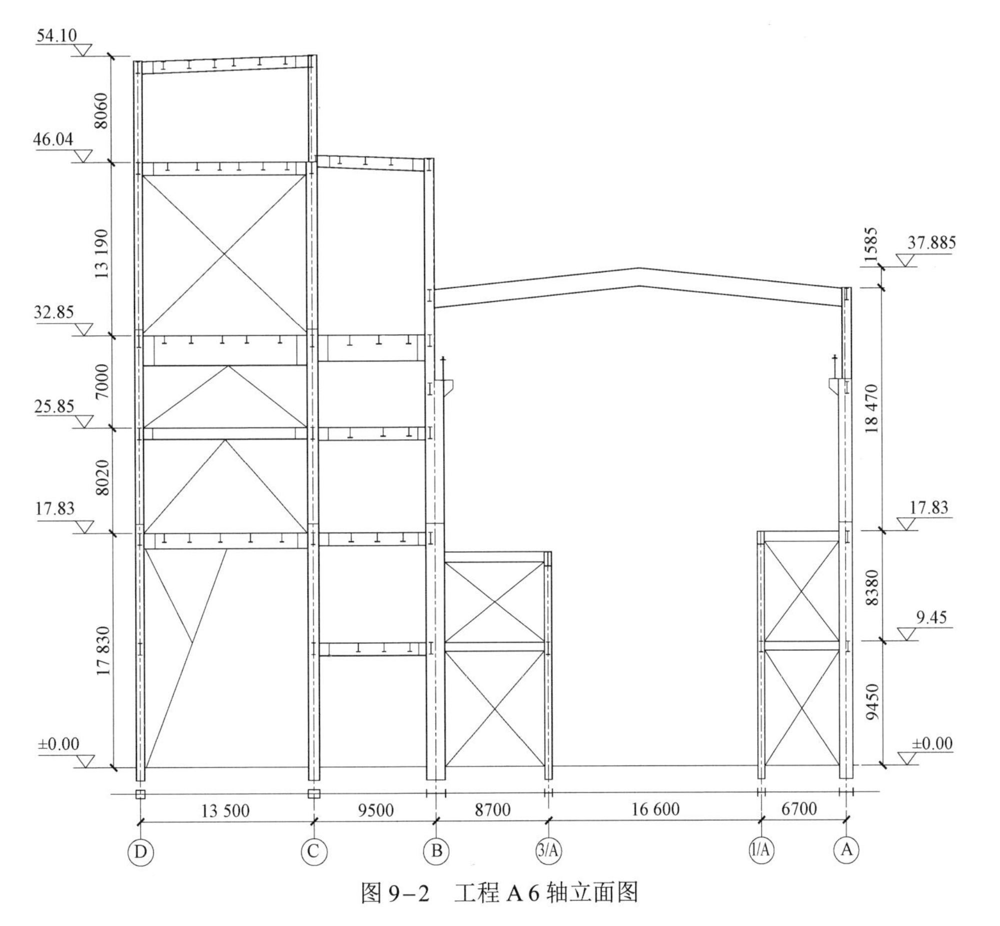

图 9-2　工程 A 6 轴立面图

场地类别：Ⅱ类。

地基允许沉降值：0.001L。

结构采用钢材：Q235B、Q345B。

高强螺栓：10.9 级，摩擦型连接。

混凝土柱：C40～C50。

钢结构防腐：采用热镀锌或冷喷锌处理。

结构变形允许值：柱顶水平位移角限值为H/550，平台竖向挠度限值为L/400。

（三）结构分析

1. 柱脚刚接与铰接的影响

分析表明，无论柱脚铰接还是刚接，结构第一振型均为纵向平动为主兼有扭转，第二振型均为横向平动兼有扭转，第三振型为扭转。说明结构纵向刚度比横向小，且结构不规则。对应的基本周期，柱脚刚接方案为 1.553s，柱脚铰接方案为 1.568s；说明柱脚连接方式对结构周期影响不大。

柱脚刚接和铰接的最大位移比较：控制工况相同，控制节点大体相同，纵向最大位移刚接时为 71.5mm，铰接时为 72.3mm；横向最大位移刚接时为 62.0mm，铰接时为 61.4mm；竖向最大位移刚接时为 92.3mm，铰接时为 92.3mm。可见柱脚连接方式对结构的变形影响不大。

柱脚刚接和铰接的最大内力比较：控制工况相同，控制节点大体相同，最大轴力刚接时为 26 958.5kN，铰接时为 27 046.8kN；最大弯矩刚接时为 6313kN·m，铰接时为 6312kN·m。因此柱脚刚接对整体结构的内力影响不大。

刚接对底层柱约束较大，因此对底层构件的弯矩分配有一定影响，但对整体结构影响不大。

2. 除氧煤仓间梁柱纵向刚接与铰接的影响

柱脚铰接情况，梁柱刚接的基本周期为 1.432s，铰接时基本周期为 1.568s，因而梁柱刚接或铰接，对周期影响有一定的影响。

最大位移比较：控制工况相同，控制节点大体相同，纵向最大位移刚接时为 64.1mm，铰接时为 72.3mm；横向最大位移刚接时为 60.3mm，铰接时为 61.4mm；竖向最大位移刚接时为 90.3mm，铰接时为 92.3mm。梁柱连接方式对纵向位移有一定影响，对横向位移和竖向位移影响不大。

最大内力比较：控制工况相同，控制节点大体相同。最大轴力刚接时为 26 167kN，铰接时为 27 046kN；最大弯矩 M_z 刚接时为 8826kN·m，铰接时为 6312kN·m。由以上分析可知梁柱连接方式对构件轴力影响较小，但对结构弯矩分布影响较大。

3. 比较整体结构有无支撑

周期比较：原结构周期为 11.291s，结构不设支撑，当主结构截面不变时，梁柱刚接时周期为 4.496s，柱脚也刚接时周期为 3.416s。由此可见，不设支撑情况下，梁柱连接方式对周期影响很大。

最大位移比较：控制工况相同，纵向最大位移无支撑时为 740.2mm，刚接时为 512.1mm；横向最大位移无支撑时为 234.5mm，刚接时为 191.0mm；竖向最大位移刚接时为 90.3mm，铰接时为 92.3mm。可见无支撑时，梁柱刚接对整体的位移影响较大，而柱脚刚接对整体结构的位移影响不大。

无支撑的情况下，纵向梁柱刚接能给结构提供比较显著的刚度，但与支撑刚度相比很有限。

由于结构不规则，所以在第一振型就出现扭转，结构沿纵向位移较大，沿横向位移较小，且不一致，有扭转。

4. 比较结构有无横向支撑

本节比较保留原设计结构纵向支撑而去掉横向支撑时，对整体结构的周期频率、位移及内力方面的影响。

周期比较：结构无横向支撑时周期为 3.359s，有支撑时的周期为 1.568s，仅煤仓间去掉支撑则周期为 1.828s。横向支撑对周期影响较大，且汽机房横向支撑对横向刚度影响最大。

最大位移比较：控制工况相同，纵向最大位移无横向支撑时为 68.4mm，有支撑时为 72.3mm，局部有支撑时为 58.7mm；横向最大位移无横向支撑时为 205.0mm，有支撑为 61.4mm，局部有支撑时为 104.7mm；竖向最大位移无横向支撑时为 93.8mm，有支撑时为 92.3mm，局部有支撑时为 92.8mm。横向支撑对结构整体的位移影响较大，尤其是汽机房的横向支撑的影响很大。

最大内力比较：控制工况相同，最大轴力无横向支撑时为 29 202kN，有支撑时为 27 046kN，局部有支撑时为 29 056kN；最大弯矩无横向支撑时为 16 054.9kN・m，有支撑时为 6312.5kN・m，局部有支撑时为 16 150.7kN・m。横向支撑对结构构件的弯矩影响很大。

5. 比较结构有无纵向支撑

本节比较原设计结构保留横向支撑而去掉纵向支撑时，对整体结构的影响。

周期比较：结构仅去掉支撑不改变构件截面时周期为 10.389s，有支撑时的周期为 1.568s。纵向支撑对周期影响很大。说明结构纵向刚度主要由纵向支撑提供。

最大位移比较：控制工况相同，纵向最大位移无纵向支撑时为 703.9mm，有支撑时为 72.3mm；横向最大位移无纵向支撑时为 61.8mm，有支撑为 61.4mm；竖向最大位移无纵向支撑时为 96.6mm，有支撑时为 92.3mm。纵向支撑对结构纵向位移影响相当大，对结构横向和竖向位移影响不大。

最大内力比较：控制工况相同，控制节点大体相同。最大轴力无纵向支撑时为 26 036.9kN，有支撑时为 27 046kN；最大弯矩 M_z 无纵向支撑时为 6216.5kN・m，有支撑时为 6312.251kN・m。纵向支撑对结构构件的内力影响不大。

二、电厂钢结构主厂房有无侧移失稳类型的判定

（一）厂房有无侧移失稳类型的判定原则

框架结构根据结构型式和受力情况分为有侧移框架和无侧移框架。

1. 按刚度比值确定

通常认为仅当有支撑结构的水平刚度大于去掉支撑系统后结构水平刚度的 5 倍时，即 $S_b/S_u \geq 5$ 时，才认为支撑系统有效，否则仍按无支撑框架处理。其中 S_b 和 S_u 分别是带有支撑构件的框架侧向刚度和去掉支撑时的框架侧向刚度。

2. 按假想水平荷载下的层间侧移确定

英国 BS 5950—1990 规范规定：在框架每层横梁处施加假想水平荷载，其值等于该层梁所承总重力荷载设计值的 0.5%，计算框架在此荷载作用下的侧移。如果各层间相对位移除以层高不超过下列数值，即可作为无侧移框架看待。

（1）框架有围护结构而在位移计算中不计其影响时为 1/2000。

（2）框架无围护结构或有围护结构而在位移计算中已给以考虑时为 1/4000。

（二）厂房有无侧移的判定原则

1. 按刚度比值确定

结构刚度可以用平均剪力除以平均位移表示，因此用单位力作用于结构顶端，用其顶点的位移的倒数来近似表示刚度比。

原结构和去掉横向支撑的结构横向抗侧刚度比平均值为 3.84，不满足无侧移框架的要求。究其原因，原结构在横向支撑布置上存在刚度不均匀情况，且横向去掉支撑后的框架刚度相对较大，尤其是下部结构刚度很大。两种情况的纵向抗侧刚度比平均值超过 40，说明纵向刚度几乎全部由支撑提供，用这种方法判断，远远满足要求，但明显不合理。

原结构横向支撑布置为：1 轴下部有支撑，但顶层没有；2、3 轴无支撑；4～12 轴下部均有支撑，但只有 12 轴顶层有支撑。从结构构件刚度来说，顶层为焊接 H 型钢，而下面为箱型柱，相对薄弱。因此将支撑做适当调整，取 1、3、5、8、10、12 轴加通高支撑，总共 6 榀，去掉其余横向支撑（原结构 10 榀框架有支撑）。此时与去掉横向支撑的结构在横向的刚度比为 5.2，满足无侧移框架的要求，且位移也相对均匀。

2. 按假定水平荷载下的层间侧移确定

在框架每层横梁处施加假定水平荷载，其值等于该层梁所承总重力荷载设计值的 0.5%，计算框架在此荷载作用下的层间侧移，结果表明顶层纵向（X 方向）相对位移、顶层横向（Z 方向）相对位移均远小于英国规范要求，因此可以认定为是无侧移刚架。下部框架的相对横向层间位移也很小。

（三）主厂房框架无侧移失稳时的侧移限值

对比分析结果可知，上述对于不规则结构判别标准均有局限性，且判断结果出入较大。当按刚度比方法确定时，反映的是结构的相对刚度。厂房纵向去掉支撑后刚度非常小，所以刚度比远远满足要求。而厂房横向虽然上部较弱，但由于下部框架在去掉支撑后刚度仍较大，刚度比判断难以满足要求。因此，刚度比方法不能反映结构的真实情况。当按假定水平荷载下的层间侧移确定时，反映的是结构的真实刚度，用这种方法判断比用刚度比更合理。根据分析结果厂房的横向刚度大于纵向刚度，且横向刚度很不均匀。

综上所述，采用假定水平荷载下的层间侧移方法进行厂房结构有无侧移的判定更合理。根据框架纵向实际层间位移和限值的比较情况看，该标准显得有些宽松，建议提高：框架有围护结构而在位移计算中不计其影响时为1/8000。

三、优化方案设计

（一）横向刚度优化

1. 优化方案（暂不考虑工艺布置条件）

前面的计算分析表明，原结构纵向刚度相对于横向刚度较弱，宜适当减弱煤仓间横向刚度。煤仓间柱子刚度优化：一、二层为1300×800箱型截面柱，三、四层为1200×800箱型截面柱，五层为1100×800箱型截面柱，顶层为900×800的H型钢（原设计1～5层为1300×800箱型截面柱），并去掉煤仓间横向支撑。另外，对汽机房1轴加强，如图9-3（a）所示，对除氧间在1～4轴加强，如图9-3（b）所示。

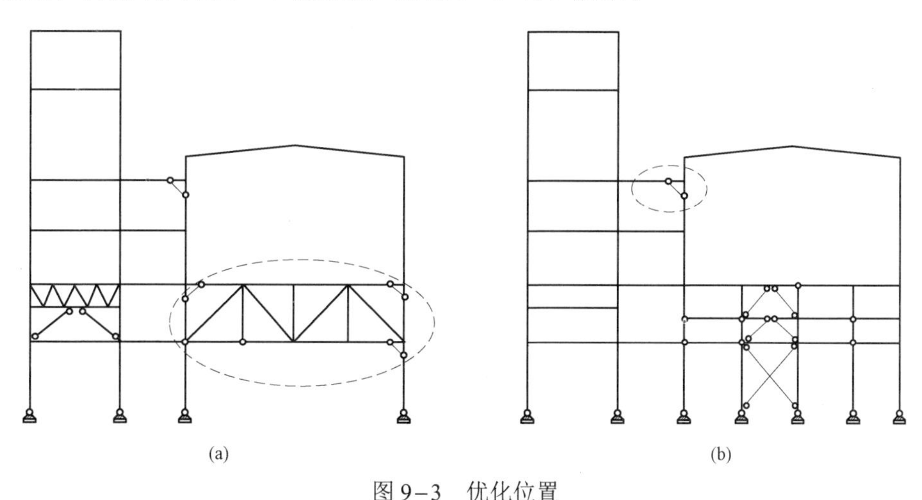

图9-3　优化位置

（a）1轴；（b）1～4轴

2. 优化结果

经STAAD. ProV8i计算分析，优化后结构自振周期为1.68s，原结构为1.568s，且第一振型由纵向变为横向，结构刚度分布趋于合理。

优化后纵向最大位移为64.5mm，原结构为72.3mm，横向最大位移为89.7mm，原结构为61.4mm。由于加强了薄弱部位，使扭转减少，虽然横向位移变大，但纵向却减少了，使整体结构变形趋于合理。

原设计主厂房结构总用钢量为6942t，经优化后主结构总用钢量为6668t。

（二）屋架方案

1. 优化方案

柱子一、二层为1300×800箱型截面，柱三、四层为1200×800箱型截面，柱五层为1100×800箱型截面，柱顶层为900×800的H型钢（原设计1～5层为1300×800箱型截面柱）。汽机房屋面1～12轴全部改为屋架体系，图9-4为其中9轴和12轴立面图。

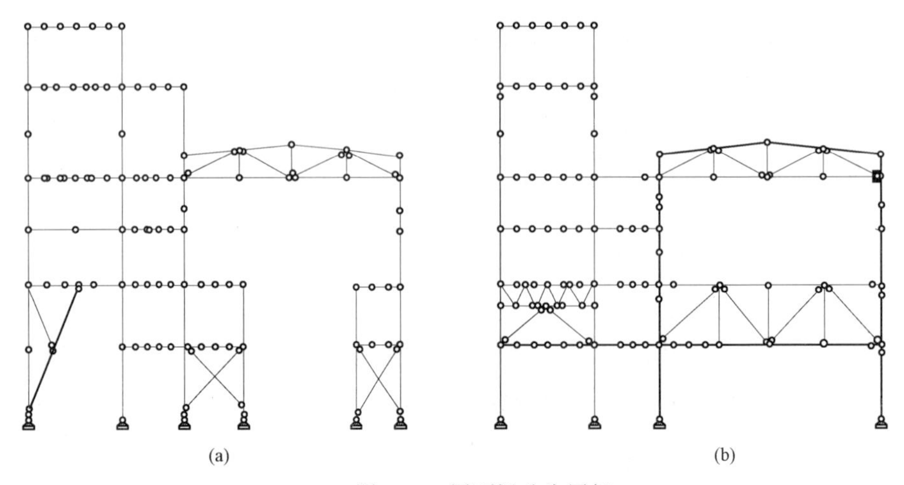

图 9-4　屋面梁改为屋架

（a）9 轴立面图；（b）12 轴立面图

2. 优化结果

优化后结构自振周期为 1.672s，原结构为 1.568s。且第一振型由纵向变为横向，结构刚度分布趋于合理。

最大位移比较，优化后纵向最大位移为 61.4mm，原结构为 72.3mm，横向最大位移为 97.3mm，原结构为 61.4mm。由于增强了薄弱部位，使扭转减少，虽然，横向位移变大，但纵向减少，使整体结构变形趋于合理。

第三节　主要结论及建议

一、主要结论

根据前面的分析结果，可得到以下结论。

（1）柱脚刚接与铰接对结构的周期、位移和内力均影响不大。

（2）煤仓间梁柱纵向刚接与铰接对结构受力性能有一定影响，但其影响远小于支撑的效果。

（3）横向支撑对周期影响较大，且汽机房横向支撑对横向刚度影响最大。结构如果无横向支撑时周期为 3.359s，有支撑时的周期为 1.568s，仅煤仓间去掉支撑则周期为 1.828s。横向支撑对结构整体的位移影响较大，尤其是汽机房的横向支撑影响最大。

（4）纵向支撑对周期影响很大，结构仅去掉支撑不改变构件截面时周期为 10.389s，有支撑时的周期为 1.568s。纵向支撑对结构整体的位移影响相当大。

（5）工程 A 的控制组合是地震作用的荷载组合，原设计纵向位移比横向位移要大，说明横向刚度比纵向刚度大。同样，地震作用下，汽机房 A 轴柱上部及 B 轴柱上部位移较大。煤仓间顶部柱子略显薄弱。

（6）有无侧移失稳类型的判定分析了按刚度比和假想荷载下的层间位移两种方法。

分析结果表明：按假想水平荷载下的层间侧移方法进行判定更合理。根据框架纵向实际层间位移和要求值的比较情况，该标准显得有些宽松，建议提高为：框架有围护结构而在位移计算中不计其影响时为1/8000。

（7）结合对依托工程的优化分析，给出了电厂钢结构体系的优化原则和优化内容。

二、建议

（1）煤仓间结构设计。由于煤仓间上部结构承受较大活荷载，因而设计时横向应给予充分考虑，但是应注意总体的刚度设计应均匀。从结构振型图看，一般第一振型沿横向比较合适，且不应有较大的扭转。此时应调整局部构件的刚度使之平衡。柱子截面沿高度可适当减小。由于煤仓间本身活荷载较大，梁截面往往较大，因此，此处的横向支撑可以少设甚至不设，但是纵向上设计的柱刚度往往较小，因此纵向支撑必须设置，最少两道。煤仓间的楼板作为一个主要的传力构件，应只考虑其面内刚度，而不计其面外刚度，作为安全储备。

（2）除氧间结构设计。除氧间是煤仓间和汽机房两个结构的连接部分，由于煤仓间和汽机房属于不同的结构型式，因此除氧间起到了使双方受力协调的作用，应保证传力路径的完整，本设计存在结构局部传力路线不完整，导致整体刚度严重偏心。因而设计中除氧间的结构要保证煤仓间和汽机房的可靠连接。

（3）汽机房结构设计。汽机房横向刚度较弱，且上部结构较柔，屋面荷载大，建议在设计时考虑加强柱及屋面体系，如使用刚度较大的屋架体系等。

第四节 工 程 实 例

相关的研究成果已在中电胡布2×660MW燃煤发电工程等项目中应用。

中电胡布2×660MW燃煤发电工程为新建电厂，厂址位于巴基斯坦俾路支省Lasbela县Hub区，该项目建设规模为2×660MW海水一次直流冷却超临界燃煤发电机组，由中电国际与巴基斯坦HUB公司合资的中电国际胡布公司投资建设。

中电胡布燃煤发电工程为两台660MW机组，主厂房采用钢结构，即汽机房、除氧间、煤仓间形成双框架；汽机房屋面梁与柱之间采用刚接连接，各排纵向选用支撑框架结构体系。汽机房屋面采用实腹钢梁有檩体系；汽机大平台、除氧煤仓间各层楼（屋）面板均采用压型钢板底模现浇混凝土结构。煤斗采用支承式结构；汽轮发电机基础采用现浇钢筋混凝土框架式结构，四周采用变形缝与周围建筑分开。

主厂房结构主要布置参数见表9–1，结构平、剖面布置如图9–5所示，设计条件如下。

（1）抗震设防烈度为8度，地震动峰值加速度为0.20g，设计地震分组为第一组；场地类别为Ⅱ类。

（2）基本风压为0.72kN/m^2，地面粗糙度为B类。

表 9-1 主厂房结构主要布置参数（一台机）

项　　次	参　　数
横向宽度（m）	A～B：30.6
	B～C：9.0
	C～D：11.7
纵向长度（m）	81.0
柱截面（mm）	A 排柱：BH 1200×600×30×45
	B 排柱：BH 1200×600×30×45
	C 排柱：BH 1400×650×36×50
	D 排柱：BH 1300×650×36×45
运转层高度（m）	13.455
煤斗支承层高度（m）	29.90
皮带层高度（m）	38.725
屋面高度（m）	汽机房：30.80
	除氧间：30.80
	煤仓间：46.30～46.65

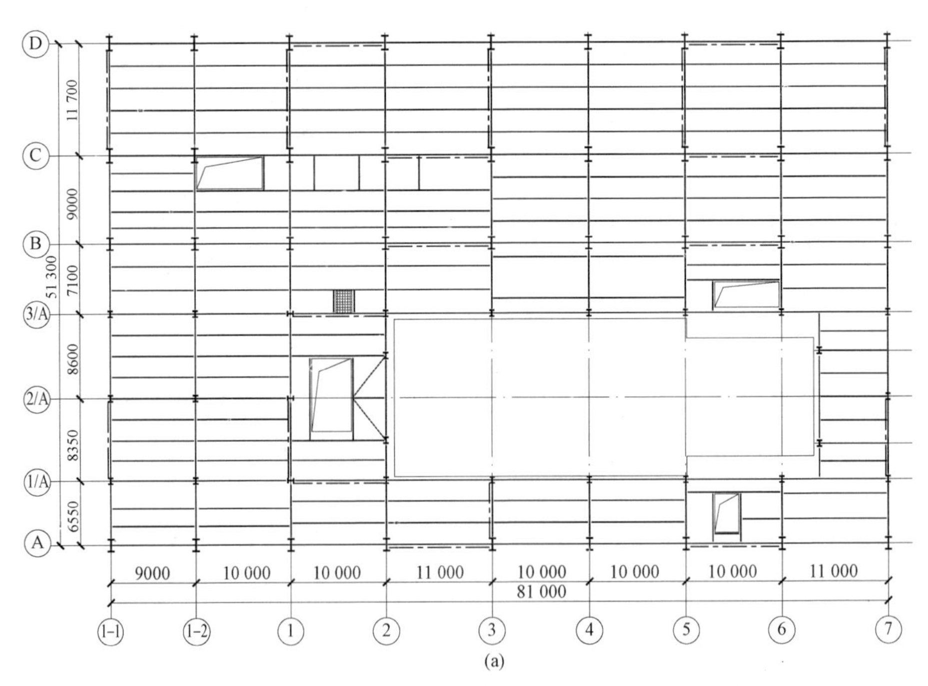

图 9-5 中电胡布 2×660MW 燃煤发电工程主厂房典型剖面图（一）

（a）平面布置图

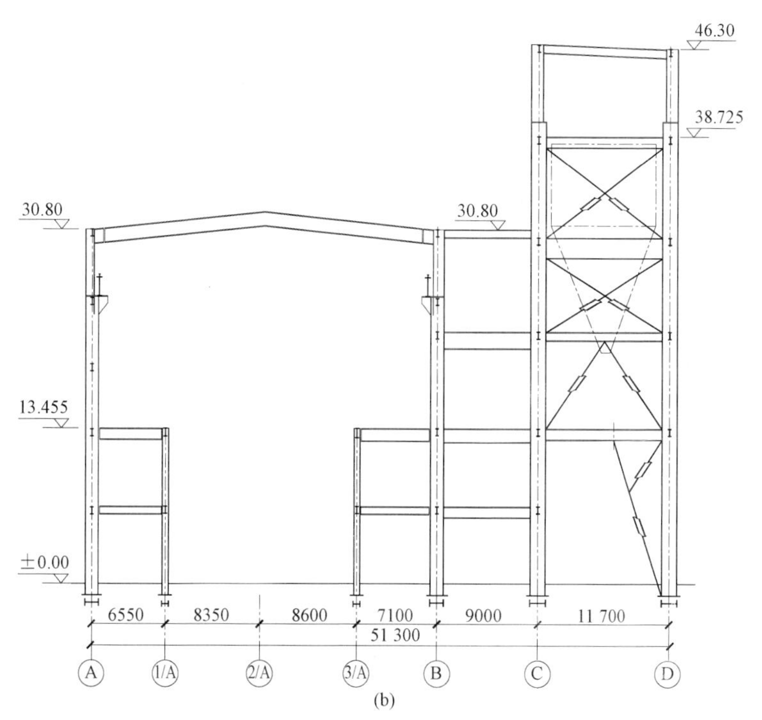

图 9-5 中电胡布 2×660MW 燃煤发电工程主厂房典型剖面图（二）

（b）剖面布置图

第十章 汽轮发电机弹簧隔振基座与主厂房联合布置结构

第一节 联合布置的背景及意义

主厂房结构与汽轮发电机基座进行联合布置主要是通过采用弹簧隔振基座的方式，将弹簧隔振器以下的结构与主厂房结构联合到一起，从而达到既不使汽轮发电机组的振动传递到主厂房结构，又能通过与主厂房结构的联合布置，达到提高整个主厂房抗侧刚度，改善其抗震性能的目的。

目前联合布置方案主要有以下两种方式。

1. 低位布置

汽轮发电机基座台板及弹簧隔振器由常规的立柱支撑，支撑立柱再与主厂房结构进行联合布置。目前国内神华国华寿光电厂就是采用这种方案建设并已经投入运行，该电厂主厂房为钢筋混凝土结构，如图 10-1 所示。国外印度的恰布瓦电厂和德国某电厂也是采用了这种布置方案，电厂主厂房均为钢结构，如图 10-2 所示。

图 10-1 神华国华寿光电厂

图 10-2　印度恰布瓦电厂

弹簧隔振基础是通过在基座顶部的台板板底和基座柱顶之间放置弹簧隔振器的方式，优化基座结构的动力特性，使得基座台板的振动更小。国内以前采用的隔振基座均为独立的岛式布置。而将汽轮发电机基座又采用弹簧隔振，同时厂房立柱与汽机基座下立柱连接为整体结构，这种结构型式在国内还是首创。设备的振动通过弹簧来隔离，使设备振动不致传至下部的支承结构，同时地震时通过弹簧隔振器将地震作用隔离，减小地震作用对汽轮发电机组的破坏，保护设备与基础连接点的安全。

将基座立柱与厂房立柱联结为整体结构布置后，厂房内的大平台柱与常规独立岛式布置相比可以减少，使厂房布置得到优化，改善结构的动力特性，提高整个厂房结构的抗震性能。最终达到设备稳定运行和结构安全可靠，与常规的岛式布置相比会产生一定的经济效益。

2. 高位布置

目前国内的直接空冷排汽系统，由于汽轮发电机组运转层标高大多在 13.7～14.7m，汽轮机为下排汽，排汽管道需要从地面连接到约 50m 高的空冷凝汽器配汽管上，管道、管件、补偿器和支吊架的材料量很大，通常配有排汽装置，具有收集疏水、对凝结水回水进行加热和除氧，集很多功能于一体，有利有弊，最大的问题是阻力大。

高位布置方案主要通过取消排汽装置、抬高汽轮发电机高度，节省四大管道和排汽管道材料，减少主汽、再热、排汽管道阻力和占地面积，从而达到降低投资、提高机组效率的目的。汽轮发电机设备及基座台板布置在 50～60m 标高处，汽轮发电机基座台板及弹簧隔振器由主厂房钢筋混凝土框架梁来支撑，如图 10-3 所示。

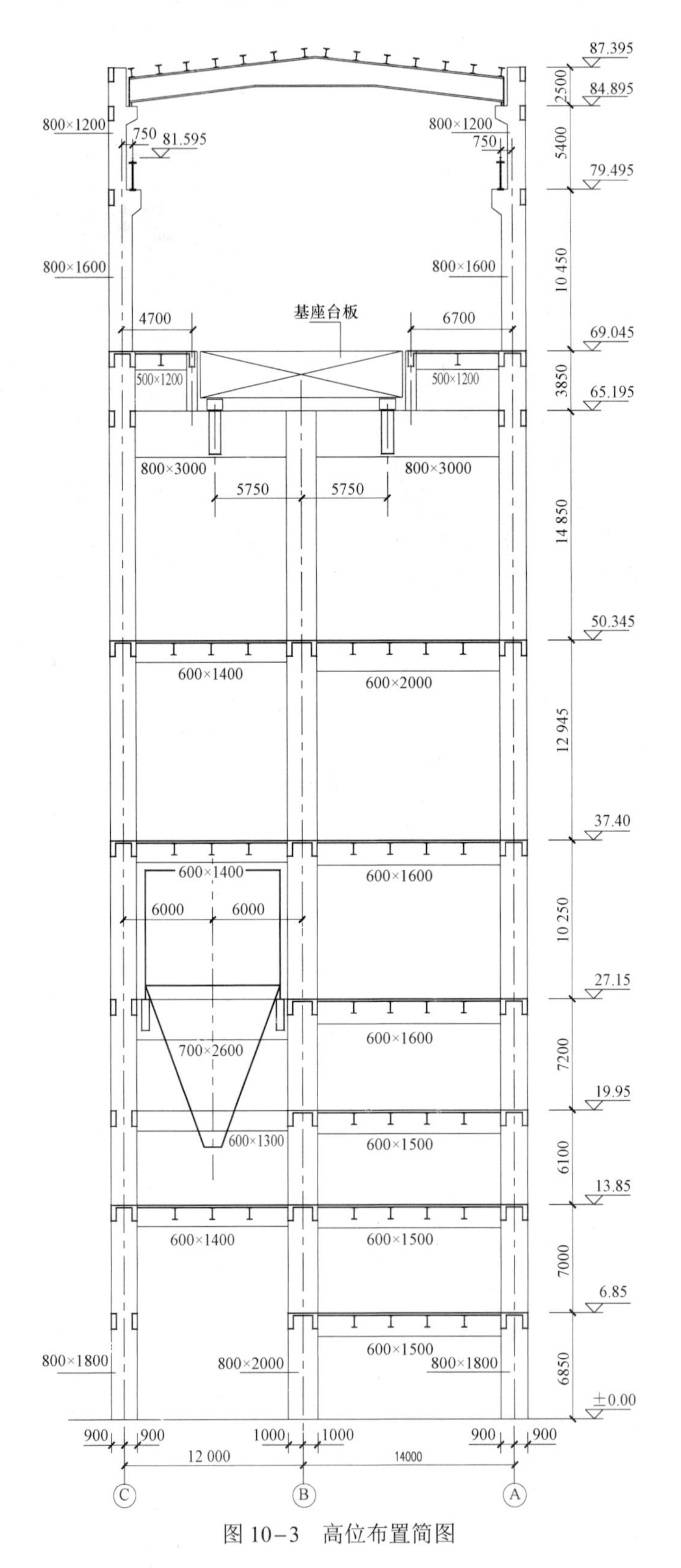

87.395
84.895
81.595
79.495
69.045
65.195
50.345
37.40
27.15
19.95
13.85
6.85
±0.00
2500
5400
10 450
3850
14 850
12 945
10 250
7200
6100
7000
6850
800×1200
750
800×1600
基座台板
4700
6700
500×1200
800×3000
5750
600×1400
600×2000
600×1600
6000
700×2600
600×1300
600×1500
800×1800
800×2000
900
1000
12 000
14000
C
B
A

图 10-3 高位布置简图

第二节 弹簧隔振基座设计

一、设计方法

汽轮发电机是主厂房内重要的动力设备，基座的动力分析是汽机基础设计中的重要内容。通过动力分析计算，可以直观地了解汽机基础结构的动力特性，包括结构的模态频率、振型及结构在设备正常工作状态下的振动响应特性，并判断汽机基础结构是否满足设备使用要求或相关规范的要求。

弹簧隔振基座的动力分析使用的有限元软件有 Femap、STARDYNE、SAP2000 和 ANSYS 等。其中 Femap 为前后处理器，STARDYNE 为内部求解处理器。

计算分析模型中，包括了弹簧隔振器、基础台板和设备质量单元等，如图 10–4 所示。

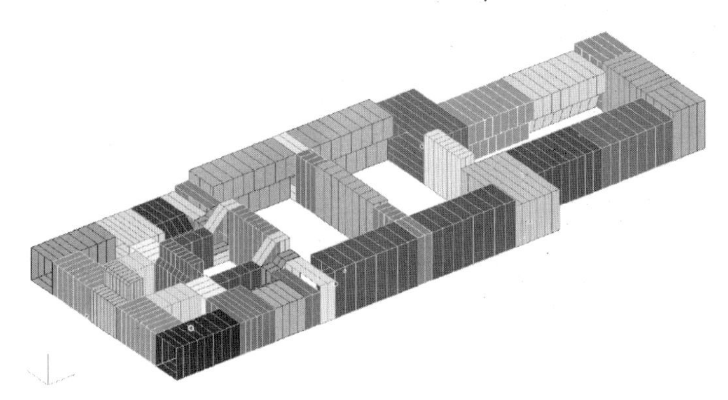

图 10–4 隔振基座台板计算模型

汽轮发电机弹簧隔振基础设计计算一般分四个步骤。

1. 初步确定弹簧隔振器参数

建立台板的静力计算分析模型，根据弹簧隔振器支座的位置得到每个支座的反力。之后确定根据弹簧隔振系统的效率得到整个系统的弹簧压缩量，进而得到每个支座处的弹簧刚度。

2. 台板动力分析计算

台板动力分析模型应按空间多自由度体系考虑。为了避免遗漏台板的振动模态，模型中应有足够多的节点数量，在设备质量作用点、扰力作用点、梁柱交点、纵横梁交点及梁柱板的变截面等模型关键点处，均应设置节点。台板动力分析单元包括杆单元、板单元或块单元、质量单元、弹簧单元等，其中设备重量以质量单元输入。动力分析时不包括管道活荷载、平台活荷载和真空吸力等正常运行工况下的荷载；台板动力分析时可不考虑弹簧隔振器中阻尼器的作用。

台板的动力分析需要按照我国规范 GB 50040—1996《动力机器基础设计规范》和设备制造厂标准分别计算，两者需要同时满足。

汽轮发电机基础台板动力分析推荐采用解耦模型，即计算模型仅考虑弹簧隔振器及以上部分，弹簧隔振器下面的支承结构可以不用建模。模型解耦的前提条件是弹簧隔振器下部支承结构刚度是弹簧隔振器自身刚度的10倍。当解耦条件不满足时，需要考虑隔振器下部支承结构刚度进行整体建模分析。

台板的地震作用分析，可采用与支承（框架）结构联合的整体模型，其台板支座处的三向刚度为弹簧隔振器实际刚度，地震作用分析时还应考虑阻尼器的作用。

3. 台板静力分析计算

有些设备制造厂为确保设备的稳定运行，对于台板的变形有特殊的要求，对此需要进行分析计算。在静力计算模型中，应取消台板动力分析模型中的质量单元，以恒载输入，并输入不同工况下的各类荷载。

4. 台板结构配筋计算

在台板的动力和静力分析计算完成后，就可以按照相关规范的要求进行台板的配筋计算。

二、主要设计原则

经过多个模型、不同弹簧隔振系统的设计分析计算得出：隔振器的选择是一个复杂的过程，需要综合考虑隔振要求、设备类型、荷载参数、对基础有无特殊要求（如基础静变位）及经济性等多项因素，而且各因素之间还相互制约，互相影响。

但是，隔振器选型同样也有一定的选择原则。一般来说，隔振器选型过程可基本分为四个步骤。

1. 建立计算模型

根据基础外形图纸、设备厂家图纸等资料建立台板模型。将常规基础顶台板底面与中间立柱分开，建立弹簧隔振器单元。设备质量以质量点单元模拟各种设备，包括管道自重。此外还要考虑冷凝器的重量，是否有真空吸力等。

2. 静力计算

利用建立的模型进行静力计算，得出各个柱头位置的竖向约束反力 F。

3. 选择隔振器压缩量

根据不同的设备类型和实际工程情况，选择合理的隔振器压缩量。根据基本公式

$$K=\frac{F}{x} \tag{10-1}$$

式中 K——竖向总刚度，kN/mm；

F——竖向总荷载，kN；

x——弹簧隔振器压缩量，mm。

4. 隔振器的选择

每个柱头的总刚度确定以后，就可以根据隔振器的参数表进行查找，选择合适的隔振器（包括合适的隔振器数量）。

其他需要考虑的选型原则还包括：

（1）选择隔振器时，首先要选择刚度较大的隔振器，使每个柱头隔振器数量最少，

利于柱头隔振器布置。

（2）要保证隔振器有足够的安全储备，一般选择隔振器额定承载力的 80%。

（3）各个柱头隔振器正常运行状态时压缩量应接近相等。

（4）柱头周围管道布置应预留足够隔振器安装空间。

（5）为了抑止设备在启动、停机、地震或其他偶然工况下台板的瞬时荷载，每个柱头一般布置一个带阻尼器的弹簧隔振器。

三、隔振器参数的研究

（一）主要内容

（1）建立基座台板及弹簧隔振器的有限元分析模型。

（2）在分析基座的自振特性的基础上，对基座在汽轮机发电机组不平衡扰力作用下的动力响应进行计算分析。

（3）对不同弹簧刚度配置情况下的汽机基座隔振设计进行计算，按照弹簧水平/竖向刚度比分别为 2/3、1/2、1/3、1/5、1/10 等的多种情况进行分析，以考察弹簧水平刚度对动力响应的影响。

（4）对弹簧阻尼和基座台板阻尼对振动响应的影响进行分析计算。基座台板阻尼分别取为 3%和 6.25%，同时在每个隔振弹簧中增加阻尼（阻尼参数：水平方向取 800kN·s/m；竖直方向取 400kN·s/m）。

（二）有限元分析

1. 有限元分析模型的建立

采用三种软件 SAP2000、ABAQUS 和 ANSYS 建立有限元分析模型，其中 SAP2000 采用杆系模型进行分析，ABAQUS 和 ANSYS 软件采用实体单元进行分析。

隔振基座台板平面布置如图 10-5 所示。基础台板的三种有限元模型如图 10-6 所示。

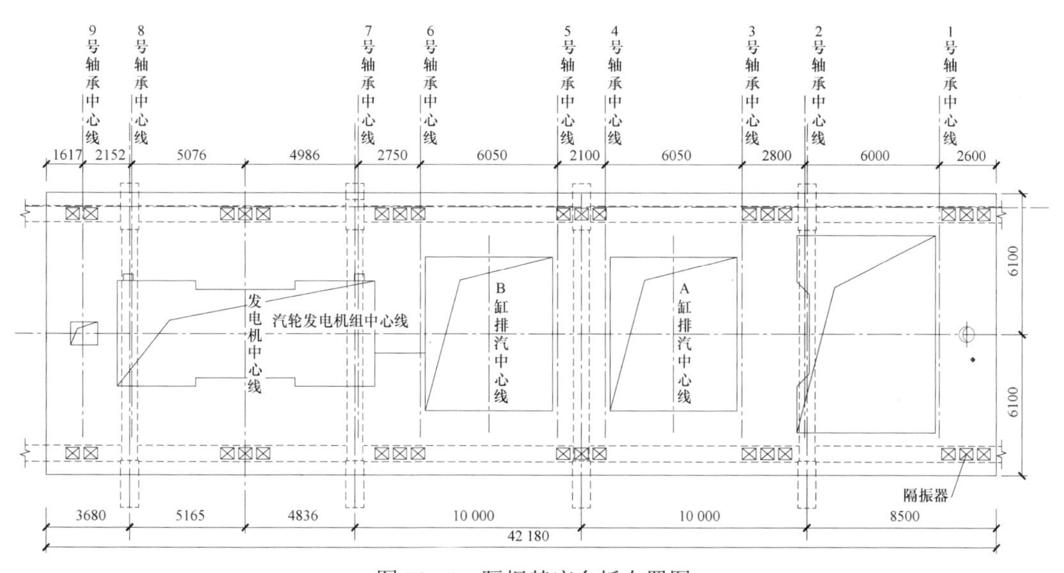

图 10-5　隔振基座台板布置图

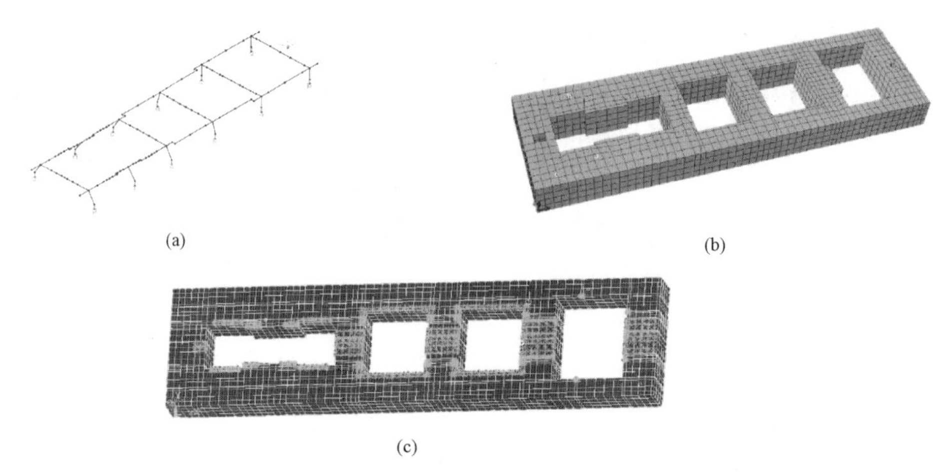

(a)　　(b)

(c)

图 10-6　基础台板计算模型简图

(a) SAP2000 模型；(b) ABAQUS 模型；(c) ANSYS 模型

2. 模态分析结果对比

图 10-7 比较了三种软件分析所得基座截至 70Hz 的模态阶次同模态频率的关系图。从图 10-7 中可以看出：25 阶模态、40Hz 之前，三种软件分析结果比较接近，差别较小，不同软件之间的差别随频率（阶次）的增大而增大；杆系模型（SAP2000）的局部振型数量最少，ABAQUS 模型次之，ANSYS 模型的局部振型数量最多。

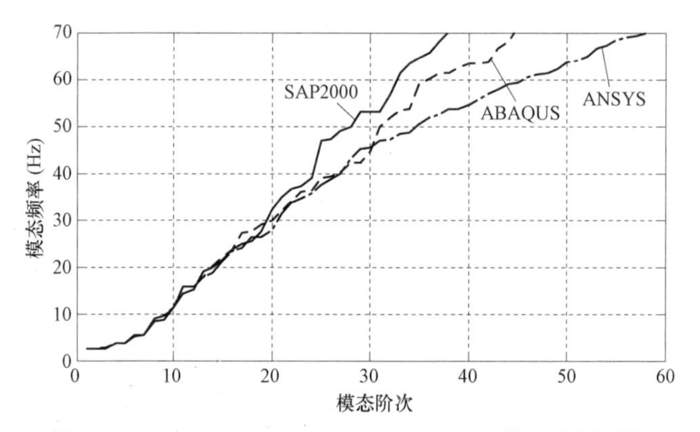

图 10-7　ABAQUS、ANSYS、SAP2000 模态分析对比

3. 振动响应结果分析

图 10-8 给出了 1 号扰力点三个方向振动响应的幅频曲线，其他扰力点结果类似。可以看出：10Hz 以下低频段，三种软件的结果十分接近，相差较小；40Hz 以上高频段，杆系模型（SAP2000）与实体模型（ABAQUS 和 ANSYS）的结果差别较大，SAP2000 模型的结果偏大。总体而言，两个实体模型的结果相差不大，较为吻合，规律一致。

4. 不同弹簧水平/竖向刚度比对动力分析的影响

按照弹簧水平/竖向刚度比分别为 2/3、1/2、1/3、1/5、1/10 等多种情况进行动力分析，前提是弹簧竖向刚度保持不变，探讨不同弹簧水平刚度对动力响应的影响。

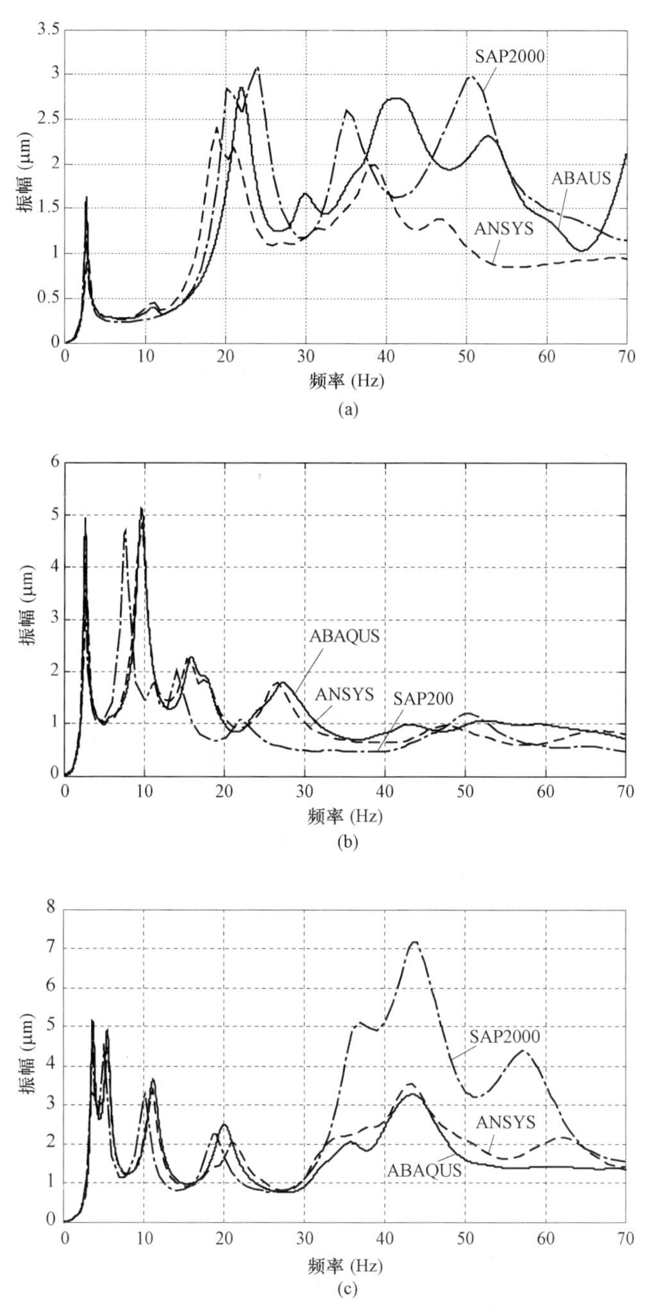

图 10-8　1 号扰力点三个方向动力响应对比

（a）*X* 向振幅曲线；（b）*Y* 向振幅曲线；（c）*Z* 向振幅曲线

（1）模态分析结果对比。对隔振弹簧水平/竖向刚度比分别为 2/3、1/3、1/5 和 1/10 时汽机基座进行了模态分析，结果可以看出：随着水平/竖向刚度比的减小，第一阶 *X* 和 *Y* 方向平动的模态频率由于主要受水平弹簧刚度控制而呈现下降趋势，更高阶的水平平动模态频率主要受基座自身的动力特性影响，由于基座自身无任何改变，因此这些模态频率也基本没有变化；竖向（*Z* 向）振动的模态频率由于竖向弹簧刚度保持不变而无明显变化。这一规律可以从图 10-9 中模态频率阶次分布情况清楚地看出。

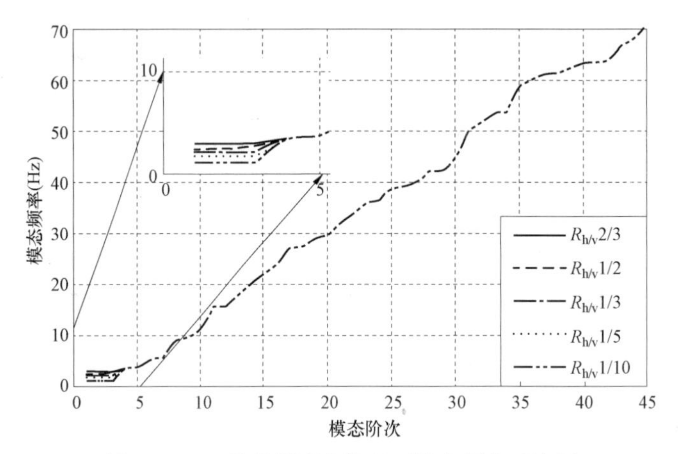

图 10-9 5 种弹簧刚度情况下模态频率对比图

表 10-1 列出了 5 种刚度比对应的隔振系统的隔振效率，随刚度比的减小，隔振效率有非常微小的增大，整体保持在 99%的水平，弹簧水平刚度的变化对隔振效率的影响不明显。

表 10-1　　5 种不同弹簧刚度情况下的隔振效率

刚度比		2/3	1/2	1/3	1/5	1/10
圆频率（rad/s）	*X*	18.695	16.411	13.513	10.513	7.457
	Y	18.695	16.411	13.513	10.513	7.457
	Z	23.273	23.228	23.212	23.205	23.201
隔振效率（%）	*X*	99.17	99.31	99.43	99.57	99.70
	Y	99.20	99.31	99.44	99.57	99.70
	Z	98.92	98.92	98.92	98.92	98.92

（2）振动响应分析结果。对 5 种刚度比对应的各个扰力点的幅频曲线进行对比分析后，可以得出：刚度比的变化对各个扰力点的幅频曲线的影响并不明显，各点的动力响应幅值均满足规范要求。

图 10-10 给出了 1 号扰力点处不同弹簧刚度下的动力响应曲线，其他扰力点的变化与此类似。与刚度比对模态频率的影响规律类似，刚度比的变化仅对第一阶 *X* 和 *Y* 方向平动模态频率附近的振动响应有较小的影响。随着刚度比的减小，第一阶 *X* 和 *Y* 方向平动模态频率对应的振动响应略呈增大趋势，增大比例在 10%左右；而对于更高阶的平动模态频率的振动响应，刚度比的变化几乎没有影响；由于刚度比对竖向振动没有影响，因此竖向（*Z* 向）振动的幅频曲线没有变化。

5. 考虑弹簧阻尼情况下的动力分析

基座台板阻尼取 3%，同时在每组隔振弹簧中增加阻尼，阻尼参数 *C* 为：水平方向取 800kN·s/m；竖直方向取 400kN·s/m。

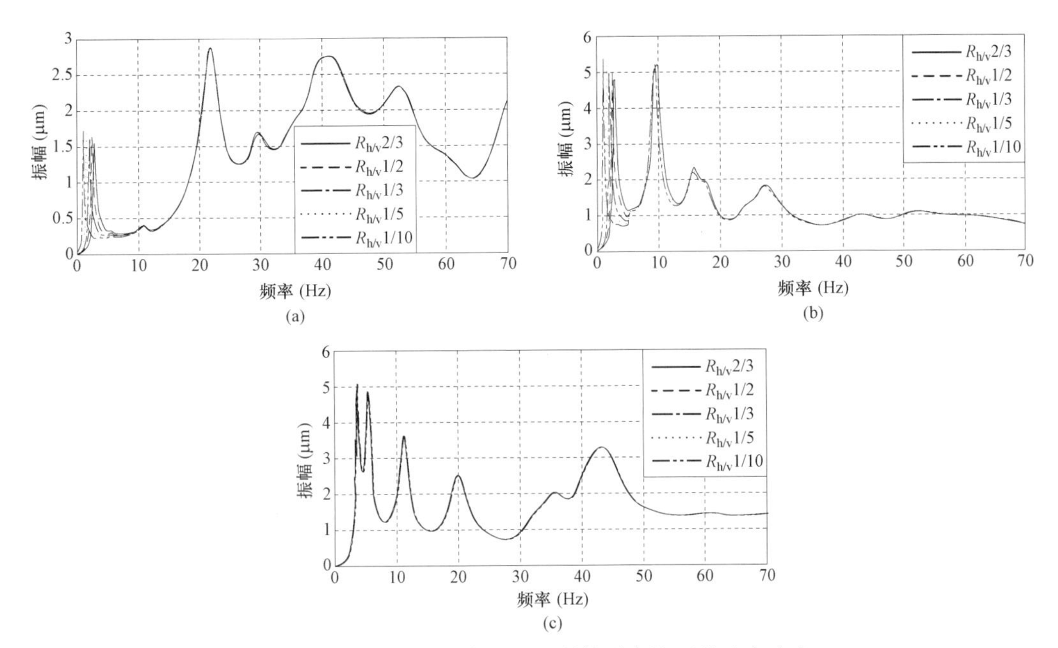

图 10-10 1 号扰力点处不同弹簧刚度比下的动力响应

（a）X 向振幅曲线；（b）Y 向振幅曲线；（c）Z 向振幅曲线

分析了水平/竖向弹簧刚度比 1/2 并考虑弹簧阻尼及弹簧阻尼各增减 50%情况下，台板的振动响应；并分析了 1/5 水平竖向弹簧刚度比对应上述三种情况的振动响应。

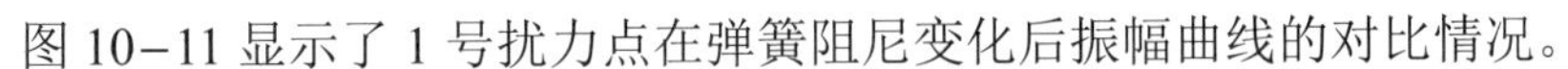

图 10-11 显示了 1 号扰力点在弹簧阻尼变化后振幅曲线的对比情况。

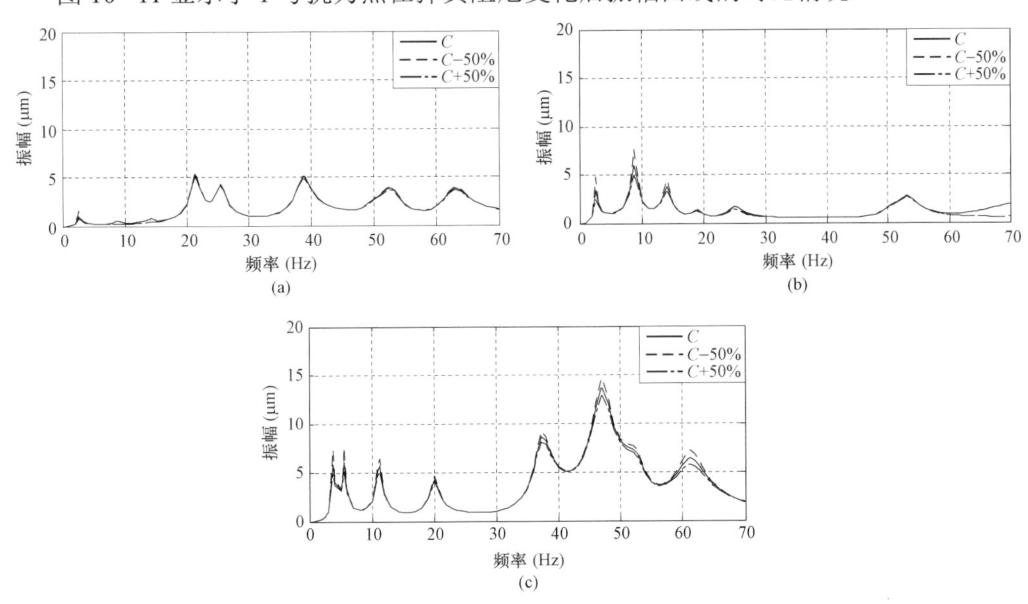

图 10-11 阻尼变化对振动响应的影响对比（扰力点 1）

（a）X 向振幅曲线；（b）Y 向振幅曲线；（c）Z 向振幅曲线

从图 10-11 的结果对比可以发现：弹簧阻尼对振动响应的影响微小，仅对振动响应曲线的峰值点附近的结果有微小的影响（影响程度在 10%以内），而对其他范围的影响则接近于零。

对台板阻尼比取3%并考虑弹簧阻尼，以及台板阻尼比取6.25%而不考虑弹簧阻尼两种情况的振动响应进行了对比分析。图10-12显示了1号扰力点在1/2弹簧刚度比并考虑阻尼情况下*X*、*Y*、*Z*方向的动力响应，其他扰力点结果类似。可以看出台板自身阻尼比对于台板振动响应影响很大，随着台板自身阻尼比从6.25%改为3%，台板振动响应的幅值有所增大。弹簧隔振器的阻尼对于振动响应影响很小，可以忽略。

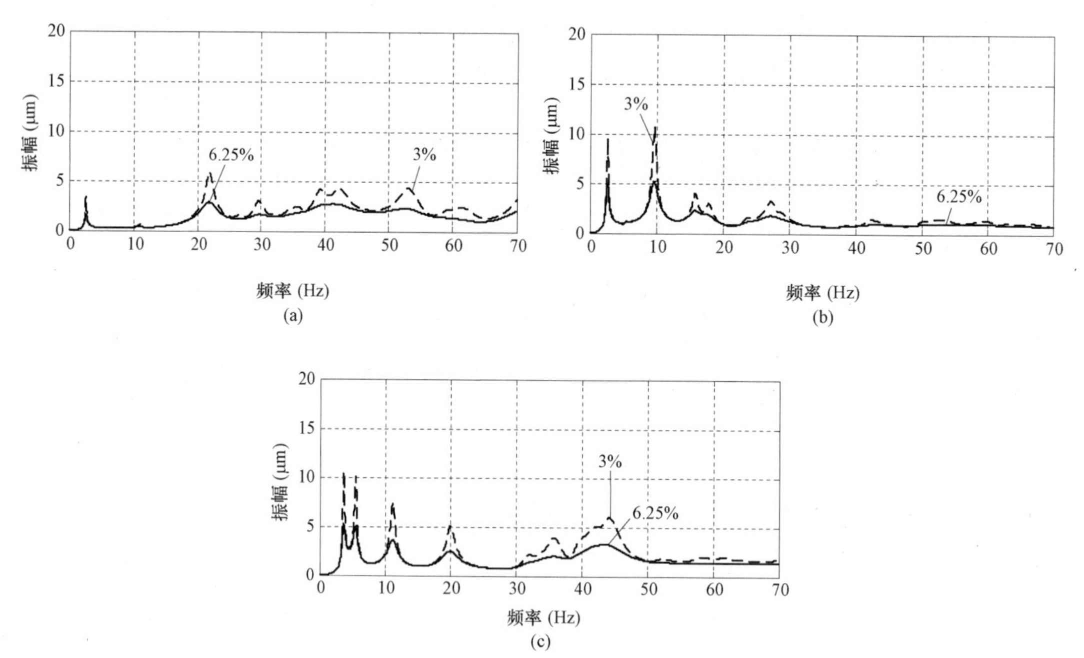

图10-12　台板阻尼及弹簧阻尼变化下扰力点1的动力响应对比

（a）*X*向振幅曲线；（b）*Y*向振幅曲线；（c）*Z*向振幅曲线

（三）主要结论

通过以上计算分析对比，可以得出以下结论。

（1）比较三种软件分析所得基座70Hz内的模态阶次同模态频率的关系图，可以看出：在中低阶模态（40Hz之前），三种软件分析结果比较接近；不同软件之间的差别随频率（阶次）的增大而增大；杆系单元模型（SAP2000）的局部振型数量最少，实体单元模型（ABAQUS和ANSYS）局部振型最多。

（2）比较扰力点的幅频曲线可以看出：10Hz以下低频段，三种软件的结果十分接近，相差较小；40Hz以上高频段，杆系模型（SAP2000）与实体模型（ABAQUS和ANSYS）的结果差别较大，SAP2000模型的结果偏大。总体而言，两个实体模型的结果相差不大，较为吻合，规律一致，采用杆系模型获得的振动响应结果总体偏保守。

（3）隔振弹簧水平/竖向刚度比对汽机基座振动响应的影响总体而言并不显著，主要的影响规律如下：

1）随着水平/竖向刚度比的减小，第一阶*X*和*Y*方向平动的模态频率由于主要受水平弹簧刚度控制而呈现下降趋势，更高阶的水平平动模态频率主要受基座自身的动力特性影响，由于基座自身无任何改变，因此这些模态频率也基本没有变化；竖向（Z 向）振动的模态频率由于竖向弹簧刚度保持不变而无明显变化。

2）随弹簧隔振器水平/竖向刚度比的减小，水平隔振效率有很微小的增大，整体保持在99%的水平，弹簧水平刚度的变化对隔振效率的影响不明显；弹簧水平刚度对于竖向隔振效率无影响。与刚度比对模态频率的影响规律类似，刚度比的变化仅对第一阶 X 和 Y 方向平动模态频率附近的振动响应有较小的影响，随刚度比的减小，第一阶 X 和 Y 方向平动模态频率对应的振动响应略呈增大趋势，增大比例在10%左右，而对于更高阶的平动模态频率的振动响应，刚度比的变化几乎没有影响。

3）由于刚度比对竖向振动没有影响，因此竖向（Z 向）振动的幅频曲线没有变化。

4）对于杆系模型，各扰力点的振动响应曲线随刚度比的变化规律与实体模型相同。

（4）台板阻尼比取 3%并考虑弹簧阻尼的情况与台板阻尼比取 6.25%而不考虑弹簧阻尼的情况相比，各扰力点振动响应的幅值也随之增大；隔振弹簧的阻尼对基座的影响微小，可以忽略。

（5）综合全部分析结果，台板自身的阻尼是决定台板振动响应振幅大小的主要因素，弹簧水平/竖向刚度比和弹簧阻尼的影响可以忽略。

第三节　低位联合布置

低位联合布置的主厂房框架及汽机基座整体结构模型及与传统非联合布置厂房结构见图10-13。

以下内容主要以神华国华寿光电厂工程为例进行分析。

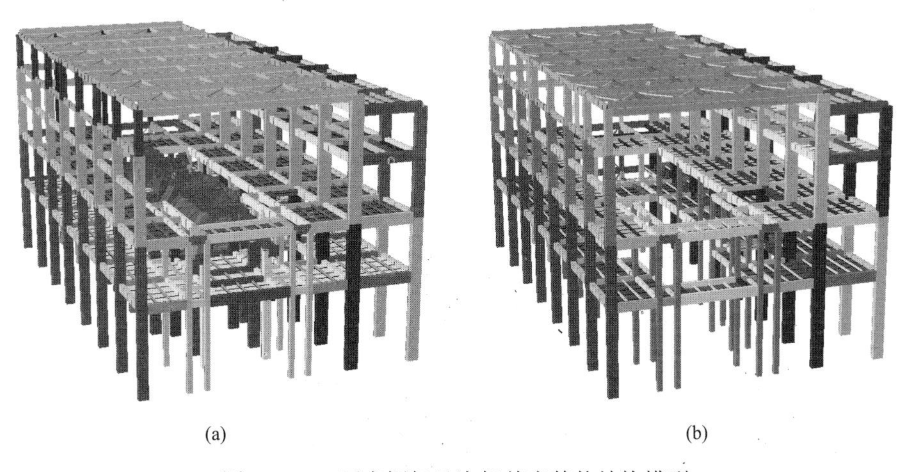

(a)　　(b)

图10-13　厂房框架及汽机基座整体结构模型

（a）联合布置方案；（b）传统方案

一、主要内容

神华国华寿光电厂抗震设防烈度为7度（0.1g），结构的抗震性能分析分两步进行，首先进行数值模拟分析计算，之后进行振动台试验。

1. 数值模拟分析内容及目的

（1）对厂房与基座联合布置结构进行7度（0.1*g*）多遇地震作用下的弹性时程分析及反应谱分析。

通过弹性时程分析，可以得到小震作用下，结构在弹性阶段的动力响应，包括结构的基底剪力、楼层位移、层间位移角、汽机基座台板的位移及加速度响应，可作为反应谱分析结果的补充。

（2）对厂房与基座联合布置结构进行7度（0.1*g*）罕遇地震作用下动力弹塑性分析。

通过弹塑性分析，对联合布置结构在设计大震作用下的非线性性能给出定量解答，分析计算结构在强烈地震作用下的变形形态、构件的塑性及其损伤情况，以及整体结构的弹塑性行为；研究结构关键部位、关键构件的变形形态和破坏情况；得到汽机基座台板的位移及加速度响应；论证结构整体在设计大震作用下的抗震性能，寻找结构的薄弱层或（和）薄弱部位。

（3）对厂房与基座独立布置结构进行7度（0.1*g*）罕遇地震作用下动力弹塑性分析。

通过弹塑性分析，得到独立厂房结构在设计大震作用下的变形形态、构件的塑性及其损伤情况，以及整体结构的弹塑性行为。并与联合布置结构的结果进行对比，对两种方案的抗震性能做出评价。

2. 振动台试验的内容及目的

（1）测定模型结构的动力特性：自振频率、振型、结构阻尼比等，以及它们在不同水准地震作用下的变化。

（2）实测分别经受7度（0.1*g*）多遇、设防、罕遇等不同水准地震作用时模型的动力响应，包括主体结构及弹簧隔振层上、下结构在弹性和弹塑性阶段的位移、加速度及主要构件应变反应。

（3）观察、分析基座立柱与厂房框架联合布置后，主结构及汽机基座在地震作用下的受力特点、弹簧支座的减震效果和主体结构可能的破坏形态及过程，找出可能存在的薄弱层及薄弱部位。

（4）测试弹簧支座的隔震系数。

（5）验证结构的抗震性能是否如数值分析所预测。

（6）检验结构是否满足规范三水准的抗震设防要求，检验结构各部分是否达到设计设定的抗震性能目标。

（7）在试验结果及分析计算的基础上，对本结构的结构设计提出可能的改进意见与措施，进一步保证结构的抗震安全性。

二、数值分析及物模试验

（一）数值分析

1. 弹性时程分析

（1）有限元模型构建。弹性时程分析采用 SAP2000 有限元软件。有限元模型中采用杆单元模拟梁、柱及斜撑；采用壳单元模拟楼板；采用 LINK 单元模拟弹簧支座；采用刚性杆模拟汽机基座台板梁和基座立柱的牛腿。楼面荷载和设备管道荷载按实际情况模拟。模型中混凝土和钢材均采用弹性材料。将模型杆单元及壳单元细分后再进行计算。

（2）地震波选取及输入。根据 GB 50011—2010《建筑抗震设计规范》中 5.1.2 条 3 款规定选择地震波，选出三组（包含三方向分量）地震记录、采用轮换主次方向输入法进行多遇地震弹性时程分析，所用地震波为二组天然波和一组人工波，三方向输入峰值比依次为 1:0.85:0.65（主方向:次方向:竖向），阻尼比取 5%。

（3）主要计算结果。结构在多遇地震作用下基底剪力见表 10–2，剪重比为 3.4%～6.2%。

表 10–2　　7 度小震时程分析底部剪力对比

	X 为输入主方向		Y 为输入主方向	
	V_x（kN）	剪重比（%）	V_y（kN）	剪重比（%）
人工波	12 340.6	4.06	18 719.8	6.16
L0196 波	10 761.1	3.54	15 448.0	5.08
L0429 波	10 385.2	3.42	15 810.4	5.20
包络值	12 340.6	4.06	18 719.8	6.16

每层框柱位置取 6 个参考点。根据各点的位移时程结果，得到最大层间位移及最大层间位移角，见表 10–3。

表 10–3　　7 度小震弹性时程分析结构顶点最大位移及最大层间位移角统计

		人工波	L0196	L0429	包络值
X 输入主方向	顶点最大位移（mm）	39.4	33.3	34.8	39.4
	最大层间位移角	0.001 4（1/734）	0.001 2（1/810）	0.001 3（1/745）	0.001 4（1/734）
Y 输入主方向	顶点最大位移（mm）	32.0	26.5	30.1	32.0
	最大层间位移角	0.001 0（1/965）	0.001 1（1/935）	0.001 1（1/945）	0.001 1（1/935）

基座台板与柱顶的相对位移较小，最大不超过 3.6mm；基座台板的加速度放大系数在 X 方向（厂房纵向）较小，Y 方向（厂房横向）较大，最大不超过 2.7；结果均在可接受的范围内。基座台板的加速度略大于柱顶，X 方向的加速度比值为 1.05～1.44；Y 方向的加速度比值为 1.21～1.68。

2. 弹塑性时程分析

（1）有限元模型构建。弹塑性计算分析采用大型通用有限元分析软件 ABAQUS。弹塑性分析过程中考虑的非线性因素包括几何非线性和材料非线性。

弹簧支座采用 ABAQUS 中的 CONNECTOR 单元模拟，定义了水平及轴向三个方向的弹性刚度和阻尼系数。采用四边形或三角形缩减积分壳单元模拟楼板，楼板内的钢筋采用嵌入单向作用的钢筋膜进行模拟；用梁单元模拟结构楼面梁、柱等，对于钢筋混凝土梁、柱单元，其配筋及配置型钢采用在相应位置嵌入钢筋或型钢纤维进行模拟。

（2）地震波选取及输入。选出二组天然波和一组人工波用于罕遇地震弹塑性时程分析的计算，地震波输入方法与弹性时程分析相同，阻尼比取 5%。

（3）主要计算结果。在进行罕遇地震下的弹塑性反应分析前，进行结构在重力荷载代表值下的重力加载分析。重力作用下，结构混凝土柱内钢筋均处于弹性状态，最大应力约为 56.6MPa，结构混凝土梁内钢筋基本均处于弹性状态，局部应力较大，最大应力约为 89.7MPa。重力作用下汽机基座台板的弹簧支座竖向压缩，整体竖向压缩量为 20～25mm。

表 10-4 和表 10-5 为结构在罕遇地震作用下基底剪力情况，联合布置结构地震反应剪重比为 9.6%～19%；传统方案结构地震反应剪重比为 12.7%～19.3%。

表 10-4　　大震时程分析底部剪力对比（联合布置）

	X 为输入主方向		Y 为输入主方向	
	V_x（kN）	剪重比（%）	V_y（kN）	剪重比（%）
人工波	29 755.5	9.63	55 220.8	17.87
No0056 波	45 083.8	14.59	58 774.1	19.02
No312 波	47 905.6	15.50	50 435.3	16.32
包络值	47 905.6	15.50	58 774.1	19.02

表 10-5　　大震时程分析底部剪力对比（传统方案）

	X 为输入主方向		Y 为输入主方向	
	V_x（kN）	剪重比（%）	V_y（kN）	剪重比（%）
人工波	30 338.7	12.70	39 385.5	16.49
No0056 波	33 606.6	14.07	46 134.7	19.32
No312 波	41 028.3	17.18	41 735.9	17.47
包络值	41 028.3	17.18	46 134.7	19.32

表 10-6 和表 10-7 为罕遇地震下结构的位移情况。比较联合布置方案与传统方案的层间位移角，传统方案的层间位移角比联合布置结构大，说明厂房框架与基座立柱联合布置后，对结构整体的抗震性能有明显改善，有效减小了整个结构的层间位移角。

表 10-6　　大震弹塑性分析结构顶点最大位移及最大层间位移角统计（联合布置）

		人工波	L0056	L0312	包络值
X 输入主方向	顶点最大位移（m）	0.234	0.434	0.427	0.434
	最大层间位移角	0.011 4（1/88）	0.016 2（1/62）	0.016 0（1/62）	0.016 2（1/62）
Y 输入主方向	顶点最大位移（m）	0.303	0.385	0.419	0.419
	最大层间位移角	0.012 4（1/81）	0.013 1（1/76）	0.013 6（1/74）	0.013 6（1/74）

表 10-7　　大震弹塑性分析结构顶点最大位移及最大层间位移角统计（传统方案）

		人工波	L0056	L0312	包络值
X 输入主方向	顶点最大位移（m）	0.230	0.403	0.436	0.436
	最大层间位移角	0.009 7（1/103）	0.015 3（1/65）	0.020 4（1/49）	0.020 4（1/49）
Y 输入主方向	顶点最大位移（m）	0.323	0.399	0.355	0.399
	最大层间位移角	0.011 5（1/87）	0.016 4（1/61）	0.012 4（1/81）	0.016 4（1/61）

大震作用下，基座台板与柱顶的相对位移最大值为 23mm，可满足楼面与基座台板之间的空隙要求。

在 *X* 方向基座台板的加速度反应总体上小于立柱柱顶的加速度，比值为 0.79～1.4；而在 *Y* 方向基座台板的加速度反应总体上大于立柱柱顶的加速度，比值为 1.11～1.49 之间。说明在罕遇地震作用下，弹簧支座 *X* 向的隔震效果优于 *Y* 向。大震作用下，基座台板的速度远大于小震作用，弹簧支座中阻尼器为速度相关的黏滞阻尼，能够提供更大的阻尼力，减小基座台板的加速度反应。

联合布置结构中，梁、柱中钢筋的塑性应变小于传统方案结构。

混凝土梁、柱构件钢筋的塑性应变结果表明，两种方案中梁钢筋的塑性应变均大于柱钢筋，梁中塑性铰主要分布在一、二层框架梁梁端，柱中塑性铰主要位于柱根及柱顶位置。联合布置方案中，梁钢筋塑性应变最大值为 9632με，柱钢筋塑性应变最大值为 4055με；传统方案中，梁钢筋塑性应变最大值为 16 310με，柱钢筋塑性应变最大值为 7443με。传统布置方案中，梁、柱钢筋的塑性应变均远大于联合布置方案的结果。

两种方案中钢斜撑的塑性应变结果表明，钢斜撑均已进入塑性阶段，联合布置方案中钢斜撑塑性应变较大，最大值为 9330με，不过仍未达到极限应变。

联合布置方案楼面钢筋的塑性应变结果表明，二层楼面钢筋的塑性应变大于一层楼面，最大值为 3669με。

联合布置方案框架的塑性铰发展历程表明，首先个别梁端出现塑性铰，随后出现塑性铰的梁数量增加，同时个别柱根也出现塑性铰，此时构件中钢筋的塑性应变达到最大值，不再增长。随着地震作用的持续，出现塑性铰的梁、柱构件增多，最后大部分的梁及部分柱根部和顶部出现塑性铰。从塑性铰的发展历程来看，符合“强柱弱梁”的抗震设计原则。

总体上联合布置方案中构件的损伤程度小于传统布置方案，厂房框架梁、柱出现塑性铰的位置和数量均少于传统布置方案，而且联合布置方案中构件的塑性应变也较小。结合层间位移的结果，联合布置方案的层间位移角也较小，说明厂房框架与基座立柱联合布置后，提高了结构整体的抗震性能，可以满足“大震不倒”的要求。

（二）物模试验

1. 模型设计

模型采用微粒混凝土模拟混凝土，细钢丝模拟钢筋，薄钢板模拟钢结构中的钢材。模型长度相似比为 1/15；根据模型材料性能，材料弹模相似比 S_E 为 1/2.5；模型做到重力相似，根据振动台承载能力，确定质量密度相似比为 5.9。通过以上确定的三个相似比，可推导得到模型的其他相似关系见表 10–8。

表 10–8　　模型相似关系

类别	物理量	量纲	换算公式	相似比
材料特性	应力 σ	FL^{-2}	S_E	0.400
	应变 ε	—	1	1.000
	弹性模量 E	FL^{-2}	S_E	0.400
	波桑系数 v	—	1	1.000
	密度 ρ	FT^2L^{-4}	S_ρ	5.904
几何尺寸	线尺寸 L	L	S_1	0.067
	线位移 δ	L	S_1	0.067
	频率 ω	T^{-1}	$(S_\rho \cdot S_l^2 / S_E)^{-\frac{1}{2}}$	3.904
荷载	集中力 P	F	$S_E S_1^{\ 2}$	0.002
	压力 q	FL^{-2}	S_E	0.400
	加速度 a	LT^{-2}	$S_a=S_E/（S_1 \cdot S_\rho）$	1.016
	重力加速度 g	LT^{-2}	1	1.000
	速度 v	LT^{-1}	$(S_E / S_\rho)^{\frac{1}{2}}$	0.260
	时间 t	T	$(S_\rho \cdot S_l^2 / S_E)^{\frac{1}{2}}$	0.256
	弹簧刚度 k	FL^{-1}	$S_E S_1$	0.027
	阻尼系数 C	FTL^{-1}	$(S_\rho \cdot S_E)^{\frac{1}{2}} \cdot S_l^2$	0.007

试验模型中对弹簧支座进行归并等效，将每个柱顶的弹簧支座组等效成一个弹簧支座，共计 16 个弹簧支座，其中有阻尼支座 6 个，无阻尼支座 10 个。弹簧支座上下设置连

接板，在上连接板与汽机基座台板下表面间、下连接板与基座立柱柱顶间放置摩擦垫。单独测试汽机基座台板自振特性时，采用螺栓将弹簧支座连接板分别与上、下结构固定，在进行整体结构的振动台试验时，卸掉螺栓，仅靠摩擦垫传递水平力，与实际工程保持一致。

模型中的关键构件包括框架柱、框架梁、斜撑等均根据原型结构按照相似关系缩尺制作。将楼板体系中工字钢结构次梁简化为槽钢，减少焊接工作量。截面较小的杆件，对截面做适当调整，保证截面的抗弯和轴向刚度基本等效。关键节点构造按照原型结构的做法适当简化和加强，保证其刚接、铰接关系，避免模型试验中节点过早破坏引起结构失效，影响对结构整体抗震性能的研究。试验模型同样不做吊车梁，用配重来模拟吊车梁的质量。采用原位浇筑的方法加工汽机基座台板，施工完一层平台后，先加工汽机基座立柱至基座牛腿标高，然后安装弹簧，在弹簧支座上制作汽机基座台板。根据弹簧支座尺寸调整搁置支座的汽机基座牛腿尺寸。原型结构 A 轴、B 轴和 C 轴上的框架双梁合并为一根刚度等效的框架梁。

模型加工过程如图 10–14 所示。

(a)　(b)　(c)　(d)

图 10–14　模型加工过程（一）

（a）框架首层模板搭设；（b）基座立柱顶部钢筋绑扎；（c）首层框架浇筑；（d）隔振基座台板钢筋绑扎

(e)

(f)

图 10-14 模型加工过程（二）

（e）隔振基座台板就位；（f）整体框架结构完成

2. 试验方案

（1）加载程序。振动台试验输入地震波名及各分量对应关系见表 10-9。主方向波用于单向及三向输入时的主方向。加载工况见表 10-10。

表 10-9 各地震波分量

工况	地震波	主方向分量	次方向分量	竖向分量
小震	人工波 1	ACC1	ACC2	ACC3
	L0429	L0429-90	L0429-180	L0429-up
	L0196	L0196-90	L0196-360	L0196-up
中震	人工波 2	ACC4	ACC5	ACC6
	L0056	L0056-90	L0056-360	L0056-up
	L0312	L0312-270	L0312-360	L0312-up

表 10-10 试验工况

名　称	序号	波形及输入方向	加速度峰值（cm/s²）
自振特性	1	第一次白噪声扫描	30
7 度小震	2	L0196—X 向（加长采集）	36
	3	L0429—X 向	
	4	人工波 1—X 向	
	5	L0196—Y 向（加长采集）	
	6	L0429—Y 向	
	7	人工波 1—Y 向	
	8	L0196—三向	36（X），30（Y），23（Z）
	9	L0429—三向	
	10	人工波 1—三向（加长采集）	
自振特性	11	第二次白噪声扫描	30

续表

名　称	序号	波形及输入方向	加速度峰值（cm/s^2）
7 度中震	12	L0056—X 向（加长采集）	100
	13	L0312—X 向	
	14	人工波 2—X 向	
	15	L0056—Y 向（加长采集）	
	16	L0312—Y 向	
	17	人工波 2—Y 向	
	18	L0056—三向	100（X），85（Y），65（Z）
	19	L0312—三向	
	20	人工波 2—三向（加长采集）	
自振特性	21	第三次白噪声扫描	30
7 度大震	22	人工波 2—三向（加长采集）	220（X），187（Y），143（Z）
自振特性	23	第四次白噪声扫描	30
7.5 度大震	24	人工波 2—三向（加长采集）	310（X），263（Y），201（Z）
自振特性	25	第五次白噪声扫描	30

（2）测量方法。采用加速度传感器测量结构及基座台板的加速度反应。通过对加速度响应时程进行两次积分，可以获得加速度测点的绝对位移，再经过处理，得到相对振动台台面的位移响应时程，并进一步得到结构的层间位移、基座台板与立柱顶的相对位移、层间位移角、扭转反应。通过在结构受力的关键部位粘贴应变片，测量在地震作用下关键部位构件的动应变时程。根据白噪声激励下结构的加速度响应时程，经过分析可得到试验各阶段结构的自振特性，包括周期、振型及阻尼比。

3. **试验过程及损伤情况**

试验模型结构经历了峰值加速度从 $36cm/s^2$ 开始，逐渐增大直到 $310cm/s^2$ 的地震输入，随着地震作用增大，结构动力响应增强，刚度逐渐下降。7 度小震输入时，结构有轻微的振动反应，个别梁及固定端柱顶出现裂缝；7 度中震输入时，结构振动反应增大，B 列屋架牛腿出现损伤，A 轴屋架支座位置柱截面减小，在变截面位置有裂缝，汽动给水泵横梁在牛腿处出现斜裂缝，大部分楼面梁出现均匀竖裂缝；7 度大震输入时，结构振动反应剧烈，结构损伤加大，但结构整体完好，保持直立。

试验完成卸除配重后，检查模型损伤情况为：框架梁的损伤部位比框架柱多，梁、柱损伤基本均为受弯损伤，个别构件为受剪损伤，大部分梁柱节点区域没有明显损伤。厂房主体框架总体上满足“强柱弱梁、强剪弱弯、强节点弱构件”的抗震设计原则。其余部位，屋架牛腿损伤最严重，汽动给水泵横梁出现典型的受剪破坏，大部分汽机基座立柱牛腿上方的悬挑柱有损伤。试验模型结构的损伤情况如图 10-15 所示。

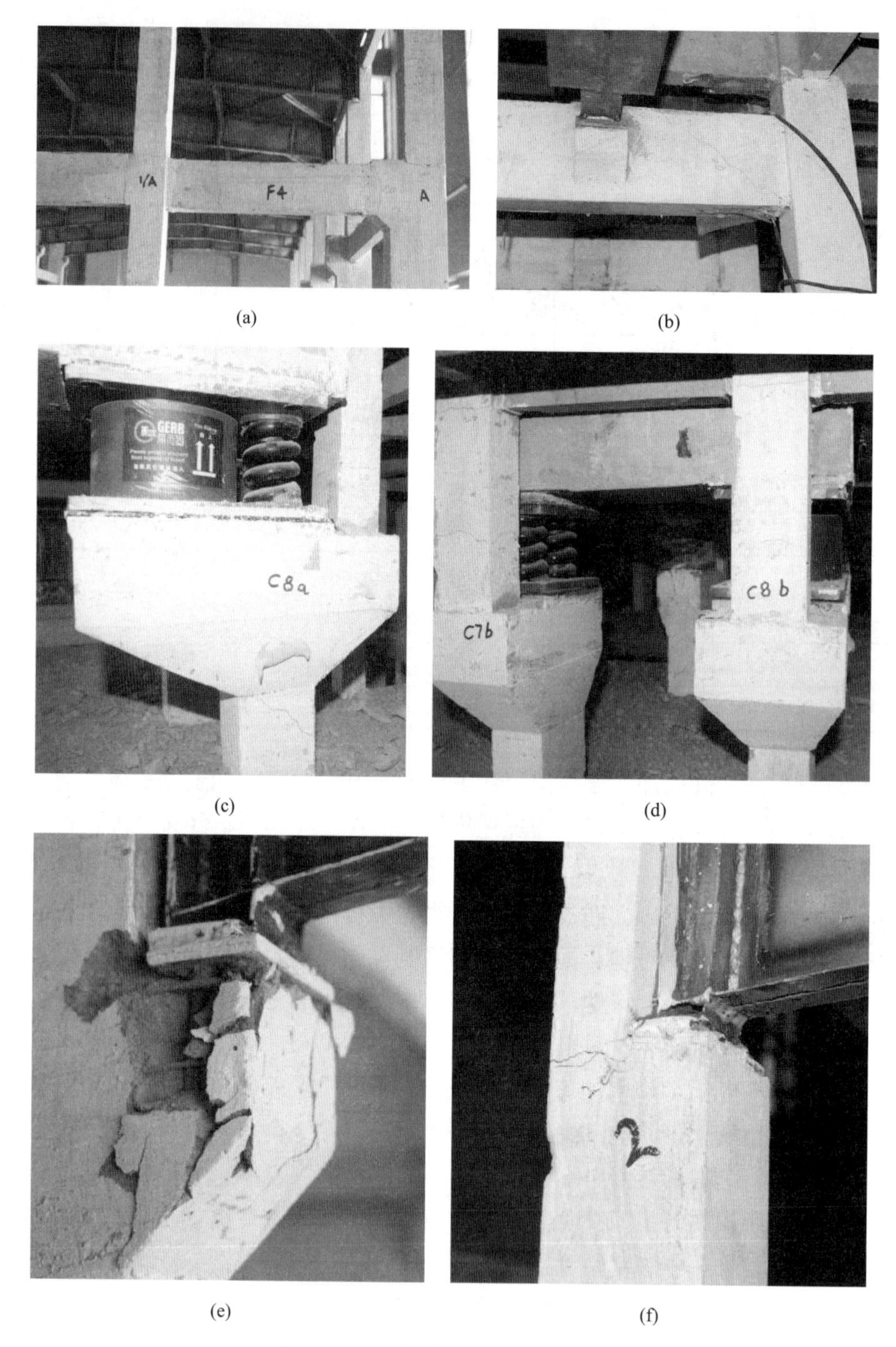

图 10-15　楼面梁、柱及节点损伤

（a）固定端吊车梁处牛腿损伤；（b）汽动给水泵横梁损伤；（c）汽机基座牛腿下柱损伤；（d）汽机基座牛腿上柱损伤；（e）A 列屋架牛腿损伤；（f）B 列屋架牛腿损伤

4. 试验结果

（1）模型动力特性（见表 10-11）。从结构频率的变化，可以看出汽机基座水平向的频率与厂房主体结构频率是相关的，各级地震作用后，基座平台水平频率及阻尼总是与厂房主体一致，说明弹簧支座对基座台板的动力特性没有明显影响。基座平台竖向频率及阻尼与厂房主体有较大差异，基座平台的竖向频率约为厂房结构的 1/3，表明主要是由弹簧支座的竖向刚度决定基座平台的竖向频率。基座平台实测的竖向阻尼较大，表明弹簧支座在竖向有较好的耗能能力。

表 10-11　　　　白噪声激励下模型自振特性（Hz）

方向	位置	频率（Hz）及阻尼	第一次白噪声	第二次白噪声	第三次白噪声	第四次白噪声	第五次白噪声
X 向	厂房结构	一阶频率	1.91	1.93	1.59	1.56	1.43
		二阶频率	4.24	4.13	3.12	3.04	2.86
		阻尼比	4.6%	5.2%	6.0%	6.2%	6.8%
	汽机基座平台	一阶频率	1.91	1.93	1.59	1.55	1.43
		二阶频率	4.22	4.24	3.19	3.12	2.89
		阻尼比	4.8%	5.6%	6.1%	6.4%	6.9%
Y 向	厂房结构	一阶频率	3.26	3.22	2.91	2.81	2.78
		二阶频率	8.01	7.9	6.8	6.6	6.3
		阻尼比	4.0%	4.5%	4.9%	6.6%	6.6%
	汽机基座平台	一阶频率	3.23	3.21	2.91	2.81	2.78
		二阶频率	8.01	7.86	6.7	6.47	—
		阻尼比	4.1%	4.5%	5.8%	6.5%	6.6%
Z 向	厂房结构	一阶频率	43.4	43.1	41.5	40.7	39.4
	汽机基座平台	一阶频率	14.4	14.4	14.2	14	14
		阻尼比	7.2%	7.2%	6.8%	6.9%	6.9%

（2）加速度反应。为了便于说明，结构主要加速度测点位置如图 10-16 和图 10-17 所示。

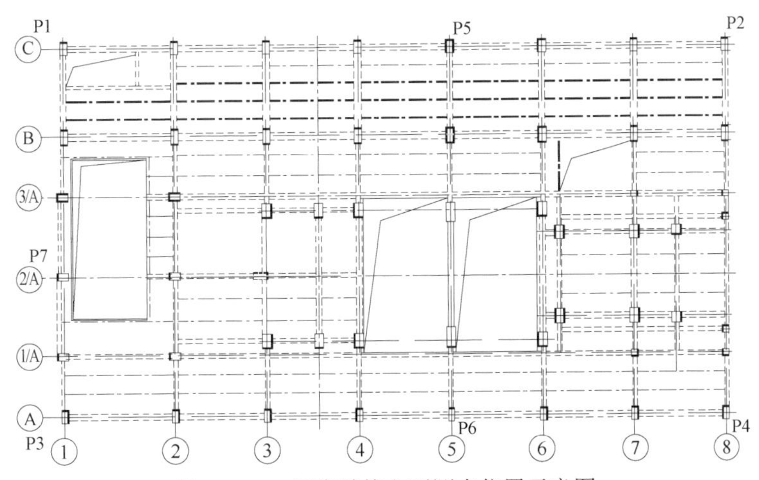

图 10-16　厂房结构主要测点位置示意图

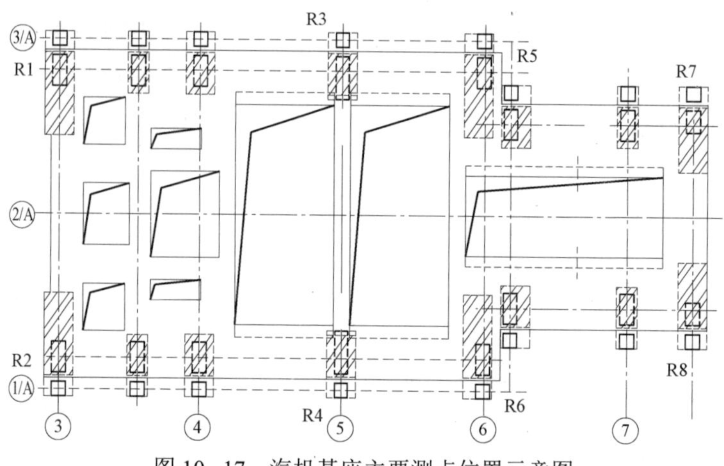

图 10-17　汽机基座主要测点位置示意图

图 10-18 为各级地震作用下厂房主体结构 X 向的加速度反应，其中 7 度小震结果和 7 度中震结果为各级地震下 3 组地震波 X 向及三向输入时结构加速度反应的包络值。由图 10-19 可见，结构的加速度反应随着地震作用的增强而增大。7 度大震之后，P2 位置顶点的加速度反应增大明显，主要是由于除氧间质量较大，在除氧间的带动下，B 轴柱顶的鞭梢效应明显，使其加速度放大较多。P3 位置顶点加速度反而有所减小，是因为 A 轴质量较小，且顶部的柱截面收进较大，刚度显著降低，同时在 A 轴柱顶还有连续梁与固定端相连，也进一步限制了柱顶的加速度反应。

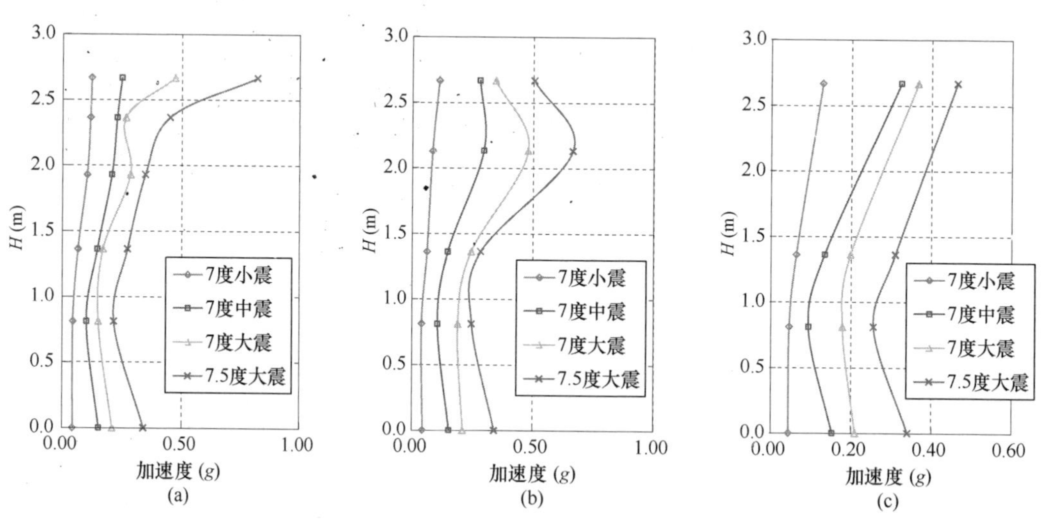

图 10-18　各级地震作用时 X 向加速度反应

（a）P2 点；（b）P3 点；（c）P7 点

图 10-19 为各级地震作用下厂房主体结构 X 向的加速度放大系数，P2 及 P7 位置结构的加速度放大系数随着地震作用的增强而减小，说明固定端和 B 轴随着地震作用增强，损伤逐渐加剧。P3 位置各高度的加速度放大系数随震级增强变化较小，仅顶部位置变化较大，说明 A 轴框架除柱顶外，其余部位在各级地震下的损伤均不大。

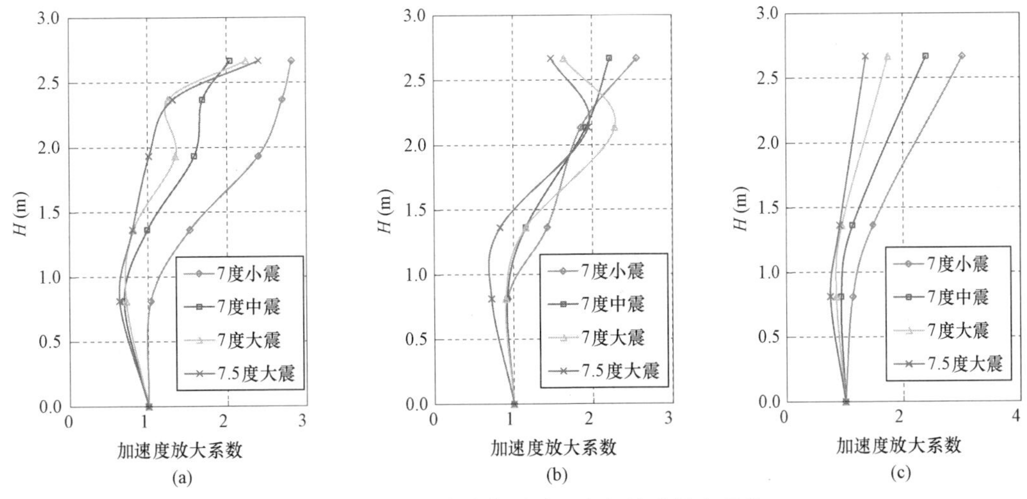

图 10-19　各级地震作用时 X 向加速度放大系数

（a）P2 点；（b）P3 点；（c）P7 点

图 10-20 为各级地震作用下厂房主体结构 Y 向的加速度反应，其中 7 度小震结果和 7 度中震结果为各级地震下 3 组地震波 Y 向及三向输入时结构加速度反应的包络值。由图 10-21 可见，结构的加速度反应随着地震作用的增强而增大。而且地震作用越强，在结构上部由屋盖引起的加速度放大效应越明显。

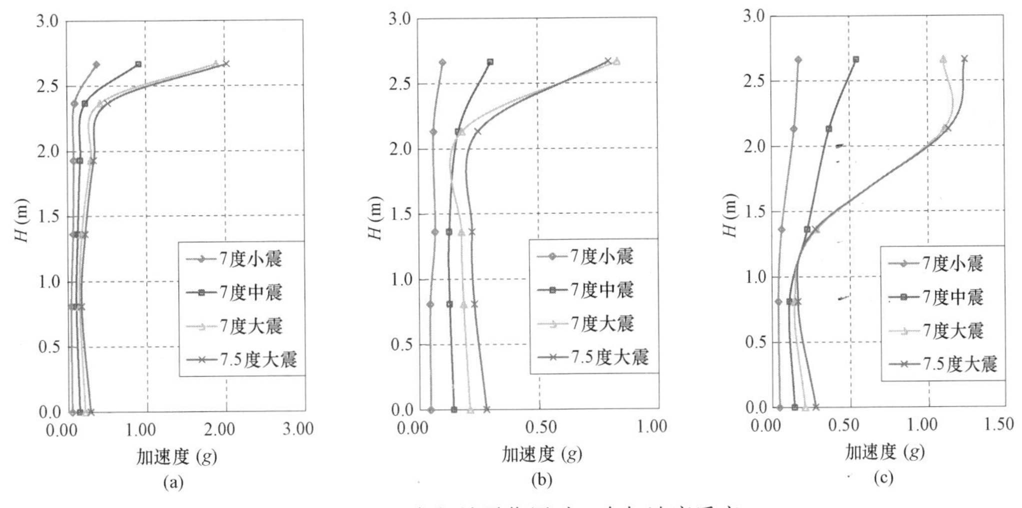

图 10-20　各级地震作用时 Y 向加速度反应

（a）P1 点；（b）P4 点；（c）P6 点

图 10-21 为各级地震作用下厂房主体结构 Y 向的加速度放大系数，总体上结构的加速度放大系数随着地震作用的增强而减小，说明结构随着地震作用增强，损伤逐渐加剧。

厂房主体结构上 Z 向加速度放大系数随着地震作用增强而减小，厂房高度越高，加速度反应越大，屋盖跨中的加速度反应大于屋盖支座；不同地震波作用下，汽机基座台板的竖向加速度放大系数各不相同，总体上略小于主体结构的加速度反应，详见表 10-12。

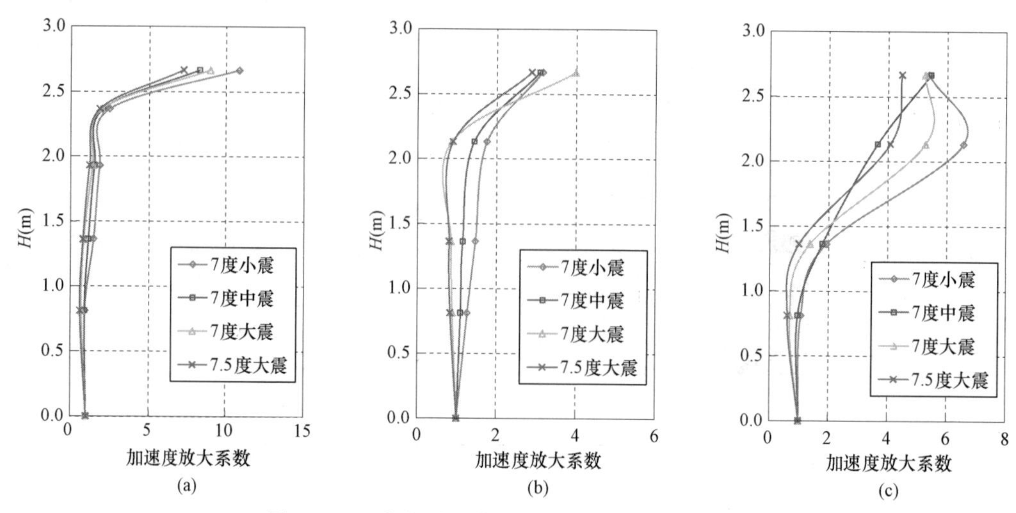

图 10-21　各级地震作用时 Y 向加速度放大系数

（a）P1 点；（b）P4 点；（c）P6 点

表 10-12　　基座台板及屋盖测点加速度峰值　　(g)

工况			测点				
			底板	4z1	4z2	7z1	7z2
7 度小震	三向	工况 08	0.018	0.060	0.049	0.063	0.089
		工况 09	0.023	0.080	0.073	0.063	0.166
		工况 10	0.026	0.080	0.063	0.081	0.111
7 度中震	三向	工况 18	0.072	0.132	0.122	0.142	0.248
		工况 19	0.050	0.076	0.061	0.164	0.331
		工况 20	0.066	0.137	0.119	0.155	0.296
7 度大震	三向	工况 22	0.208	0.535	0.457	0.316	0.781

汽机基座隔震系数即为隔震时汽机基座台板加速度与非隔震时汽机基座台板加速度之比，弹簧 X 向隔震系数为 0.91～1.2；弹簧 Y 向隔震系数为 0.93～1.62，大于 X 向的隔震系数，说明弹簧支座在 X 向的隔震效果更好，详见表 10-13 和表 10-14。

表 10-13　　实测弹簧 X 向隔震系数

工　况			R7	R2
7 度小震	X 向	工况 02	1.15	1.09
		工况 03	1.20	1.03
		工况 04	1.05	1.03
	三向	工况 08	1.20	1.05
		工况 09	1.24	1.10
		工况 10	1.09	0.98

续表

工　况			R7	R2
7 度中震	*X* 向	工况 12	1.06	1.01
		工况 13	1.11	1.01
		工况 14	0.99	0.91
	三向	工况 18	1.15	1.07
		工况 19	1.10	1.00
		工况 20	0.94	0.91
7 度大震	三向	工况 22	1.01	0.98
7.5 度大震	三向	工况 24	1.11	1.03

表 10-14　　　　实测弹簧 *Y* 向隔震系数

工　况		R1	R8	R6	R3
Y 向	工况 05	1.62	1.52	1.60	1.31
	工况 06	1.02	1.03	1.06	1.00
	工况 07	1.18	1.10	0.96	0.98
三向	工况 08	1.35	1.24	1.32	1.10
	工况 09	1.32	1.02	1.04	1.17
	工况 10	1.34	0.96	1.07	1.12
Y 向	工况 15	1.47	1.16	1.29	1.16
	工况 16	1.36	1.22	1.24	1.18
	工况 17	1.17	0.95	1.09	1.03
三向	工况 18	1.53	1.28	1.41	1.24
	工况 19	1.28	1.02	0.88	1.11
	工况 20	1.30	1.05	1.25	1.15
三向	工况 22	1.11	0.98	0.98	0.93
三向	工况 24	1.00	1.02	1.14	1.00

（3）位移反应。图 10-22 为各级地震作用下 *X* 向楼层位移情况，其中 7 度小震结果和 7 度中震结果为各级地震下 3 组地震波 *X* 向及三向输入时结构位移反应的包络值。总体上随着地震作用增强，楼层的侧向位移增大，7 度中震结果与 7 度大震结果接近，主要是由于 7 度中震结果为包络值，其中 L0312 波反应较大，而 7 度大震为人工波结果，反应相对较小。

7 度小震时，结构 *X* 向层间位移角在大部分位置小于 1/550，局部位置层间位移角超过 1/550，约为 1/469，如屋架相连柱柱顶、除氧间楼层角部；7 度大震时，结构 *X* 向层间位移角最大值为 1/118，小于规范限值，详见表 10-15。

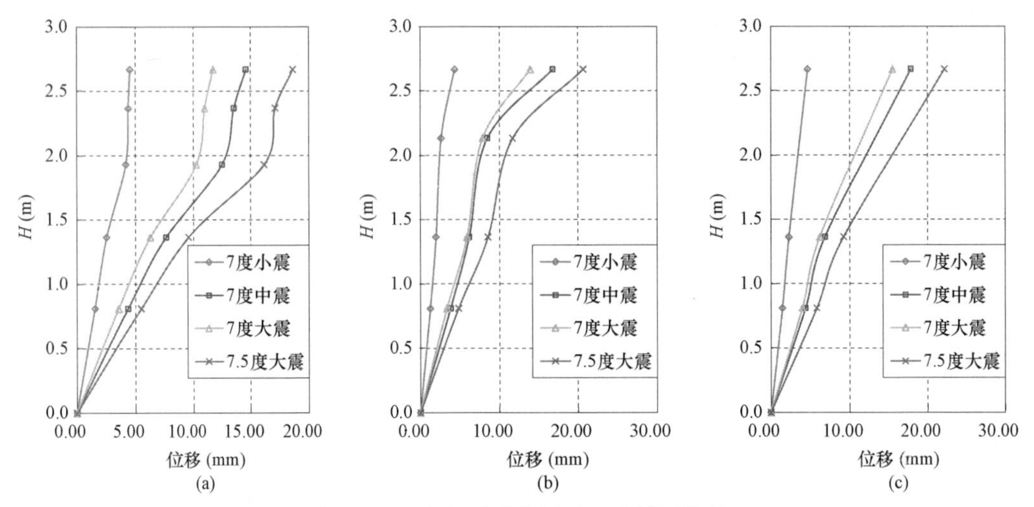

图 10-22 各级地震作用时 X 向楼层位移

（a）P2 点；（b）P3 点；（c）P7 点

表 10-15 各地震波作用下结构 X 向层间位移角汇总

工况		P2	P3	P7	最大值
7 度小震	L0196 波	0.002（1/494）	0.002（1/469）	0.002（1/469）	0.002（**1/469**）
	L0429 波	0.001（1/1374）	0.001（1/819）	0.001（1/846）	0.001（1/819）
	人工波 1	0.001（1/913）	0.002（1/622）	0.002（1/640）	0.002（1/622）
7 度大震	人工波 2	0.005（1/188）	0.008（1/125）	0.008（1/118）	0.008（**1/118**）

图 10-23 为各级地震作用下的楼层位移情况，其中 7 度小震结果和 7 度中震结果为

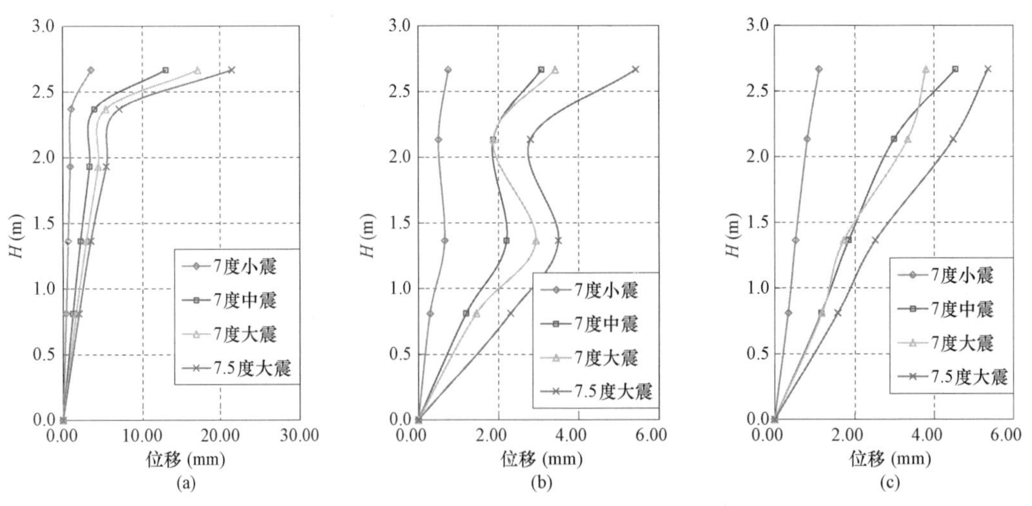

图 10-23 各级地震作用时 Y 向楼层位移

（a）P1 点；（b）P4 点；（c）P6 点

各级地震下3组地震波 Y 向及三向输入时结构位移反应的包络值。总体上随着地震作用增强，楼层的侧向位移增大。P1顶点位移增长过快，说明该位置有较大损伤，与试验现象吻合。

7度小震时，结构 Y 向层间位移角最大值为1/888，小于规范限值1/550；7度大震时，结构 Y 向层间位移角最大值为1/75，小于规范限值1/50，详见表10-16。

表10-16　　各地震波作用下结构 Y 向层间位移角汇总

工况		P2	P4	P5	P6	最大值
7度小震	L0196波	0.001（1/888）	0.001（1/1123）	0.001（1/1679）	0.001（1/963）	0.001 **（1/888）**
	L0429波	0.001（1/942）	0.001（1/1208）	0.001（1/1781）	0.001（1/892）	0.001（1/892）
	人工波1	0.001（1/989）	0.001（1/1421）	0.001（1/1870）	0.001（1/1216）	0.001（1/989）
7度大震	人工波2	0.004（1/229）	0.004（1/242）	0.013（1/75）	0.007（1/134）	0.013 **（1/75）**

汽机基座台板与牛腿 X 向和 Y 向的相对位移均较小，不超过1mm，该位移换算至原型为15mm，能够满足净空要求。

三、主要结论

1. 弹性时程分析

（1）结构层间位移角均未超过1/550。

（2）汽机基座与基座立柱柱顶相对位移可满足净空要求。

（3）汽机基座与基座立柱柱顶加速度结果：在各个弹簧支座位置，基座与立柱柱顶加速度比值均大于1。

2. 弹塑性分析

（1）联合布置方案结构层间位移角均未超过1/50，而传统布置方案结构层间位移角超过了1/50，不满足规范“大震不倒”的要求。

（2）汽机基座与基座立柱柱顶相对位移结果可满足净空要求。

（3）在罕遇地震作用下，弹簧支座 X 向的隔震效果优于 Y 向。

（4）联合布置方案构件损伤过程结果表明，厂房框架梁端先出现塑性铰，然后框架柱再出现塑性铰，符合“强柱弱梁”的设计原则。对比联合布置方案和传统布置方案的结构损伤情形表明，传统布置方案中，厂房框架梁、柱出现塑性铰的位置和数量均多于联合布置方案，而且传统布置方案构件的塑性应变也较大。

3. 物模试验

（1）试验模型结构经历了相当于7度小震到7.5度大震的地震波输入过程，随着地震作用增大，结构动力响应增强，刚度逐渐下降，同时结构的损伤变大，结构的阻尼增大。试验完成后损伤情况为：框架梁的损伤部位比框架柱多，梁、柱损伤基本均为受弯损伤，个别构件为受剪损伤，大部分梁柱节点区域没有明显损伤。厂房主体框架总体上满足“强柱弱梁、强剪弱弯、强节点弱构件”的抗震设计原则。其余部位中，屋架牛腿损伤最严重，汽动给水泵横梁出现典型的受剪破坏，大部分汽机基座立柱牛腿上方的悬挑柱有损伤。

（2）汽机基座水平向的频率与厂房主体结构频率是相关的，其水平频率及阻尼总是与厂房主体一致，弹簧支座对基座台板的动力特性没有明显影响。汽机基座竖向频率及阻尼与厂房主体有较大差异，基座平台的竖向频率约为厂房结构的 1/3。

（3）厂房主体结构的加速度反应随着高度的增加而增大。地震作用增强，结构的加速度反应同时增大，加速度放大系数反而减小。单向输入和三向输入时，厂房主体结构的加速度反应规律基本一致。

（4）尽管弹簧支座竖向频率低于主体结构，但地震波存在很大的偶然性，且每条地震波所包含的频率范围较宽，弹簧支座很难消除地震波的所有影响，因此弹簧支座在竖向的隔震表现差异较大，且效果不显著。

（5）*X* 向位移结果表明，在一、二层楼面及顶层位置，扭转反应较小。7 度小震时，结构 *X* 向层间位移角在大部分位置小于 1/550，局部位置层间位移角超过 1/550；7 度大震时，结构 *X* 向层间位移角最大值为 1/118，小于规范限值 1/50。*Y* 向位移结果表明，结构存在一定的扭转效应。7 度小震时，结构 *Y* 向层间位移角最大值为 1/888，；7 度大震时，结构 *Y* 向层间位移角最大值为 1/75，均满足规范限值。

（6）汽机基座台板与牛腿 *X* 向和 *Y* 向的相对位移均较小，不超过 1mm，该位移换算至原型为 15mm，能够满足净空要求。

（7）应变结果表明，P3 角柱、固定端汽动给水泵柱及汽机基座牛腿悬挑柱应力较大，7 度小震时，即达到开裂应变，但在 7 度大震时未出现压坏。混凝土梁测点的应变水平大于混凝土柱。汽动给水泵横梁小震时达到开裂应变；中震时混凝土应变达到极限压应变，大震时混凝土损伤严重。混凝土楼面梁，小震时即达到开裂应变，不过中震、大震时混凝土未出现压坏。

第四节 高位联合布置

一、主要分析内容

基于隔振基座与主厂房联合高位布置方案，针对钢结构和混凝土结构两种厂房结构进行分析。采用 SAP2000 对 8 度Ⅲ类场地条件下的钢结构主厂房进行弹塑性分析，用 ABAQUS 对 7 度和 8 度Ⅱ类场地条件下的混凝土结构主厂房进行了弹塑性分析，并通过这两种结构的弹塑性反应特性和抗震性能详细分析各部件进入弹塑性阶段的顺序、损伤程度及分布和破坏特征等特性，掌握结构的抗震性能，找出薄弱环节，提出需要加强和改进的地方。具体内容如下：

（1）建立有限元模型。通过计算掌握传统主厂房结构的基本参数和性能指标，了解其结构存在的设计难点，通过与工艺专业的配合，确定改进型的主厂房结构，选取切实可靠的一种结构型式进行计算分析。

（2）按照现行规范要求选取地震动。

（3）结构动力特性分析。

（4）根据实际情况进行重力荷载、风荷载和地震作用效应分析，并按照规范进行作用效应组合，验算小震作用下主厂房结构的承载力和变形。

（5）罕遇地震作用下结构弹塑性反应分析，对层间最大位移、结构的损伤、破坏特征、破坏历程和薄弱部位等进行分析。

（6）根据现行规范有关性能化设计的要求，对钢和混凝土两种结构的抗震性能进行评估。

二、数值分析

1. 地震波的选取

钢结构厂房分析中按 8 度Ⅲ类场地考虑地震动输入，钢筋混凝土厂房按 7、8 度Ⅱ类场地考虑地震动输入；设计地震分组按第一组考虑。

根据《抗规》的规定各选两条地震记录（天然波）和一条人工地震波作为弹塑性分析的地震动输入（见表 10-17），钢筋混凝土结构和钢结构选定的 2 条地震记录和 1 条人工地震波的放大系数谱 β（T）如图 10-24 所示。

表 10-17 时程分析用的地震波

地震波类型	钢筋混凝土结构	钢结构
天然波	CHALFANT/A－CVK090.AT2	HECTOR/12149360.AT2
	CHICHI/KAU001－N.AT2	CHICHI03/CHY042－N.AT2
人工波	ACC1	ACC1

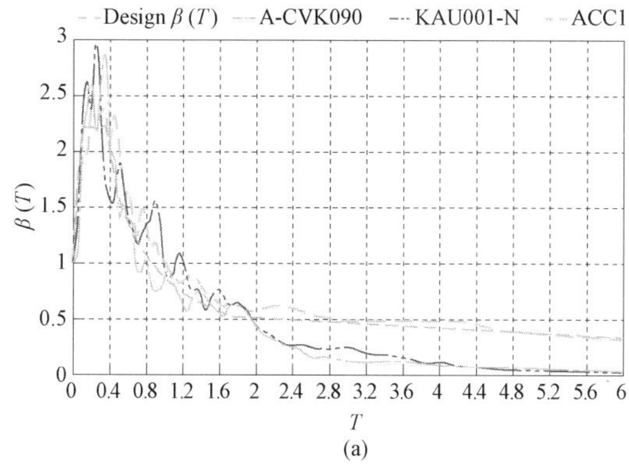

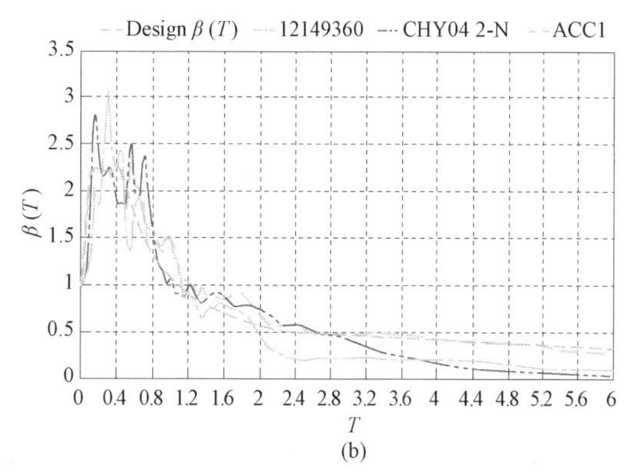

图 10-24 钢筋混凝土结构和钢结构动力分析时采用的地震波的标准化反应谱

（a）钢筋混凝土结构；（b）钢结构

2. 有限元分析模型的建立

根据钢筋混凝土厂房结构的 SATWE 模型和钢结构厂房设计的 STAAD 模型、配筋文件及其他相关资料，建立钢筋混凝土结构的 ABAQUS 计算模型和钢结构的 SAP2000 计算模型，以考察原结构的动力特性及其在大、小震作用下的抗震性能。ABAQUS 分析模型和 SAP2000 计算模型如图 10−25 和图 10−26 所示。

图 10−25　混凝土厂房 ABAQUS 分析模型

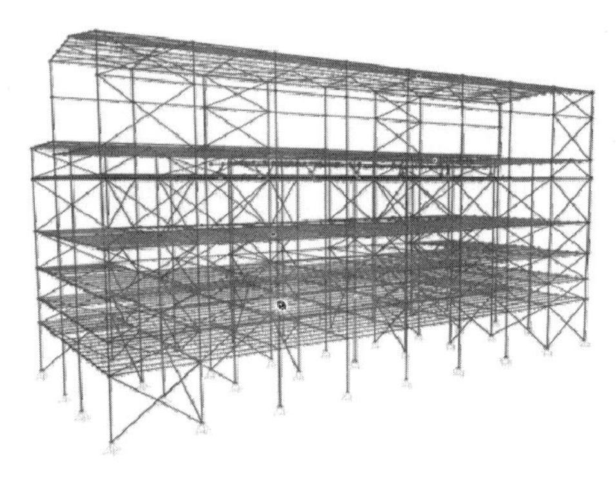

图 10−26　钢结构厂房 SAP2000 计算模型

三、高位联合布置混凝土厂房

主厂房钢筋混凝土结构分别按照 7 度和 8 度设防烈度进行了设计，按照Ⅱ类场地（设计地震分组第一组）进行了动力弹塑性分析。本节讨论 7 度情况的时程分析结果，包括 3 条地震波输入、2 个输入方向、2 种基座弹簧刚度比、3 种阻尼共 36 种工况下的数据，以考察结构的抗震性能。36 种工况具体见表 10−18。

表 10−18　　钢筋混凝土框架结构时程分析工况汇总表

弹簧水平/竖向刚度比	阻尼器系数	主轴方向	地震波	地震水准	主轴方向	地震波	地震水准
$\frac{1}{2}$	C	X	ACC1	大震	Y	ACC1	大震
				中震			中震
				小震			小震
			A−CVK090	大震		A−CVK090	大震
				中震			中震
				小震			小震
			KAU001−N	大震		KAU001−N	大震
				中震			中震
				小震			小震
$\frac{1}{2}$	C+50%	X	ACC1	大震	Y	ACC1	大震
			A−CVK090	大震		A−CVK090	大震
			KAU001−N	大震		KAU001−N	大震

续表

弹簧水平/竖向刚度比	阻尼器系数	主轴方向	地震波	地震水准	主轴方向	地震波	地震水准
$\frac{1}{2}$	$C-50\%$	X	ACC1	大震	Y	ACC1	大震
			A-CVK090	大震		A-CVK090	大震
			KAU001-N	大震		KAU001-N	大震
$\frac{1}{5}$	C	X	ACC1	大震	Y	ACC1	大震
			A-CVK090	大震		A-CVK090	大震
			KAU001-N	大震		KAU001-N	大震

进行主厂房结构动力弹塑性分析之前，前期分析计算已比较了5种不同水平/竖向弹簧刚度比（2/3、1/2、1/3、1/5、1/10）情况下汽机基座振动响应结果，具体详见本章第二节。本次钢筋混凝土结构主厂房主要分析1/2弹簧刚度比情况下的结构的动力特性、抗震性能，并考虑阻尼器参数上下调整；对于1/5的弹簧刚度比，只分析正常阻尼器参数情况，不再考虑其他调整。

在这36个工况中，重点对其中24个大震工况进行动力弹塑性分析，以考察弹性设计中对结构采取的性能设计部位的构件响应，给出其大震作用下的量化表达，并评估其进入弹塑性的程度，进而给出设计改进建议；考察结构的整体响应及变形情况，验证结构抗震设计“大震不倒”的设防水准指标，进一步观察结构的薄弱部位，并给出设计改进建议。

（一）7度设防钢筋混凝土主厂房结构弹塑性分析

1. 方案对比

联合布置方案为汽轮机高位布置在结构顶部的基座立柱与框架柱联合布置方案，传统布置方案为基座立柱单独布置在独立基础上的方案。联合布置方案在经济性上优于传统布置方案，因此主要通过分析两种方案的层剪力和层位移等技术指标进行方案优选。

（1）楼层剪力对比。分析表明，两种布置方案在多遇和罕遇地震下楼层剪力大致相当，最大差别（结构顶部）不超过8%。

（2）楼层位移对比。为了更好地考察结构在地震作用激励下的扭转效应，统计结构侧移响应时，在结构平面的四角各布置一点，中部布置一点，共5点，如图10-27所示。

结构X方向（纵向）的地震响应，传统布置方案的侧移远大于联合布置方案的；并且，从小震到大震，侧移差值呈递增的趋势：联合布置方案最大侧移为88.3mm，传统布置方案最大侧移为133.6mm，相对幅差达34%。

结构Y方向（横向）的地震响应，联合布置方案的侧移略大于传统布置方案的，结构中部位移幅差不超过10mm；在大震情况下，联合布置方案的结构顶部侧移反而略小于传统布置方案，对大震下结构抗倒塌是有利的。

2. 楼层剪力

联合布置方案楼层剪力的统计结果如下：

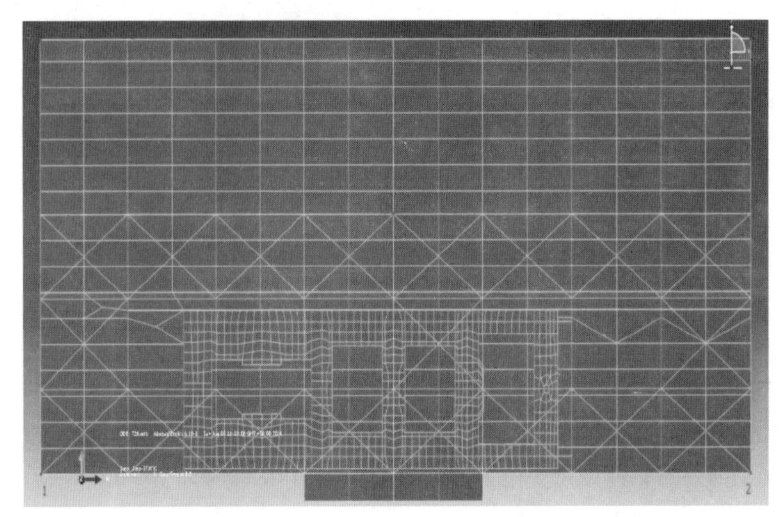

图 10-27　钢筋混凝土主厂房结构侧移计算点平面布置示意图

在弹簧水平/竖向刚度比为 1/2、正常弹簧阻尼情况下，主厂房结构多遇和罕遇地震下的楼层剪力无论 X 还是 Y 方向，同一条地震波的罕遇地震所产生的楼层剪力是其多遇地震情况的 5～6 倍。

隔振器阻尼系数对主厂房结构内力的影响：分析关于弹簧刚度比 1/2、阻尼系数 C 及弹簧刚度比 1/2、阻尼系数 C±50%情况下结构的大震响应和图 10-28 关于大震响应的剪力包络线可知，隔振器阻尼对主厂房框架结构层剪力响应的影响很小，同一地震波输入下，阻尼各上下浮动 50%时，楼层剪力的差别不超过 5%。

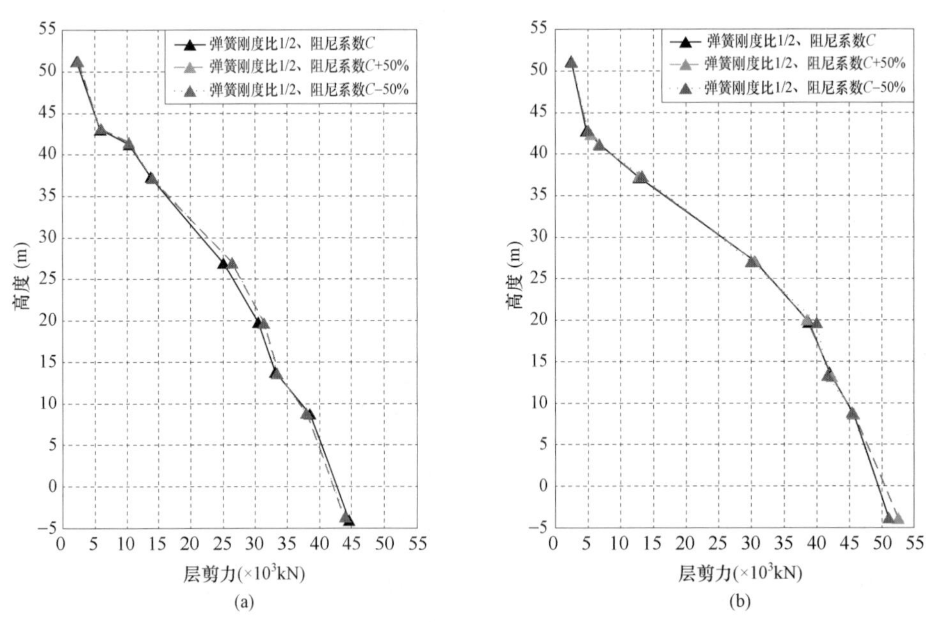

图 10-28　阻尼器系数（C）对主厂房结构各楼层剪力的影响（大震工况）

（a）X 向（纵向）；（b）Y 向（横向）

弹簧水平/竖向刚度比对主厂房结构的影响：对比弹簧刚度比 1/2、阻尼系数 *C* 及弹簧刚度比 1/5、阻尼系数 *C* 情况下结构的大震响应和图 10-29 关于大震响应的剪力包络线可知，弹簧水平/竖向刚度变化对主厂房框架结构层剪力响应的影响也很小，但较隔振器阻尼变化对框架结构的内力影响要稍大。弹簧刚度比 1/5、阻尼系数 *C* 情况下 *X* 方向的最大基底剪力相对差别为 3%，*Y* 方向的最大基底剪力相对差别为 4.7%。

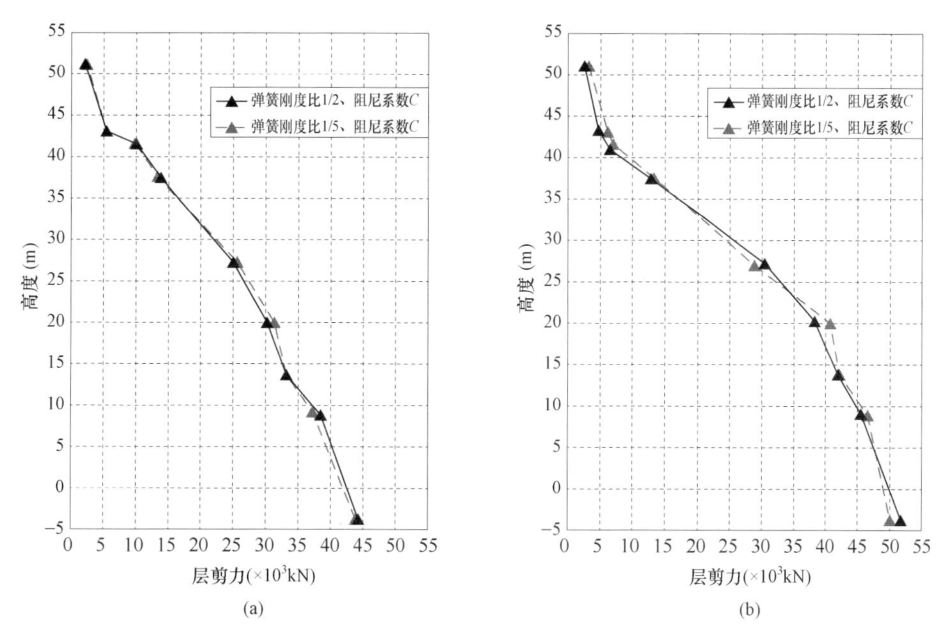

图 10-29　弹簧水平/竖向刚度变化对主厂房结构各楼层剪力的影响（大震工况）

（a）*X* 向（纵向）；（b）*Y* 向（横向）

3. *层间位移及位移角*

经过对弹簧水平/竖向刚度比 1/2、正常弹簧阻尼情况的主厂房结构各地震水准下产生的楼层侧移和层间位移角的分析可知：

（1）在小震作用下，主厂房结构处于弹性状态，最大侧移为 13.5mm（*Y* 方向），其最大层间位移角为 1/733，位于 1 点 *H*=41.1m 处，由于此处有动力基座及错层，导致侧移较大，不满足规范要求；其他点位移角均满足《抗规》关于钢筋混凝土框架—抗震墙弹性层间位移角限值为 1/800 的规定，且各条地震波对主厂房结构各楼层产生的变形基本一致，幅值差别很小，即地震波频谱特性的差异在小震下没有表现出来。

（2）在中震作用下，主厂房结构基本处于弹性状态，最大侧移为 36.4mm（*Y* 方向），其最大层间位移角为 1/306；不同地震波在同一位置产生的侧移差值达 11mm。

（3）在大震作用下，主厂房结构在 *X* 方向产生的最大侧移为 88.7mm，最大层间位移角为 1/186，均发生在 7 层（*H*=43.2m）5 点处（中部），但前者由人造波 ACC1 引起，后者由天然波 KAU001-N 引起；*Y* 方向产生的最大侧移为 66.3mm，最大层间位移角为 1/181（满足《抗规》关于钢筋混凝土框架—抗震墙弹塑性层间位移角限值为 1/100 的规定），均由人造波 ACC1 引起，但前者发生在 7 层（*H*=43.2m）5 点处（中部），后者发生在 7 层（H=43.2m）3、4 点处（边框），是由于 H=41.4m 处中部框架的错层所导致。限于篇幅，图 10–30 和图 10–31 举例显示了大、中、小震作用下各楼层 1 点和 5 点处的层间位移角。

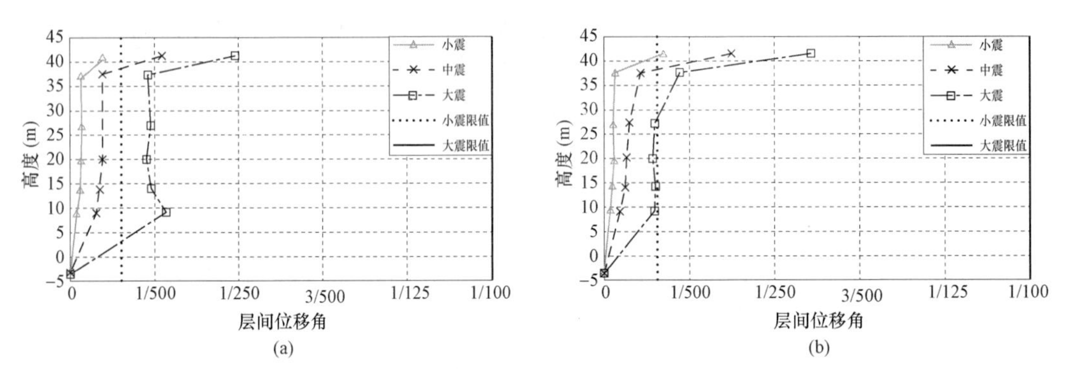

图 10–30　弹簧刚度比 1/2、阻尼系数 C 情况下在主厂房结构各楼层 1 点处产生的层间位移角

（a）X 向；（b）Y 向

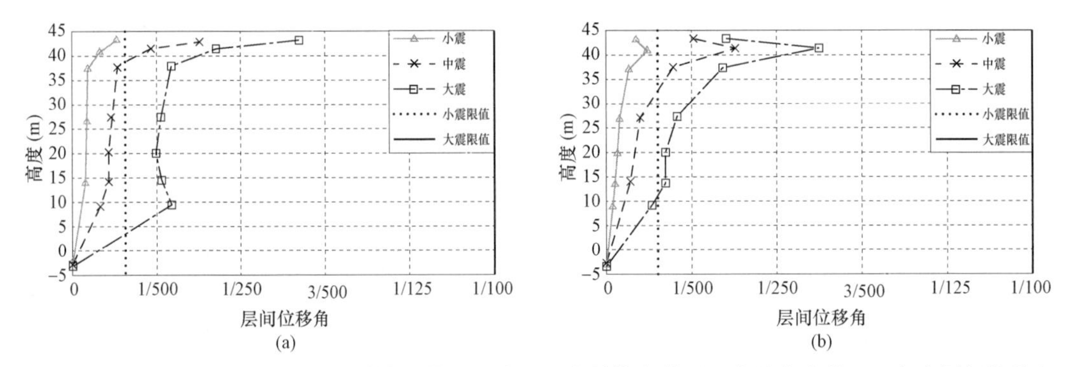

图 10–31　弹簧刚度比 1/2、阻尼系数 C 情况下在主厂房结构各楼层 5 点处产生的 X/Y 方向层间位移角

（a）X 向；（b）Y 向

基座隔振器阻尼对主厂房结构变形的影响：弹簧阻尼对主厂房框架结构位移响应影响很小，即同一地震波输入下，弹簧刚度比 1/2、阻尼系数 C，弹簧刚度比 1/2、阻尼系数 C+50%，弹簧刚度比 1/2、阻尼系数 C–50%三种情况的相应楼层侧移基本相等，其差值一般为 3mm 左右，侧移包络线基本重合，最大相对侧移幅差为 5.1%。最大相对层间位移幅差不超过 3%。图 10–32 举例说明了大震工况下阻尼器参数对各楼层 1、2 点处层间位移角的影响。

弹簧水平/竖向刚度比对主厂房结构的影响：弹簧水平/竖向刚度比对主厂房框架结构位移响应影响较大。天然波 A–CVK090 的大震作用下弹簧刚度比 1/2、阻尼系数 C 和弹簧刚度比 1/5、阻尼系数 C 两种情况的位移幅差达 12mm，其相对幅差高达 23%。结构顶部相对幅差为 14.9%（3 点，Y 方向），结构相对层间位移幅差达 21%，并且还有一个显著的特点，即弹簧水平刚度比越小，主厂房结构的位移响应也越小，隔震效果越明显，如图 10–33 所示。

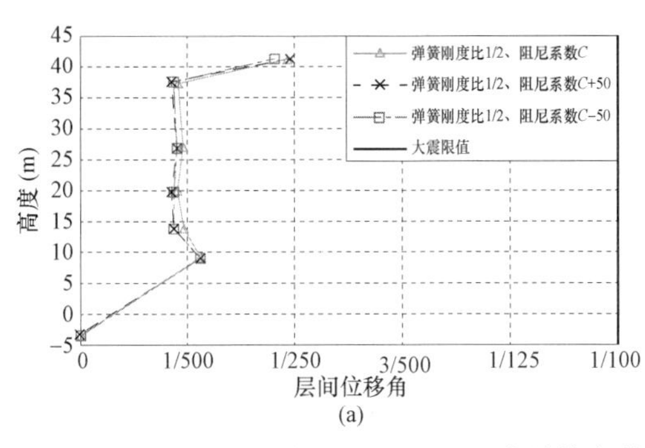

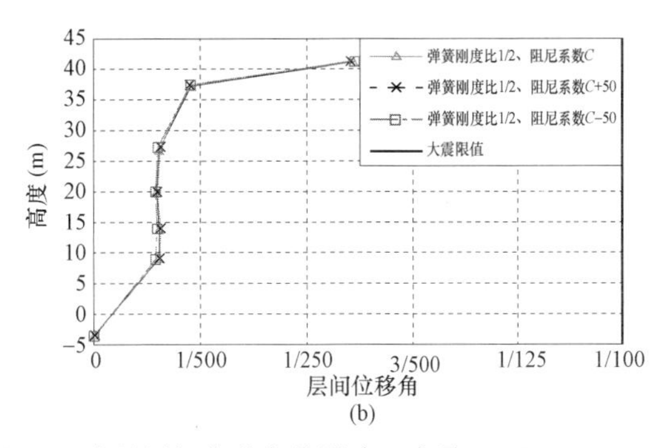

图 10−32　隔振器阻尼对主厂房结构各楼层 1、2 点处层间位移角的影响（大震工况）

（a）*X* 向；（b）*Y* 向

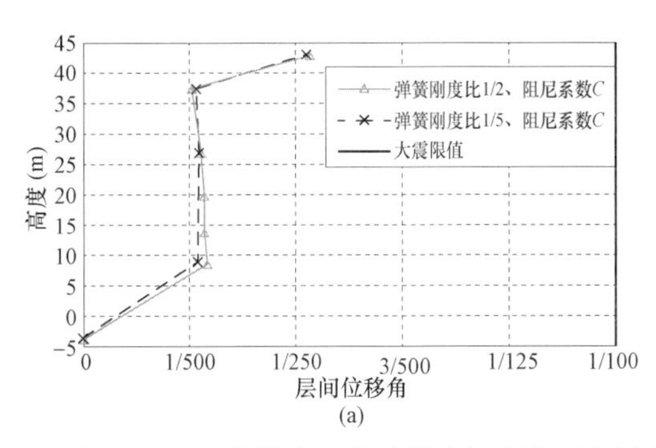

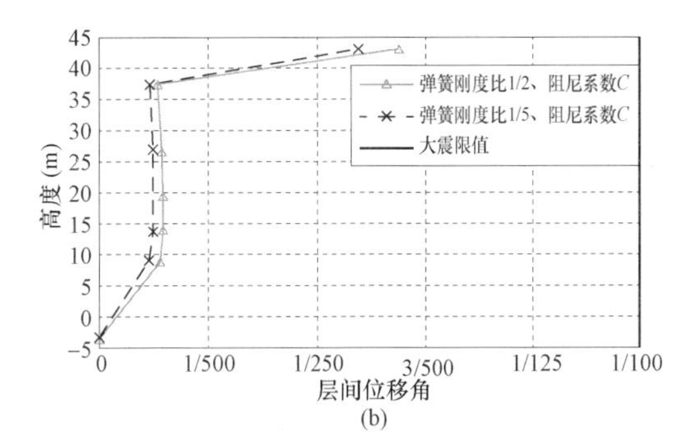

图 10−33　弹簧水平/竖向刚度比变化对主厂房结构 3 点 *Y* 向层间位移角的影响（大震工况）

（a）*X* 向；（b）*Y* 向

4. 抗震性能评估

根据 GB 50011—2010《抗规》附录 M 的相关规定，进行梁柱抗震承载力性能评估；选最不利的梁柱构件进行评估。

柱抗震承载力评估：根据得到的层间位移数据，可知柱在多遇、设防和罕遇地震水准下均可达到性能 3 的要求；而从承载力角度，通过对典型不利柱在 *X*、*Y* 两个方向的 *N*—*M* 承载力相关曲线的分析可知，三个水准地震作用下，框架柱可达到性能 1 的要求。

梁抗震承载力评估：对梁抗震承载力进行性能验算，所有梁构件承载力抗震性能均达到性能 1 的水准要求。

（二）8 度设防钢筋混凝土主厂房结构弹塑性分析

1. 楼层剪力

分别求出了 8 度设防的联合布置方案主厂房结构在三个水准地震作用下的楼层剪力响应，并与 7 度设防的楼层剪力响应进行了对比。分析数据可知，8 度时结构层剪力反应比 7 度时大，小震时，8 度层剪力是 7 度的 2 倍左右；中震时，8 度层剪力是 7 度的 1.5～2 倍，*X* 方向放大效应明显些；大震时，8 度层剪力是 7 度的 1.5 左右。

2. 层间位移及位移角

楼层位移：联合布置方案主厂房结构（弹簧刚度比 1/2、阻尼系数 *C*）情况下的楼层位移响应，中小震时，8 度 *X* 方向的楼层位移是 7 度的 2 倍左右，8 度 *Y* 方向楼层位移是 7 度的 1.5 倍左右，即 X 方向效应放大更明显些；大震时，8 度楼层位移为 7 度的 2.5～3.5 倍，Y 方向要明显些，这可能是 Y 方向的侧向刚度比 X 方向的小，导致大震时位移增幅较大。

层间位移角：8 度大震的最大层间位移角：X 方向为 1/133，Y 方向为 1/104，均满足 GB 50011—2010《建筑抗震设计规范》5.5.5 条的要求；8 度中震的最大层间位移角：X 方向为 1/194，Y 方向为 1/174；8 度小震的最大层间位移角：X 方向为 1/559，Y 方向为 1/436，主要由错层引起的。

3. 楼层加速度及速度响应

8 度（弹簧刚度比 1/2、阻尼系数 C）情况的主厂房结构楼层加速度和速度响应：中震作用下的加速度和速度响应为小震的 2～3 倍，大震作用下的加速度和速度响应为中震的 1.5～2 倍。小震时，结构最大反应加速度为 2.979m/s^2，β=4.3；中震时，结构最大反应加速度为 6.763m/s^2，β=3.3；大震时，结构最大反应加速度为 11.127m/s^2，β=2.8，均发生 5 点处（中部）、Y 方向。小震时，结构最大反应速度为 202.8mm/s；中震时，结构最大反应速度为 434.1mm/s；大震时，结构最大反应速度为 700mm/s，均发生 5 点处（中部）、Y 方向。分析数据可知，8 度时结构加速度和速度响应比 7 度时大。小、中、大震时，8 度结构反应加速度和速度是 7 度的 1.5～2 倍。

（三）基座台板地震反应

为了分析动力基座和主厂房框架结构联合布置方案基座的振动对主厂房结构的影响，在基础台板上共布置 12 个点，上部 6 个点分 3 组，分别编号 1、2、3，通过每组上下两点的相对位移以考察台板振动相对上部结构的侧移；下部 6 个点分 3 组，分别编号 4、5、6，通过上下两点的相对位移以考察支座弹簧的水平位移。具体布置如图 10−34 所示。

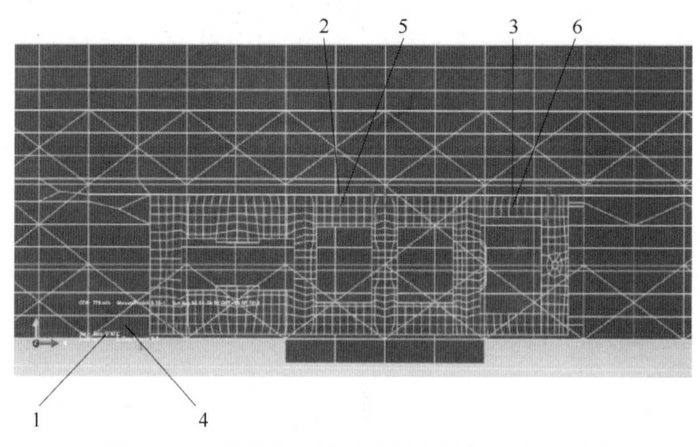

图 10−34 为考察台板振动所布置点平面示意图

1. 基座台板位移响应

（1）7 度地震输入方向的响应。在同一地震波输入下，Y 方向的侧移幅值远大于 X 方向的侧移幅值，这与 Y 方向弹簧支座侧向刚度少于 X 方向有关。

弹簧刚度比 1/2、阻尼系数 C 情况的 X 方向，1 点与 2（或 3）点、4 点与 5（或 6）点侧移幅差较小，最大差值为 5.7mm，也就是说基座台板在 X 方向的扭转不明显，这也

与台板在 Y 方向的尺寸小于 X 方向的尺寸有关。对于 Y 方向，1 点与 3 点最大侧移幅差达 89mm，说明在 Y 方向台板上侧的扭转效应影响显著；4 点与 6 点位移幅差一般不超过 10mm，说明台板底部在 Y 方向的扭动不大。对于弹簧刚度比 1/2、阻尼系数 C 和弹簧刚度比 1/5、阻尼系数 C 情况，基座台板的振动也有此种现象。

隔振器阻尼系数 C 对台板振动的影响：根据弹簧刚度比 1/2、阻尼系数 C 和弹簧刚度比 1/2、阻尼系数 C±50%情况大震作用下的侧移数据可知，阻尼变化对台板振动侧移和弹簧支座位移的影响较小，同一条波（如 ACC1）输入下，相应侧移幅值差为 3mm 左右，最大相对幅差为 11%。

弹簧水平/竖向刚度变化对台板振动的影响：根据对弹簧刚度比 1/2、阻尼系数 C 和弹簧刚度比 1/5、阻尼系数 C 情况大震作用下的侧移数据进行分析可知，同一条地震波输入下弹簧水平/竖向刚度比变化对台板振动侧移和弹簧支座位移影响较大，最大幅差达 20mm。通过分析 3 条波的台板振动侧移包络幅值，发现最大相对幅差达 54%，并且随着弹簧水平/竖向刚度比增大，侧移明显减小。

（2）8 度地震输入方向的响应。与 7 度相比，除 5 组外，8 度时弹簧支座侧移（4、6 组）增大 1.5 倍左右，X 向最大弹簧支座侧移为 17.3mm，Y 方向为 22.3mm。8 度时台板上部的侧移（1、2、3 组）增大 2 倍左右，Y 方向增大效应比 X 方向明显，X 向台板上部的最大侧移为 21.9mm，Y 方向为 222.1mm。

2. 基座台板加速度和速度响应

基座台板速度响应：与 7 度相比，8 度台板上部的振动速度，X 方向增大 1.5～2.0 倍，Y 方向增大程度略小。7 度时，X 方向台板相对于上部结构的最大振动速度为 377.9mm/s，Y 方向为 773.1mm/s；8 度时，X 方向为 621.8mm/s，Y 方向为 716.5mm/s。

基座台板加速度响应：与 7 度相比，8 度台板上部的振动加速度，X 方向增大 2.0 倍左右，Y 方向增大不多，甚至出现 7 度时的振动加速度大于 8 度的情况。7 度时，X 方向台板上部的最大振动加速度为 3.111mm/s^2，Y 方向为 6.367mm/s^2；8 度时，X 方向为 5.198mm/s^2，Y 方向为 6.309mm/s^2。

3. 基座周边增加弹簧后结构的地震反应

以上分析表明，台板和周边框架结构会存在比较明显的相对变形，台板的扭转效应明显（见图 10-35）。

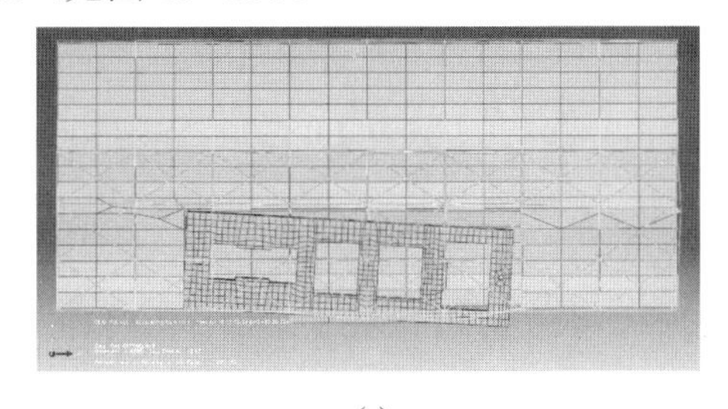

(a)

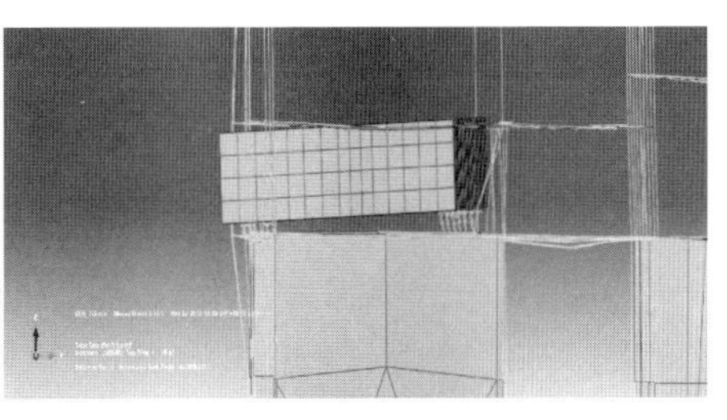

(b)

图 10-35　台板相对周边框架结构的变形

（a）平面图；（b）立面图

为减轻台板的地震反应，在台板周边设置了 4 个弹簧，将台板和周边的混凝土框架连接起来。弹簧的刚度与水平布置的刚度最小弹簧相同。

增加弹簧后，台板相对周边框架结构的变形大幅减小，最大相对变形的减小幅度超过 60%。台板周边增设弹簧后，对结构整体的反应略呈增大趋势，Y 方向反应的增大程度略大于 X 方向，但增大程度总体可以忽略。增加弹簧后对 X 向的速度和加速度响应有增大的趋势。

四、高位联合布置钢结构厂房

（一）8 度设防钢结构主厂房弹塑性时程分析

1. 8 度钢结构主厂房楼层剪力及侧移响应

钢结构主厂房的侧移计算点的具体位置分布如图 10–36 所示。

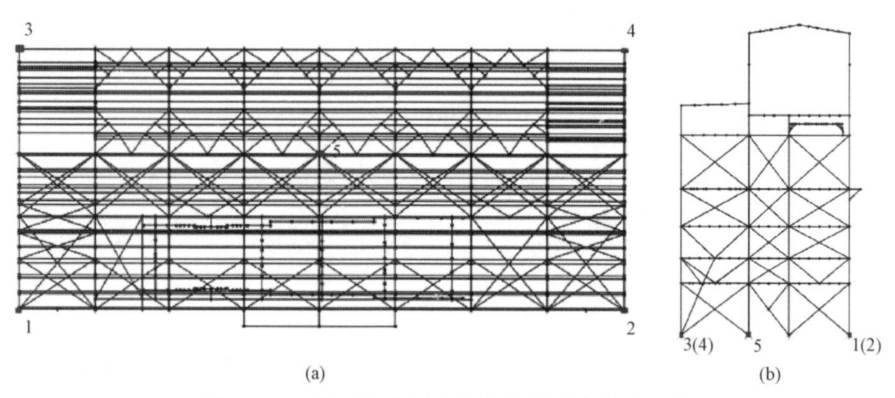

图 10–36　钢结构主厂房侧移计算点布置示意图

（a）平面；（b）立面

对比主厂房结构楼层剪力的数值可知，联合布置方案要优于传统布置方案：X 方向，传统布置方案的基底剪力为 75.398 3kN，联合布置方案为 71.306 5kN，降幅为 5.4%；Y 方向，传统布置方案的基底剪力为 109.485 8kN，联合布置方案为 89.786 8kN，降幅为 18%。

根据罕遇地震下弹塑性时程分析的结果，X 方向主厂房结构的底层过柔，无法满足“抗倒塌”的要求，需加大截面尺寸或增加纵向支撑。

（二）改进后 8 度设防钢结构主厂房的弹塑性时程分析

考虑到原主厂房钢结构在 8 度大震下不符合规范要求，而且底层的支撑截面破坏尤为严重，将支撑编号为 HW400×400、WH400×400×20×30、HW300×300、WH500×500×20×30 的截面变成箱形截面 TUBE500×500×30。

1. 改进后 8 度钢结构主厂房楼层剪力

8 度大震基底剪力，X 方向为 116.538 8kN，Y 方向为 137.819 8kN。

2. 改进后 8 度钢结构主厂房楼层位移

分析弹簧刚度比 1/2、阻尼系数 C 情况的主厂房钢结构各地震水准下产生的楼层侧移可知，在小震作用下，主厂房结构处于弹性状态，最大侧移为 36.6mm（X 方向）/32.6mm

（*Y* 方向）；其最大层间位移角为 1/690，满足 GB 50011—2010《抗规》关于多高层钢结构弹性层间位移角限值为 1/250 的规定。在中震作用下，最大侧移为 103.8mm（*X* 方向），其最大层间位移角为 1/243。在大震作用下，主厂房钢结构在 *X* 方向产生的最大侧移为 207.5mm，最大层间位移角为 1/122（位于 *H*=41.4m 层），*Y* 方向产生的最大侧移为 185.2mm，最大层间位移角为 1/131（位于 *H*=43.2m 层），满足 GB 50011—2010《抗规》中表 5.5.2 关于多高层钢结构弹塑性层间位移角限值为 1/50 的规定。根据 8 度大震作用下 3 条波的楼层位移响应图和 8 度大、中、小震层位移响应包络曲线可知，变形图基本呈直线，说明刚度沿竖向连续变化，*Y* 方向的位移曲线在 37.45m 稍有转折，说明该层以上部位刚度略小。限于篇幅，图 10-37 举例显示了 8 度（弹簧刚度比 1/2、阻尼系数 *C*）情况下 1、3 点处 *X*/*Y* 方向的层间位移角包络值。

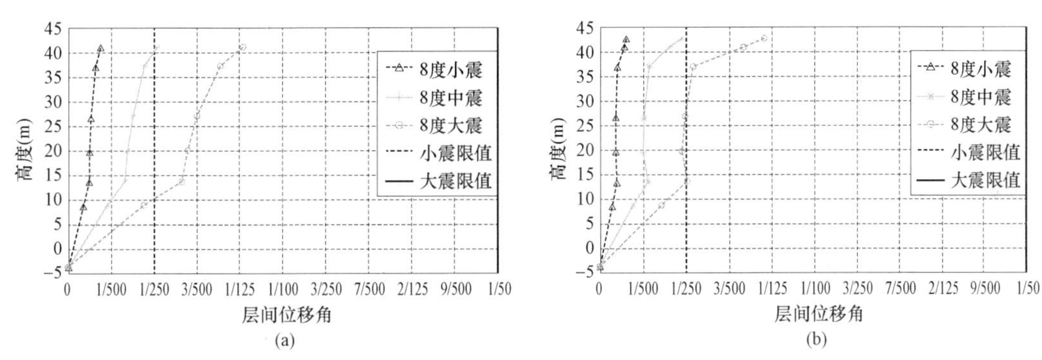

图 10-37　8 度（弹簧刚度 1/2、阻尼系数 *C*）情况主厂房钢结构 1、3 点处层间位移角响应包络

（a）*X* 向；（b）*Y* 向

大震时，层间最大位移响应，*X* 方向为 72.9mm，*Y* 方向为 46.7mm，均发生在 *H*=37.45m 层，由于上部存在错层，其对应的层间位移角并不是最大。

3. 改进后 8 度钢结构主厂房楼层加速度及速度响应

8 度（弹簧刚度比 1/2、阻尼系数 *C*）情况的主厂房钢结构楼层加速度响应分析结果为：中震作用下的加速度响应约为小震的 2.8 倍，大震作用下的加速度响应约为中震的 2 倍。小震时，结构最大反应加速度为 2.045m/s^2；中震时，结构最大反应加速度为 5.799m/s^2；大震时，结构最大反应加速度为 11.732m/s^2，均发生在 *H*=43.2m、*Y* 方向。

8 度（弹簧刚度比 1/2、阻尼系数 *C*）情况的主厂房钢结构楼层速度响应分析结果为：与加速度类似，中震作用下的速度响应约为小震的 2.8 倍。大震作用下的速度响应约为中震的 2 倍。小震时，结构最大反应速度为 226.2mm/s；中震时，结构最大反应速度为 646.1mm/s；大震时，结构最大反应速度为 1293.7mm/s，均发生在 *H*=43.2m、2/4 点处（4 点）、*Y* 方向。

4. 基座地震反应

基座台板选点与图 10-35 所示位置相同。根据计算结果分析可知：8 度大震（弹簧刚度比 1/2、阻尼系数 *C*）情况下 *X* 方向，4 点与 5（或 6）点侧移幅差较小，最大差值为 14mm；对于 *Y* 方向，4 点与 5（或 6）点位移幅差为 17.8mm，说明台板底部在 *X* 与 *Y*

方向的扭动都不大。X 方向基座弹簧最大侧移幅值为 24.5mm，Y 方向为 63.9mm。弹簧最大横向加速度响应，X 方向为 5.201m/s^2，Y 方向为 10.611m/s^2。弹簧最大横向速度响应，X 方向为 957.3mm/s，Y 方向为 1297.5mm/s。

5. 性能评估

按 GB 50011—2010《抗规》附录 M 的规定主要对构件的抗震承载力和变形能力进行了评估。

（1）承载力评估。主厂房钢结构的梁在大震下均处于弹性状态，故不做验算。部分柱和支撑出现塑性铰，这里选择其中受力最不利的构件进行计算。计算结果分别见表 10–19 和表 10–20。

表 10–19　角柱承载力按极限值复核的结果

单元编号	地震作用标准组合的轴力（kN）	地震作用标准组合的弯矩（kN·m）	计算所得应力（MPa）	材料的最小极限强度值[MPa]	判断	结论
19001	32 916.39（压）	3283.07	453.90	448.16	$\sigma<1.05[\sigma]$	性能 3
92350	31 693.39（压）	5127.59	481.45	448.16	$\sigma<1.1[\sigma]$	性能 4

注　地震作用效应参与的荷载组合不计入风荷载。

表 10–20　水平支撑承载力按极限值复核的结果

单元编号	地震作用标准组合的轴力（kN）	计算所得应力（MPa）	材料的最小极限强度值[MPa]	判断	结论
94641	793.18	362.53	448.16	$\sigma<[\sigma]$	性能 2

注　地震作用效应参与的荷载组合不计入风荷载。

（2）变形能力评估。主厂房钢结构的变形能力判定结果见表 10–21（其中位移限值按照 GB 50011—2010《抗规》表 5.5.1 及表 5.5.5 的规定选用）。

表 10–21　主厂房钢结构变形能力的复核结果

最大层间位移角			弹性变形限值	塑性变形限值	性能水平
小震	中震	大震			
1/690	1/263	1/122	1/250	1/50	性能 2

（三）传统布置与联合布置方案基座振动响应分析

1. 联合布置方案基座振动响应分析

经主厂房钢结构单独布置方案和联合布置方案的基座振动响应的对比分析发现，两种情况下振动响应的差别很小，可以忽略，限于篇幅，具体情况不再赘述。

为进一步考察汽机工作条件下，对周边楼层的影响，选取了基座所在楼层相邻的楼板上若干个点，对其振动响应情况进行评估。可以得出，工作状态下，基座周边楼板的最大振动响应值为 1mm 左右。相应地，此时弹簧的隔振效率是 0.96。

2. **联合布置体系简化解耦分析**

将联合布置体系简化成如下两自由度体系（见图 10−38），其中上部质点受到随频率变化的简谐力 $F_0(\omega)\sin\omega t$ 的作用。

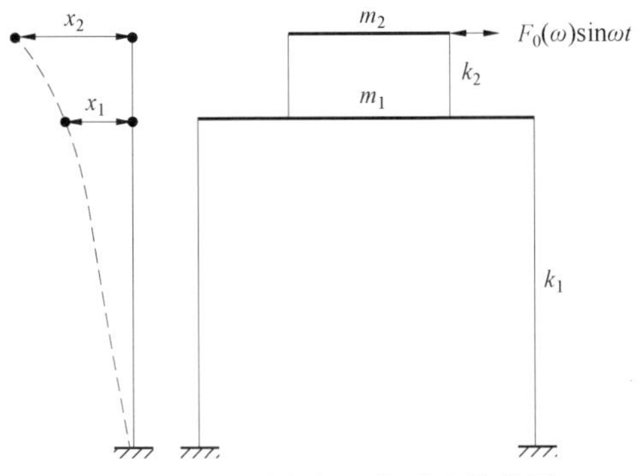

图 10−38　联合布置体系计算简图

体系的运动微分方程为

$$\begin{bmatrix} m_1 & 0 \\ 0 & m_2 \end{bmatrix}\begin{bmatrix} \ddot{x}_1 \\ \ddot{x}_2 \end{bmatrix}+\begin{bmatrix} c_1+c_2 & -c_2 \\ -c_2 & c_2 \end{bmatrix}\begin{bmatrix} \dot{x}_1 \\ \dot{x}_2 \end{bmatrix}+\begin{bmatrix} k_1+k_2 & -k_2 \\ -k_2 & k_2 \end{bmatrix}\begin{bmatrix} x_1 \\ x_2 \end{bmatrix}=\begin{bmatrix} 0 \\ F_0(\omega)\sin\omega t \end{bmatrix} \tag{10-2}$$

为方便起见，仅考虑无阻尼的情况，采用直接发求解上述方程，设

$$X=\overline{X}\sin\omega t \quad \overline{X}=\begin{bmatrix} \overline{x}_1 \\ \overline{x}_2 \end{bmatrix} \tag{10-3}$$

则稳态响应振幅为

$$\begin{bmatrix} \overline{x}_1 \\ \overline{x}_2 \end{bmatrix}=\begin{bmatrix} k_1+k_2-m_1\omega & -k_2 \\ -k_2 & k_2-m_2\omega \end{bmatrix}^{-1}\begin{bmatrix} 0 \\ F_0(\omega) \end{bmatrix} \tag{10-4}$$

$$\begin{bmatrix} \overline{x}_1 \\ \overline{x}_2 \end{bmatrix}=\begin{bmatrix} k_1+k_2-m_1\omega & -k_2 \\ -k_2 & k_2-m_2\omega \end{bmatrix}^{-1}\begin{bmatrix} 0 \\ F_0(\omega) \end{bmatrix}=\frac{F_0(\omega)}{\Delta(\omega^2)}\begin{bmatrix} k_2 \\ k_1+k_2-m_1\omega \end{bmatrix} \tag{10-5}$$

式中　$\Delta(\omega^2)$ ——系统的特征多项式。

$$\begin{aligned}\Delta(\omega^2)&=(k_1+k_2-m_1\omega^2)(k_2-m_2\omega^2)-k_2^2 \\ &=m_1m_2\omega^4-(k_1m_2+k_2m_1+k_2m_2)\omega^2+k_1k_2\end{aligned} \tag{10-6}$$

对于上述体系，若质点 2(m_2)对应部分可解耦为相应的单自由度体系（见图 10−39），则需要满足以下条件。

条件 1：在相同的简谐力 $F_0(\omega)\sin\omega t$ 作用下，耦合体系的质点 2(m_2)的稳态响应幅值 $\overline{x}_2$ 与相应解耦单自由度体系稳态响应的幅值 $\overline{x}_2'$ 的比值接近于 1。

条件 2：耦合体系质点 1、质点 2 的稳态响应幅值之比值接近于 0。

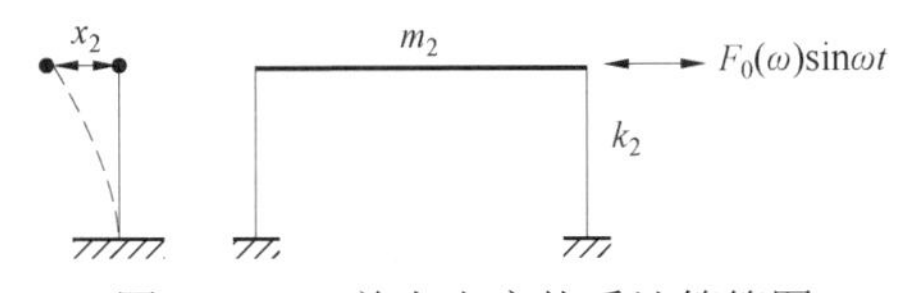

图 10−39　单自由度体系计算简图

对于图 10-39 所示单自由度体系，易知体系在简谐力 $F_0(\omega)\sin\omega t$ 作用下稳态响应的幅值 $\overline{x}_2'$ 为

$$\overline{x}_2' = \frac{F_0(\omega)}{k_2 - m_2\omega^2} \tag{10-7}$$

对应条件 1，定义比值

$$\begin{aligned} R_{a1} = \overline{x}_2 / \overline{x}_2' &= \frac{(k_1 + k_2 - m_1\omega^2)(k_2 - m_2\omega^2)}{(k_1 + k_2 - m_1\omega^2)(k_2 - m_2\omega^2) - k_2^2} \\ &= \frac{1}{1 - \dfrac{k_2^2}{(k_1 + k_2 - m_1\omega^2)(k_2 - m_2\omega^2)}} \end{aligned} \tag{10-8}$$

令 $\mu = k_1 / k_2$， $s = m_1 / m_2$， $\omega_0^2 = k_2 / m_2$， $\gamma^2 = \omega^2 / \omega_0^2$，上式可简化为

$$R_{a1} = \frac{1}{1 - \dfrac{1}{(\mu+1) - (\mu+s+1)\gamma^2 + (s/\mu)\gamma^4}} \tag{10-9}$$

对应条件 2，定义比值

$$R_{a2} = \overline{x}_1 / \overline{x}_2 = = \frac{1}{(\mu+1) + s\gamma^2} \tag{10-10}$$

显然，比值 R_{a1}、R_{a2} 与两个质点的刚度比、质量比和简谐荷载的周期有关。对应两个比值，假定当 $0.9 \leqslant R_{a1} \leqslant 1.1$ 且 $0.0 \leqslant R_{a2} \leqslant 0.1$ 时，可认为解耦条件满足。同时，由于两个比值随标准化频率 γ 变化，因此进一步将 $0 \leqslant \gamma \leqslant 5$ 范围内，满足解耦条件区间占整个区间的90%以上作为系统解耦边界条件，则系统解耦对应的 μ 和 s 取值边界如图 10-40 所示。综合两个条件对应的边界，可以看出：满足条件 1 的边界取值同样也满足条件 2，随质量比增大，刚度比的边界取值先减小，减至一定数值后趋于稳定，即质量比小于 60 时，刚度比缓慢从 20 减小至 10，质量比大于 60 后，刚度比稳定保持在 10 左右。

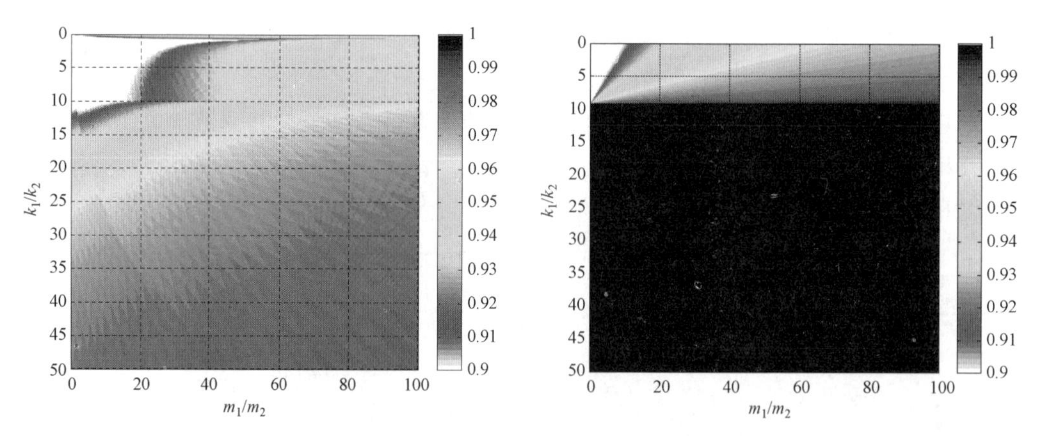

图 10-40 耦合体系解耦的边界条件

五、主要结论

汽轮机高位布置的结构方案可行，抗震性能符合《抗规》的要求，一般情况下建议优先选用钢筋混凝土结构方案。

从结构设计角度而言，对比基座台板参与建模和不参与建模的两个结构方案，不参与建模的计算结果偏安全。

通过对楼层剪力和楼层位移等指标的分析发现：*Y* 方向的层剪力和侧移联合布置方案略大，但 *X* 方向的层剪力和位移传统布置方案较大，剪力相对增幅为 7.3%，造成这一现象的主要原因是，结构 *X* 方向整体刚度较大，弹簧的减振效果明显。需要指出的是，结构中部位移幅差不超过 10mm。从结构设计角度而言，传统布置方案的设计结果偏安全，因其忽略了弹簧减振的有利影响。

基座以上的错层部位是结构的薄弱部位之一，对于此处的框架柱（一般为短柱）需采取适当的加强措施（如箍筋全长加密）以提高其延性。

弹簧支座的阻尼对主厂房整体地震反应的影响程度很小，对楼层剪力和层间位移的影响在 5%之内；弹簧支座的阻尼对基座地震反应的影响稍大，对基座弹簧变形的影响幅度在 17%左右。

弹簧支座水平/竖向刚度变化对主厂房整体的影响大于弹簧阻尼的影响，对楼层剪力、层间位移的影响在 15%左右，随弹簧水平/竖向刚度比增大，主厂房结构的位移响应也呈现增大趋势；弹簧水平/竖向刚度变化对基座地震反应的影响较大，对基座弹簧变形的影响幅度在 54%左右，并且弹簧水平/竖向刚度比大，侧移明显减小。

基座周边增设弹簧后对钢筋混凝土主厂房结构整体反应影响不大，但却能有效地减小基座的扭转效应，显著降低台板相对周边厂房结构的位移（*Y* 向最大降幅达 62.7%），大幅降低基座下纵梁的平面外（梁弱轴方向）的变形。

基座下方的纵梁也是设计中容易忽视的构件，由于梁侧（弱轴）方向没有楼板的约束，需要设计时通过加腋或增加梁宽等措施提高其侧向（弱轴）刚度，这样能有效减少基座的扭转效应。

抗震性能：7 度钢筋混凝土主厂房结构的梁柱构件性能水准达到性能 3；就目前的钢筋混凝土框架—剪力墙厂房而言，按照目前的抗震规范进行第一阶段（小震不坏）抗震设计并采取相应的抗震措施，一般均能实现“中震可修、大震不倒”的设防目标。

支撑是钢结构厂房关键的抗侧构件，支撑设计是否得当直接关系到能否实现“大震不倒”的目标，需在设计中应予以足够的重视。

经济性对比：钢结构厂房总用钢量约 4700t；7 度设防钢筋混凝土厂房总用钢量约 1300t，混凝土用量约 8200m^3；8 度设防钢混凝土厂房总用钢量约 1580t，混凝土用量约 8300m^3；同等条件下，钢筋混凝土结构经济性更好，大致相当于钢结构厂房造价的 40%～50%。高位布置主厂房采用混凝土结构，土建部分单台机的造价（含基座，不含地基及地基处理）为 1546.64 万元，常规布置的主厂房方案为 1670.36 万；采用钢结构方案，整体造价较高，高位布置主厂房土建部分单台机的造价（含基座，不含地基及地基处理）为3697.64万元，常规布置方案为3959.76万元。

第五节 成 果 应 用

相关的成果已在神华国华寿光电厂一期（2×1000MW）工程等多个项目中应用。

神华国华寿光电厂一期（2×1000MW）工程厂址位于山东省寿光市羊口镇东侧约1km、小清河南岸，西南距寿光污水处理厂17km，距清水湖水库13km。该工程系新建性质，一期建设规模为2×1000MW，规划容量4×1000MW，并留有再扩建的可能。

神华国华寿光电厂一期工程为两台1000MW机组，主厂房采用现浇钢筋混凝土单框一排架结构，煤仓间为侧煤仓布置的独立纯框架结构。汽机房屋面采用管桁架梁有檩体系，屋面板采用自防水带保温的轻型压型钢板；除氧间屋面及各层楼盖采用H型钢梁一现浇钢筋混凝土楼板组合结构；汽机房平台采用现浇钢筋混凝土框架结构，楼板为H型钢梁一现浇钢筋混凝土板结构，与主厂房A，B轴框架柱刚接连接。煤斗采用支承式结构；汽轮发电机基础台版弹簧以上部分与周边结构设缝脱开，弹簧以下部分采用钢筋混凝土框架式结构，并与汽机大平台连为整体。

主厂房结构主要布置参数见表10-22，结构平、剖面布置如图10-41和图10-42所示，设计条件如下。

（1）抗震设防烈度为8度，地震动峰值加速度为0.262g，设计地震分组为第二组；场地类别为Ⅱ类。

（2）基本风压为0.37kN/m^2，地面粗糙度为B类。

（3）基本雪压为0.15kN/m^2。

表10-22　　主厂房结构主要布置参数（一台机）

结构尺寸	参　数
横向宽度（m）	A～B：30.0
	B～C：9.5
纵向长度（m）	72.0
柱截面（mm）	A列柱：800×1400
	B列柱：800×1600
	C列柱：800×1800
运转层高度（m）	16.40
除氧器层高度（m）	32.00
屋面高度（m）	汽机房：36.00
	除氧间：32.00

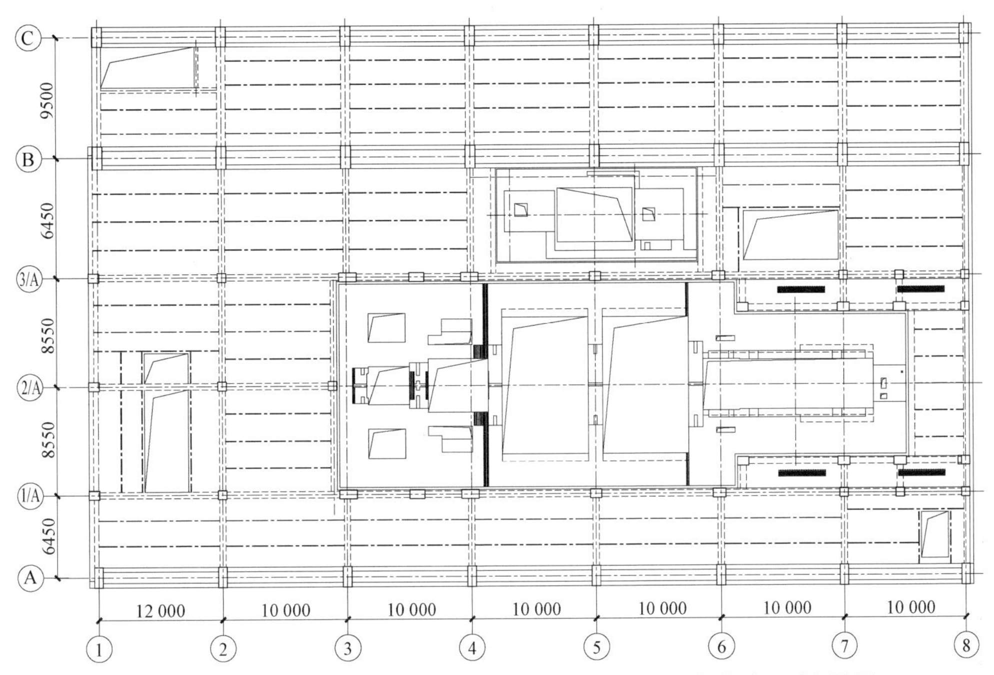

图 10-41 国华寿光电厂一期（2×1000MW）工程主厂房典型平面布置图

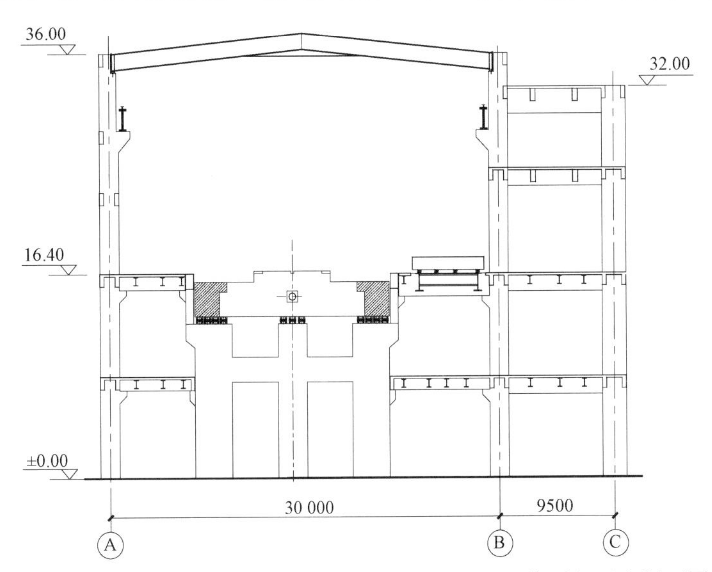

图 10-42 国华寿光电厂一期（2×1000MW）工程典型主厂房剖面图

主厂房消能减震技术

第一节 防屈曲支撑在主厂房结构中的应用

一、主要内容

为保障重要生命线工程震后的使用功能，在电厂主厂房结构中引入屈曲约束支撑（Buckling Restrained Brace，简称 BRB），以提高抗震性能；同时引入高强钢以降低结构成本，提高经济效益。本章通过弹塑性有限元方法分析了某钢结构主厂房采用 BRB 和高强钢后的抗震性能及经济性和某混凝土厂房采用 BRB 后的抗震性能，并在此基础上提出了防屈曲支撑的设计指南。

二、计算内容

采用 SAP2000 建立某钢结构主厂房采用普通支撑的结构模型和采用高强钢及 BRB 支撑的结构模型，分别进行两种结构方案在多遇地震下的弹性分析及罕遇地震下的弹塑性分析，比较两种方案的结构振型、周期、基底剪力、用钢量、位移及薄弱层部位，对比采用 BRB 支撑方案与普通支撑方案的抗震性能及经济性；同时利用 Perform 3D 对某混凝土电力主厂房有、无 BRB 支撑模型进行多遇地震下的弹性分析及罕遇地震下的弹塑性分析，对比采用 BRB 支撑方案与普通支撑方案的抗震性能；最后给出了防屈曲支撑的设计指南。技术路线如图 11-1 所示。

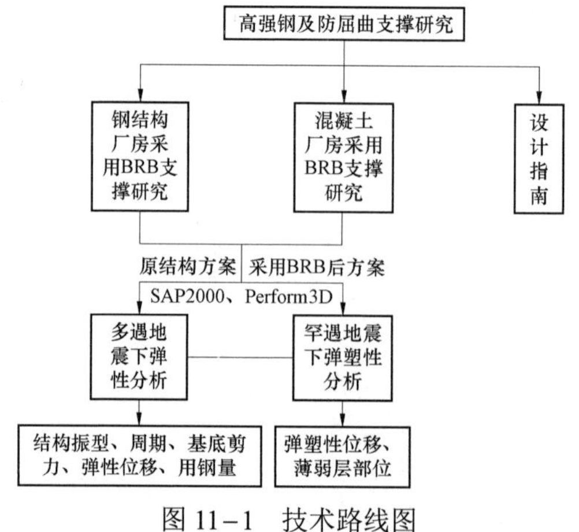

图 11-1 技术路线图

三、主要结论

（一）钢结构主厂房

1. 结构振型

两种方案结构振型见图 11–2 和图 11–3。

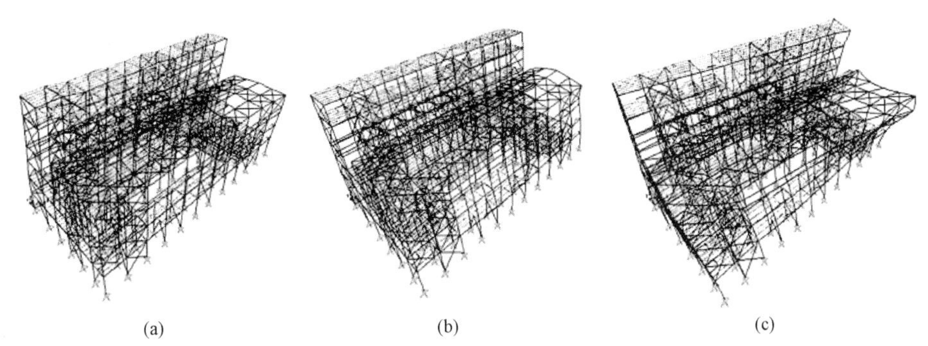

(a) (b) (c)

图 11–2 钢结构主厂房普通支撑方案结构前三阶振型图

（a）第 1 阶（纵向平动）；（b）第 2 阶（横向平动）；（c）第 3 阶（扭转）

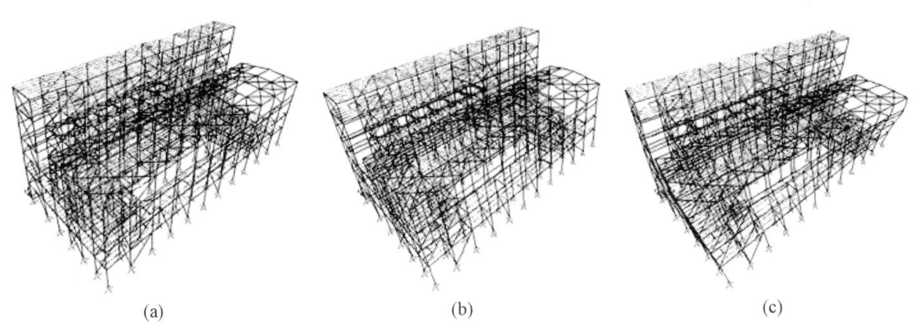

(a) (b) (c)

图 11–3 钢结构主厂房布置 BRB 支撑方案结构前三阶振型图

（a）第 1 阶（纵向平动）；（b）第 2 阶（横向平动）；（c）第 3 阶（扭转）

2. 自振周期

对比两方案结构的自振周期（见表 11–1）可以发现，采用 BRB 方案的前九阶自振周期比普通支撑方案大很多。与普通支撑方案相比，BRB 方案的抗侧刚度远小于普通支撑方案，结构体系更柔，这样更加有利于避开场地特征周期，有效地减少地震作用。这一点从基底剪力的分析结果（见表 11–2）也可以看出，BRB 方案与普通支撑方案相比，纵、横向基底剪力分别减少了 23%及 31%。

表 11–1 两种方案结构自振周期比较 （s）

振型	1	2	3	4	5	6	7	8	9	10	11	12
普通支撑	1.519	1.132	0.984	0.701	0.688	0.675	0.582	0.556	0.550	0.538	0.526	0.511
BRB	2.204	1.685	1.481	1.005	1.001	0.964	0.840	0.813	0.808	0.756	0.708	0.695

表 11-2　　两种方案基底剪力比较　　(kN)

方向	普通支撑方案	BRB 方案	减小量
纵向	22 625	17 413	23.04%
横向	32 884	22 834	30.56%

3. 用钢量及造价

从两种方案总体用钢量对比表 11-3 可以看出，BRB 方案节省钢材 1000t，约占普通支撑方案整体用钢量的 14%，其中采用高强钢柱和置换 BRB 钢材的节省量各占一半。BRB（含制造成本）的造价为 650 万元，因为高强钢和普通钢的价格相差很小（Q345 约 4000 元/t；Q420 约 4200 元/t），可见采用高强钢和 BRB 方案还是有很好的经济效益的。

表 11-3　　两种方案结构用钢量比较

<table>
<tr><th colspan="4">BRB 方案</th><th colspan="2">普通支撑方案</th></tr>
<tr><td>构件总重（t）</td><td colspan="3">5929.6</td><td>构件总重</td><td>6922.9</td></tr>
<tr><td rowspan="2">梁、柱</td><td rowspan="2">5615</td><td>Q420 高强钢柱</td><td>1291.3</td><td rowspan="2">Q345 梁、柱</td><td rowspan="2">6125.1</td></tr>
<tr><td>Q345 梁、柱</td><td>4323.7</td></tr>
<tr><td rowspan="2">支撑</td><td rowspan="2">314.6</td><td>Q235BRB</td><td>170.5</td><td rowspan="2">Q235 普通支撑</td><td rowspan="2">797.8</td></tr>
<tr><td>Q235 普通支撑</td><td>144.1</td></tr>
</table>

4. 位移变形及薄弱层位置

（1）对比两方案中结构纵向层间位移角可发现：普通支撑方案纵向抗侧刚度存在突变，而 BRB 方案层间位移角沿高度分布较为均匀，层间位移角基本控制在 1/400 以内，远小于《抗规》中规定的多遇地震作用下钢结构弹性层间位移角 1/250 的限值；普通支撑方案沿结构横向层间位移角分布较为均匀，BRB 方案横向层间位移角略呈现“下大上小”现象，但总体上 BRB 方案横向层间位移角都满足规范的要求。

（2）对比两方案弹塑性层间位移角可发现：普通支撑方案无论纵向还是横向，层间位移角都存在突变；而 BRB 方案纵向层间位移角沿高度方向分布较均匀，横向层间位移角与弹性分析结果相同，仍呈现“下大上小”现象，但总体上最大层间位移角基本控制在 1/75 以内，均小于《抗规》中规定的罕遇地震作用下钢结构弹塑性层间位移角 1/50 的限值。

（3）从结构最大层间位移角出现位置来看，不同水准地震波在不同烈度作用下并没有规律性。但从总体的情况来看，两方案的薄弱层更容易出现在结构的中上部及底部楼层。

5. 塑性铰发展情况

对比两方案在各地震工况下塑性铰发展情况可发现：在 X 向地震作用下，BRB 方案中 BRB 均进入塑性阶段，且滞回曲线饱满，梁、柱均保持在弹性阶段；而普通支撑方案中，除了普通支撑进入塑性阶段外，另有一定数量与人字撑相连的梁在跨中形成了塑性铰。在 Y 向地震作用下，BRB 方案中 BRB 均进入塑性阶段，且滞回曲线饱满，框架柱均保持在弹性阶段，在部分地震工况下部分刚接梁在梁端出现了塑性铰；普通支撑方案中除了普通支撑进入塑性外，亦有部分刚接梁在梁端出现塑性铰，部分与人字撑相连的梁跨中也出现了塑性铰。

另外，BRB 方案的结构残余变形主要集中在支撑部位，梁、柱的残余变形较小，结构的变形是可恢复的。在普通支撑方案人字撑与梁相连的部位产生了很大的残余变形，而对于采用 BRB 的人字撑则不会产生这种情况。

（二）混凝土结构主厂房

1. 结构振型

两种方案结构振型见图 11-4 和图 11-5。

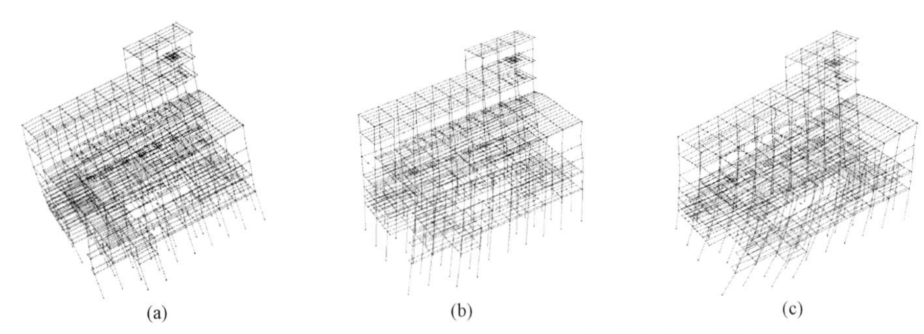

图 11-4　混凝土结构主厂房普通支撑方案结构前三阶振型图

（a）第 1 阶（纵向平动）；（b）第 2 阶（横向平动）；（c）第 3 阶（扭转）

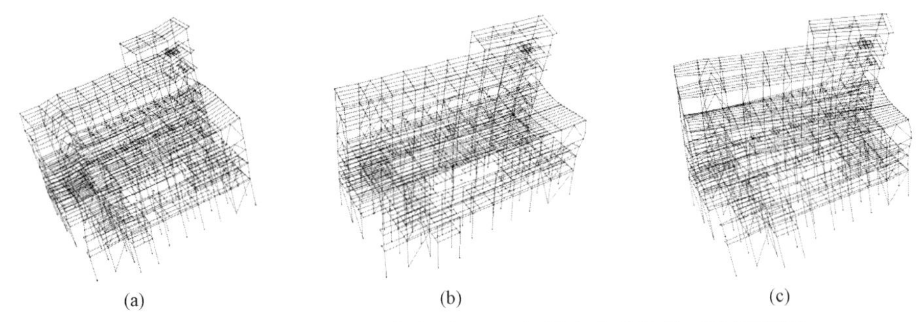

图 11-5　混凝土结构主厂房布置 BRB 支撑方案结构前三阶振型图

（a）第 1 阶（纵向平动）；（b）第 2 阶（横向平动）；（c）第 3 阶（扭转）

2. 自振周期

对比两方案结构的自振周期（见表 11-4）可以发现，布置 BRB 后，结构的自振周期显著减小，地震作用下结构底部剪力显著增大，这是由于 BRB 提高了结构的抗侧刚度和承载力。

表 11-4　　两种方案结构自振周期比较　　（s）

振型	1	2	3	4	5	6	7	8	9	10
无 BRB	1.97	1.868	1.536	0.823 4	0.765 2	0.669 4	0.493 8	0.463	0.415 1	0.412
有 BRB	1.227	1.168	0.879 7	0.550 3	0.523 7	0.428 5	0.410 6	0.405 4	0.401 5	0.393 4

3. 位移变形及薄弱层位置

（1）无 BRB 模型底层层间位移角过大，为薄弱位置，且在罕遇地震作用下四个角柱的纵横向层间位移角多数超过 1/50，在底层形成了侧移机构，不能满足大震不倒的设计要求；有 BRB 模型层间位移角比较均匀，没有出现薄弱部位，最大层间位移角均小于 1/50，满足大震不倒的抗震设计要求。

（2）无 BRB 模型的上部结构弯曲变形较小，扭转变形显著；有 BRB 模型的上部结构有明显弯曲变形，扭转变形较小。因此，BRB 的加入对控制扭转变形有明显的效果。

（3）无 BRB 模型的纵向和横向顶点残余位移最大值分别为 0.190m 和 0.213m，而对应的有 BRB 模型只有 0.060m 和 0.112m，减小一半左右。这表明，安装 BRB 以后可以显著减小结构的残余变形，为震后修复和恢复生产提供了可靠的保障。

4. 构件耗能情况

无 BRB 模型中钢筋混凝土柱耗散的能量达 95%以上，这显然是对结构抗倒塌最不利的情况；有 BRB 模型中 BRB 耗能占 23%～46%，分担了钢筋混凝土柱耗散的能量，对结构抗倒塌起显著作用。

四、设计指南

（一）屈曲约束支撑简介

为解决普通支撑受压屈曲及滞回性能差的问题，在支撑外部设置套管，约束支撑的受压屈曲，构成屈曲约束支撑（见图 11-6）。屈曲约束支撑仅芯板与其他构件连接，所受的荷载全部由芯板承担，外套筒和填充材料仅约束芯板受压屈曲，使芯板在受拉和受压下均能进入屈服，因而，屈曲约束支撑的滞回性能优良（见图 11-7）。屈曲约束支撑一方面可以避免普通支撑拉压承载力差异显著的缺陷，另一方面具有金属阻尼器的耗能能力，可以在结构中充当“保险丝”，使得主体结构基本处于弹性范围内。因此，屈曲约束支撑的应用，可以全面提高传统支撑框架在中震和大震下的抗震性能。

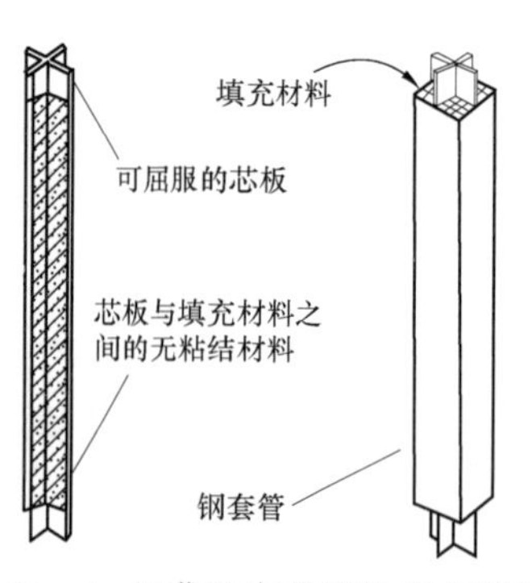

图 11-6 屈曲约束支撑构成原理图

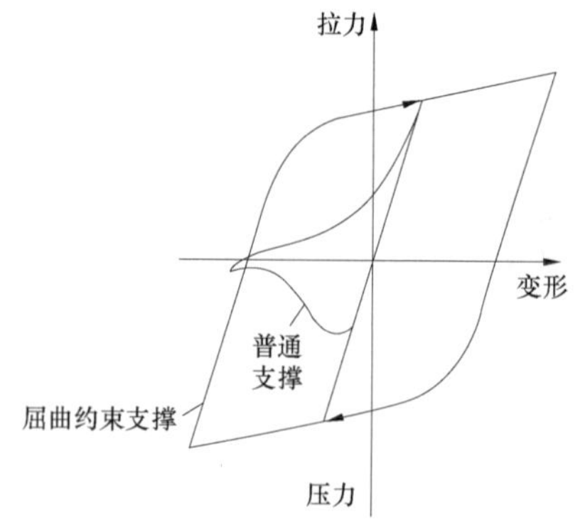

图 11-7 屈曲约束支撑滞回性能曲线

（二）设计方法

1. 支撑布置原则

屈曲约束支撑应布置在能最大限度地发挥其耗能作用的部位，同时不影响建筑功能与布置，并满足结构整体受力的需要。屈曲约束支撑可依照以下原则进行布置。

（1）地震作用下产生较大支撑内力的部位。

（2）地震作用下层间位移较大的楼层。

（3）宜沿结构两个主轴方向分别设置。

（4）可采用单斜撑、人字形或V形支撑布置（见图11–8），也可采用偏心支撑的布置形式，当采用偏心支撑布置时候，设计中应保证支撑先于框架梁屈服。

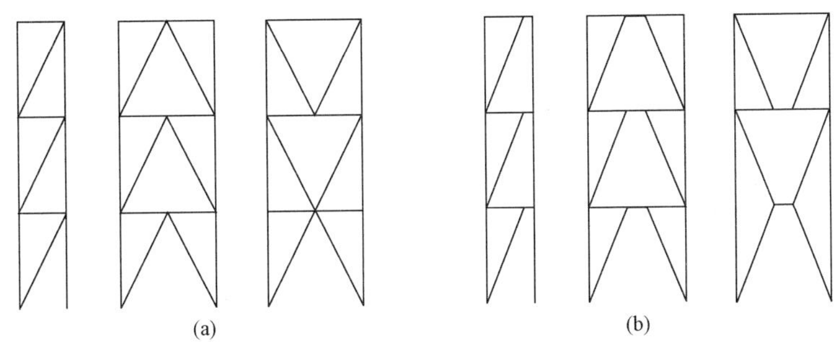

图11–8　屈曲约束支撑布置

（a）中心支撑；（b）偏心支撑

2. 支撑等效截面面积

结构设计中，为便于计算分析，常采用等截面的杆单元模拟屈曲约束支撑，而屈曲约束支撑受力芯板截面沿长度方向变化，如图11–9中实线所示。因而需要将芯板等效为一根刚度与芯板刚度相同的等截面杆件，使单元的轴向刚度与屈曲约束支撑的轴向刚度相等。

结合工程实践，本指南给出了不同长度的屈曲约束支撑等效面积A_e与芯板屈服段截面面积A_1关系，见表11–5。支撑长度越长，等效截面面积与芯板屈服段的截面面积越接近。

图11–9　屈曲约束支撑受力芯板示意图

表11–5　屈曲约束支撑等效面积A_e与芯板屈服段截面面积A_1关系

屈曲约束支撑长度	A_1/A_e	屈曲约束支撑长度	A_1/A_e
$L≤3m$	0.85	$L=9m$	0.95
$L=6m$	0.90	$L≥12m$	0.99

注　1. 对于屈曲约束支撑的长度在表中所列长度之间的，可取插值。

2. 表中A_1/A_e的比值仅供估算支撑的屈服承载力用，对于特定的支撑，该比值可能与表中所列之值存在差异，此时应以实际比值为准。

3. 本表格仅适用于耗能型屈曲约束支撑和承载型屈曲约束支撑，不适用于屈曲约束支撑型阻尼器。

3. 支撑承载力

屈曲约束支撑有三种承载力，即设计承载力、屈服承载力、极限承载力，在结构设计中适用于不同的情况。

（1）设计承载力。支撑的设计承载力由式（11–1）计算得到

$$N_b = 0.9 f_y A_1 \tag{11–1}$$

式中 A_1——约束屈服段的钢材截面面积；

f_y——芯板钢材的屈服强度标准值，按照表 11–6 确定。

表 11–6　芯板钢材的屈服强度

材料型号	f_y（MPa）	材料型号	f_y（MPa）
BLY160	140	Q195	195
BLY225	205	Q235	235

（2）屈服承载力。屈服承载力用于结构的弹塑性分析，为支撑首次进入屈服的轴向力，由式（11–2）计算得到

$$N_{by} = \eta_y f_y A_1 \tag{11–2}$$

式中 N_{by}——屈曲约束支撑的屈服承载力；

η_y——芯板钢材的超强系数，Q160 和 Q225 取 1.1，Q235 取 1.25，Q345 取 1.1，Q390 和 Q420 取 1.05，当有实测数据时应以实测为准，且实测值不应大于上述数值的 15%。

（3）极限承载力。屈曲约束支撑的芯材在地震作用下拉压屈服会产生应变强化效应，考虑应变强化后，支撑的最大承载力为极限承载力，可由式（11–3）计算得到

$$N_{bu} = \omega N_{by} \tag{11–3}$$

式中 ω——应变强化调整系数，根据表 11–7 确定；

N_{bu}——屈曲约束支撑极限承载力。

极限承载力用于屈曲约束支撑的节点及连接设计。

表 11–7　芯板钢材的应变强化调整系数

材料型号	ω
Q160	2.0
Q225	1.5
Q235	1.5

4. 支撑设计要求

（1）风载与小震下承载力要求。耗能型屈曲约束支撑和承载型屈曲约束支撑在风载或小震与其他静力荷载组合下最大拉压轴力设计值 N 应满足式（11–4）要求

$$N \leqslant N_b \tag{11–4}$$

式中 N——屈曲约束支撑轴力设计值；

N_b——屈曲约束支撑的设计承载力。

（2）支撑外套筒抗弯刚度要求。为保证屈曲约束支撑在地震作用下不发生整体失稳，

其套筒抗弯刚度应满足式（11–5）～式（11–8）要求。

对耗能型屈曲约束支撑和屈曲约束支撑型阻尼器

$$\frac{\pi^2 EI}{l^2} \geqslant 1.2N_{bu} \tag{11-5}$$

或

$$I \geqslant \frac{1.2N_{bu}l^2}{\pi^2 E} \tag{11-6}$$

对承载型屈曲约束支撑

$$\frac{\pi^2 EI}{l^2} \geqslant 1.2N_{by} \tag{11-7}$$

或

$$I \geqslant \frac{1.2N_{by}l^2}{\pi^2 E} \tag{11-8}$$

式中　I——屈曲约束支撑套筒的弱轴惯性矩；

E——套筒钢材弹性模量；

l——支撑长度；

N_{by}——屈曲约束支撑屈服承载力；

N_{bu}——屈曲约束支撑极限承载力。

有些类型屈曲约束支撑系列产品，在产品设计时已经满足了整体稳定性的要求，如选用此类型屈曲约束支撑产品，则无须进行上述验算。

5. **支撑节点设计要求**

与屈曲约束支撑相连的节点承载力应大于屈曲约束支撑的极限承载力，以保证“强节点”的要求，且节点足以承受罕遇地震下可能产生的最大内力。

（1）螺栓连接。为保证与屈曲约束支撑相连节点在罕遇地震下不发生滑移，其连接高强度摩擦型螺栓的数量 n 可由式（11–9）、式（11–10）确定。

对耗能型屈曲约束支撑和屈曲约束支撑型阻尼器

$$n \geqslant \frac{1.2N_{bu}}{0.9n_f \mu P} \tag{11-9}$$

对承载型屈曲约束支撑

$$n \geqslant \frac{1.2N_{by}}{0.9n_f \mu P} \tag{11-10}$$

式中　n_f——传力摩擦面数目；

μ——摩擦面的抗滑移系数（见表 11–8）；

P——每个高强螺栓的预拉力（见表 11–9）；

ω——应变强化调整系数（见表 11–7）；

N_{by}——屈曲约束支撑屈服承载力；

N_{bu}——屈曲约束支撑极限承载力。

表 11-8　　摩擦面的抗滑移系数 μ 值

连接处构件表面的处理方法	构件的钢号				
	Q195	Q235	Q345	BLY160	BLY225
喷砂（丸）	0.40	0.45	0.5	0.35	0.35

表 11-9　　每个高强度螺栓预拉力 P 值（kN）

螺栓性能等级	螺栓公称直径（mm）					
	M16	M20	M22	M24	M27	M30
8.8 级	80	125	150	175	230	280
10.9 级	100	155	190	225	290	355

（2）焊接连接。对于承载力较大的屈曲约束支撑，如节点采用螺栓连接，所需的螺栓数量比较多，使得节点所需连接段较长，此时节点也可采用焊接连接。焊接可采用角焊缝或对接焊缝，焊接连接的承载力 N_f 应满足式（11-11）和式（11-12）要求。

对耗能型屈曲约束支撑和屈曲约束支撑型阻尼器

$$N_f \geqslant 1.2N_{bu} \tag{11-11}$$

对承载型屈曲约束支撑

$$N_f \geqslant 1.2N_{by} \tag{11-12}$$

当节点与支撑采用对接焊缝连接时，节点钢材强度设计值应不低于屈曲约束支撑与节点相连端钢材的强度设计值。

6. 连接方法

屈曲约束支撑构件与钢框架、钢筋混凝土框架及型钢混凝土结构的连接可采用高强度螺栓连接（见图 11-10）或销轴连接（见图 11-11），亦可采用焊接连接（见图 11-12）。

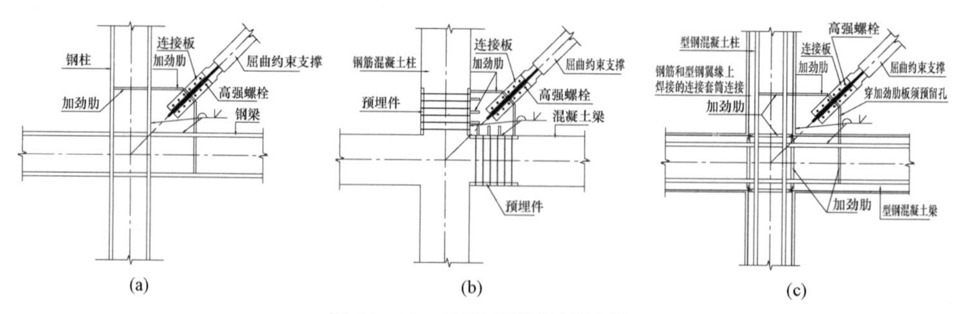

图 11-10　高强度螺栓型连接

（a）与钢框架连接；（b）与钢筋混凝土框架连接；（c）与型钢混凝土结构连接

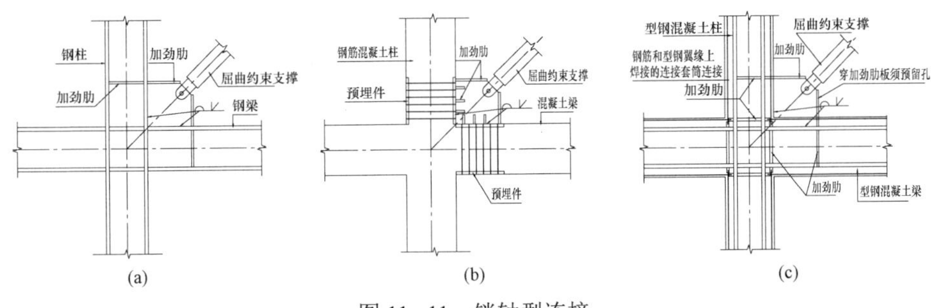

图 11–11　销轴型连接

（a）与钢框架连接；（b）与钢筋混凝土框架连接；（c）与型钢混凝土结构连接

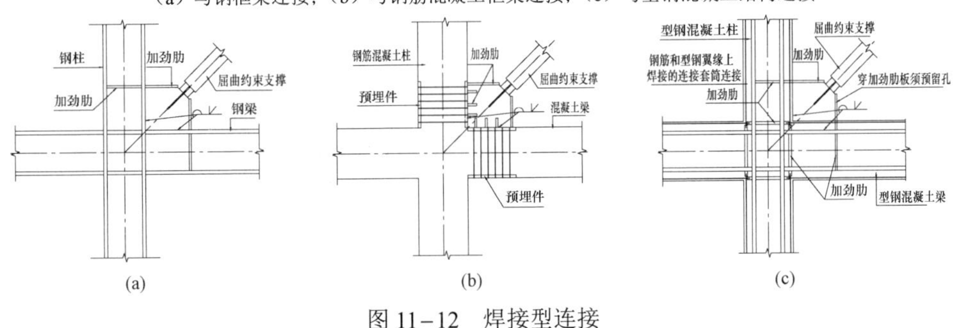

图 11–12　焊接型连接

（a）与钢框架连接；（b）与钢筋混凝土框架连接；（c）与型钢混凝土结构连接

7. 支撑弹塑性滞回模型

屈曲约束支撑的弹塑性滞回模型用于结构弹塑性地震位移反应计算，可采用如下双线型模型（见图 11–13）。

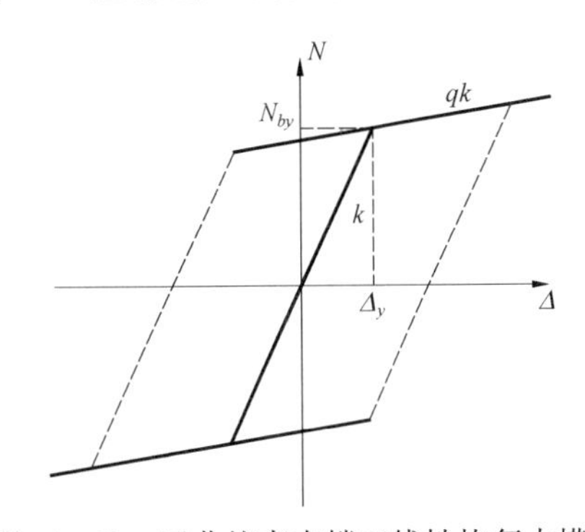

图 11–13　屈曲约束支撑双线性恢复力模型

图中 N_{by} 为屈曲约束支撑屈服承载力；Δ_y 为屈曲约束支撑初始塑性变形；k 为屈曲约束支撑的刚度，可按照 $k=\dfrac{EA_e}{l}$ 取值；E 为钢材弹性模量；A_e 为屈曲约束支撑芯板考虑轴向变刚度后等效截面积；l 为支撑长度；q 为芯板钢材的强化系数，可取为 1%。

第二节　煤斗消能减震技术的应用

大型火力发电厂主厂房 30～40m 标高布置有多个重 800t 左右的煤斗，煤斗的水平地震作用是影响主厂房结构抗震性能的主要因素之一。基于性能设计思想，结合消能减震技术，利用大型火电厂主厂房独特的结构型式提出支承式煤斗减震技术，采用理论分析与有限元分析相结合的方法对此技术加以研究，为下一阶段火电厂主厂房性能设计研究与发展提供基础技术支持。

一、主要内容

钢筋混凝土结构和钢结构各选取一个典型工程加以分析计算。钢筋混凝土结构选取甘肃某电厂（2×660MW）工程的主厂房（包括汽机房和煤仓间），结构采用现浇钢筋混凝土框架结构（含剪力墙），钢结构选取的是宁夏某电厂 2×1000MW 工程 3 号机主厂房，结构模型如图 11-14 所示。

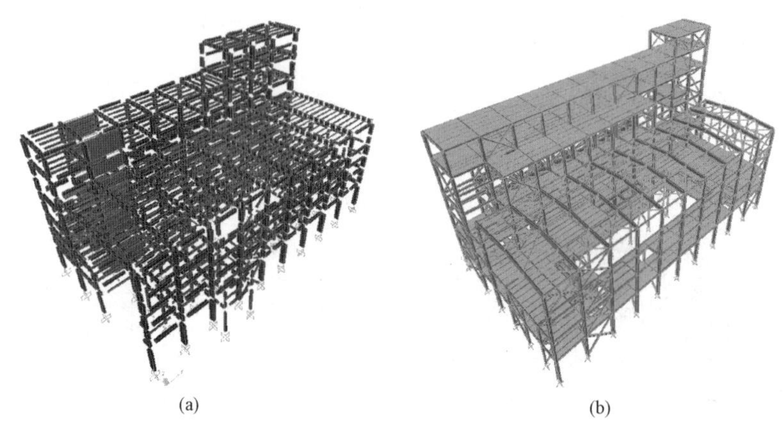

图 11-14　火电厂主厂房结构模型图

（a）钢筋混凝土结构；（b）钢结构

主要分析内容包括如下几个方面。

（1）针对火电厂主厂房的两种结构型式进行抗震性能分析，对线性模型采用模态分析、反应谱分析、线性时程分析，从体系层面上考察这两种结构型式的抗震性能是否合理，以及有无可优化的可能，同时对原结构进行弹塑性地震响应分析，考察结构在大震作用下的抗震性能。

（2）对比研究支承式煤斗减震结构与原煤斗刚性连接方案的地震响应，研究支承式煤斗减震体系的参数选择原则和方法，通过大量的时程分析，统计分析支承式煤斗减震方案中影响减震效果的主要因素。分别对煤斗采用集中煤斗荷载和分散实体煤斗荷载进行分析，考察设计中采用集中煤斗荷载的误差有多大。

（3）分析两种煤斗减震结构（钢筋混凝土和钢结构）在大震作用下的弹塑性响应，并与传统结构进行对比，考察煤斗减震方案在大震作用下的减震性能，同时对支承式煤斗减震结构设计方法进行分析研究。

（4）煤斗减震技术涉及的减震装置主要包括隔震支座和阻尼器，对采用这两种装置的煤斗减震体系的连接构造加以介绍，并对支承式煤斗减震装置工程造价进行分析。

二、有限元分析

1. 结构有限元分析模型的确定

分别采用 SAP2000、ABAQUS 建立钢筋混凝土结构和钢结构的模型，与原 SATWE 模型和 STAAD 模型进行对比，保证不同的软件中结构模型的重量和模态分析结果相一致，见表 11-10。

2. 选地震动时程

如图 11-15 所示，根据钢筋混凝土结构和钢结构所在场地条件选取符合规范影响系数曲线的实际加速度时程，用于钢筋混凝土结构和钢结构的地震时程分析。

表 11-10　　　　模型模态周期分析结果对比

振型周期(s)	钢筋混凝土结构厂房			钢结构厂房		
	SATWE	SAP2000	ABAQUS	SATWE	SAP2000	ABAQUS
1	2.063	2.044	2.112	1.626	1.657	1.570
2	1.535	1.483	1.549	1.142	1.145	1.148
3	1.167	1.104	1.139	1.019	1.021	1.065

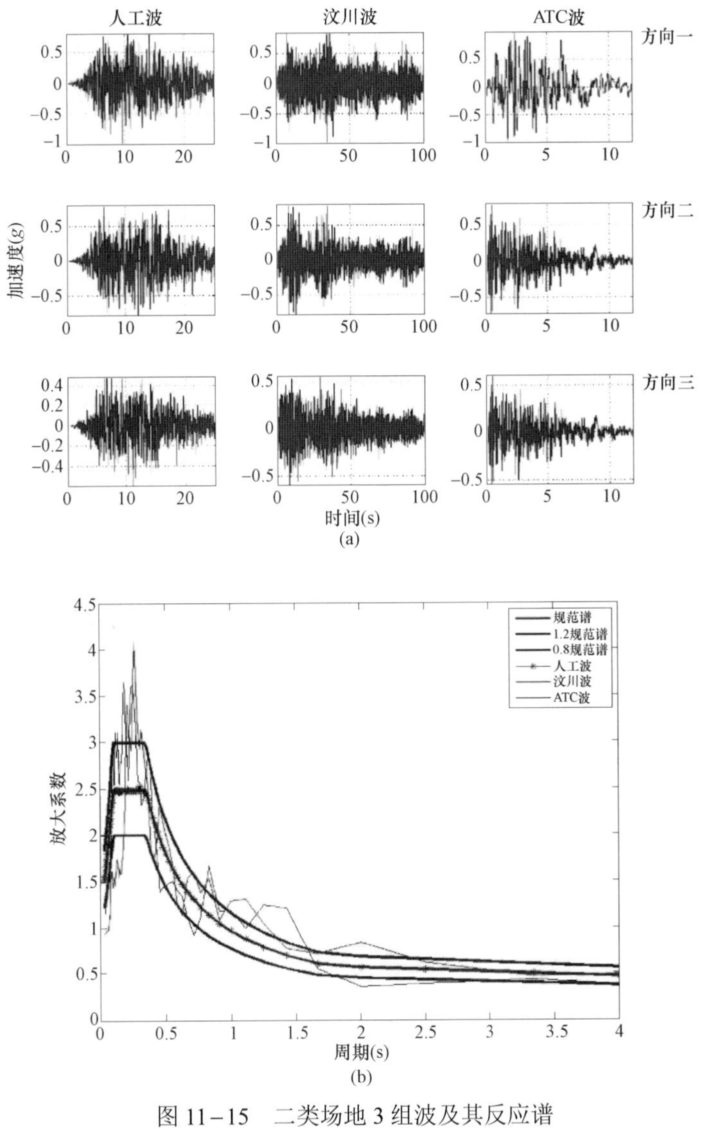

图 11-15　二类场地 3 组波及其反应谱

（a）地震波；（b）反应谱曲线

3. 进行模态分析、反应谱和时程分析，对结构的动力特性进行计算分析

在 SAP2000 中建立钢筋混凝土结构和钢结构的线性模型进行模态分析，考察结构主

要振型的特点；进行反应谱和线性时程分析，考察结构在水平面内扭转响应和薄弱层位置，在时程分析中考察汽机房、煤仓间在横向底部剪力中各自承担的比例，考察框架柱和剪力墙在纵向底部剪力中各自承担的比例。

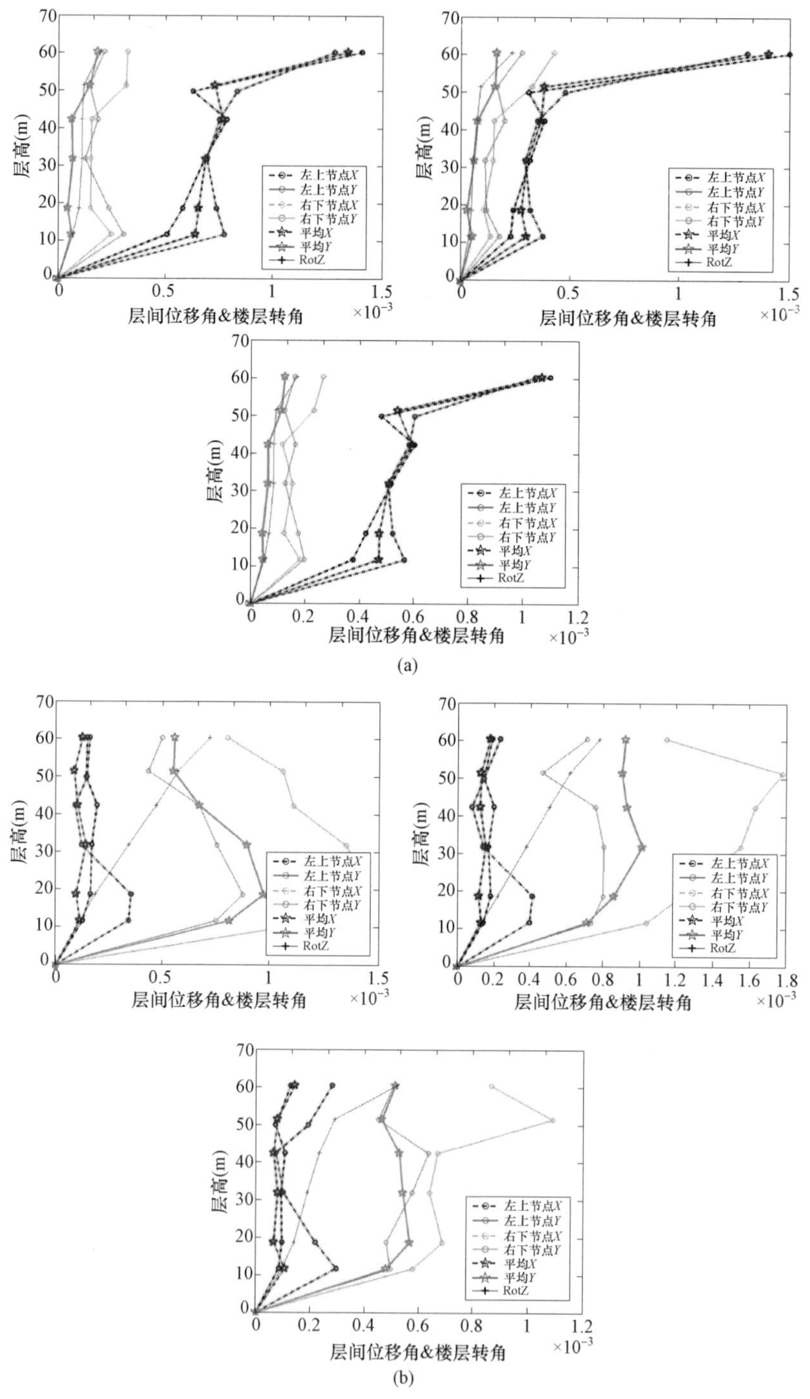

图 11-16　钢筋混凝土结构在 3 组波作用下各层层位移和层间位移角

（a）纵向；（b）横向

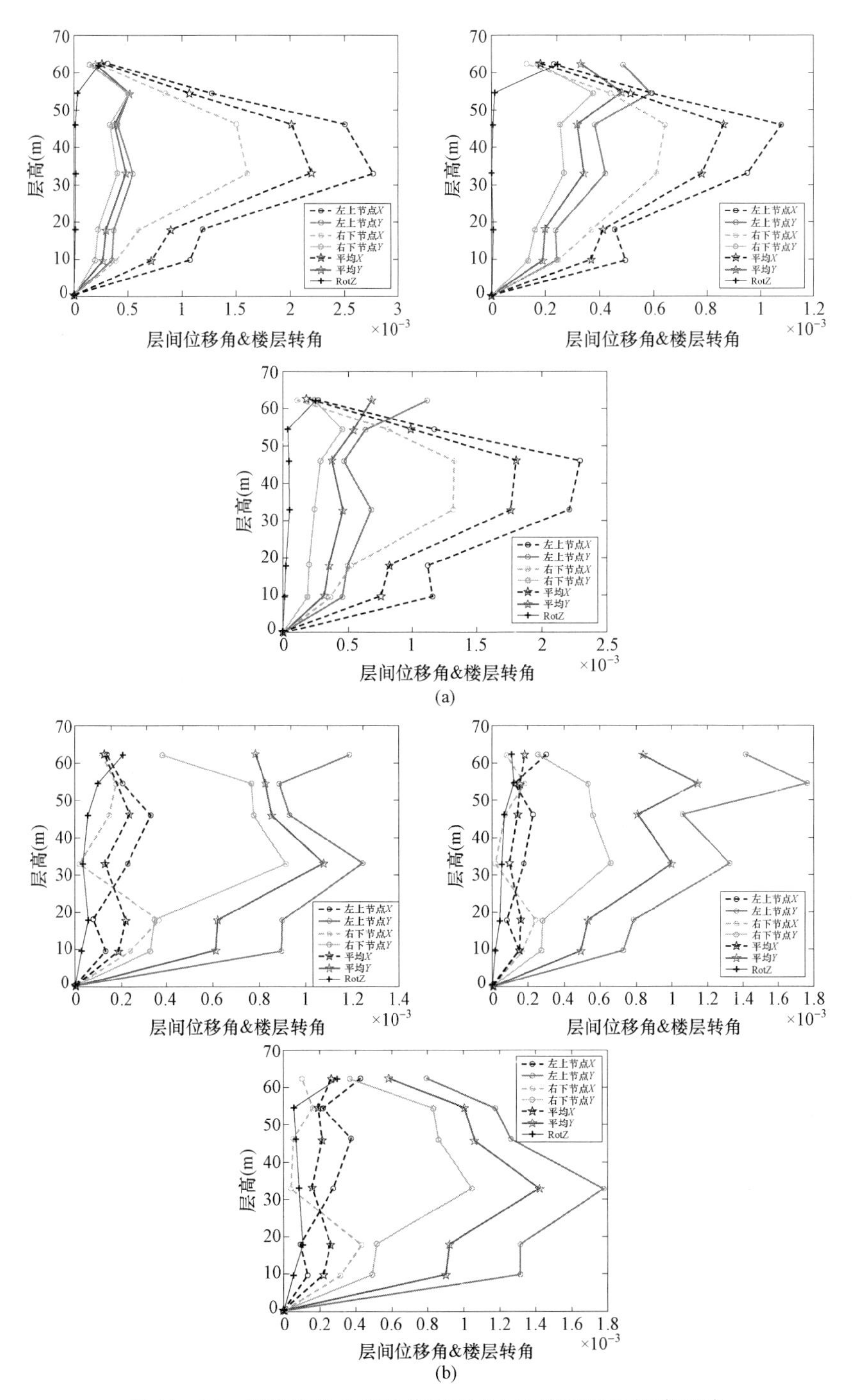

图 11-17　钢结构在 3 组波作用下各层层位移和层间位移角

（a）纵向；（b）横向

4. 结构有限元弹塑性分析模型的确定

在 ABAQUS 中建立钢筋混凝土结构弹塑性分析模型，考虑结构模型在材料、边界和几何非线性属性，梁、柱构件采用纤维模型，剪力墙构件采用分层壳单元模拟，采用瑞雷阻尼。

5. 结构在地震作用下的弹塑性分析

在 ABAQUS 中进行钢筋混凝土结构和钢结构模型的弹塑性分析（见图 11–18～图 11–23），采用性能设计的方法考察结构的薄弱部位，校验结构是否能够满足相应的大震性能要求。

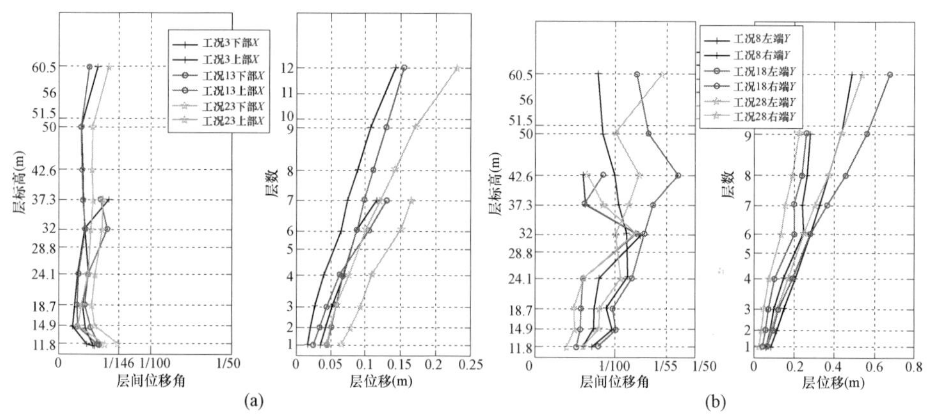

图 11–18　钢筋混凝土结构在 7 度半大震作用下结构层间位移角和层间位移

（a）纵向；（b）横向

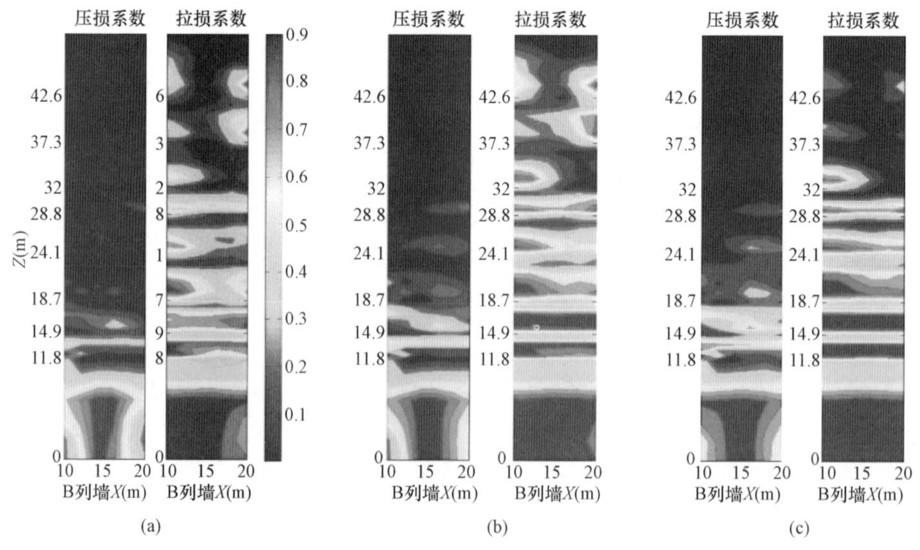

图 11–19　钢筋混凝土结构 B 列墙在 7 度半大震作用下剪力墙混凝土材料损伤云图

（a）人工波；（b）汶川波；（c）ATC 波

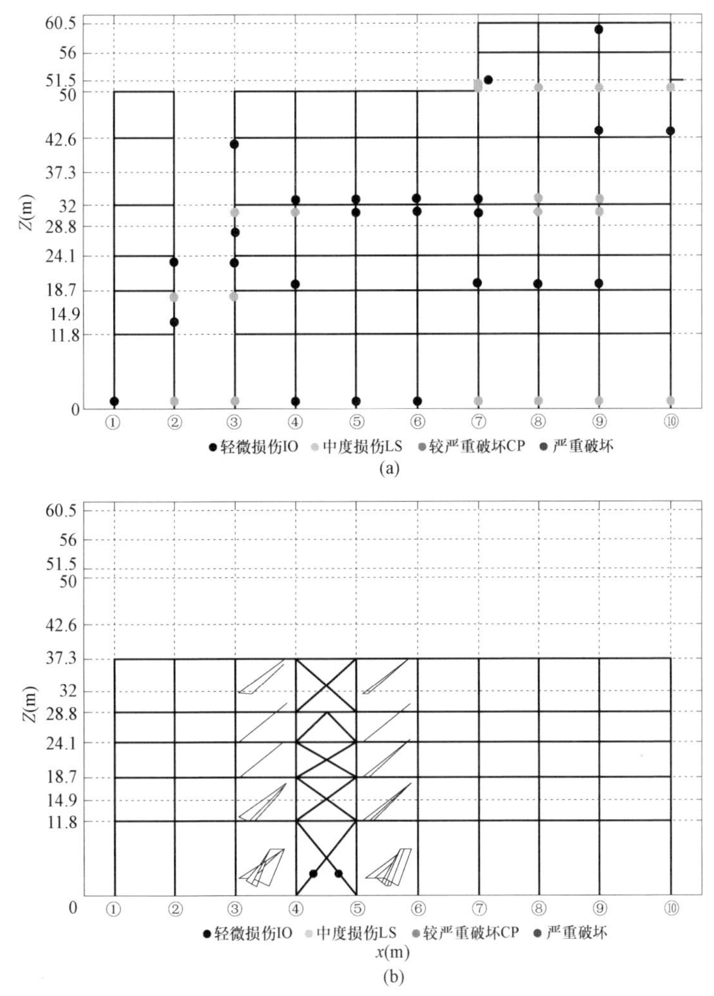

图 11-20　钢筋混凝土结构在 7 度半大震作用下框架、支撑损伤

（a）C 列框架梁柱单元的损伤分布；（b）A 列框架支撑单元的滞回曲线

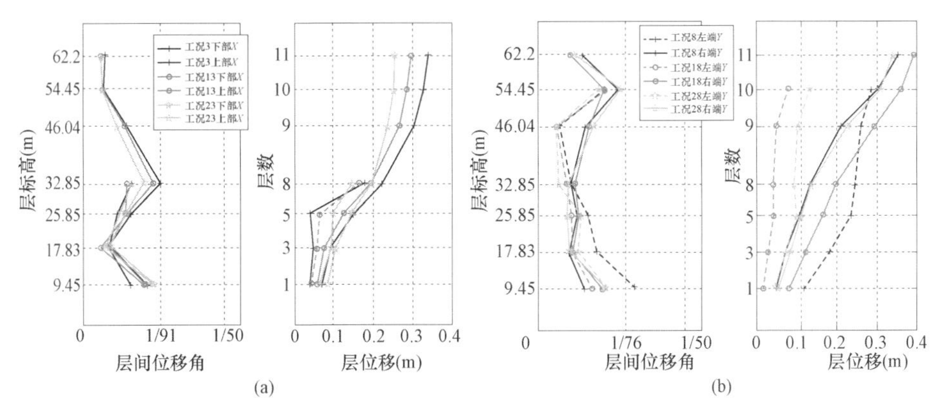

图 11-21　钢结构在 7 度半大震作用下结构层间位移角和层位移

（a）纵向；（b）横向

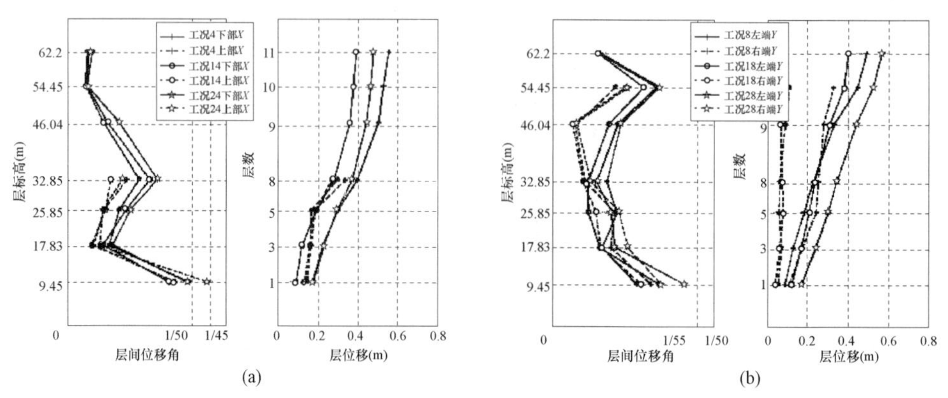

图 11-22 钢结构在 8 度大震作用下结构层间位移角和层位移

（a）纵向；（b）横向

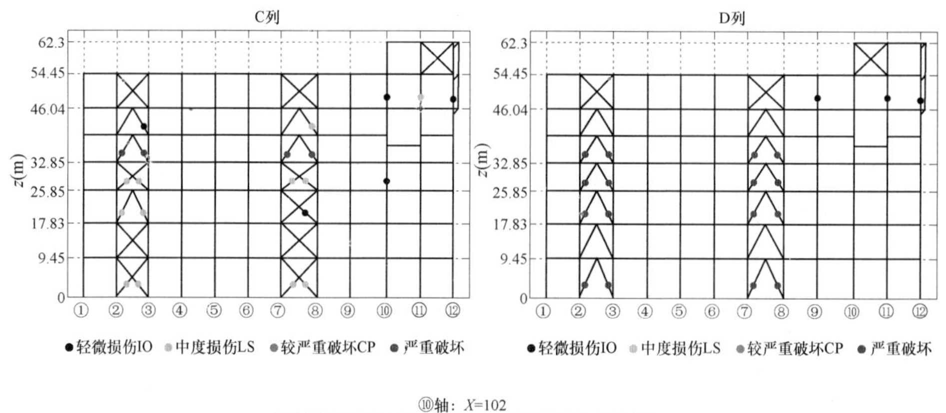

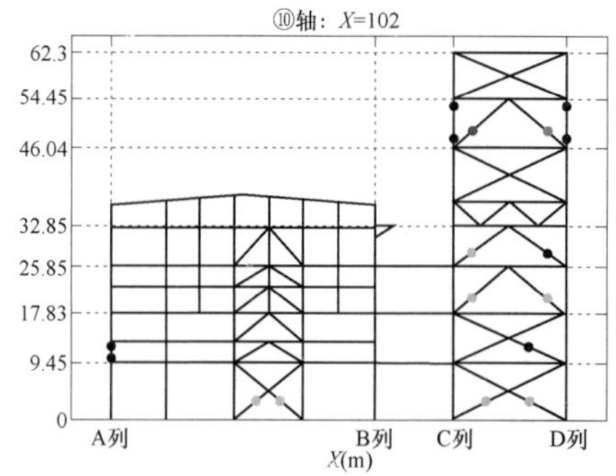

图 11-23 钢结构 C、D 列构件损伤情况（一）

（a）7 度半大震作用下

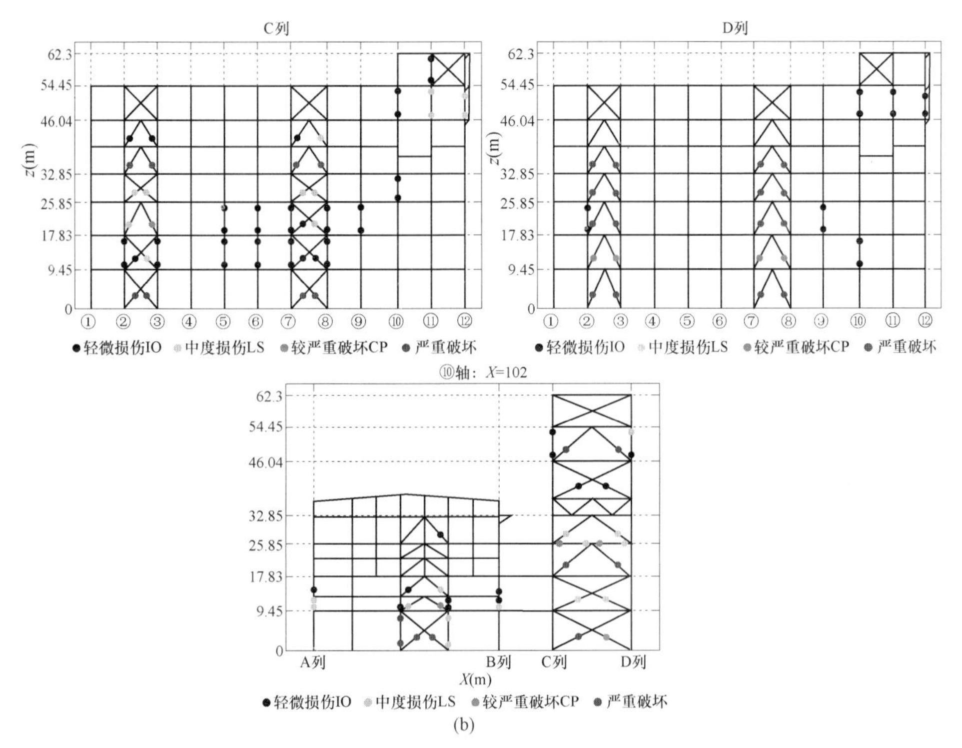

(b)

图 11-23　钢结构 C、D 列构件损伤情况（二）

（b）8 度半大震作用下

6. 与传统的结构进行对比分析，比较采用支承式煤斗减震技术结构体系的优劣

在 SAP2000 和 ABAQUS 中分别进行小震和大震作用下支承式煤斗减震方案的减震效果分析和计算，如图 11-24～图 11-28 所示。小震时，根据煤斗系统的设计频率、阻尼比及煤斗质量确定多组方案，每个方案输入 47 种工况用来考虑地震波的随机性。

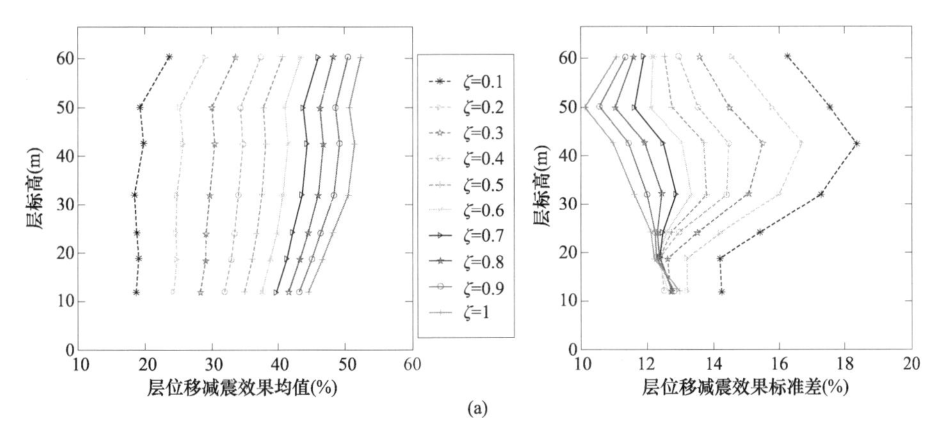

(a)

图 11-24　钢筋混凝土结构小震作用下各层位移减震效果统计结果（一）

（a）煤斗与结构连接部位阻尼对减震效果的影响

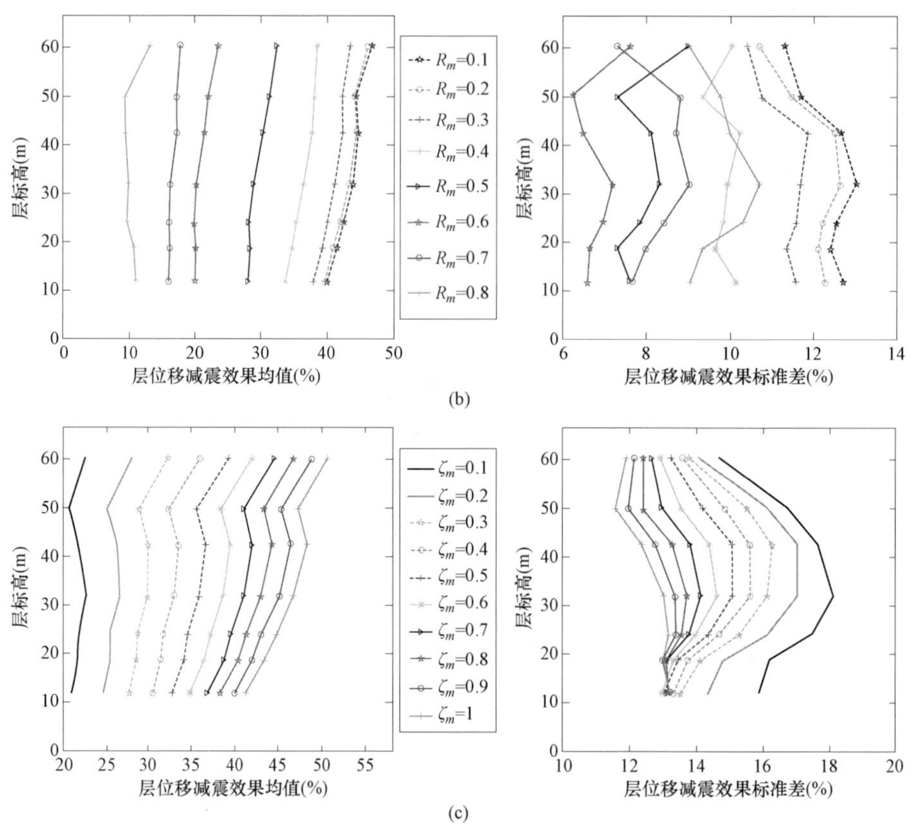

图 11-24 钢筋混凝土结构小震作用下各层位移减震效果统计结果（二）

（b）考察煤斗质量变化对减震效果的影响；（c）考虑结构进入塑性阶段

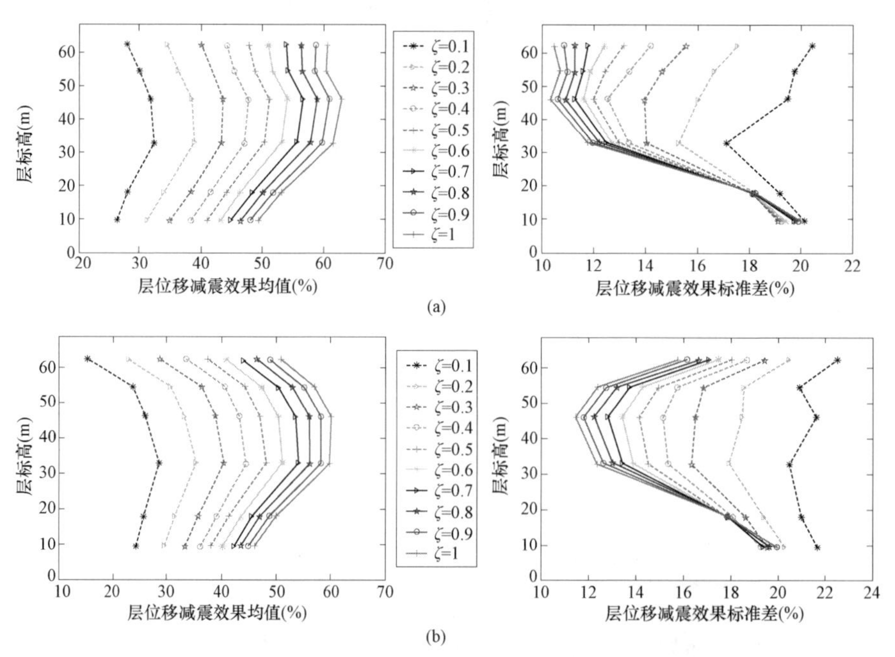

图 11-25 钢结构小震作用下各层位移减震效果统计结果

（a）煤斗与结构连接部位阻尼对减震效果的影响；（b）考虑结构进入塑性阶段

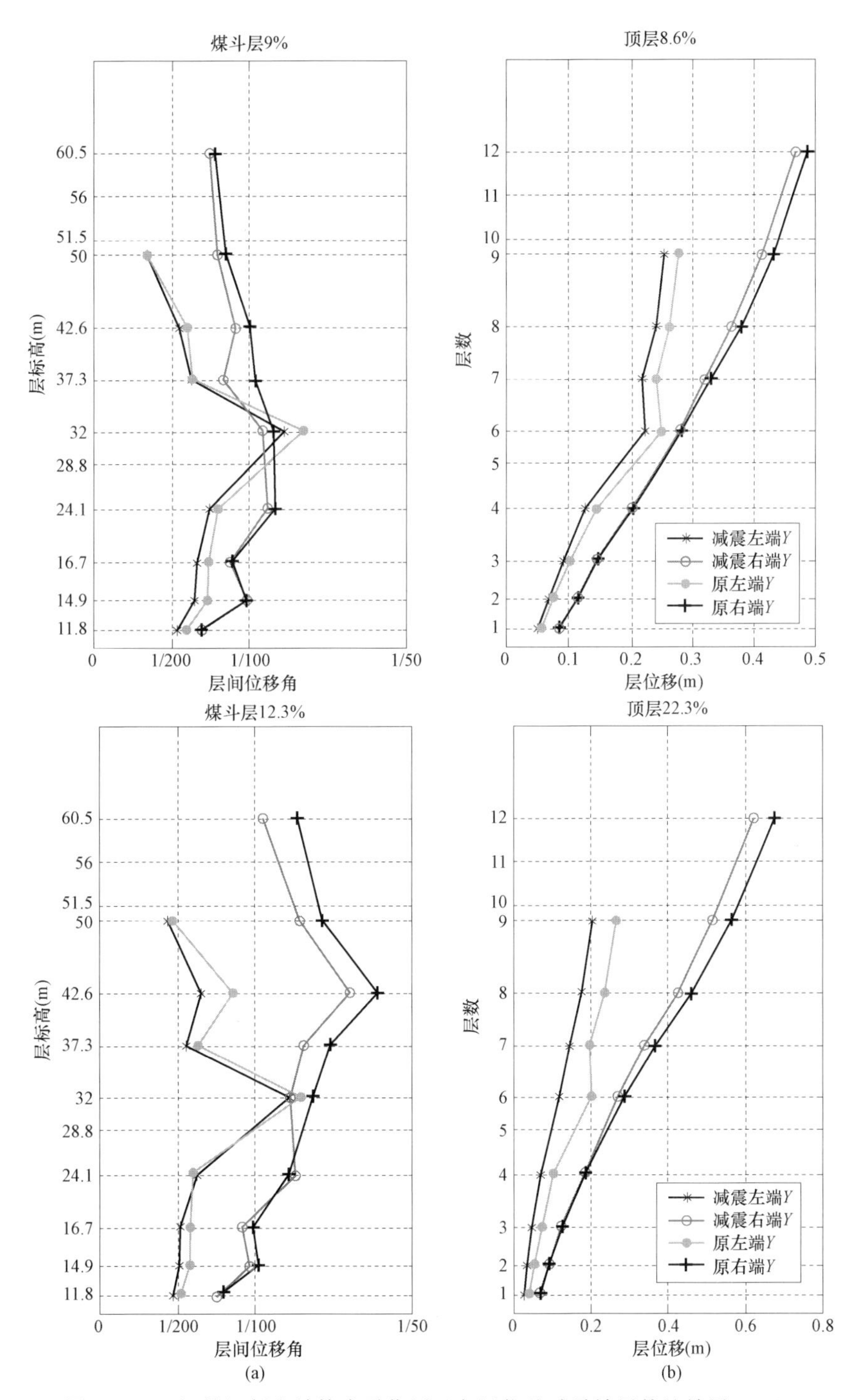

图 11-26　钢筋混凝土结构大震作用下各层位移减震效果统计结果（一）

（a）人工波；（b）汶川波

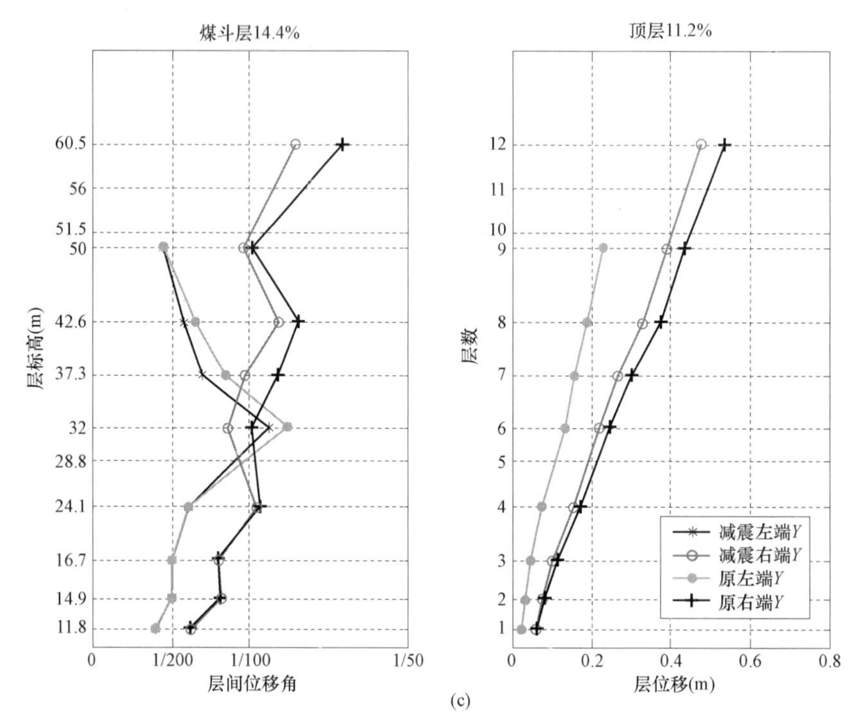

图 11-26 钢筋混凝土结构大震作用下各层位移减震效果统计结果（二）

（c）ATC 波

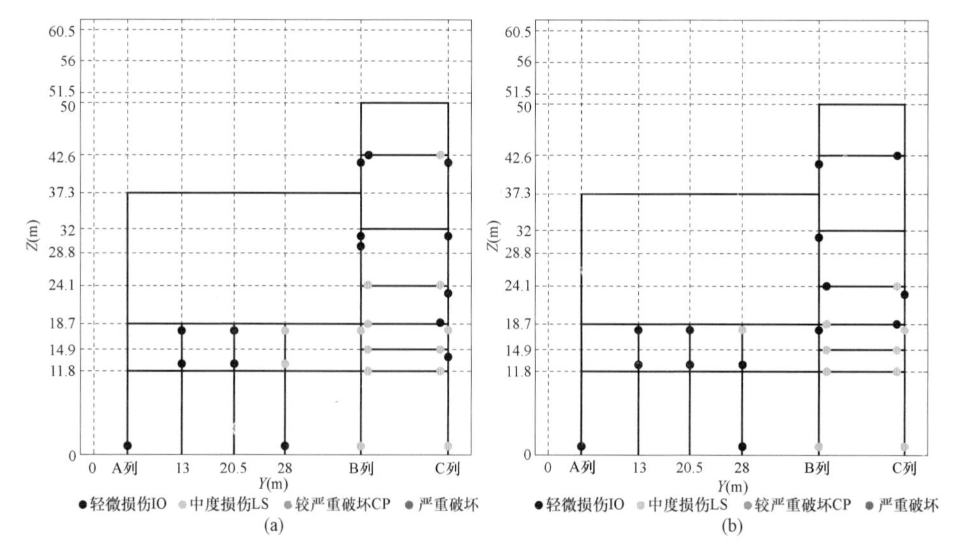

图 11-27 钢筋混凝土结构在大震作用下框架损伤（一）

（a）2 轴框架减震前；（b）2 轴框架减震后

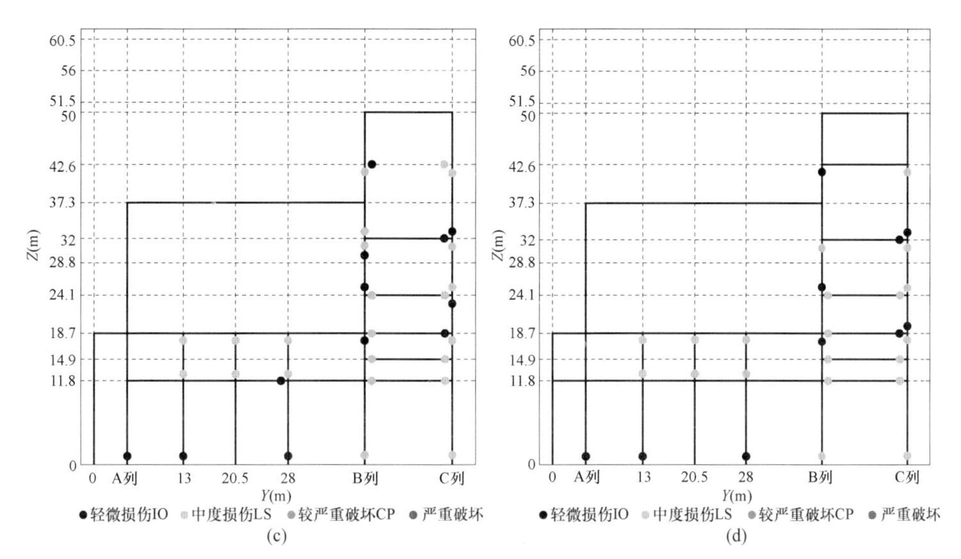

图 11-27 钢筋混凝土结构在大震作用下框架损伤（二）

（c）3 轴框架减震前；（d）3 轴框架减震后

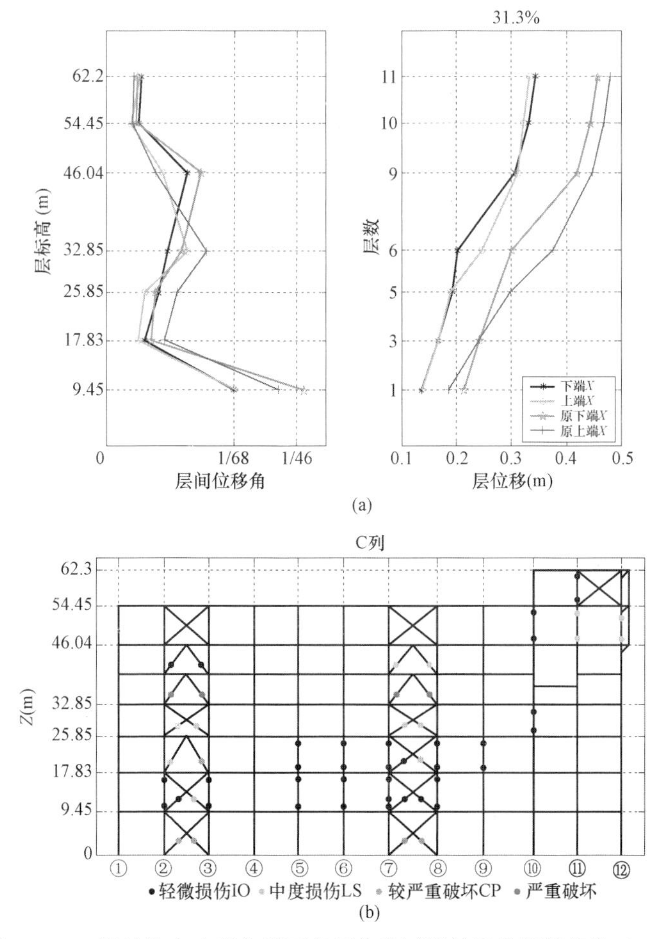

图 11-28 钢结构在大震作用下各层位移减震效果及框架损伤（一）

（a）层间位移及位移角对比；（b）减震前 C 列框架损伤

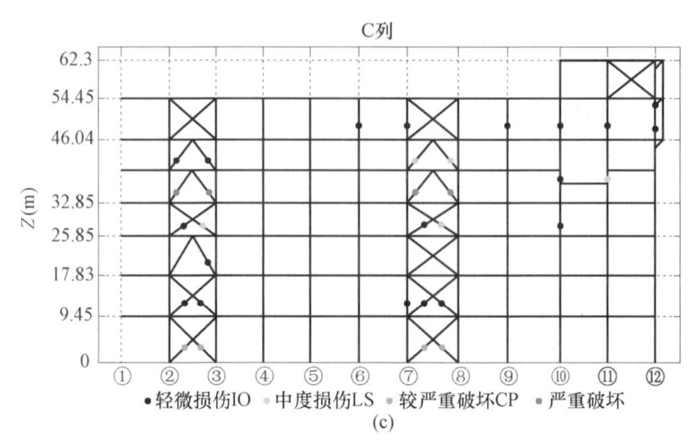

图 11-28 钢结构在大震作用下各层位移减震效果及框架损伤（二）

（c）减震后 C 列框架损伤

7. 煤斗考虑为刚体模型与质量点模型的差异性考察

通过 45 组地震工况分析煤斗采用常规集中力建模方法与考虑煤斗外形的离散质点模型对应的结构各层位移时程响应，对比分析结果考察质量点模型的可行性。结果表明多数情况下，二者差异小于 2%，绝大多数情况下，二者差异小于 5%。设计阶段采用集中力方式模拟煤斗重量是可行的。

8. 采用支承式煤斗减震结构体系抗震设计方法

在 SAP2000 中通过多种时程工况统计分析采用增加结构整体等效阻尼比方法进行支承式煤斗减震结构体系设计的可行性，即采用 SAP2000 分析煤斗减震结构的等效阻尼比，然后在传统结构模型中增加结构比例阻尼，按此结构加以分析、设计。

9. 支承式煤斗减震部件的选择和布置方法

支承式煤斗减震部件主要包括承受竖向荷载、同时提供低水平刚度的叠层橡胶垫和提供水平向阻尼的阻尼器。

典型的支承式煤斗减震体系，即煤斗梁仍按传统方案布置，每个煤斗有 8 个支承点，用叠层橡胶垫代替传统方案中的固结点。阻尼器则安装在框架柱之间，从煤斗的环梁上在每个方向伸出一个传力构件（可以采用型钢梁或钢桁架的形式），在每两根框架柱之间连接两个阻尼器。

10. 造价对比分析

通过钢筋混凝土结构的算例，对采用支承式煤斗减震技术前后工程造价进行对比分析，减震体系增加费用与钢筋成本降低费用基本持平，但结构抗震性能明显提高。

三、主要结论

（1）火电厂主厂房钢筋混凝土结构平面和竖向刚度分布均不规则，平面扭转效应很明显，竖向存在鞭梢效应，薄弱层在煤斗层处。破坏模式以柱塑性铰和剪力墙底部的塑形变形为主，少数框架梁进入塑形；损伤集中于底层和煤斗层。在 7 度半大震作用下的抗震性能能够满足规范要求。

（2）钢筋混凝土主厂房横向底部剪力煤仓间承担 65%，由于汽机房的存在，煤仓间不应简单看作单跨框架。

（3）钢结构平面刚度分布较均匀，横向存在一定程度的扭转分量，薄弱层在其煤斗层。钢结构在 8 度大震作用下抗震性能满足规范要求，损伤主要集中于钢支撑构件，层间位移角较大的楼层是底层和煤斗层。

（4）煤斗减震技术可有效提高钢筋混凝土结构和钢结构厂房的抗震性能。

四、设计指南

按照我国现行抗震规范的要求，工程结构煤斗减震设计目前亦采用两阶段抗震设计方法（见图 11-29），即第一阶段采用低于基本设防烈度的多遇地震水平进行弹性阶段的设计，弹性阶段的设计主要进行截面承载力的验算和弹性位移的验算；第二阶段采用高于基本设防烈度的罕遇地震水平进行弹塑性阶段的验算。

（一）钢筋混凝土主厂房结构第一阶段抗震设计

1. 截面与配筋设计

在 SATWE 中按照传统方式建立煤斗模型（煤斗与煤斗梁固结），如果在 ETABS 中则采用隔震支座单元连接煤斗与煤斗梁，与此同时在抗震分析时，将模态阻尼比增加 5% 即结构在第一阶段设计时阻尼比取值为 10%，进行结构的截面和配筋设计与承载力校验。以此为第二阶段设计提供基础数据。

2. 不同力学模型的对比校验

采用 SATWE 或 ETABS 进行截面和配筋设计后，建议采用 SAP2000 进行不同力学模型的对比分析，在 SAP2000 中建立支承式煤斗减震结构的力学模型，不增加结构模型的模态阻尼比，直接通过黏滞阻尼器单元连接煤斗与框架柱，结构的构件截面与 SATWE 或 ETABS 模型完全相同，采用三组波进行地震时程响应分析，对响应结果加以对比分析。

（二）钢筋混凝土主厂房结构第二阶段抗震设计

建议在 ABAQUS 软件中进行钢筋混凝土主厂房结构第二阶段抗震设计，通常采用梁单元模拟框架梁柱、壳元模拟钢筋混凝土剪力墙，隔振支座、黏滞阻尼器单元分别采用 Spring 和 Dashpot 单元进行模拟。

第二阶段设计中最为重要的是考察结构整体变形是否符合规范或建设方要求（规范为最低标准，建设方要求不应该低于规范标准）及构件损伤分布和发生先后顺序。除了上述两个方面重要指标外，我国规范还对层间剪力有要求。因而大体上第二阶段抗震设计中弹塑性分析需输出各层位移时程、主要梁柱构件的截面弯矩曲率时程和截面外围积分点的应力应变时程、主要剪力墙构件的混凝土损伤指数、竖向构件的水平剪力时程（用以求楼层的剪力时程）。

（三）钢结构主厂房第一阶段设计

火电厂钢结构一般在 STAAD ProV8i 软件中进行设计，在钢结构主厂房的第一阶段抗震设计中采用隔震支座单元连接煤斗与煤斗梁，采用黏滞阻尼器单元连接煤斗与框架柱，然后将结构整体的阻尼比增加 5%以后进行振型分解反应谱分析与设计，当构件截面承载力满足规范要求以后，进行第二阶段的抗震设计。建议在钢结构大型火电厂主厂房中采用屈曲约束支撑或偏心支撑，将框架梁与框架柱采用刚接，做成框架—支撑结构型式，以便形成多道抗震防线，提高结构的整体抗震性能。

（四）钢结构主厂房第二阶段设计

建议在 ABAQUS 进行钢结构主厂房第二阶段抗震设计，钢结构中的梁、柱框架单元采用 ABAQUS 的梁单元模拟，支撑单元采用 ABAQUS 中具有受压屈曲和受拉屈服功能的支撑单元模拟，所需考察的弹塑性分析结果与钢筋混凝土结构相同。

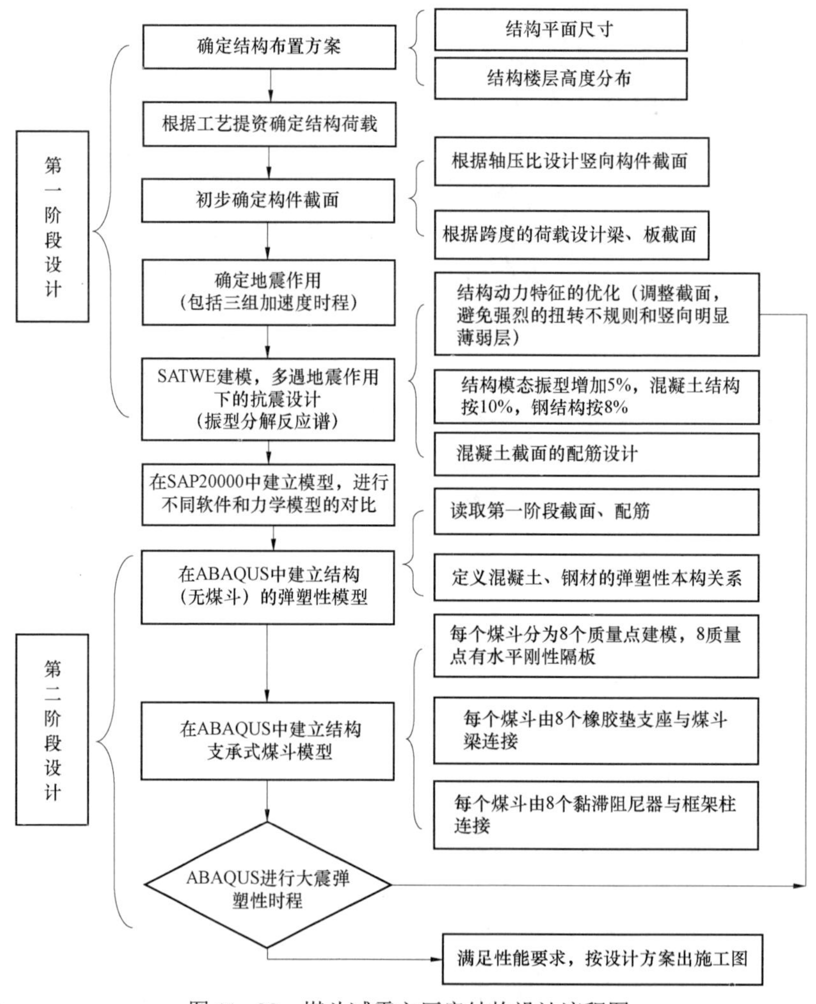

图 11-29　煤斗减震主厂房结构设计流程图

第三节　工　程　实　例

相关的研究成果已在北疆电厂二期工程侧煤仓及漳泽发电厂 2×100 万 kW“上大压小”改扩建工程独立煤仓间转运站结构中应用。

北疆电厂二期工程厂区抗震设防烈度为 8 度，设计基本地震加速度值为 0.20g，地震分组为第一组，建筑场地类别为Ⅳ类。该工程侧煤仓采用三跨四列式布置，结构采用钢框架+支撑体系，结构计算模型及 BRB 支撑布置如图 11-30 和图 11-31 所示。

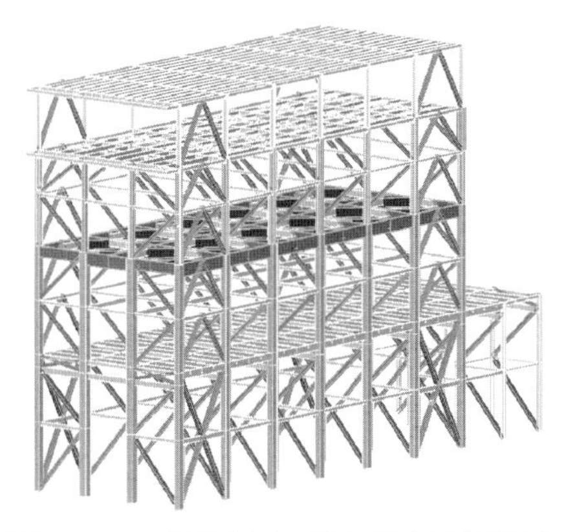

图 11-30　北疆电厂二期侧煤仓计算模型

图 11-31　北疆电厂二期侧煤仓 BRB 支撑布置

漳泽发电厂 2×100 万 kW“上大压小”改扩建工程位于山西省长治市郊区马厂工业区内，西距漳泽发电厂约 3km，西南距漳泽水库约 4km，南距晋东南特高压变电站约 40km。

该工程独立煤仓间转运站采用现浇钢筋混凝土框架+屈曲约束支撑（BRB）结构。屋面及各层楼面均采用 H 型钢梁—现浇钢筋混凝土楼板组合结构。

独立煤仓间转运站结构主要布置参数见表 11-11，屈曲约束支撑（BRB）主要参数见表 11-12，结构计算模型如图 11-32 所示，结构平、剖面布置如图 11-33 和图 11-34 所示。主要设计条件如下。

（1）抗震设防烈度为 7 度，地震动峰值加速度为 0.120g，地震动反应谱特征周期为 0.45s；场地类别为Ⅱ类。

（2）基本风压为 0.50kN/m^2，地面粗糙度为 B 类。

（3）基本雪压为 0.30kN/m^2。

表 11-11　　独立煤仓间转运站结构主要参数

项　次	参　数	项　次	参　数
横向宽度（m）	14.60	皮带层 1 高度（m）	42.00
长度（纵向）（m）	13.00	皮带层 2 高度（m）	54.80
柱截面（mm）	1000×1000	屋面高度（m）	64.30

表 11-12　屈曲约束支撑（BRB）主要参数

构件类型	屈服承载力（kN）	轴线长度（mm）	数量（根）
BRB1	750	9500	24
BRB2	1000	9500	16
BRB3	300	9500	20
合计			60

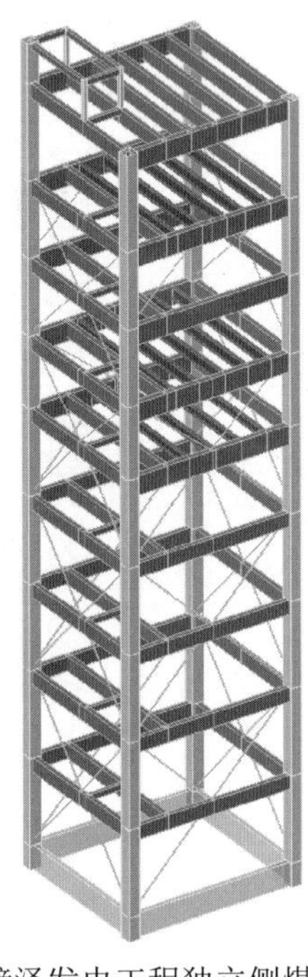

图 11-32　漳泽发电工程独立侧煤仓计算模型

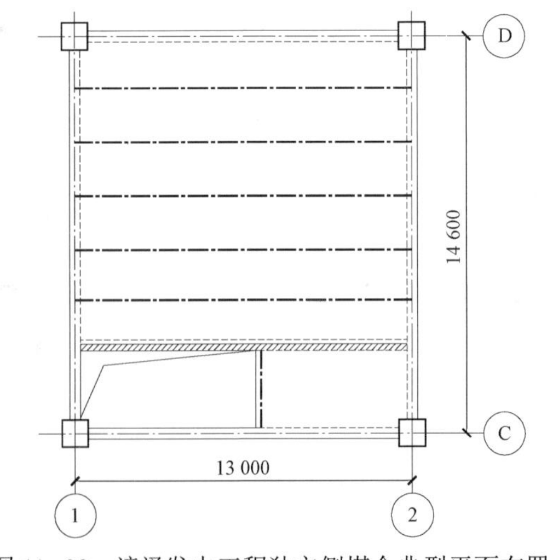

图 11-33　漳泽发电工程独立侧煤仓典型平面布置图

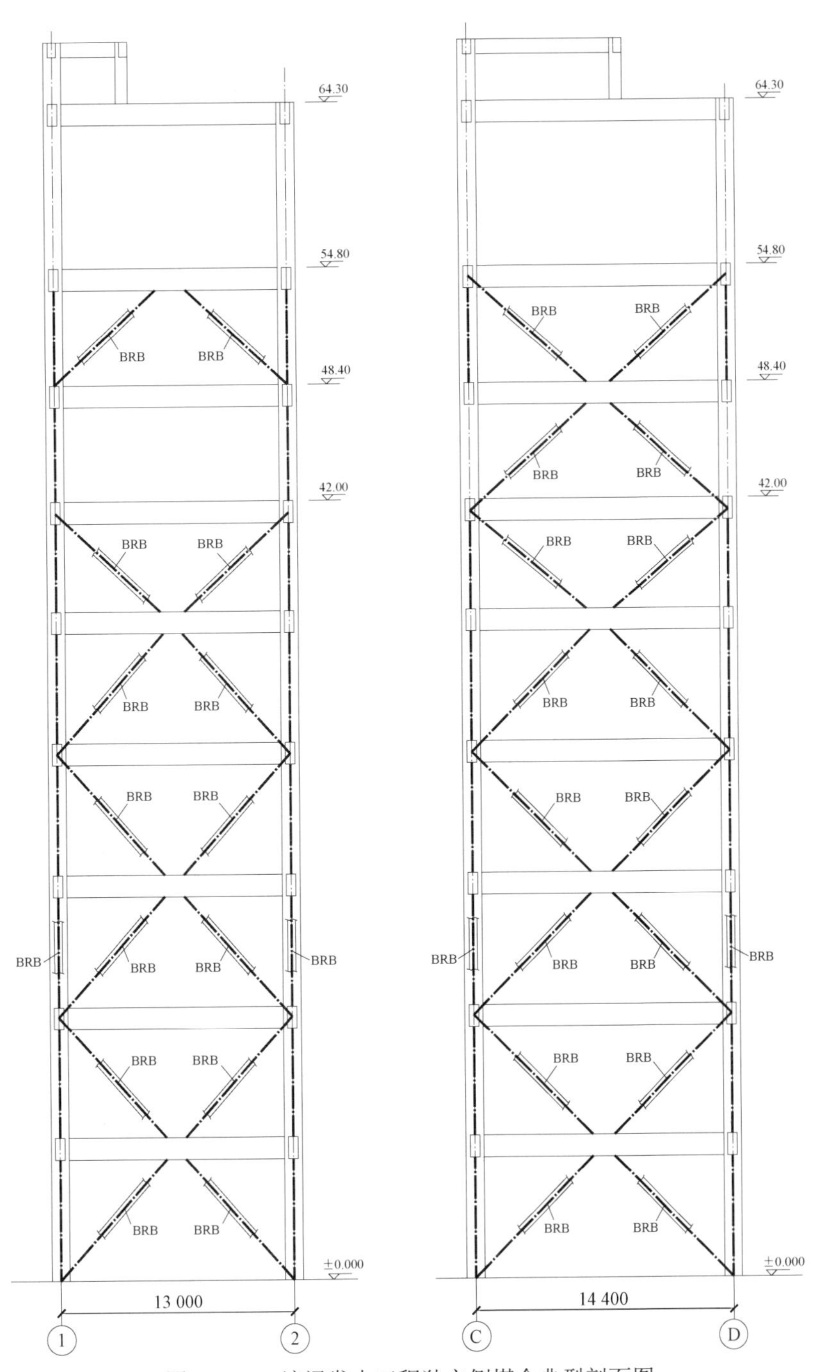

图 11-34　漳泽发电工程独立侧煤仓典型剖面图

第十二章 基于性能的火力发电厂主厂房抗震设计

第一节 基于性能的抗震设计背景

性能化设计主要体现在对不同的结构、结构中不同部位和不同构件实现差别化的设计，通过细致的分析与设计，实现选定的性能目标。我国《抗规》中自1989版以来的三水准设防（“小震不坏、中震可修、大震不倒”）原则即为一种性能目标，只不过所定目标较为单一（以楼层的弹性和弹塑性变形为量化标准），面对复杂结构的具体实施方法不够详细，对于规则、不超限的一般结构按照规范要求设计的结构方案基本能实现预期地震作用下的性能目标。但随着社会发展和经济的进步，大量新建大型复杂公共建筑和工业厂房很难满足规范概念设计的相关条文要求，而且其抗震的性能需求通常也高于普通建筑结构，需要采用更为详尽的分析方法和更为合理的设计方法，这是我国现行工程建设设计规范增加性能化设计方法的主要原因。

火力发电厂的结构布置主要由工艺要求决定，结构在平面、竖向规则性方面常常不能满足抗震概念设计的要求，另外随着理论和技术的发展，新型布置方案也逐年涌现，比如侧煤仓布置方案、单独汽机房的竖向框排架布置方案等；消能减震技术也逐步在火力发电厂结构中加以推广应用，比如防屈曲支撑、铅阻尼器、煤斗减震技术等；这些新的布置方案和新的抗震技术的应用通常都超出了常规抗震的设计要求，需要采用更为先进、可靠的性能化设计，现阶段在火力发电厂结构抗震设计方面引入性能化设计的方法有利于推动各种新技术的应用，同时还可提高我国在火力发电厂方面的设计水平，增强我国电力行业企事业单位在国际上的投标竞争力。

结构抗震性能分析论证的重点是深入地进行计算分析和工程判断，找出结构有可能出现的薄弱部位，提出有针对性的抗震加强措施和必要的试验验证，分析论证结构可达到预期的抗震性能目标。一般需要进行如下工作。

（1）分析确定结构超过规范适用范围及不符合抗震概念设计的情况和程度。

（2）认定场地条件、抗震设防类别和地震动参数。

（3）深入的弹性和弹塑性计算分析（静力分析及时程分析）并判断计算结果的合理性。

影响弹塑性位移计算结果的因素很多，现阶段，其计算值的离散性，与承载力计算的离散性相比较大。注意常规设计中，考虑小震弹性时程分析的波形数量较少，而且计算的位移多数明显小于反应谱法的计算结果，需要以反应谱法为基础进行对比分析；大震弹塑性时程分析时，由于阻尼的处理方法不够完善，波形数量也较少（建议尽可能增加数量，如不少于 7 条；数量较少时宜取包络），不宜直接把计算的弹塑性位移值视为结构实际弹塑性位移，同样需要借助小震的反应谱法计算结果进行分析。建议按下列方法确定其层间位移参考数值：用同一软件、同一波形进行弹性和弹塑性计算，得到同一波形、同一部位弹塑性位移（层间位移）与小震弹性位移（层间位移）的比值，然后将此比值取平均或包络值，再乘以反应谱法计算的该部位小震位移（层间位移），从而得到大震下该部位的弹塑性位移（层间位移）的参考值。

（4）找出结构有可能出现的薄弱部位及需要加强的关键部位，提出有针对性的抗震加强措施；薄弱部位可借助上下相邻楼层或主要竖向构件的屈服强度系数的比较予以复核，不同的方法、不同的波形，尽管彼此计算的承载力、位移、进入塑性变形的程度差别较大，但发现的薄弱部位一般相同。

（5）必要时，还需进行构件、节点或整体模型的抗震试验，补充提供论证依据，如对规范未列入的新型结构方案又无震害和试验依据或对计算分析难以判断、抗震概念难以接受的复杂结构方案。

（6）论证结构能满足所选用的抗震性能目标的要求。

第二节 火力发电厂主厂房结构的性能水准及性能目标

一、性能水准及性能目标

当火力发电厂主厂房结构采用抗震性能化设计时，应分析结构方案的特殊性、选用适宜的结构抗震性能目标，并采取满足预期的抗震性能目标的措施。

主厂房结构的抗震性能化设计，着重提高抗震安全性或满足电厂厂房使用功能的专门要求，应综合考虑承载力和变形能力，对于整个结构，主要指关键楼层的剪力和层间位移角，对于某些部位或关键构件，指的是截面承载力和截面转角、材料应变或设备相对于结构的变形幅值，根据结构和构件的力学特征，灵活运用各种措施达到预期的性能目标。

例如，对承载煤斗重量的楼层框架构件，可对梁和柱提出相应的性能目标，虽不能满足强柱弱梁的概念设计要求，但可提高其承载能力满足其抗震安全性要求；对竖向框排架结构中的排架柱，为确保大震下构件的安全可提出大震下的性能目标，使其具有足够安全的承载和变形能力，从而放松其在多遇地震作用下的变形要求；对侧煤仓结构中可能出现的异型框架梁柱构件，可通过提高其承载力性能目标保障其在罕遇地震作用下的安全性。

不同水准地震动作用下性能目标的选择是性能化设计的核心工作。鉴于地震具有很大的不确定性，性能化设计需要估计各种水准的地震影响，包括考虑近场地震的影响。规范的地震水准是按50年设计基准期确定的。结构设计使用年限是国务院《建设工程质量管理条例》规定的在设计时考虑施工完成后正常使用、正常维护情况下无须大修仍可完成预定功能的保修年限，国内外的一般建筑结构取50年。结构抗震设计的基准期是抗震规范确定地震作用取值时选用的统计时间参数，也取为50年，即地震发生的超越概率是按50年统计的，多遇地震的理论重现期50年，设防地震是475年，罕遇地震随烈度高度而有所区别，7度约1600年，9度约2400年。其地震加速度值，设防地震取GB 50011—2010《建筑抗震设计规范》表3.2.2的“设计基本地震加速度值”，多遇地震、罕遇地震取GB 50011—2010《建筑抗震设计规范》表5.1.2-2的“加速度时程最大值”。其水平地震影响系数最大值，多遇地震、罕遇地震按GB 50011—2010《建筑抗震设计规范》表5.1.4-1取值。

对于设计使用年限不同于50年的结构，其地震作用需要做适当调整，取值经专门研究提出并按规定的权限批准后确定。当缺乏当地的相关资料时，可参考CECS 160：2004《建筑工程抗震性态设计通则（试用）》的附录A，其调整系数的范围大体是，设计使用年限70年取1.15～1.2，100年取1.3～1.4。

应对选定的抗震性能目标提出技术和经济可行性综合分析和论证，宜综合考虑抗震设防类别、设防烈度、场地条件、结构类型和不规则性，工艺要求、投资大小、震后损失和修复难易程度等影响因素。结构抗震性能目标分为A、B、C、D四个等级，结构抗震性能分为1、2、3、4、5五个水准（见表12-1），每个性能目标均与一组在指定地震地面运动下的结构抗震性能水准相对应。

表12-1　结构性能目标

性能目标 / 性能水准 / 地震水准	A	B	C	D
多遇地震	1	1	1	1
设防烈度地震	1	2	3	4
预估的罕遇地震	2	3	4	5

A、B、C、D四级性能目标的结构，应满足以下条件。

（1）在小震作用下均应满足第1抗震性能水准，即满足弹性设计要求。

（2）在中震或大震作用下，四种性能目标所要求的结构抗震性能水准有较大的区别。

1）A级性能目标是最高等级，中震作用下要求结构达到第1抗震性能水准，大震作用下要求结构达到第2抗震性能水准，即结构仍处于基本弹性状态。

2）B级性能目标，要求结构在中震作用下满足第2抗震性能水准，大震作用下满足第3抗震性能水准，结构仅有轻度损坏。

3）C级性能目标，要求结构在中震作用下满足第3抗震性能水准，大震作用下满足第 4 抗震性能水准，结构中度损坏。

4）D 级性能目标是最低等级，要求结构在中震作用下满足第 4 抗震性能水准，大震作用下满足第 5 性能水准，结构有比较严重的损坏，但不致倒塌或发生危及生命的严重破坏。

（3）选用性能目标时，需综合考虑抗震设防类别、设防烈度、场地条件、结构的特殊性、建造费用、震后损失和修复难易程度等因素。

（4）鉴于地震地面运动的不确定性及对结构在强烈地震下非线性分析方法（计算模型及参数的选用等）存在不少经验因素，缺少从强震记录、设计施工资料到实际震害的验证，对结构抗震性能的判断难以十分准确，因此在性能目标选用中宜偏于安全一些。实际工程情况很复杂，需综合考虑各项因素。选择性能目标时，一般需征求业主和有关专家的意见。

结构抗震性能水准可按表 12–2 进行宏观判别，各种性能水准结构的楼板均不应出现受剪破坏。

表 12–2　　各性能水准结构预期的震后性能状况

结构抗震性能水准	宏观损坏程度	关键构件	普通竖向构件	耗能构件	继续使用的可能性
1	完好、无损坏	无损坏	无损坏	无损坏	不需要修理即可继续使用
2	基本完好、轻微损坏	无损坏	无损坏	轻微损坏	稍加修理即可继续使用
3	轻度损坏	轻微损坏	轻微损坏	轻度损坏、部分中度损坏	一般修理后可继续使用
4	中度损坏	轻度损坏	部分构件中度损坏	中度损坏、部分较严重损坏	修复或加固后可继续使用
5	比较严重损坏	中度损坏	部分构件比较严重损坏	比较严重损坏	需排线大修

注　“关键构件”是指该构件的失效可能引起结构的连续破坏或危及生命安全的严重破坏；“普通竖向构件”是指“关键构件之外”的竖向构件；“耗能构件”包括框架梁、剪力墙连梁及耗能装置等。

火力发电厂主厂房结构的抗震性能化设计，应根据实际需要和可能，使设计具有针对性。可分别选定针对结构整体，结构的局部部位或关键部位，结构的关键构件、重要构件、次要构件及建筑构件和设备支座的性能目标。“关键构件”可由结构工程师根据工程实际情况分析确定。例如，主厂房煤仓间和汽机房底部楼层重要竖向构件（框架柱、剪力墙、支撑等）、承受重要工艺设备（煤斗、除氧器等）重力荷载的楼层框架梁和框架柱、重要的斜撑构件、异型节点、排架柱的下部柱、凸出屋面的局部框架等。

二、实施方法

火力发电厂主厂房结构的抗震性能化设计应按照下列要求设计。

（一）选定地震动水准

对设计使用年限为 50 年的结构，设防地震的地震影响系数最大值和加速度峰值见表 12–3。对设计使用年限超过 50 年的结构，宜考虑实际需要和可能，经专门研究后对地震作用做适当调整。

表 12–3　抗震设防烈度和设计基本加速度值、地震影响系数最大值的对应关系

抗震设防烈度	6	7	8	9
设计基本地震加速度值	0.05g	0.10（0.15）g	0.20（0.30）g	0.40g
地震影响系数最大值	0.12	0.23（0.34）	0.45（0.68）	0.90

（二）选定性能设计指标

设计应选定分别提高结构或其关键部位的抗震承载力、变形能力或同时提高抗震承载力和变形能力的具体指标，尚应计及不同水准地震作用取值的不确定性而留有余地。设计宜确定在不同地震动水准下结构不同部位的水平和竖向构件承载力的要求（含不发生脆性剪切破坏、形成塑性铰、达到屈服值或保持弹性等）；宜选择在不同地震动水准下结构不同部位的预期弹性或弹塑性变形状态，以及相应的构件延性构造的高、中或低要求。当构件的承载力明显提高时，相应的延性构造可适当降低。

（三）计算分析

1. 火力发电厂主厂房结构抗震性能化设计的计算要求

（1）分析模型应正确、合理地反映地震作用的传递途径和楼盖在不同地震动水准下是否整体或分块处于弹性工作状态。

（2）弹性分析可采用线性方法，弹塑性分析可根据性能目标所预期的结构弹塑性状态，分别采用增加阻尼的等效线性化方法及静力或动力非线性分析方法。

（3）结构非线性分析模型相对于弹性分析模型可有所简化，但二者在多遇地震下的线性分析结果应基本一致；应计入重力二阶效应、合理确定弹塑性参数，应依据构件的实际截面、配筋等计算承载力，可通过与理想弹性假定计算结果的对比分析，着重发现构件可能破坏的部位及其弹塑性变形程度。

2. 不同抗震性能水准的结构设计方法

（1）第 1 性能水准的结构，应满足弹性设计要求。在多遇地震作用下，其承载力和变形应符合本规程的有关规定；在设防烈度地震作用下，结构构件的抗震承载力应符合式（12–1）规定。

$$\gamma_G S_{GE} + \gamma_{Eh} S'_{Ehk} + \gamma_{Ev} S'_{Evk} \leqslant R_d / \gamma_{RE} \tag{12–1}$$

式中　S_{GE}——重力荷载代表值效应；

S'_{Ehk}——水平地震作用标准值的构件内力，不考虑与抗震等级有关的增大系数；

S'_{Evk}——竖向地震作用标准值的构件内力，不考虑与抗震等级有关的增大系数；

R_d、γ_{RE}——分别为构件承载力设计值和承载力抗震调整系数；

γ_G、γ_{Eh}、γ_{Ev}——分别为重力荷载、水平地震作用、竖向地震作用分项系数。

（2）第 2 性能水准的结构，在设防烈度地震或预估的罕遇地震作用下，关键构件及普通竖向构件的抗震承载力宜符合式（12－1）的规定；耗能构件的受剪承载力宜符合式（12－1）的规定，其正截面承载力应符合式（12－2）规定。

$$S_{GE} + S'_{Ehk} + 0.4S'_{Evk} \leqslant R_k \tag{12-2}$$

式中　R_k——截面承载力标准值，按材料强度标准值计算。

（3）第3性能水准的结构应进行弹塑性计算分析。在设防烈度地震或预估的罕遇地震作用下，关键构件及普通竖向构件的正截面承载力应符合式（12－2）的规定；部分耗能构件进入屈服阶段，但其受剪承载力应符合式（12－2）的规定。

（4）第4性能水准的结构应进行弹塑性计算分析。在设防烈度或预估的罕遇地震作用下，关键构件的抗震承载力应符合式（12－2）的规定；部分竖向构件以及大部分耗能构件进入屈服阶段，但钢筋混凝土竖向构件的受剪截面应符合式（12－3）的规定。

$$V_{GE} + V'_{Ek} \leqslant 0.15 f_{ck} b h_0 \tag{12-3}$$

式中　V_{GE}——重力荷载代表值作用下的构件剪力，N；

V'_{Ek}——地震作用标准值的构件剪力，N，不考虑与抗震等级有关的增大系数；

f_{ck}——混凝土轴心受拉强度标准值，N/mm^2。

（5）第5性能水准的结构应进行弹塑性计算分析。在预估的罕遇地震作用下，关键构件的抗震承载力宜符合式（12－2）的规定；较多的竖向构件进入屈服阶段，但同一楼层的竖向构件不宜全部屈服；竖向构件的受剪截面应符合式（12－3）的规定；允许部分耗能构件发生比较严重的破坏。

3. 各结构性能水准的判别准则

（1）第1性能水准结构，要求全部构件的抗震承载力满足弹性设计要求。在多遇地震（小震）作用下，结构的层间位移、结构构件的承载力及结构整体稳定等均应满足本规程有关规定；结构构件的抗震等级不宜低于本规程的有关规定，需要特别加强的构件可适当提高抗震等级，已为特一级的不再提高。在设防烈度（中震）作用下，构件承载力需满足弹性设计要求，如式（12－1）所示，其中不计入风荷载作用效应的组合，地震作用标准值的构件内力计算中不需要乘以与抗震等级有关的增大系数。

（2）第2性能水准结构的设计要求与第1性能水准结构的差别是，框架梁、剪力墙连梁等耗能构件的正截面承载力只需要满足式（12－2）的要求，即满足“屈服承载力设计”。“屈服承载力设计”是指构件按材料强度标准值计算的承载力不小于按重力荷载及地震作用标准值计算的构件组合内力。对耗能构件只需验算水平地震作用为主要可变作用的组合工况，式（12－2）中重力荷载分项系数 γ_g、水平地震作用分项系数 γ_{Eh} 及抗震承载力调整系数 γ_{RE} 均取1.0，竖向地震作用分项系数 γ_{Ev} 取0.4。

（3）第3性能水准结构，允许部分框架梁、剪力墙连梁等耗能构件正截面承载力进入屈服阶段，受剪承载力宜符合式（12－2）的要求。竖向构件及关键构件正截面承载力应满足式（12－2）“屈服承载力设计”的要求；整体结构进入弹塑性状态，应进行弹塑性分析。为方便设计，允许采用等效弹性方法计算竖向构件及关键部位构件的组合内力，计算中可适当考虑结构阻尼比的增加（增加值一般不大于 0.02）及剪力墙连梁刚度的折减（刚度折减系数一般不小于 0.3）。实际工程设计中，可以先对底部加强部位和薄弱部位的竖向构件承载力按上述方法计算，再通过弹塑性分析校核全部竖向构件均未屈服。

（4）第 4 性能水准结构关键构件抗震承载力应满足式（12–2）“屈服承载力设计”的要求，允许部分竖向构件及大部分框架梁、剪力墙连梁等耗能构件进入屈服阶段，但构件的受剪截面应满足截面限制条件，这是防止构件发生脆性受剪破坏的最低要求。式（12–3）中 V_{GE}、V'_{EK} 可按弹塑性计算结果取值，也可按等效弹性方法计算结果取值（一般情况下是偏于安全的）。结构的抗震性能必须通过弹塑性计算加以深入分析，如弹塑性层间位移角、构件屈服的次序及塑性铰分布、塑性铰部位钢材受拉塑性应变及混凝土受压损伤程度、结构的薄弱部位、整体结构的承载力不发生下降等。整体结构的承载力可通过静力弹塑性方法进行估计。

（5）第 5 性能水准结构与第 4 性能水准结构的差别在于关键构件承载力宜满足“屈服承载力设计”的要求，允许比较多的竖向构件进入屈服阶段并允许部分梁等耗能构件发生比较严重的破坏。结构的抗震性能必须通过弹塑性计算加以深入分析，尤其应注意同一楼层的竖向构件不宜全部进入屈服并宜控制整体结构承载力下降的幅度不超过 10%。

4. 不同抗震性能目标对应的层间位移角

不同抗震性能目标对应的层间位移角宜符合式（12–4）规定。

$$\frac{\Delta u}{h} \leqslant [\theta] \tag{12-4}$$

式中 Δu ——结构楼层的层间位移；

h——结构楼层的层高；

$[\theta]$ ——层间位移角限值，见表 12–4～表 12–6。

表 12–4 钢筋混凝土框架结构位移角限值

性能目标	多遇地震	设防烈度地震	罕遇地震
A	1/550	1/550	1/400
B	1/550	1/400	1/250
C	1/550	1/250	1/120
D	1/550	1/120	1/60

表 12–5 钢筋混凝土竖向框排结构中排架位移角限值

性能目标	多遇地震	设防烈度地震	罕遇地震
A	1/400	1/400	1/400
B	1/400	1/400	1/160
C	1/400	1/160	1/80
D	1/400	1/80	1/40

表 12–6　　钢结构位移角限值

性能目标	多遇地震	设防烈度地震	罕遇地震
A	1/300	1/300	1/300
B	1/300	1/300	1/200
C	1/300	1/200	1/100
D	1/300	1/100	1/55

钢筋混凝土框架结构和钢框架结构的各性能目标在不同地震水准作用下的变形限值参考的《建筑地震破坏等级划分标准》[建设部（1990）建抗字第 377 号] 已经明确划分了各类房屋（砖房、混凝土框架、底层框架砖房、单层工业厂房、单层空旷房屋等）的地震破坏分级方法中变形参考值（见表 12–7）。

表 12–7　　不同地震水准作用下的变形限值

名称	破坏描述	继续使用的可能性	变形参考值
基本完好（含完好）	承重构件完好；个别非承重构件轻微损坏；附属构件有不同程度的破坏	一般不需修理即可继续使用	$<[\Delta u_e]$
轻微损坏	个别承重构件轻微裂缝（对钢结构构件指残余变形），个别非承重构件明显破坏；附属构件有不同程度破坏	不需要修理或需稍加修理，仍可继续使用	$(1.5\sim2)\Delta u_e$
中等破坏	多数承重构件轻微裂缝（或残余变形），部分明显裂缝（或残余变形）；个别非承重构件严重破坏	需一般修理，采用安全措施后可适当使用	$(3\sim4)\Delta u_e$
严重破坏	多数承重构件严重破坏或部分倒塌	应排线大修，局部拆除	$<0.9\Delta u_p$
倒塌	多数承重构件倒塌	需拆除	$>\Delta u_p$

注　1. 个别指 5%以下，部分指 30%以下，多数指 50%以上。
2. 中等破坏的变形参考值，大致取规范弹性和弹塑性位移角限值的平均值，轻微损坏取 1/2 平均值。

表 12–7 中钢筋混凝土框排架结构中排架柱的弹性限值参考了西北电力设计院和北京工业大学合作研究项目的相关研究报告、广东省标准《高层建筑混凝土结构技术规程》、《广东省超限高层建筑工程抗震设防专项审查实施细则》等。

第十三章 火力发电厂全生命周期设计技术研究与展望

第一节 全生命周期设计的基本理念

大型基础设施全寿命结构设计理论与方法是指涵盖结构设计、施工建造和运营管理等整个基础设施使用寿命期的基于安全性、可靠性和经济性等总体结构性能的大型基础设施设计理论与方法。与以保证施工完成后的基础设施安全性为目标的现有基础设施设计理论与方法相比，全寿命设计拓展了施工建造过程和运营管理期间，采用了概率性评价和可靠性分析方法，反映了养护、检测、维修等后期投资的经济性。

大型基础设施全寿命结构设计理论与方法的研究范围主要包括设计荷载的持续作用、结构抗力的衰变行为、性能评价的可靠指标、运营管理的系统模型和结构全寿命的经济效益等五个方面。不难发现，全寿命设计理论与方法主要关注与现有设计理论与方法的不同之处，并不拘泥于现有设计理论与方法的有待完善之处，所以全寿命设计方法并不是对现有设计方法的改善，而是一种全新的结构设计理论与方法。

第二节 全生命周期设计在电厂结构设计中应用的价值和意义

大型火力发电厂结构全寿命结构设计理论与方法专题研究的提出主要基于以下三个方面的研究背景：国际社会的可持续发展趋势、工程设计的全寿命评价要求以及国内火力发电厂的建设现状。

基础设施全寿命设计概念最早是由我国王光远院士于 20 世纪 80 年代末提出，20 世纪 90 年代美国率先以道路和桥梁为工程背景，开展了高速公路和桥梁结构全寿命设计方法的研究，并初步开发出桥梁结构全寿命设计软件。由于结构全寿命设计方法涉及结构全寿命服役期内的累积损伤和性能退化规律，而结构健康监测为研究结构长期累积损伤和性能退化规律提供了现场直接的实验系统和手段，因此，20 世纪末发展的结构健康监测技术极大地推动了结构全寿命设计理论和方法的发展。

大型火力发电厂房作为火力发电的基础设施，在国民经济中起着重要作用。大型火力发电厂厂房结构复杂、服役环境恶劣，在长期疲劳载荷和侵蚀环境下易发生累积损伤和性能退化，并导致抗力衰减，影响厂房结构的使用功能，不仅带来巨大的维修费用，而且会对生产活动易造成严重影响并带来巨大的经济损失，如果发生结构破坏影响机组及设备的运转，甚至导致严重设备破坏将带来灾难性的后果。

全寿命设计方法是指在设计中综合考虑电厂项目的前期规划、设计、施工建造、后期运营以及拆除等多个环节的设计理念，其目的为使项目达到全生命周期的最优化；最优化可以理解为项目性能的最优化以及经济效益的最优化，或者可将性能最优化归结为效益最优化。全寿命设计方法对解决目前火电厂的设计方与建设方的矛盾、建设方与运营方的矛盾（尽管大部分情况下建设方与运营方同属一个大型企业）有极大的帮助作用。

厂房结构作为发电机组安全运行的支撑条件，其初期结构设计和建设安全水平越高，建设费用投资就越大，后期养护和维修则较低；反之，初期结构建设投资费用越小，则后期维修和养护成本越高。传统设计中造价的控制主要是针对建造期间的（控制一次投资），所包括的内容深度和广度不够。采用全寿命设计思想，综合考虑结构在整个使用期的性能变化规律，就能够在初期一次投资基本不变或略有增加的情况下减小后期投入，从而达到全寿命期总造价最小的要求。开展全寿命设计研究，对业主不但可以提供设计图纸，而且可以提供结构物在使用、维修、结构及设备老化后的使用和处理建议，这也是广大业主所要求的。因为将来每天面对动态变化的结构物的是业主而不是设计师，采用全寿命设计可以做到真正为业主负责。

第三节　电厂结构采用全生命周期设计的建议方法

由于现状设计理论与方法已经进行了大量深入的研究和实践，因此，电厂结构全寿命结构设计理论与方法的关键科学问题主要体现在全寿命设计与现状设计的差别上，基本上可以归纳为下列五个方面。

（1）突出结构与设备的耦合作用及作用的持续性。

（2）强调结构抗力与性能的衰变性，特别是处于腐蚀性环境下的结构，包括沿海自然腐蚀环境及电厂自身生产及工艺带来的腐蚀性。

（3）探讨性能评价与指标的适用性，包括安全指标、运营性能指标、可靠性指标、经济性指标、风险性指标。

（4）重视电厂结构运营与管理的系统性，重视电厂结构养护与维修的系统性，必须将电厂结构养护与维修的基本要求体现在结构设计中，并且对电厂结构养护与维修的基本操作系统化，同时，在经济指标方面还应计入养护与维修的费用。

（5）体现电厂结构全寿命设计的经济性，特别是电厂结构全生命周期的经济分析方法——着重研究电厂结构全寿命经济效益的影响因素、基于全寿命经济性的结构设计理论与方法以及全寿命电厂结构设计中的优化模型。

电厂结构全寿命周期设计可采用如下三种方法。

（1）基于事件数模型的全寿命设计方法。

（2）基于 MDP（Markov Decision Processes）的全寿命设计方法。

（3）基于优化的全寿命设计方法。

三种方法各有侧重，基于事件数模型的全寿命设计方法和基于 MDP 的全寿命设计方法在安全指标约束的前提下可以得到全寿命周期内总成本的期望值；基于优化的全寿命设计方法可以同时优化全寿命总成本及结构性能，让决策者根据先验知识判断并采用优化结果。

一、全寿命经济性评价流程

火力发电厂结构全寿命经济评价的具体步骤与方法如下。

（1）确定结构全寿命经济评价所处的时间点为设计阶段。

（2）确定结构全寿命经济评价的结构生命周期，全寿命经济分析的时间周期（30 年或者 50 年）。

（3）确定各生命周期阶段的折现率 r。

（4）计算前期策划成本。

（5）测算设计成本。

（6）测算不同设计理念下不同设计方案的电厂结构建造成本。不同的设计理念指的是传统的结构设计理念和全寿命周期设计理念。注意考虑施工阶段的设备安装、运营阶段的设备维护、更新等活动对结构提出的要求、结构设计对施工难易程度的影响及由此造成的施工费用问题。估计施工成本综合调整系数 β_C。

（7）预测不同设计方案在不同的设计理念下的电厂结构运作成本。对结构维护、监测、设备更新策略等进行预测和估计，考虑结构寿命周期中各种因素，如结构性能退化、设备更新、结构不合理使用（未经允许的附加物）、意外事故（如火灾、爆炸、碰撞等）、结构环境等对结构可能造成的影响，估计运作成本风险调整系数 λ_0。

（8）计算不同设计方案的全寿命周期总成本，并进行折现。可以按照表 13-1 进行。

（9）比较最终的计算结果，并对建造成本和运作成本进行敏感性分析（折现率、材料单价、风险调整系数、经济评价周期等），为确定最终的设计方案提供经济评价角度的依据。分析的角度从绝对数和相对数两个方面展开，如电厂结构全寿命周期总费用额度的比较、不同阶段费用年支出情况、不同阶段费用比例及其占总费用比例的比较等。

（10）测算厂房结构全寿命总效益，并对厂房结构的成本回收期进行测算。

形成结构全寿命经济评价报告，为选择合理的设计方案提供参考意见和依据，具体流程如图 13-1 所示。

表 13-1　　结构全寿命经济评价

方案 成本		设计方案 1		设计方案 2		设计方案 *n*	
		当前值	折现值	当前值	折现值	当前值	折现值
策划成本 FC							
设计成本 DC	勘察费用						
	设计费用						
	设计变更费						
招标费用 BC							
建造成本 CC	基础结构						
	主体结构						
	屋面结构						
	非承重围护结构						
	措施费						
	管理费						
	利润						
	税金						
监理费用 SC							
运作成本 OC	维护费用						
	监测费用						
	修复费用						
	结构对设备维护影响						
	结构对设备更新影响						
	结构造成停工损失						
	结构维护造成的生产降效损失						
报废成本							
残值							
生命周期总成本 PLCC							
生命周期年支出费用 A（PLCC）							

注　$A(\text{PLCC}) = \text{NPV}(\text{PLCC}) \times i(1+i)^T / (1+i)^T - 1$

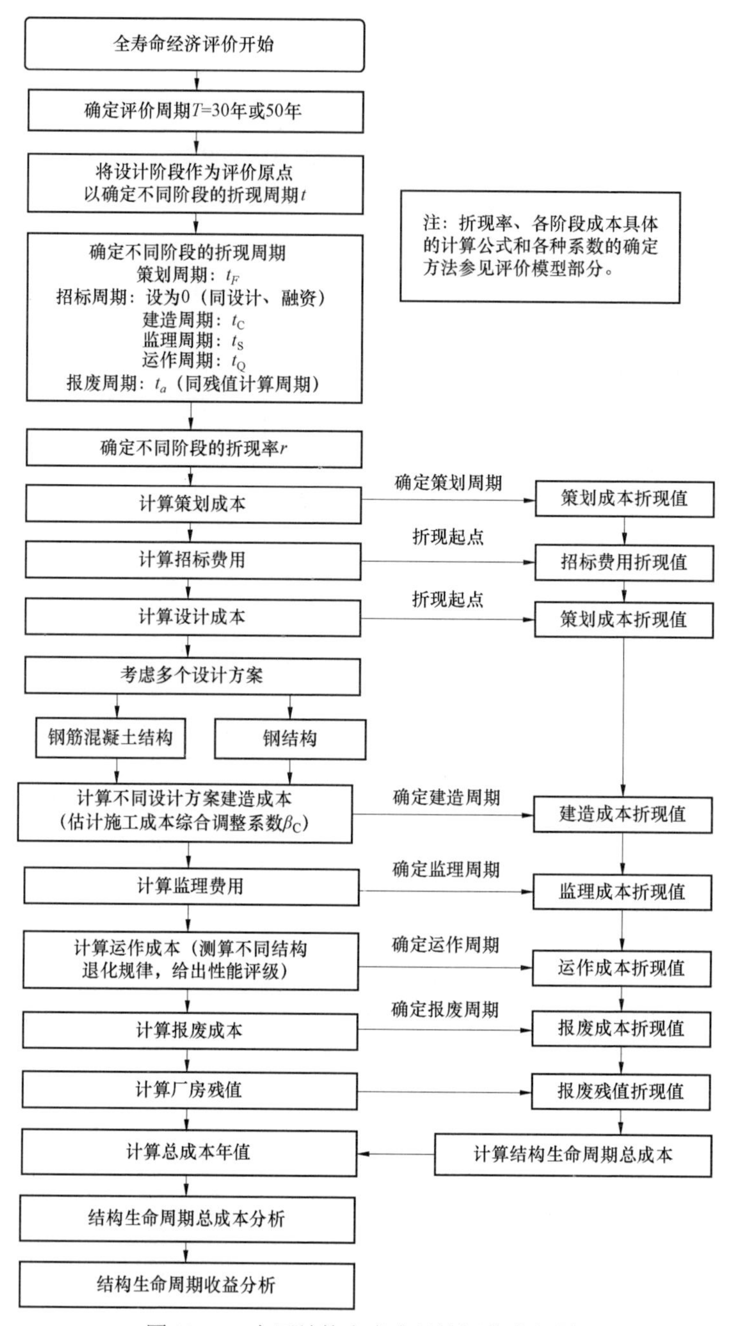

图 13－1　电厂结构全寿命经济评价流程图

二、全寿命经济性评价分析

假设某电力集团公司计划在华北地区建设一座 2×1000MW 的火力发电厂，采用总承包管理模式委托某电力设计院进行设计与施工。对此电厂结构进行全寿命经济评价，以选择最佳的设计方案。考虑到火力发电厂结构设计基准期为 50 年，将结构的评价周期定为 T=50 年。分别考虑采用钢筋混凝土结构和钢结构建造，得到分析结果如下。

1. 各种费用所占比例分析

对于钢筋混凝土结构，全寿命周期总成本各个费用的比例如图 13–2 所示。对于钢结构，全寿命周期总成本各个费用的比例如图 13–3 所示。两种结构各种费用的比较如图 13–4 所示。

由图 13–2 和图 13–3 可以看出，运作成本在整个全寿命周期成本中所占比例处于第二位，比较客观地反映了实际情况。由于本算例设定的结构运作费用并不是很高，因此，如果能结合实际运作成本数据分析，将更能反映出后期的运作成本在整个全寿命周期内所处的重要地位。由图中还可以看出，钢筋混凝土结构运作成本所占比例（14.21%）比钢结构运作成本所占比例（9.85%）高，而且，由图 13–4 可以看出，钢结构的运作成本低于钢筋混凝土结构的运作成本。

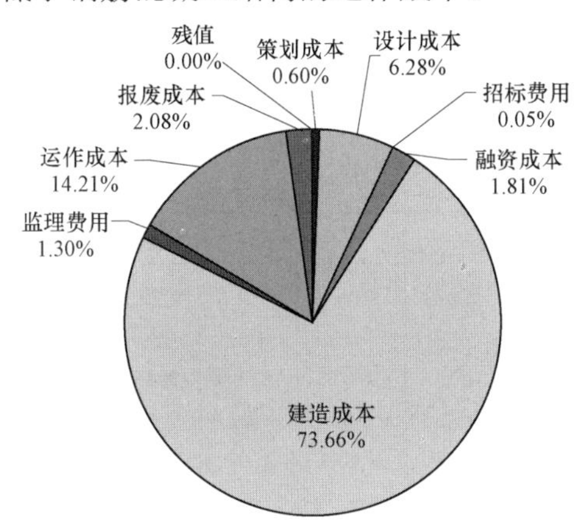

图 13–2　钢筋混凝土结构各费用的比例

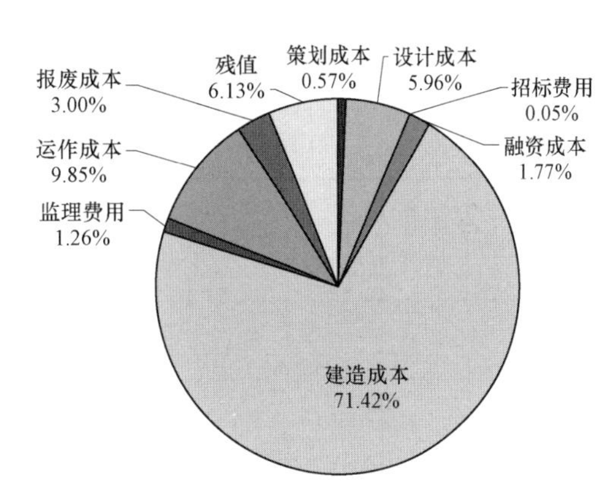

图 13–3　钢结构各费用的比例

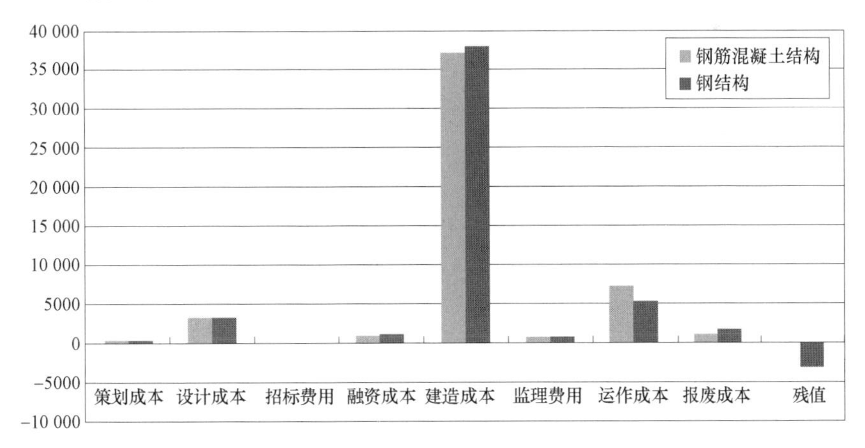

图 13–4　两种结构各费用的比较

2. 影响因素的敏感性分析

影响结构全寿命周期成本的关键因素，除了设计方案的不同外，折现周期（包括运作阶段的维护策略）、折现率是影响全寿命周期成本的关键因素。下面以钢结构为例，分析折现周期和折现率的变动对全寿命周期成本的影响。

表 13-2 给出了钢结构设计方案下各种费用随折现率变化的情况。由表 13-2 中可以看出，折现率增加 5%，总寿命周期成本将增加 1.13%，折现率增加 10%，总寿命周期成本将增加 1.47%，对于运作成本，折现率增加 5%，运作成本将增加 1.36%，折现率增加 10%，运作成本将增加 2.74%，总的变化趋势和总成本一样。由此可以看出，总寿命周期成本的增加和折现率的变化可以看成一种线性成比例递增的关系，因此，控制折现率，并尽可能地降低折现率是控制和降低生命周期成本的关键。

表 13-3 给出了钢结构设计方案下各种费用随折现周期变化的情况。由表 13-3 中可以看出，折现周期增加 5%，总寿命周期成本将增加 1.13%，折现周期增加 10%，总寿命周期成本将增加 1.47%，对于运作成本，折现率增加 5%，运作成本将增加 1.37%，折现率增加 10%，运作成本将增加 2.75%，总的变化趋势和总成本一样。由此可以看出，总寿命周期成本的增加和折现周期的变化也可以看成一种线性成比例递增的关系，因此，控制折现周期，并尽可能地降低折现周期也是控制和降低生命周期成本的关键措施之一。

表 13-2　　钢结构设计方案折现率对各阶段费用的敏感性分析

费用名称	折算周期 t	折现率 r	当前费用 A	折现值（原 r）$A\times(1+r)^t$	r 提高 5%		r 降低 5%		r 提高 10%		r 降低 10%	
					折现值	增加值	折现值	增加值	折现值	增加值	折现值	增加值
策划成本	2	-1.91%	315.51	303.57	302.98	-0.19%	304.16	0.20%	302.39	-0.39%	304.76	0.39%
设计成本	0	—	3155.08	3155.08	3155.08	0.00%	3155.08	0.00%	3155.08	0.00%	3155.08	0.00%
招标费用	0	—	26.69	26.69	26.69	0.00%	26.69	0.00%	26.69	0.00%	26.69	0.00%
建造成本	2	0.59%	37 388.8	37 831.29	37 853.48	0.06%	37 809.10	-0.06%	37 875.68	0.12%	37 786.92	-0.12%
监理费用	2	0.59%	657.83	665.62	666.01	0.06%	665.22	-0.06%	666.40	0.12%	664.83	-0.12%
运作成本	12	0.79%	191	209.91	210.90	0.47%	208.93	-0.47%	211.90	0.94%	207.95	-0.94%
	20	0.79%	199.5	233.50	235.34	0.79%	231.68	-0.78%	237.19	1.58%	229.87	-1.56%
	25	0.79%	238	289.74	292.60	0.98%	286.92	-0.98%	295.47	1.98%	284.12	-1.94%
	30	0.79%	276.5	350.12	354.26	1.18%	346.03	-1.17%	358.45	2.38%	341.98	-2.32%
	32	0.79%	2085	2682.03	2715.87	1.26%	2648.60	-1.25%	2750.13	2.54%	2615.57	-2.48%
	40	0.79%	199.5	273.30	277.62	1.58%	269.05	-1.56%	282.00	3.18%	264.86	-3.09%
	45	0.79%	238	339.13	345.16	1.78%	333.20	-1.75%	351.30	3.59%	327.37	-3.47%
	50	0.79%	276.5	409.80	417.90	1.98%	401.84	-1.94%	426.17	3.99%	394.04	-3.85%
	52	0.79%	285	429.09	437.93	2.06%	420.44	-2.02%	446.94	4.16%	411.95	-3.99%
	小计	—	—	5216.62	5287.58	1.36%	5146.69	-1.34%	5359.55	2.74%	5077.71	-2.66%
报废成本	52	-1.56%	3600	1589.37	1525.19	-4.04%	1656.20	4.20%	1463.56	-7.92%	1725.78	8.58%
残值	52	-1.56%	-7360	-3249.39	-3118.17	-4.04%	-3386.01	4.20%	-2992.16	-7.92%	-3528.27	8.58%
合计	—	—	—	46 115.04	46 635.03	1.13%	46 313.32	0.43%	46 793.382	1.47%	46 149.69	0.08%

表 13-3　　　钢结构设计方案折现周期对各阶段费用的敏感性分析

费用名称	折算周期 t	折现率 r	当前费用 A	折现值（原 r）$A\times(1+r)^t$	t 提高 5%		t 降低 5%		t 提高 10%		t 降低 10%	
					折现值	增加值	折现值	增加值	折现值	增加值	折现值	增加值
策划成本	2	-1.91%	315.51	303.57	302.99	-0.19%	304.16	0.19%	302.40	-0.38%	304.75	0.39%
设计成本	0	—	3155.08	3155.08	3155.08	0.00%	3155.08	0.00%	3155.08	0.00%	3155.08	0.00%
招标费用	0	—	26.69	26.69	26.69	0.00%	26.69	0.00%	26.69	0.00%	26.69	0.00%
建造成本	2	0.59%	37 388.8	37 831.29	37 853.55	0.06%	37 809.04	-0.06%	37 875.83	0.12%	37 786.81	-0.12%
监理费用	2	0.59%	657.83	665.62	666.01	0.06%	665.22	-0.06%	666.40	0.12%	664.83	-0.12%
运作成本	12	0.79%	191	209.91	210.91	0.47%	208.93	-0.47%	211.91	0.95%	207.94	-0.94%
	20	0.79%	199.5	233.50	235.35	0.79%	231.67	-0.78%	237.21	1.59%	229.86	-1.56%
	25	0.79%	238	289.74	292.61	0.99%	286.91	-0.98%	295.50	1.99%	284.10	-1.95%
	30	0.79%	276.5	350.12	354.28	1.19%	346.01	-1.17%	358.48	2.39%	341.95	-2.33%
	32	0.79%	2085	2682.03	2716.02	1.27%	2648.48	-1.25%	2750.43	2.55%	2615.34	-2.49%
	40	0.79%	199.5	273.3	277.64	1.59%	269.03	-1.56%	282.04	3.20%	264.83	-3.10%
	45	0.79%	238	339.13	345.18	1.79%	333.18	-1.76%	351.35	3.60%	327.33	-3.48%
	50	0.79%	276.5	409.8	417.94	1.99%	401.81	-1.95%	426.24	4.01%	393.99	-3.86%
	52	0.79%	285	429.09	437.96	2.07%	420.40	-2.02%	447.02	4.18%	411.89	-4.01%
	小计	—	—	5216.62	5287.89	1.37%	5146.42	-1.35%	5360.18	2.75%	5077.23	-2.67%
报废成本	52	-1.56%	3600	1589.37	1525.71	-4.01%	1656.20	4.20%	1464.60	-7.85%	1724.78	8.52%
残值	52	-1.56%	-7360	-3249.39	-3119.23	-4.01%	-3386.01	4.20%	-2994.29	-7.85%	-3526.22	8.52%
合计	—	—	—	46 115.04	46 634.88	1.13%	46 312.99	0.43%	46 793.082	1.47%	46 150.14	0.08%

如图 13-5 所示是一个表示在寿命期进行三次检测的事件树。m=3，最终有 8 条分支。

（1）构件在时刻 T_0 抗力开始退化，经过时间段 t_1 后，在时刻 T_1 进行第一次检测。

构件的可靠度在时间段 t_1 内衰减，到时刻 T_1 衰减到最低。则构件在第一次检测前的失效概率即为构件在时刻 T_1 的失效概率

$$P_f(T_1)=P[Z(T_1)\leqslant 0] \qquad (13-1)$$

$$Z(T_1)=R(T_1)-S$$

式中　$Z(T_1)$——构件在时刻 T_1 的功能函数，它小于等于 0 代表构件破坏。

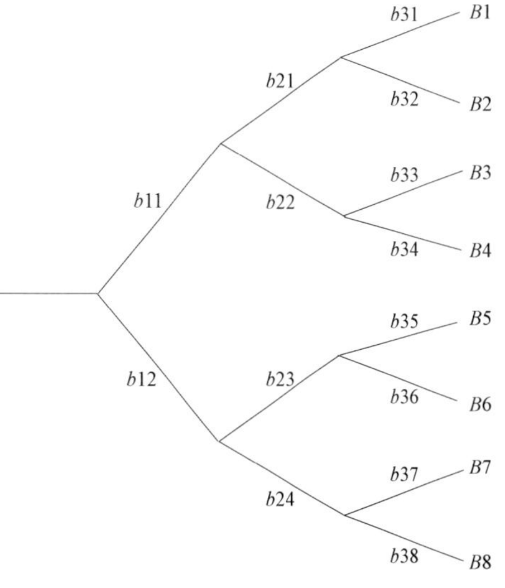

图 13-5　事件树模型（m=3）

在第一次检测后，事件树会分成两条分支 $b11$ 和 $b12$（见图 13-6）。分别代表第一次检测

后对构件维修与不维修两个事件。P（$b11$）为检测后维修的概率。根据前面对构件检测后维修概率的定义，维修的概率即为检测出损伤的检出率。则

$$P(b11)=d[\eta(T_1)] \tag{13-2}$$

$$P(b12)=1-P(b11) \tag{13-3}$$

式中 d ——构件损伤检出率；

$\eta(T_1)$ ——T_1 时刻的损伤系数。

$b11$ 的修复系数 e_{rep11}，根据实际修复情况计算。$b12$ 因为在检测后没有维修所以修复系数 e_{rep12}=0

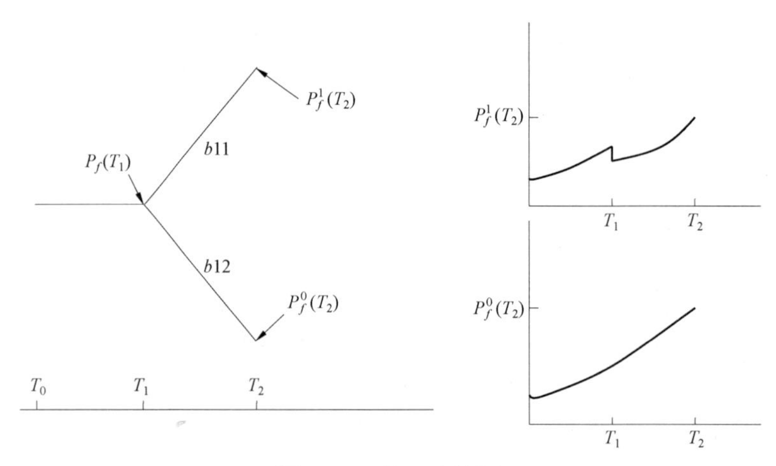

图 13-6 第一次检测

构件在第一次检测后到第二次检测这段时间的失效概率为构件在第二次检测时刻 T_2 时的失效概率。两条分支要分别进行计算。分支 $b11$ 在时刻 T_2 的失效概率

$$P_f^0(T_2)=P[Z^1(T_2)\leqslant 0] \tag{13-4}$$

式中上角标 1 代表 $b11$ 分支在第一次检测后采取了维修。上角标为 0 代表分支在上一次检测后没维修。由此可知，分支 $b12$ 在时刻 T_2 的失效概率

$$P_f^0(T_2)=P[Z^0(T_2)\leqslant 0] \tag{13-5}$$

由图 13-6 可以明显看出 $P_f^1(T_2)<P_f^0(T_2)$，即第一次检测后对构件进行维修对构件在以后的可靠性产生了很大影响。

（2）在 $b11$ 分支上，第二次检测后又产生两个分支 $b21$ 和 $b22$（见图 13-7）。分别代表构件在第一次检测并维修的前提下，经第二次检测后维修与不维修的两种情况。分支概率

$$P(b21)=1-P(b22)=d[\eta^1(T_2)] \tag{13-6}$$

在这两种情况下构件相应的抗力恢复系数为 e_{rep21} 和 $e_{\mathrm{rep22}}=0$。

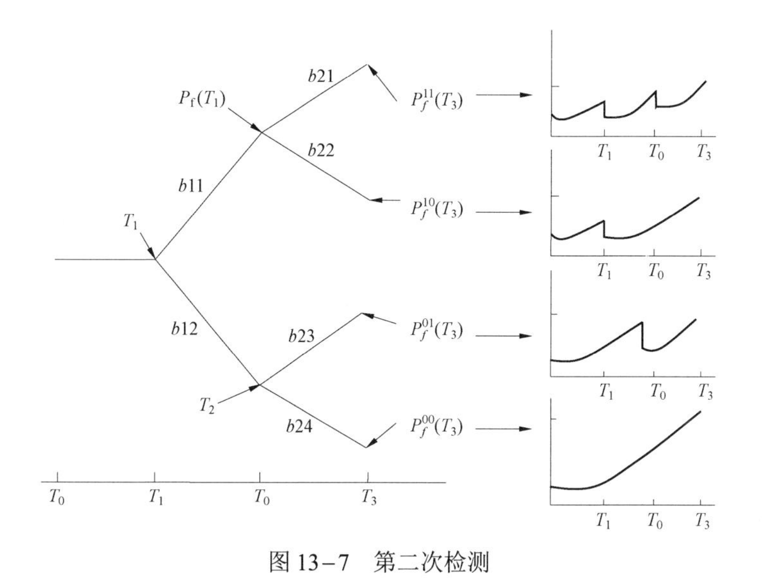

图 13-7　第二次检测

用同样的方法，可以得到由 $b12$ 分出的两条新支 $b23$ 和 $b24$。分别代表构件在第一次检测后没有维修的前提下，第二次检测后维修与不维修的两种情况。分支概率为

$$P(b23)=1-P(b24)=d[\eta^0(T_2)] \tag{13-7}$$

两种情况下构件相应的抗力恢复系数 e_{rep23} 和 $e_{rep24}=0$。第三次检测 T_3 构件在四种不同情况下的失效概率为

$$P_f^{11}(T_3)=P[Z^{11}(T_3)\leqslant 0] \tag{13-8a}$$

$$P_f^{10}(T_3)=P[Z^{10}(T_3)\leqslant 0] \tag{13-8b}$$

$$P_f^{01}(T_3)=P[Z^{01}(T_3)\leqslant 0] \tag{13-8c}$$

$$P_f^{00}(T_3)=P[Z^{00}(T_3)\leqslant 0] \tag{13-8d}$$

式中上角标表示构件在四种情况的维修策略；11 表示构件在一次检测后维修第二次检测后也维修；10 表示构件在第一次检测后维修第二次检测后没维修；01 表示构件在第一次检测没维修第二次检测后维修；00 表示构件在第一和第二次检测后都没有维修。

由图 13-7 可知，$P_f^{00}(T_3)$ 最大而 $P_f^{11}(T_3)$ 最小。

（3）在第三次三次检测后，总共有八种情况即八条新分支：$b31$，$b32$，…，$b38$（见图 13-8）。每个分支的概率为

$$P(b31)=1-P(b32)=d[\eta^{11}(T_3)] \tag{13-9a}$$

$$P(b33)=1-P(b34)=d[\eta^{10}(T_3)] \tag{13-9b}$$

$$P(b35)=1-P(b36)=d[\eta^{01}(T_3)] \tag{13-9c}$$

$$P(b37)=1-P(b38)=d[\eta^{00}(T_3)] \tag{13-9d}$$

各条分支相应的抗力恢复系数为 e_{rep31}，e_{rep32}，…，e_{rep38}。T_4 为构件的设计使用年限，每个分支由在第三次检测后的修复情况计算构件在八种不同的维修策略寿命期最终点的

失效概率为

$$
\begin{aligned}
&P_f^{111}(T_4) = P[Z^{111}(T_4) \leqslant 0] \\
&P_f^{110}(T_4) = P[Z^{110}(T_4) \leqslant 0] \\
&\cdots \\
&P_f^{000}(T_4) = P[Z^{000}(T_4) \leqslant 0]
\end{aligned}
\tag{13-10}
$$

建立的事件树共有八条分支 $B1$、$B2$，…，$B8$。每条分支都代表着一种检测维修的策略。每种策略的概率为

$$
\begin{aligned}
&P(B1) = P(b11)P(b21)P(b31) \\
&P(B2) = P(b11)P(b21)P(b32) \\
&\cdots \\
&P(B8) = P(b12)P(b24)P(b38)
\end{aligned}
\tag{13-11}
$$

寿命期内构件采用不同的维修策略时的可靠性不同，失效概率也不同。每条分支代表一种策略，由式（13-1）、式（13-4）、式（13-5）、式（13-8）、式（13-10）可得每一条分支上有四个失效概率。在各分支上分别取四个概率的最大值为整条分支在寿命期内的失效概率。则八条分支在寿命期的失效概率为

$$
\begin{aligned}
&P_{f,\text{life1}} = \max[P_f(T_1), P_f^1(T_2), P_f^{11}(T_3), P_f^{111}(T)] \\
&P_{f,\text{life2}} = \max[P_f(T_1), P_f^1(T_2), P_f^{11}(T_3), P_f^{110}(T)] \\
&\cdots \\
&P_{f,\text{life8}} = \max[P_f(T_1), P_f^0(T_2), P_f^{00}(T_3), P_f^{000}(T)]
\end{aligned}
\tag{13-12}
$$

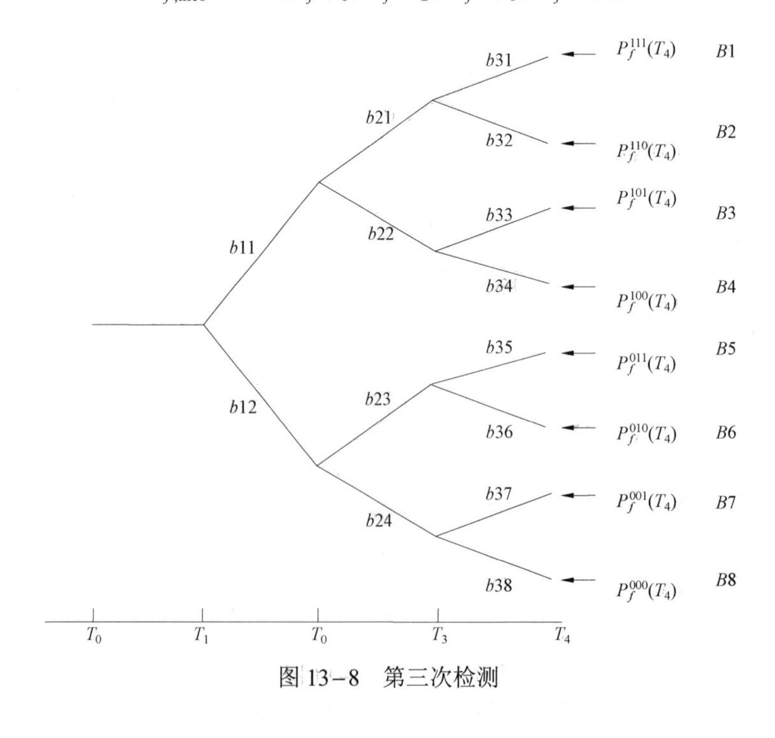

图 13-8　第三次检测

由式（13–11）和式（13–12），可以得到整个事件树的失效概率的期望。即构件在寿命期采用三次检测的失效概率的期望

$$P_{f,\text{life}}=\sum_{i=1}^{8}P_{f,\text{life},i}P(B_i) \tag{13–13}$$

（4）构件在寿命期失效损失的预测即为构件在寿命期内失效概率的期望乘以所预测的失效损失。设构件失效所带来的损失为 C_f，则构件在寿命期内失效损失的期望为

$$C_F=C_fP_{f,\text{life}} \tag{13–14}$$

构件在寿命期维修费用的期望计算。首先要分别计算每条分支上的维修费用

$$\begin{aligned}
C_{\text{rep},1}&=\frac{C_{\text{rep},11}}{(1+r)^{T_1}}+\frac{C_{\text{rep},21}}{(1+r)^{T_2}}+\frac{C_{\text{rep},31}}{(1+r)^{T_3}}\\
C_{\text{rep},2}&=\frac{C_{\text{rep},11}}{(1+r)^{T_1}}+\frac{C_{\text{rep},21}}{(1+r)^{T_2}}+\frac{C_{\text{rep},32}}{(1+r)^{T_3}}\\
&\cdots\\
C_{\text{rep},8}&=\frac{C_{\text{rep},12}}{(1+r)^{T_1}}+\frac{C_{\text{rep},24}}{(1+r)^{T_2}}+\frac{C_{\text{rep},38}}{(1+r)^{T_3}}
\end{aligned} \tag{13–15}$$

式中　$C_{\text{rep},i}$——各分支的维修费用总和；

r——折扣率。

那么，构件在寿命期内的维修费用的期望为

$$C_{\text{REP}}=\sum_{i=1}^{8}C_{\text{rep},i}P(B_i) \tag{13–16}$$

构件在寿命期内检测费用的计算很简单。把每次检测费用相加即可

$$C_{\text{INS}}=\sum_{i=1}^{m}C_{\text{ins}}\frac{1}{(1+r)^{T_i}} \tag{13–17}$$

式中　m——构件在寿命期内检测的次数；

C_{ins}——单次检测的费用；

T_i——检测的时间；

r——折扣率。

（5）最后由式（13–15）、式（13–16）、式（13–17）得构件在寿命期总费用

$$LCC=C_T+C_{\text{INS}}+C_{\text{REP}}+C_F \tag{13–18}$$

优化的结果与很多因素有关，构件检测的技术质量，构件在检测后维修的概率，构件维修的质量和费用，构件寿命期内抗力衰减的规律，结构或构件的初始造价、初始可靠度，结构或构件的失效所带来的损失，货币在构件寿命期内折扣率的影响。式（13–18）考虑以上所有因素的影响，计算了构件在寿命期的总费用。

同时，也可计算得到构件在寿命期内的可靠指标的期望值 β_{life}。由式（13–13）得到 $P_{f,\text{life}}$，那么构件寿命期可靠指标的期望为

$$\beta_{\text{life}} = \Phi(1 - P_{f,\text{life}}) \tag{13-19}$$

构件在寿命期内总费用的优化问题可表达为构件在寿命期的可靠度满足要求的前提下，使总费用最小。即

$$\text{Minimize } CLL$$
$$\text{Subject to}$$
$$\beta_{\text{life}} \geqslant [\beta] \tag{13-20}$$

使用事件树模型对构件寿命期总费用的优化的问题中，优化的对象为构件在寿命期的检测次数与检测的时间间隔。也就是检测的策略，可分为定期检测与不定期检测。通过对检测策略的优化达到总费用优化的目的。

三、基于 MDP 的全寿命设计方法

基于 MDP 全寿命分析模型对结构全寿命周期进行描述，包括结构的设计、维修策略、全寿命周期总成本、结构在全寿命周期健康状况等，将结构性能的退化和维修的影响模拟成两个单独但相关的过程，结构性能的退化过程用自身转移矩阵描述，而维修对结构状态的影响用维修决策影响矩阵描述，二者对结构状态的共同影响用综合转移矩阵描述。研究中认为结构的健康状况只与结构性能的退化有关，不考虑各种荷载对结构的影响。采用结构可靠指标描述结构的健康状况。

对结构健康状态的评价一般基于结构性能的退化情况。将构件的状态分若干个关键等级。可以采用结构抗力的衰减的程度评定构件的健康状态。随着状态等级的不断提高，结构的抗力水平降低。

结构状态的自身转移矩阵是在不采用维护和维修措施等人为影响的情况下结构的状态转移矩阵。定义 P 为结构的自身转移矩阵，则矩阵中的元素为

$$\begin{aligned} &P = \{P_{ij}\} \\ &P_{ij} = P[s_{t+1} = j | s_t = i] \qquad i, j,= 1, \cdots, M \end{aligned} \tag{13-21}$$

矩阵中元素 P_{ij} 代表结构在时刻 t 处于状态 i，在时刻 t+1 转移到状态 j 的条件概率。

将结构的抗力退化过程模拟成一马尔可夫链，从而得到结构状态的自身转移矩阵。矩阵中每一行的元素和为 1。由于在无任何维修措施的情况下，结构的状态只能逐渐退化，所以自身状态转移矩阵为上三角矩阵。

结构在正常使用的情况下，其状态下降是个缓慢过程，所以可以选择合适的周期，使得结构的状态在周期内最多只能下降到相邻的下一个状态等级。在自身转移矩阵中，表现为结构的状态最多只能退化到下一级状态。若结构有 M 个状态，转移时间间隔为 1 年，对应的自身转移矩阵为

$$P = \begin{bmatrix} P_{11} & 1-P_{11} & 0 & 0 \\ 0 & P_{22} & 1-P_{22} & 0 \\ 0 & 0 & \cdots & \cdots \\ 0 & 0 & 0 & 1 \end{bmatrix} \tag{13-22}$$

结构初始状态概率分布为 $\vec{p}$，由马尔可夫链的性质，结构在 n 年时状态转移了 n 次，此时的状态概率分布为

$$\vec{p}(n) = \vec{p}P^n \tag{13-23}$$

结构在 n 年时对应的状态为

$$X(n) = \vec{p}(n) \bullet [1 \quad 2 \quad \cdots \quad M]^T \tag{13-24}$$

结构在 n 年时对应的抗力系数为

$$g_P(n) = \vec{p}(n) \bullet [g_1 \quad g_2 \quad \cdots \quad g_i \quad \cdots \quad g_M]^T \tag{13-25}$$

结构在服役期间，管理者会对其进行多次的检测和维修。不同维修方案对结构抗力的提升是不同的，结构可供选择的维修方案构成维修决策空间 $\boldsymbol{\Phi}$，表述为

$$\boldsymbol{\Phi} = \{1, 2, \cdots, k, \cdots, K\} \tag{13-26}$$

式中　k——可选维修方案的编号，$\boldsymbol{\Phi}$ 中共 K 个元素，表明结构有 K 种可供选择的维修方案。

决策者希望得到的结构在每个决策时刻点的维修策略 π_n 即是状态空间 $\boldsymbol{\Omega}$ 到维修决策空间 $\boldsymbol{\Phi}$ 的映射

$$i \in \boldsymbol{\Omega} \xrightarrow{\pi_n} d_i(n) = k \in \boldsymbol{\Phi} \tag{13-27}$$

式中　$d_i(n)$——在策略 π_n 的指导下，当结构在决策时刻点 n，状态为 i 时所采取的维修决策。

维修决策影响矩阵 $P^E(\pi_n)$ 表示的是决策者实施维修策略 π_n 对结构抗力（或状态）的影响。矩阵中的元素 $P_{il}^E(\pi_n)$ 表示在策略 π_n 的指导下，结构在决策时刻点 n，状态为 i，实施维修决策 $d_i(n)$ 后，状态转为 l 的概率。

$$\begin{aligned} &P^E(\pi_n) = \{P_{il}^{E,k}(\pi_n)\} \\ &P_{il}^{E,k}(\pi_n) = \{s_{n+\delta_k} = l \mid s_n = i \cap d_i(n) = k\} \qquad i, l = 1, \cdots, M; k \in \boldsymbol{\Phi} \end{aligned} \tag{13-28}$$

式中　δ_k——实施维修方案 k 所用的时间。

由于这段时间和结构的寿命期比较相当短，这里认为在时间段 δ_k 内，结构的抗力不发生退化即自身转移矩阵在这段时间内不起作用。

在决策时刻 n，决策者对结构进行检测发现结构的状态为 i，在策略 π_n 的指导下实施了维修方案 k。结构在决策时刻 n+1 的状态转为 j。这个过程要综合考虑结构状态的自身转移和维修决策对它的影响。定义状态转移综合矩阵

$$\begin{aligned} &P^J(\pi_n) = \{P_{ij}^{J,k}(\pi_n)\} \\ &P_{ij}^{J,k}(\pi_n) = \{s_{n+1} = j \mid s_n = i \cap d_i(n) = k\} \qquad i, j = 1, \cdots, M; k \in \boldsymbol{\Phi} \end{aligned} \tag{13-29}$$

假设结构在实施维修方案 k 后的时刻 $n + \delta_k$ 的状态转为 l。由马尔可夫性，结构在时刻 n+1 时处于状态 j 的概率只取决于结构在时刻 $n + \delta_k$ 的状态，与时刻 n 的状态无关。时间段 δ_k 在结构的检测时间间隔（n，n+1）内是非常小的，时刻 $n + \delta_k$ 可以被看作为时刻 n，表示为 n^+。则状态转移综合矩阵中的元素可以写成

$$P_{ij}^{J,k}(\pi_n)=\sum_{l=1}^{M}P[s_{n+1}=j|s_{n^+}=l]P[s_{n^+}=l|s_n=i\cap d_i(n)=k]$$
$$=\sum_{l=1}^{M}P_{il}^{E,k}(\pi_n)P_{lj}\qquad i,j=1,\cdots,M \tag{13-30}$$

状态转移综合矩阵表示为

$$P^J(\pi_n)=P^E(\pi_n)\bullet P \tag{13-31}$$

在时刻 n，决策者对结构进行检测后并实施了相应的维修决策。检测和维修都带来一定的费用，为建立基于 MDP 的结构全寿命分析模型，并保证全寿命期内总费用最小，需形成用于分析的费用矩阵，即 MDP 费用矩阵，在本研究中，考虑的费用包括结构初始造价、维修费用、检测费用和失效费用，其中失效费用主要包括：结构失效所需要的维修或更换费用等直接费用、结构失效引起的人员伤亡损失机会、政治、心理上的损失等间接费用。费用矩阵表示为

$$C=\{C_{ik}\}\qquad i=1,\cdots,M;k=1,\cdots,K$$
$$C_{ik}=C_{\text{ins}}+C_{\text{rep}}(k)+P_{\text{f}i}C_{\text{f}} \tag{13-32}$$

式中 C_{ik} ——结构在状态 i 时实施维修方案 k 后产生的费用；

C_{ins} ——对结构进行一次检测的费用；

$C_{\text{rep}}(k)$ ——实施维修方案 k 带来的维修费用；

$P_{\text{f}i}$ ——结构处于状态 i 时的失效概率；

C_{f} ——结构失效引起的直接和间接费用。

MDP 费用矩阵为 M 行 K 列的矩阵，包含三种费用。在分别计算结构全寿命期间各种费用时，需要用到维修费用矩阵 C_{REP}、检测费用矩阵 C_{INS} 以及失效费用矩阵 C_{F}，分别表述为

$$C_{\text{REP}}=\{C_{\text{REP}}(i,k)\}\qquad i=1,\cdots,M;k=1,\cdots,K$$
$$C_{\text{REP}}(i,k)=C_{\text{rep}}(k) \tag{13-33}$$

$$C_{\text{INS}}=\{C_{\text{INS}}(i,k)\}\qquad i=1,\cdots,M;k=1,\cdots,K$$
$$C_{\text{INS}}(i,k)=C_{\text{ins}} \tag{13-34}$$

$$C_{\text{F}}=\{C_{\text{F}}(i,k)\}\qquad i=1,\cdots,M;k=1,\cdots,K$$
$$C_{\text{F}}(i,k)=P_{il}^{E,k}(\pi_n)\cdot P_{\text{f}l}\cdot C_{\text{f}} \tag{13-35}$$

式中失效费用矩阵中第 i 行 k 列元素意义为：结构处于状态 i 时，决策者对结构实施维修方案 k，使得结构状态转为 l，此时结构的失效概率为状态 l 对应的失效概率。

前面对全寿命分析模型中各矩阵的确定方法进行了阐述，得到综合转移矩阵和 MDP 费用矩阵后，可以应用值迭代法对结构寿命期间各决策时刻的最优维修策略进行求解。

对于任何的 n 有值迭代公式

$$V_i(n)=\min_k\left[C_{ik}+\alpha\sum_{j=1}^{M}P_{ij}^kV_j(n-1)\right]\qquad i,j=1,\cdots,M \tag{13-36}$$

值迭代公式可以得出在每个阶段每个状态应使用的维修方案，若在决策时刻点 $n-1,\cdots,0$，到下决策时刻点期间的维修策略已经这样确定，使得 $V_j(n-1)(j=1,\cdots,M)$ 达到最小。对于决策时刻点 $n-1$ 到决策时刻点 n 这一阶段，要寻求第 i 个状态的维修方案，即 $d_i(n-1)$，使得 $V_i(n)$ 尽可能小。

然而值迭代法在得到每个阶段的维修策略时，只保证了经济性的要求，没有考虑结构的安全要求。为此，对值迭代法进行改进，考虑可靠度约束，保证结构每个阶段的可靠指标小于目标可靠度。具体步骤如下。

（1）设定边界值 $V_i(0)=0$，假设初始状态为 1，即结构完好，初始状态概率分布为 $\bar{p}(0)=[1\quad 0\quad 0\quad \cdots\quad 0]$。

（2）对每个阶段，由值迭代公式（3-42）得出在每个状态应使用的维修方案。在决策时刻点 $n-1$，结构状态的概率分布为 $\bar{p}(n-1)$，得到的最优维修方案 $d_i(n-1)$ 和对应的 $V_i(n)(i=1,\cdots,M)$。

（3）由结构的综合状态转移矩阵，可以得到决策时刻点 $n-1$ 到决策时刻点 n 这阶段结构的转移矩阵 P_n，则 n 时刻的状态概率分布 $\bar{p}(n)=\bar{p}(n-1)P_n$，由式（13-25）可得到 n 时刻的抗力均值，从而得到 n 时刻的可靠指标。如果可靠指标大于目标可靠指标，回到（2），进行下一阶段的最优策略计算；如果可靠指标下于目标可靠度，调整策略，使 $V_i(n)(i=1,\cdots,M)$ 次小，且可靠指标小于目标可靠指标，回到（2），进行下一阶段的最优策略计算。

这样即可得到结构全寿命每阶段的最优维修策略。

四、基于优化的全寿命设计方法

以用户成本作为重点，建立电厂结构全寿命经济分析模型，研究最优初始投资及后续维修决策。全寿命经济模型选择为电厂结构全寿命周期内总成本最小。电厂结构全寿命成本可以采用式（13-37）计算

$$C_{\text{lifecycle}}=C_{\text{initial}}+C_{\text{inspection}}+C_{\text{maintenance}}+C_{\text{repair}}+C_{\text{failure}} \tag{13-37}$$

式中 $C_{\text{lifecycle}}$——电厂结构全寿命总成本；

C_{initial}——初始建造成本，包括策划、设计及建造成本；

$C_{\text{inspection}}$——电厂结构运行期间的检测成本；

$C_{\text{maintenance}}$——电厂结构运行期间的日常维护成本，一般假定为常数；

C_{repair}——电厂结构运行期间的维修成本；

C_{failure}——全寿命周期内电厂结构失效成本的期望，$C_{\text{failure}}=C_fP_f$，$C_f$ 为电厂结构失效引起的直接及间接经济费用，P_f 为全寿命周期内电厂结构的失效概率。假定电厂的初始造价为 W，由于电厂结构失效造成的直接及间接经济费用

$$C_f=\varphi\bullet W \tag{13-38}$$

式中 φ——参数。

电厂结构全寿命经济模型可以用如下优化模型表示，即全寿命周期总成本最小。

$$\begin{aligned}&\underset{\overline{x}}{\text{minimum}}\ C_{\text{lifecycle}}(\overline{x})\\&\text{s.t.}\ \textit{reliability and other constraints}\end{aligned} \tag{13-39}$$

式中 $\overline{x}$——描述电厂结构荷载、抗力等结构性能或影响检测、维修参数的变量。

火电厂的修建并不单纯从经济收益的角度考虑，还需要考虑社会发展的需要、国计民生及军事等方面的需要，优化模型的约束为可靠指标或其他相关要求，即要在电厂结构运行的全寿命周期内满足安全性和功能性要求。

附录 A 《火力发电厂土建结构设计技术规程》修编建议

A.1 增加汽轮发电机基础—主厂房联合布置方案的规定

A.1.1 原条文

《土规》6.1.2 条，汽轮发电机基础设计时，应与制造厂密切配合。新型机组的基础设计应与机器设计同步进行，应进行基础的动力特性优化，必要时可进行基础的数值模型（有限元块体模型）分析或实物模型试验，以确定合理的基础设计方案。

A.1.2 修编建议

条文保持不变，条文说明建议增加汽轮发电机基础—主厂房联合布置方案的有关规定。针对新型机组的基础设计以及原有机型基础的设计优化，开展了大量的数值模拟分析和实物模型试验，有些还做了运行实测，基础动力特性优化的成果显著，且积累了大量经验。近年来，一些设计院提出了汽轮发电机基础—主厂房联合布置新型结构布置方案，对于此类方案宜进行基础的数值模型（有限元块体模型）分析或实物模型试验，以保证基础的性能满足工艺要求。

A.2 增加汽轮发电机基础—主厂房联合布置基本原则

A.2.1 原条文

《土规》11.4.2.条，主厂房框排架结构分析和地震作用计算时，应遵循以下原则：

主厂房结构宜采用三维空间体系进行结构整体分析。并应将主厂房外侧柱、汽机房平台结构（非独立布置时）进行联解，考虑楼（屋）盖平面内的刚度，计入水平地震作用扭转的影响，必要时可选择荷载较大的代表性框架进行平面校核。

A.2.2 修编建议

正文保持不变，建议取消“必要时可选择荷载较大的代表性框架进行平面校核”，增加汽轮发电机基础—主厂房联合布置方案的有关规定。对于汽轮发电机基础—主厂房联合布置结构方案，汽轮发电机基础宜采用框架（杆系）模型或有限元块体模型进行动力分析。

A.2.3 修编说明

汽轮发电机基础的动力分析需要按照我国规范 GB 50040—1996《动力机器基础设计规范》和设备制造厂标准分别计算，两者需要同时满足。

汽轮发电机基础台板动力分析推荐采用解耦模型，即计算模型仅考虑弹簧隔振器及以上部分，弹簧隔振器下面的支承结构可以不用建模。模型解耦的前提条件是弹簧隔振器下部支承结构刚度是弹簧隔振器自身刚度的 10 倍。

台板的地震作用分析，可采用与支承（框架）结构联合的整体模型，其台板支座处的三向刚度为弹簧隔振器实际刚度，地震作用分析时还应考虑阻尼器的作用。

A.3 增加汽轮发电机基础—主厂房联合布置计算规定

A.3.1 新增建议条款

当汽轮发电机隔振基础与厂房主体结构联合布置时，应考虑弹簧隔振装置对结构地震响应的影响，隔振装置应选择合适的刚度和阻尼，避免对汽轮发电机基础的地震作用造成放大。地震响应分析可采用弹性时程分析方法。根据厂家需要，可考虑采用弹塑性时程分析。

A.3.2　修编说明

此条为补充条款，当采用联合布置的方案时，地震作用下汽轮发电机基础与主厂房结构存在相互作用，汽轮发电机基础的地震响应与独立布置时相比会有所放大。弹簧支座设计时除考虑机器振动外，还应考虑汽机基座与主结构间的地震响应，来确定弹簧支座的刚度和阻尼。通过选用合适的支座来减小联合布置时汽机基座地震响应的放大作用。由于汽机基础与主厂房在地震时的相互作用受结构刚度、质量分布等因素影响，比较复杂，因此在采用联合布置方案时，应对厂房与汽机基座的整体结构进行弹性时程分析，考察汽机基座的动力响应，判断弹簧支座设计是否合理并满足厂家的要求。

A.4　关于框架—支撑结构的要求

A.4.1　原条文

《土规》11.5.5 条，框架—支撑结构的框架部分按刚度分配计算得到的地震层剪力应乘以增大系数，其值不应小于 1.15，且不应小于结构总地震剪力的 25%和框架部分计算最大层剪力 1.8 倍的较小值。

条文说明：铰接支撑框架结构中，支撑杆件在满足强度、稳定计算的同时，还应留有适当的富裕度。

A.4.2　修编建议

正文不变，条文说明中增加支撑设计的有关规定。铰接支撑设计计算中控制应力比时宜考虑结构体系多道抗震防线和足够赘余度的要求，要根据结构布置和受力情况有意控制同一楼层不同部位支撑的应力比存在一定差异，使支撑在罕遇地震作用下出铰（或屈服）遵循一定的先后次序，以防止由于同层一定数量的支撑同时屈服进而引起相连梁、柱屈服，从而导致结构位移超过规范限值甚至结构倒塌的不利状况。

A.5　关于采用弹簧隔振基座的要求

A.5.1　原条文

《土规》11.10.5 条，采用弹簧隔振基座时，除满足一般防震缝宽度要求外，可按单质点的计算模型的计算水平位移进行校核，使隔振基座与相邻结构间留有足够的间隙，避免地震时相互碰撞。

A.5.2　修编建议

条文说明增加以下内容。地震作用下，基座的加速度相对地表会进一步放大，有超出设备承受能力的风险，需要对基座的加速度响应进行控制，具体限值可由设备型号和工艺确定。计算基座的加速度响应时应采用时程分析法，计算模型中应考虑弹簧支座的刚度和阻尼。

A.6　关于采用弹簧隔振基座的名称修改

A.6.1　修编建议

附录 E 及条文说明中多处“隔震”应为“隔振”。

A.6.2 修编说明

上一版规范中本章为弹簧隔振基础的设计，主要是降低机器运行时传递给结构的振动反应。试验和计算分析均表明，实际上弹簧装置并不能明显降低水平地震作用，因此用“隔震”说法不准确。

A.7 结构体系选择的说明

A.7.1 原条文

《土规》11.1.8条，发电厂多层建（构）筑物不宜采用单跨框架结构，当采用单跨框架结构时，应采取提高结构安全度的可靠措施。

《土规》11.1.9条，地震区主厂房结构选型应综合考虑抗震设防烈度、场地土特性、发电厂的重要性以及厂房布置等条件，宜优先选用抗震性能较好的钢结构。常规布置的主厂房结构选型可按以下原则确定：

（1）主厂房采用钢筋混凝土结构时，6度及7度Ⅰ～Ⅱ类场地时，宜采用钢筋混凝土框架结构；7度Ⅲ～Ⅳ类场地时，钢筋混凝土结构宜选择框架—抗震墙或框架-支撑体系，也可采用钢结构；

（2）8度Ⅱ～Ⅳ类场地时，主厂房宜采用钢结构，结构体系宜选择框架—支撑体系；

（3）单机容量在1000MW及以上时，主厂房宜采用钢结构。当采用钢筋混凝土结构时应进行专门论证。

A.7.2 修编建议

原条文修编如下。

地震区主厂房结构选型应综合考虑抗震设防烈度、场地土特性、发电厂的重要性以及厂房布置等条件，宜优先选用抗震性能较好的钢结构。常规布置的主厂房结构选型可按以下原则确定：

（1）主厂房采用混凝土结构时，对于双跨框排架结构以及单跨框排架结构，7度（0.15g）、Ⅱ类场地及以下地区，宜采用框排架结构；7度（0.15g）、Ⅳ类场地和8度及以上地区，宜采用框排架—钢支撑结构或框排架—抗震墙结构，可按照本标准表A.7.2-1选用，当超过下述条件时，应进行专门论证。

表A.7.2-1　　框排架体系结构体系选型表

布置	烈度及场地类别		
	6度～7度（0.15g）Ⅰ、Ⅱ类	7度（0.15g）Ⅲ类 8度Ⅰ类	7度（0.15g）Ⅳ、8度Ⅱ类
双跨框—排架	混凝土框架注2	框架—抗震墙注2	框架—抗震墙注2
单跨框—排架（汽机房+除氧间）	混凝土框架注1	混凝土框架注1 或钢支撑—混凝土框架	钢支撑—混凝土框架
单跨框—排架（汽机房+煤仓间）	混凝土框架注1	钢支撑—混凝土框架或框架—抗震墙注2	框架—抗震墙

注 1. 结构适用范围引自集团级科研项目《主厂房混凝土单跨排框架结构的抗震性能及体系改进研究》成果。
2. 引自2003年电力行业重点科技攻关项目《火力发电厂主厂房结构抗震设计技术》成果。抗震墙沿纵向方向设置。
3. 本表中的烈度为未调整的设防烈度。

（2）8 度Ⅱ～Ⅳ类场地时，主厂房宜采用钢结构，结构体系宜选择框架—支撑体系；8 度Ⅲ～Ⅳ类场地时，当采用钢筋混凝土结构时应进行专门论证。

建议增加独立侧煤仓的布置方案、CFB 循环流化床机组布置方案的结构选型原则。

（1）对于独立侧煤仓的布置方案，主厂房采用混凝土结构时，汽机房在 7 度(0.15g)、类场地及 8 度Ⅰ类以下地区，可采用竖向框排架结构；侧煤仓在 6 度区可采用单跨框架结构，在 7 度Ⅰ、Ⅱ类及以下可采用双跨或三框框架结构。超过上述条件需要进行论证。对于侧煤仓框架—抗震墙结构，需要结合工艺布置和抗震墙的设置条件进行专门论证。

（2）对于 CFB 循环流化床机组，主厂房采用混凝土结构时，当设防烈度为 6 度、7 度（Ⅰ、Ⅱ类场地）时，结构型式选用单跨—框排架结构，当 7 度（Ⅲ、Ⅳ类场地）、8 度（Ⅰ、Ⅱ类场地）时，建议采用与炉前低封联合形成双跨框排架结构。

建议增加条文说明。

主厂房结构按机组特点可分为普通煤粉炉厂房、循环流化床厂房、燃油机组厂房等，按工艺布置可分为前煤仓布置、独立侧煤仓布置等形式；按结构布置可分为双跨框排架、单跨框排架、单排架、独立侧煤仓框架（单跨、双跨、三跨）等形式；按结构体系可分为框架、框架—抗震墙、钢支撑—混凝土框架等结构。

主厂房结构按机组特点的不同，结构的竖向剖面有如下几种型式。

（1）普通煤粉炉、燃油机组。

双跨框排架结构是指汽机房、除氧间、煤仓间组成的排架—框架联合结构（见图 A.7-1）。

单跨框排架有两种组合，即汽机房与除氧间（见图 A.7-3）、汽机房与煤仓间（见图 A.7-4）分别组成的排架—框架联合结构；以上框排架结构又称为侧向框排架结构。

单排架是指汽机房排架与汽机房平台组成的组合结构（见图 A.7-2），又称为竖向框排架结构。

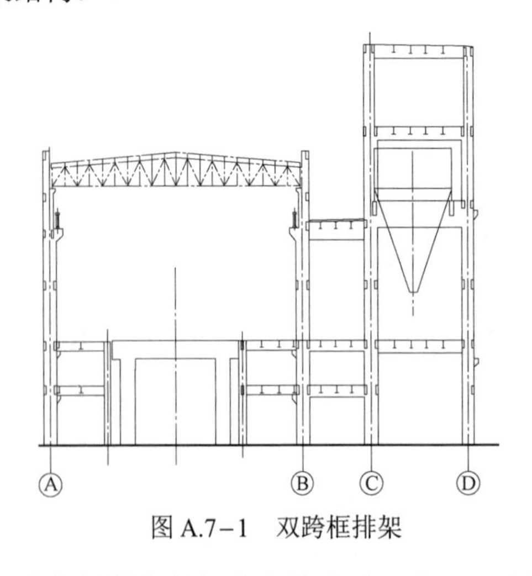

图 A.7-1　双跨框排架

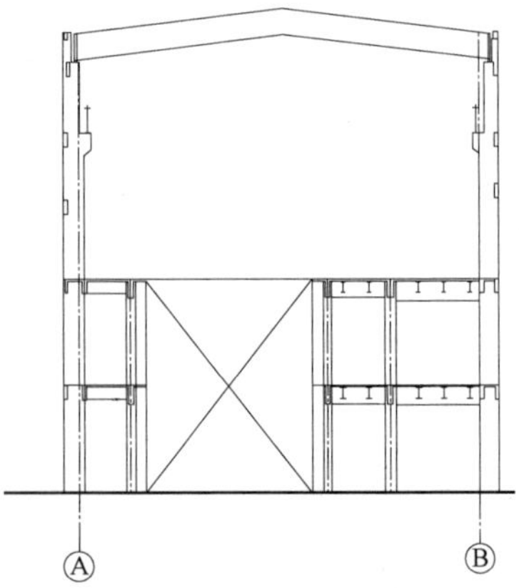

图 A.7-2　竖向框排架

独立侧煤仓框架分为单跨、双跨、三跨等不同的布置，具体如图 A.7-5（a）、（b）、（c）所示。

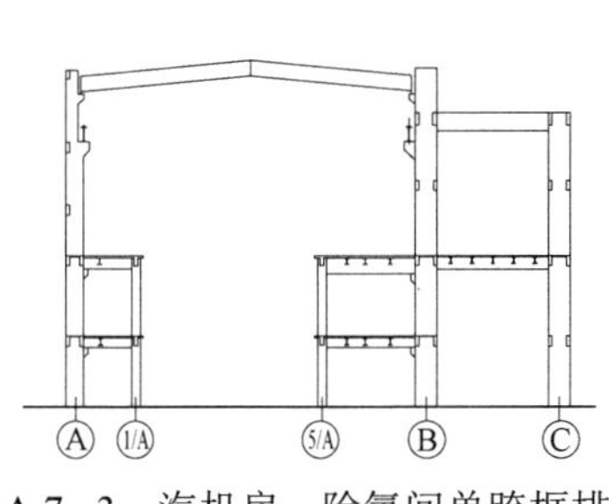

图 A.7-3　汽机房—除氧间单跨框排架

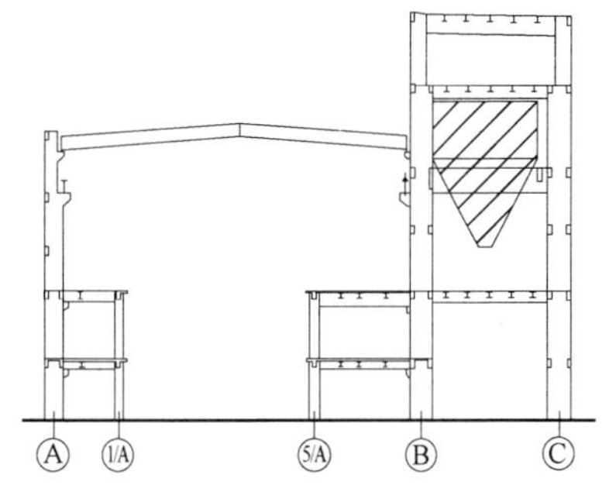

图 A.7-4　汽机房—煤仓间单跨框排架

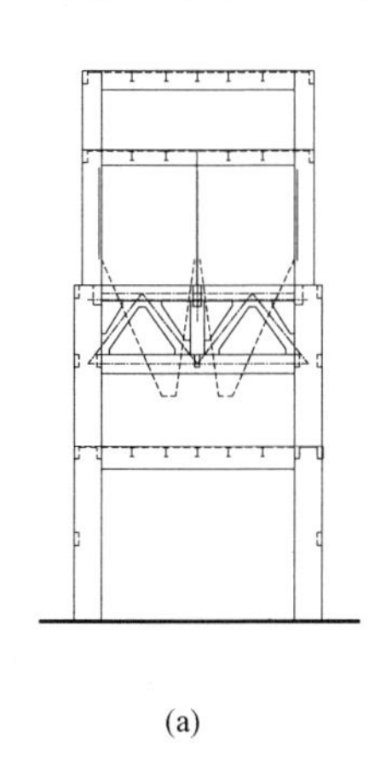

(a)

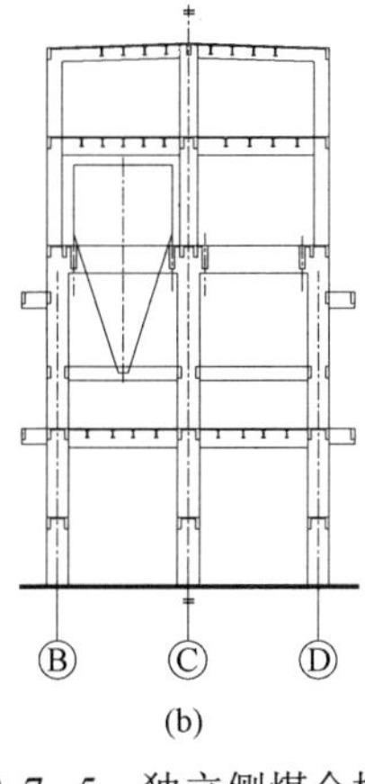

(b)

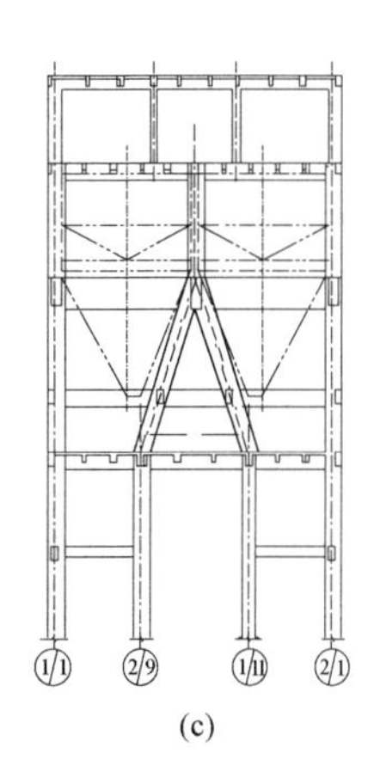

(c)

图 A.7-5　独立侧煤仓框架

（a）单跨；（b）双跨；（c）三跨

燃油机组布置为汽机房与除氧间组合的框排架（见图 A.7-3）或竖向框排架结构（见图 A.7-2）。

（2）循环流化床（CFB）机组。

循环流化床机组的汽机房—煤仓间组成单跨框排架布置（见图 A.7-6），其与普

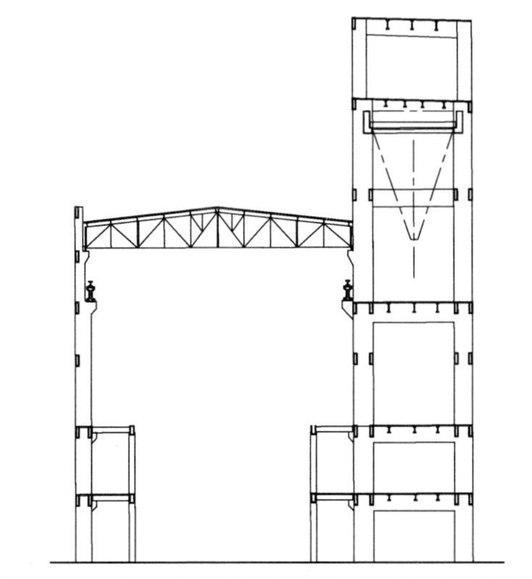

图 A.7-6 （CFB）机组汽机房—煤仓间单跨框排架

通煤粉炉机组相比，煤仓间运转层上移一层，该层通常布置有除氧器，而煤仓间底层层高较小。

A.7.3 修编说明

1. 关于框架剪力墙结构

（1）根据西北电力设计院有限公司和西安建筑科技大学联合进行的研究表明，主厂房框架剪力墙结构受力更为合理，可以拓宽混凝土结构的应用范围。试验研究表明，剪力墙能够承担大部分地震作用，结构刚度布置更为均匀，且结构具有更好的延性。采用SRC框架——剪力墙结构时，结构应用于8度抗震设防区是可行的。

（2）RC框架—分散剪力墙和SRC框架—分散剪力墙主厂房结构的弹性时程计算结果均满足现行《建筑抗震设计规范》的相关规定。

（3）SRC框架—分散剪力墙宜在横向布置剪力墙，且尽量分散对称布置，以减少扭转效应。

（4） 8度罕遇地震作用下，SRC框架—分散剪力墙主厂房模型结构和原型结构最大层间位移角均满足弹塑性层间角限值1/100的要求，9度罕遇地震作用下，模型结构不满足该要求。SRC框架—分散剪力墙的层间侧移角限值可以取为1/750。

（5）随着SRC框架—分散剪力墙结构抗震设防烈度的提高，剪力墙数量增加。在8度Ⅳ类场地及9度以上地区时，结构的层间侧移不满足层间侧移的要求，应采用性能更好的结构体系。

2. 根据西北电力设计院有限公司和清华大学采用弹塑性分析计算得出的结果，在低烈度地区或有利场地条件下，单跨框—排架联合结构体系可以满足规范的性能要求。

7度Ⅲ、Ⅳ类场地和8度Ⅱ类场地的除氧间与汽机房联合的单跨框—排架联合结构体系，其受力状况优于煤仓间与汽机房联合的情况。当除氧间高度不大于汽机房高度，钢支撑按照《建筑抗震设计规范》的要求设计时也可采用。

A.8 单跨框—排架联合结构体系适用条件

A.8.1 修编建议

新增建议条款。

对汽机房与煤仓间联合的混凝土单跨框—排架联合结构体系，当场地条件比7度Ⅱ类场地更不利时，至少采用下列措施之一后可适当放宽其应用范围：

（1）增设分散布置的剪力墙；

（2）增设钢支撑或特殊支撑；

（3）框架柱轴压比不大于0.55；

（4）采取特殊构造措施，如特殊的配箍措施（如连续复合矩形螺旋箍），增设芯柱的框架柱等。

新增条文说明。

特殊支撑可采用耗能支撑或屈曲约束支撑，屈曲支撑应选择出力较大且能满足主厂房结构使用的支撑类型，可参考图A.8−1进行结构布置。采取特殊措施后放宽使用的结构体系，使用时宜经弹塑性分析验证。

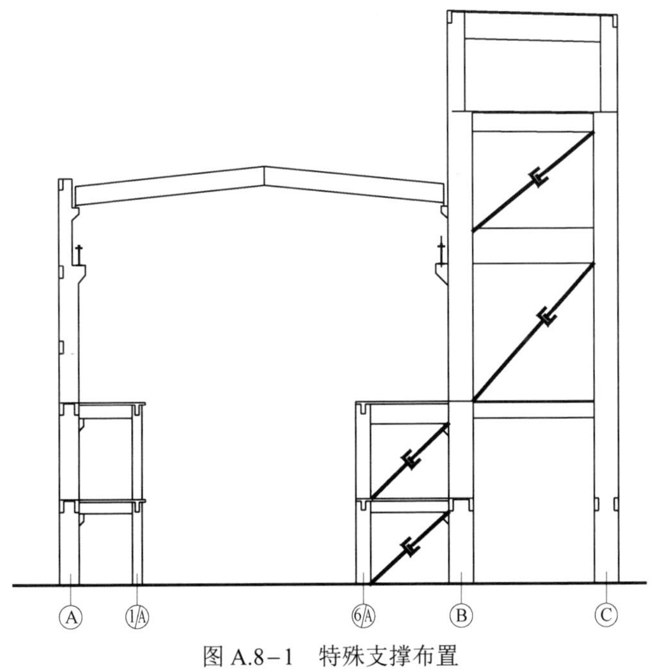

图 A.8－1 特殊支撑布置

A.8.2 编制说明

采取增设分散布置的剪力墙或增设钢支撑或特殊支撑后，结构体系已经具备多道防线。框架柱轴压比不大于 0.55 时或采取特殊构造措施时，结构体系的延性显著提高。

A.9 钢筋混凝土框架—支撑体系的要求

A.9.1 修编建议

建议增加钢筋混凝土框架—支撑体系的设计要求。

（1）钢支撑—混凝土框架结构中的钢支撑应在两个主轴方向同时设置，且宜上下连续布置，可采用交叉支撑、人字形支撑或 V 字形支撑。

（2）底层的钢支撑框架按刚度分配的地震倾覆力矩应大于结构总地震倾覆力矩的50%。

（3）钢支撑框架部分的斜杆，可按端部铰接计算。

（4）混凝土框架部分承担的地震作用，应按框架结构和支撑框架结构两种计算模型计算，并宜取两者的较大值。当采用性能设计方法，或采取可靠措施能够保证支撑在大震作用下不退出工作时，可不按上述要求进行设计。

A.9.2 修编说明

7 度、8 度Ⅱ类场地条件下汽机房+除氧间框排架结构和独立侧煤仓结构应布置侧向支撑。无支撑的汽机房+除氧间框排架结构和独立侧煤仓结构不能用于 7 度Ⅱ类场地条件。

侧煤仓汽机房框排架结构纵向刚度较弱，地震作用下结构层间侧移不容易满足要求，使用时应布置柱间支撑，增加结构纵向刚度。

随着支撑数量的增加柱轴压比有所减小。

A.10 关于框架梁柱的建议

A.10.1 新增建议条款

框架柱和梁建议补充：当需要优化柱截面或提高柱屈服后延性时，可采用型钢混凝土组合柱取代钢筋混凝土柱；也可采用增设芯柱的形式，芯柱可采用高强预制钢管混凝土柱，并设置在两端。应根据弹塑性分析的结果，对出现的薄弱部位尤其是薄弱柱部位进行加强，可采取严格的配箍措施。

A.10.2 修编说明

双向地震作用下主厂房结构横向框架柱剪力增大幅度为 5%～45%，且越靠近主厂房端部的柱剪力增大幅度越大，双向地震作用下纵向框架柱剪力影响较小，放大系数可取 1.05。

框架与剪力墙承受的剪力并不按照一定的比例趋势增加，说明框架—剪力墙之间的变形并不相同，框架与剪力墙间的协同工作情况并不理想。

剪力墙破坏之后，框架柱承担的剪力增大，而柱子轴压比较大、延性较差，建议使用延性更好的型钢混凝土柱构成型钢混凝土框架—分散剪力墙架构。

由于火力发电厂整体结构布置复杂，空间整体性能差，荷载传递路径不明确，并且存在大量的错层和短柱，因此这些构件就成了结构的薄弱部位。短柱容易发生剪切破坏，如果没有一定的延性，则必然导致脆性破坏，对结构的整体抗震性能产生不利影响。

由于主厂房结构部分楼层缺乏刚性楼板的作用，剪力墙与框架柱承受的竖向荷载、楼层地震作用有差别，加之各楼层抗侧力构件变形不一致，地震过程中楼层地震作用需依靠梁的轴向刚度来传递，地震作用过程中部分梁会产生较大的轴向拉力或压力，在设计中应引起足够重视。

A.11 剪力墙的建议

A.11.1 原条文

《土规》11.4.9 条，框架—抗震墙体结构中的抗震墙应符合下列抗震构造措施要求。

（1）抗震墙宜从基础顶面起贯通厂房的全高。墙身不宜开洞，如需开洞，洞口则不宜大于墙平面面积的 1/6，且洞口宜上下对齐，洞口距离柱边二、三级抗震墙不宜小于 1000mm，一级不宜小于 1200mm。洞口承载力经计算确定。

（2）纵向抗震墙厚度宜取柱中距 1/40～1/30，且不应小于 160mm，一、二级抗震墙底部不应小于 200mm。宜采用双向双面配筋，每个方向总配筋率不应小于 0.25%，其直径不得小于 12mm，相应间距不大于 200mm。拉筋间距不应大于 600mm，其直径不得小于 6mm，一、二级抗震墙底部适当加密。

（3）抗震墙的端柱截面宜与同层框架柱相同，抗震墙底部的端柱宜按柱箍筋加密区的要求沿全高加密。抗震墙及抗震墙端柱内的纵向钢筋接头应采用焊接和可靠的机械连接。

（4）洞口边长不大于 800mm 时，两侧和上部、下部应设附加钢筋，附加钢筋数量不小于洞口切断钢筋总面积的 1.3 倍，洞口四周必须设置 45° 方向的斜向附加钢筋，每个转角处的钢筋按墙厚度每 100mm 不宜少于 500mm^2 配置。洞口边长大于 800mm 时宜设置暗柱和暗梁。

A.11.2 修编建议

“抗震墙”统一修改为“剪力墙”。

剪力墙建议补充如下条款。

（1）剪力墙应沿两个主轴方向分散布置，主要布置在除氧间或煤仓间内，均匀分散靠边布置，尽量使结构刚度均匀。

（2）剪力墙布置时应与工艺专业配合，避开主要管道和主要检修通道，小直径管道可绕开剪力墙或在墙上开洞。尽量利用楼梯间和卫生间等位置布置剪力墙。

（3）剪力墙厚度宜取柱中距 1/40～1/30，且大于层高的 1/40，并不应小于 200mm。墙厚大于 400mm 小于 700mm 时，宜在墙中部再配置一排钢筋；当墙厚大于 700mm 时宜采用四排钢筋。

（4）剪力墙端部在主轴线相交处的框架柱宜保留以形成端柱。

（5）在剪力墙非端柱侧的构造边缘构件中，为提高承载能力和延性，可设置型钢以构成型钢混凝土剪力墙。

A.11.3 修编说明

（1）强调了剪力墙的布置应符合剪力墙布置的一般原则，即均匀、分散和靠边。不建议采用端部剪力墙的布置形式。

（2）多项工程实践表明，分散布置的剪力墙可以满足工艺布置和检修的要求。一些小的管道可以通过开洞来处理。

（3）剪力墙的厚度建议和《抗规》不同，是因为主厂房剪力墙的边界条件与民用建筑中的剪力墙边界条件不相同。西北电力设计院有限公司和西安建筑科技大学进行的拟动力试验证明该剪力墙厚度是合适的。

（4）采用框架剪力墙结构型式后，框架柱还要保留。当剪力墙暗柱配筋较大很难配筋时，可考虑采用 SRC 暗柱或端柱。

A.12 新型结构体系使用范围

A.12.1 补充条款

传统钢筋混凝土框架结构单跨框—排架结构体系和竖向框排架结构体系不宜用于 8 度及以上区域；钢—混凝土组合结构、钢筋混凝土框架—消能减震支撑结构、布置分散剪力墙的钢筋混凝土结构、采用钢骨混凝土柱竖向框排架结构可应用 8 度设防区域，但应采用性能设计的方法加以详细的论证。

A.12.2 修编说明

西北电力设计院有限公司与北京工业大学合作研究成果表明：在 8 度（0.2*g*）设防区域，采用一定的改进措施（混凝土柱增设钢骨、采用消能减震技术、钢筋混凝土框架结构增设分散剪力墙等），钢筋混凝土结构体系的大型流化床机组主厂房和竖向框排架汽机房都可以满足相关抗震设防要求。8 度设防区域采用改进后的钢筋混凝土结构体系时，应采用弹塑性分析方法对结构在罕遇地震作用下的抗震性能进行详尽的分析，保证关键构件具有足够的安全余度，应包括变形和承载力两方面评价指标。

A.13 支撑式煤斗的布置要求

A.13.1 新增建议条款

主厂房支承煤斗的楼层应设置现浇钢筋混凝土楼板，加强楼层的水平刚度。煤斗与主厂房框架结构的连接应进行抗震设计，并采取有效的抗震措施。可在相邻楼层设置煤斗水平支撑结构。当采用煤斗减震技术时，应确保煤斗重力荷载竖向传递路径可靠、水平双向具有充足的运动空间，且煤斗结构在正常使用期间相对框架结构的变形符合设计要求。

A.13.2 条文说明

可以采用橡胶支座竖向连接煤斗支撑环梁和框架结构，允许煤斗在设防地震及以上地震作用时发生幅值不大于300mm的水平双向运动，为提高减震的可靠性和控制煤斗的水平运动幅值，一般应设置阻尼装置水平向连接煤斗和框架结构。煤斗减震技术应设计为小震作用时不工作。

A.13.3 修编说明

煤斗质量占主厂房结构自重的5%～10%，将煤斗质量加以利用设计主厂房结构的调频质量减震方案可充分利用火电厂结构的特点，提高主厂房结构的抗震性能。西北电力设计院有限公司与北京工业大学合作研究工作表明：煤斗减震技术可有效降低主厂房结构的地震响应，结构变形和构件内力降低幅度均可达20%以上，是一项值得推广应用的科研成果。

A.14 关于采用整体混凝土煤斗壁的钢筋混凝土侧煤仓适用范围

A.14.1 新增建议条款

采用整体混凝土煤斗壁的钢筋混凝土侧煤仓三列柱结构和两列柱结构体系的适用范围可按表A.14–1和表A.14–2确定。

表A.14–1 三列柱结构体系的适用范围

项次	设防烈度及场地类别						
	6度 I_0～Ⅳ类	7度 I_0、I_1类	7度 Ⅱ类	7度 Ⅲ类	7度 Ⅳ类	8度 I_0、I_1类	8度 Ⅱ类
侧煤仓三列柱结构	可行					可行	

表A.14–2 两列柱结构体系的适用范围

项次	设防烈度及场地类别						
	6度 I_0～Ⅳ类	7度 I_0、I_1类	7度 Ⅱ类	7度 Ⅲ类	7度 Ⅳ类	8度 I_0、I_1类	8度 Ⅱ类
侧煤仓两列柱结构	可行						

注 7度Ⅲ、Ⅳ类场地和8度Ⅱ类场地的整体混凝土煤斗壁的钢筋混凝土侧煤仓三列柱结构体系，其受力状况优于侧煤仓两列柱结构体系的情况。研究成果超过现行规范楼层侧向刚度限值，在调整侧煤仓所在层刚度满足规范要求后，不限制此类钢筋混凝土侧煤仓结构体系使用。

A.14.2 修编说明

根据西北电力设计院有限公司和西安建筑科技大学采用弹塑性分析计算得出的结果，6 度罕遇地震作用下，结构各层的最大弹塑性层间位移角均满足《构筑物抗震设计规范》关于弹塑性层间位移角限值的要求；7 度罕遇地震作用下，结构最大弹塑性层间位移角均有较大提高，如果按局部按框架剪力墙结构来考虑，则均大于《构筑物抗震设计规范》关于弹塑性层间位移角限值的规定，因此不满足要求，可能会导致结构发生脆性倒塌。在低烈度地区或有利场地条件下，整体混凝土煤斗壁的钢筋混凝土侧煤仓结构体系可以满足规范的性能要求。

A.15 关于钢结构主厂房部分

A.15.1 原条文

《土规》4.3.3 条，主厂房钢框排架横向结构可采用铰接支撑框架体系或框架—支撑体系，纵向结构宜采用铰接支撑框架体系。铰接支撑框架的梁柱可采用柱贯通的连接形式。

A.15.2 修编建议

新增建议条款：可根据实际工程刚度需求调整部分横向框架铰接。

A.15.3 修编说明

从计算分析可见横向支撑对周期影响较大，且汽机房横向支撑对横向刚度影响最大。结构横向有无支撑对周期的影响很大，横向支撑对结构整体的位移影响较大，尤其是汽机房的横向支撑影响最大，因此在实际工程中应该调整横向框架的刚度。

A.16 关于钢结构主厂房柱间支撑位置

A.16.1 原条文

《土规》4.3.8 条，在厂房外侧柱温度缝区段两端的第一个柱间应设置上柱柱间支撑，该支撑宜设在吊车梁牛腿面至柱顶的范围内，厂房温度缝区段的中部应沿柱全高范围设置柱间支撑。柱间支撑应与屋架下弦横向水平支撑相协调。

A.16.2 修编建议

《土规》4.3.8 条，在厂房外侧柱温度缝区段两端的第一个柱间（或第二柱间）应设置上柱柱间支撑，该支撑宜设在吊车梁牛腿面至柱顶的范围内，厂房温度缝区段的中部应沿柱全高范围设置柱间支撑。柱间支撑应与屋架下弦横向水平支撑相协调。

A.17 关于汽机房屋面结构部分

A.17.1 原条文

《土规》4.4.1 条，汽机房屋面结构可选用有檩或无檩屋盖体系。屋面梁可采用钢屋架、实腹钢梁或空间网架结构。屋架形式可选用梯形屋架、平行弦屋架或下承式屋架等。

A.17.2 修编建议

新增建议条款：屋架与柱连接可采用刚接或下承式铰接。

A.18 关于汽机房屋面结构部分

A.18.1 原条文

《土规》4.4.2 条，当跨度大于或等于 18m，且小于 30m 时，汽机房屋盖主要承重结构宜采用钢屋架、实腹钢梁或钢网架结构。当跨度大于或等于 30m 时，宜采用钢屋架或钢网架结构。

A.18.2　修编建议

《土规》4.4.2 条，当跨度大于或等于 18m，且小于 30m 时，汽机房屋盖主要承重结构宜采用钢屋架、实腹钢梁或钢网架结构。当跨度大于或等于 30m 时，宜采用钢屋架或钢网架结构，且与柱刚接。

A.18.3　修编说明

跨度大时宜增大横向刚度。

A.19　关于汽机房屋面支撑设置

A.19.1　原条文

《土规》4.4.9 条，梯形或平行弦屋架上、下弦横向水平支撑，一般应在厂房两端或温度伸缩缝区段两端开间各设置一道。

A.19.2　修编建议

《土规》4.4.9 条，梯形或平行弦屋架上、下弦横向水平支撑，一般应在厂房两端或温度伸缩缝区段两端开间各设置一道。

在设置柱间支撑的开间，应同时设置屋盖横向支撑。

A.19.3　修编说明

屋架的纵向力直接传递到柱间支撑，且结构具有更大的空间刚度。

A.20　关于汽机房屋面结构部分

A.20.1　原条文

《土规》4.4.13 条，钢屋架上、下弦应在未设置垂直支撑的屋架间，相应于垂直支撑平面的屋架上、下弦节点处设置通长的水平系杆，同时，下列部位还应增设水平系杆：

3 屋架端部上、下弦节点和屋架上弦屋脊节点的通长系杆以及横向水平支撑中的系杆均应采用刚性系杆（压杆），其余可采用柔性系杆（拉杆）。

A.20.2　修编建议

《土规》4.4.13 条，钢屋架上、下弦应在未设置垂直支撑的屋架间，相应于垂直支撑平面的屋架上、下弦节点处设置通长的水平系杆，同时，下列部位还应增设水平系杆：

3 屋架端部上、下弦节点和屋架上弦屋脊节点的通长系杆以及横向水平支撑中的系杆均应采用刚性系杆（压杆），柱间支撑设在第二柱间时，第一柱间的系杆全部为刚性系杆，其余可采用柔性系杆（拉杆）。

A.20.3　修编说明

增加柱间支撑设在第二柱间时对第一柱间系杆的要求。

A.21　关于钢结构主厂房部分

A.21.1　原条文

《土规》11.1.9 条，地震区主厂房结构选型应综合考虑抗震设防烈度、场地土特性、发电厂的重要性以及厂房布置等条件，……。常规布置的主厂房结构选型可按以下原则确定：

8 度Ⅱ～Ⅳ类场地时，主厂房宜采用钢结构，结构体系宜选择框架—支撑体系。

《土规》11.5.2条，主厂房钢框排架结构，6度、7度时可采用铰接支撑框架体系，8度、9度时宜采用框架—中心支撑体系……

A.21.2 修编建议

《土规》11.1.9条，地震区主厂房结构选型应综合考虑抗震设防烈度、场地土特性、发电厂的重要性以及厂房布置等条件。常规布置的主厂房结构选型可按以下原则确定：

8度Ⅱ～Ⅳ类场地时，主厂房宜采用钢结构。

《土规》11.5.2条，主厂房钢框排架结构，结构横向抗侧力体系宜选择框架—支撑体系，6度、7度宜采用柱间支撑，8度、9度应采用柱间支撑。结构纵向抗侧力体系，6度、7度时可采用铰接支撑框架体系，8度、9度时宜采用框架—中心支撑体系……

A.22 关于消能部件的要求

A.22.1 新增建议条款

消能减震设计时，消能部件应符合下列要求。

（1）消能部件的性能参数应经试验确定。

（2）消能部件的设置位置和构造措施，应便于检查和更换。

（3）设计文件上应注明对消能部件的性能要求，安装前应按规定进行检测。

A.22.2 修编说明

为确保消能减震的效果，安装前应按规定进行抽检，同时为方便长期使用过程中的检查和维护，其设置位置应便于维护人员接近和操作，同时易于更换。

A.23 屈曲约束支撑布置原则

A.23.1 新增建议条款

屈曲约束支撑可依照以下原则进行布置。

（1）地震作用下产生较大支撑内力的部位。

（2）地震作用下层间位移较大的楼层。

（3）宜沿结构两个主轴方向分别设置。

（4）可采用单斜撑、人字形或V形支撑布置（见图A.23-1），也可采用偏心支撑的布置形式，当采用偏心支撑布置时，设计应保证支撑先于框架梁屈服。

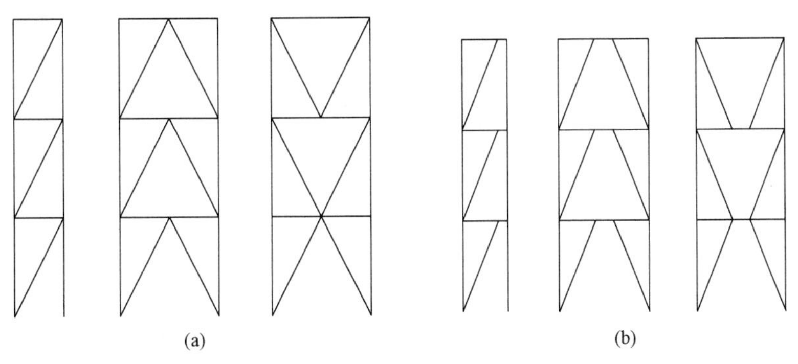

图A.23-1 屈曲约束支撑布置

（a）中心支撑；（b）偏心支撑

A.23.2　编制说明

屈曲约束支撑应布置在能最大限度地发挥其耗能作用的部位，同时不影响建筑功能与布置，并满足结构整体受力的需要。

A.24　屈曲约束支撑计算要求

A.24.1　修编建议

新增规范附录《屈曲约束支撑计算》。

A.24.2　修编说明

结构设计中，为便于计算分析，常采用等截面的杆单元模拟屈曲约束支撑，而屈曲约束支撑受力芯板截面沿长度方向变化。结构计算分析时，可采用等截面的杆单元模拟屈曲约束支撑。

具体详见第十一章。

A.25　关于抗震性能设计

A.25.1　修编建议

新增规范附录《抗震性能设计》。

A.25.2　编制说明

当主厂房结构采用抗震性能化设计时，应根据其抗震设防类别、设防烈度、场地条件、结构类型和不规则性，投资大小、震后损失和修复难易程度等，对选定的抗震性能目标提出技术和经济可行性综合分析和论证。

具体详见第十二章。

A.26　型钢混凝土异型节点承载力计算

本规程涉及的型钢混凝土异型节点形式，如图 A.26－1 所示。

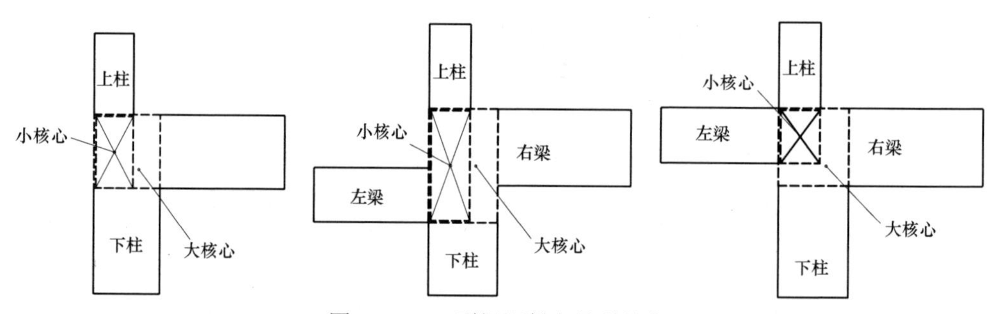

图 A.26－1　型钢混凝土异型节点

A.26.1　剪力设计值计算

新增建议条款：

型钢混凝土柱与型钢混凝土梁或钢筋混凝土梁连接的梁柱节点考虑抗震等级的剪力设计值，应按下列规定计算。

（1）顶层中间节点和端节点

$$V_{\mathrm{j}}=1.35\frac{(M_{\mathrm{b}}^{\mathrm{l}}+M_{\mathrm{b}}^{\mathrm{r}})}{Z} \tag{A.26－1}$$

（2）其他层的中间节点和端节点

$$V_{\mathrm{j}}=1.35\frac{(M_{\mathrm{b}}^{\mathrm{l}}+M_{\mathrm{b}}^{\mathrm{r}})}{Z}\left(1-\frac{Z}{H_{\mathrm{c}}-h_{\mathrm{b}}}\right) \tag{A.26-2}$$

一级抗震等级框架结构和 9 度设防烈度一级抗震等级的各类框架尚应满足：

（1）顶层中间节点和端节点

$$V_{\mathrm{j}}=1.15\frac{(M_{\mathrm{buE}}^{\mathrm{l}}+M_{\mathrm{buE}}^{\mathrm{r}})}{Z} \tag{A.26-3}$$

（2）其他层的中间节点和端节点

$$V_{\mathrm{j}}=1.15\frac{(M_{\mathrm{buE}}^{\mathrm{l}}+M_{\mathrm{buE}}^{\mathrm{r}})}{Z}\left(1-\frac{Z}{H_{\mathrm{c}}-h_{\mathrm{b}}}\right) \tag{A.26-4}$$

式中 $M_{\mathrm{buE}}^{\mathrm{l}}$，$M_{\mathrm{buE}}^{\mathrm{r}}$——框架节点左、右两侧型钢混凝土梁或钢筋混凝土梁的梁端考虑承载力抗震调整系数的正截面受弯承载力对应的弯矩值；

$M_{\mathrm{b}}^{\mathrm{l}}$，$M_{\mathrm{b}}^{\mathrm{r}}$——考虑地震作用组合的框架节点左、右两侧为型钢混凝土梁或钢筋混凝土梁的梁端弯矩设计值；

H_{c}——节点上柱和下柱反弯点之间的距离；

Z——梁端上部和下部钢筋合力点或梁上部钢筋加型钢上翼缘和梁下部钢筋加强型钢下翼缘合力点，或型钢上、下翼缘合力点之间的距离；

h_{b}——梁截面高度；当节点两侧梁高不相同时，梁截面高度 h_{b} 应取其平均值。

A.26.2 受剪承载力计算

1. 新增条款

型钢混凝土框架错层异型节点的受剪承载力应符合下列公式的规定。

（1）型钢混凝土柱与型钢混凝土梁连接的梁柱异型中节点：

$$V_j\leqslant\frac{1}{r_{RE}}\left[0.1\eta_j\alpha\frac{A_{大}}{A_{小}}f_cb_jh_j+0.05\eta_jnf_cb_jh_j+0.8f_{yv}\frac{A_{sv}}{s}(h_0-a_s')+0.58f_at_wh_w\right] \tag{A.26-5}$$

（2）型钢混凝土柱与钢筋混凝土梁连接的梁柱异型中节点：

$$V_j\leqslant\frac{1}{r_{RE}}\left[0.1\eta_j\alpha\frac{A_{大}}{A_{小}}f_cb_jh_j+0.05\eta_jnf_cb_jh_j+0.8f_{yv}\frac{A_{sv}}{s}(h_0-a_s')+0.2f_at_wh_w\right] \tag{A.26-6}$$

式中 V_j——框架梁柱异型节点的剪力设计值；

α——系数，当混凝土强度等级不超过 C50 时，取 1.0，当混凝土强度等级为 C80 时，取 0.94，其间按线性插值法确定；

f_c——混凝土抗压强度设计值；

f_a ——型钢强度设计值；

$A_大$、$A_小$ ——分别为异型节点大核心面积和小核心面积；

n ——轴压比；

h_j ——框架节点水平截面的高度。可取为框架柱的截面高度；

b_j ——框架节点水平截面的宽度。当b_b为不小于$b_c/2$时，可取b_c；当b_b小于$b_c/2$时，可取$b_b+0.5h_c$和b_c二者的较小值。此处b_b为梁的截面宽度，b_c为柱的截面宽度；

η_j ——梁对节点的约束影响系数：对两个正交方向有梁约束的中间节点，当梁的截面宽度均大于柱截面宽度的1/2，且框架次梁的截面高度不小于主梁截面高度的3/4时，可取$\eta_j=1.5$；其他情况的节点，可取$\eta_j=1$；

t_w ——柱型钢腹板厚度；

h_w ——柱型钢腹板高度；

A_{sv} ——配置在框架节点宽度b_j范围内同一截面内箍筋各肢的全部截面面积。

2. 修编说明

本附录引用了国家自然科学基金面上项目（51178383）“火电厂SRC框架—RC少墙型框排架主厂房结构抗震性能与设计方法研究”关于型钢混凝土异型节点抗震性能的研究成果。试验结果表明：型钢混凝土异型节点的受力性能和破坏形态和常规型钢混凝土有诸多差异，由于形成异型节点的因素不同，需要对异型节点的核心区重新分类，本附录把节点核心区分成大、小核心区，节点裂缝发展和破坏主要在小核心区，并且要考虑大核心区对节点小核心区抗剪能力的增强作用，在一定的轴压比范围内，增大轴压力可以增强节点的抗剪承载能力，于是在型钢混凝土常规节点抗震受剪承载力计算公式的基础上，采用小核心理论，并考虑大核心区的增强作用，同时考虑轴压力的影响，提出了适用于型钢混凝土异型节点的抗震受剪承载力计算公式。当节点左右梁完全错开，错层高度大于300mm时，节点的抗震受剪承载力可以按中间层边节点抗震受剪承载力计算公式计算。

A.27 厂房全寿命设计理论和方法

A.27.1 新增建议条款

基础设施全寿命结构设计理论与方法是指涵盖结构设计、施工建造和运营管理等整个基础设施使用寿命期的基于安全性、可靠性和经济性等总体结构性能的设计理论与方法。火电厂全寿命结构设计应考虑结构与设备的动力耦合作用、结构抗力与性能的衰变性。全寿命结构设计可采用：基于事件数模型的全寿命设计方法，基于MDP（Markov Decision Processes）的全寿命设计方法和基于优化的全寿命设计方法。

A.27.2 修编说明

在设计中综合考虑电厂项目的前期规划、设计、施工建造、后期运营以及拆除等多个环节，其目的为使项目达到全生命周期的最优化，包括项目性能的最优化和经济效益的最优化。结构和设备的动力耦合作用的长期效应对结构抗力及性能有重要影响，在全寿命设计阶段应重点关注。基于事件数模型的全寿命设计方法和基于 MDP 的全寿命设计方法在安全指标约束的前提下可以得到全寿命周期内总成本的期望值；基于优化的全寿命设计方法可以同时优化全寿命总成本及结构性能，让决策者根据先验知识判断并采用优化结果。

附录B 火力发电厂抗震技术调研

近年来，火力发电厂的发电容量不断增大，对厂房的要求越来越高。目前一般火电厂主厂房的高度和跨度都较大，常用的结构型式是由部分框架和部分排架组成的框架排架组合结构。火电厂主厂房作为电力设施供应电力的核心部分，其能否正常工作直接关系着电力设施是否安全运行，电力是否正常供应，因此火电厂主厂房必须要求有较高的抗震设计水准，保障其在地震作用下能够正常工作。在火电厂主厂房结构设计中，结构体系由于生产工艺要求的限制，设计中常常设计成单层排架和多层框架相连的框排架结构体系。这种结构体系因为受生产工艺的要求，其结构的质量和刚度在空间分布上严重不均匀，薄弱环节多，主要表现在以下几个方面：① 沿结构竖向，层的布置较为杂乱，存在大量的错层现象且短柱较多。即结构沿竖向刚度分布不均匀；② 结构中存在大量的设备，设备荷重较大，且布置服从工艺安排，即结构质量及载荷在空间布置上不均匀；③ 结构中存在大量的异型构件、异型结点，结点受力复杂，传力路径复杂；④ 结构局部梁截面远大于柱截面，造成“强梁弱柱”，难以避免强震作用下柱出现塑性铰。因此，如何提高我国火电厂框排架结构的抗震性能水平以保证火电厂的功能正常运行和电力能源的生产，仍是现今我国火电厂抗震研究迫切需要解决的问题。目前，相关领域已有大量的研究结果，本文对这些研究成果进行了调研和汇总。

B.1 结构体系性能分析

B.1.1 钢筋混凝土框排架

我国火电厂主厂房多采用钢筋混凝土框架结构，由于受到工艺的限制，电力厂房的布置往往比较复杂，导致结构存在刚度和质量分布不均匀、薄弱环节较多、安全储备偏低等诸多问题，抗震性能较差。为了提高火电厂主厂房的抗震能力，研究人员对传统的钢筋混凝土框架结构做了大量的抗震分析。

2009 年，中国水利水电科学研究院宋远齐等采用静力弹塑性方法来研究钢筋混凝土框排架结构的抗震性能。以某 600MW 机组火电厂主厂房钢筋混凝土框排架结构为研究对象，运用基于结构性能的抗震设计方法，对大型火电厂框排架结构进行静力弹塑性地震反应分析，研究该类结构的整体抗震能力和破坏过程，以考察这种方法在框排架结构中的适用性，并分析主厂房的抗震性能指标，对其抗震性能进行评估。结果表明，主厂房框排架结构在 7 度罕遇地震作用下能满足变形要求，但结构存在较多的薄弱环节，在设计时应引起高度重视。然后，利用动力弹塑性时程分析方法对该火电厂主厂房结构进行研究，重点研究在弹塑性阶段该钢筋混凝土框排架纵向及横向结构的变形和承载力。结果表明该方法能反映主厂房结构在地震荷载作用下其响应随时间变化的全过程，主厂房横向框排架和纵向框架存在较多的薄弱环节。

2010 年，李亮等运用有限元软件 MIDAS/GEN 方法对某火电厂主厂房框排架结构进行 Pushover 分析。采用考虑高阶振型影响的侧向力加载模式，通过与反应谱分析结果的比较，证明了该加载模式可行，并运用弹塑性需求谱对分析结果进行评价。结果表明：结构满足“两阶段”的设计目标，在小震下处于弹性阶段并有一定的安全度，在大震下整体抗震性能良好，框排架能够协同工作，能实现“强柱弱梁”的预期目标，且保证重要构件处于弹性阶段不发生破坏；在纵向地震作用下，局部出屋面层为结构薄弱环节，设计时应加强抗震措施；框排架结构在大震下能协同作用，能体现多道抗震设防效果，为高烈度区可选的结构型式。

2014 年，高为志运用有限元软件 MIDAS/GEN 对主厂房框架排架组合结构进行 Pushover 分析。他以某火电厂主厂房框架排架组合结构为例，立足于抗震性能设计，首先运用有限元软件 MIDAS/GEN 进行结构设计，建立有限元模型，并利用 Pushover 方法进行分析，得到结构的地震响应（层间位移角、层剪力、变形形状等），用能力谱法进行评估，找到性能点，判断出结构的薄弱部位或薄弱层。结构按 7 度设防烈度进行设计，按 8 度抗震设防烈度采取加强措施。对结构在 7 度多遇地震下进行弹性分析，发现结构总体处于弹性阶段，层间位移角满足规范的要求，铰的分布不能满足“强柱弱梁”的要求。在罕遇地震作用下进行弹塑性分析，得到能力谱曲线，发现梁最先出现破坏，但可以保证结构“大震不倒”的抗震设防目标，并根据层间位移角和变形形状判断结构的薄弱部位；为检验结构在高震区的适应性，还进行了 8 度多遇地震下弹性分析和罕遇地震作用下弹塑性分析，并通过能力谱法进行了评估。

2015 年，张玉超、王长山对某火电厂主厂房结构进行弹塑性地震响应分析。以某实际工程为研究对象，在结构的动力特性分析的基础上，采用基于纤维模型理论的大型通用有限元软件 ABAQUS 对火电厂主厂房结构的抗震性能进行了较为详细和全面的分析。分析结果表明：结构在 7 度罕遇地震作用下能够满足“大震不倒”的设防要求，研究为弹塑性地震响应分析方法在火电厂主厂房结构中的应用提供了成功的工程案例，其分析结果可为火电厂主厂房结构的抗震设计提供重要依据。

2015 年，李冉进行了不同抗震设防烈度下的抗震性能分析和评估。以一个实际工程的主厂房钢筋混凝土框排架结构为研究对象，基于 Midas/Gen 建立了结构的有限元分析模型并对其进行了不同抗震设防烈度下的抗震性能分析和评估，以判断原有设计的结构在相应抗震设防烈度下的抗震能力以及在高一度抗震设防烈度下原结构抗震能力的富余程度。先对结构进行了 7 度多遇地震作用下的弹性分析和罕遇地震作用下的静力弹塑性分析，应用能力谱方法对结构进行了 7 度罕遇地震作用下的抗震性能评估得出，发现结构满足“大震不倒”的抗震设防要求，结构性能点处塑性铰的分布符合结构“强柱弱梁”和“强剪弱弯”的抗震设计理念。再采用相同的方法对结构进行了 8 度抗震设防烈度下的抗震性能分析与评估，发现结构在罕遇地震作用下不能总是出现性能点，最大层间位移角不总是小于规范规定的弹塑性层间位移角限值限值，结构总体上无法满足“大震不倒”的抗震设防要求。

2013 年，陈德珅对考虑屋盖系统的主厂房整体抗震性能以及屋盖系统自身的破坏模式进行了研究。首先，基于 ANSYS 软件建立了包括刚梁等代屋架、平板网架、梯形钢屋架、钢筋混凝土折线形屋架在内的火电厂主厂房数值模型。通过模态分析，研究刚梁等代屋架与真实考虑屋盖系统后结构动力特性的异同。其次，对考虑平板网架、梯形钢屋架、钢筋混凝土折线形屋架三种屋盖系统的框排架结构进行弹性及弹塑性动力时程分析，并将结果与刚梁等代模型的结果进行对比，重点研究结构的变形性能、内力响应、框排架协同工作性能等内容，分析汽机房屋盖系统对整体框排架结构的影响；此外，还对三种汽机房屋盖系统考虑下部支承结构后构件应力水平及整体变形进行分析，来评估屋盖系统的地震安全性。然后，通过对不同强震作用下主厂房的变形、内力及塑性发展顺序的分析，揭示钢筋混凝土框排架主厂房这类典型结构在汶川地震动下的响应特性。最后，针对采用平板网架作为汽机房屋盖的钢筋混凝土框排架主厂房，采用汶川地震江油地震台记录的地震动，对其位移反应、内力响应、框排架协同工作性能、汽机房屋面网架的损伤机理及结构塑性发展情况进行系统研究，探究主厂房在汶川地震作用下的震害原因。

2014 年，西安建筑科技大学的单兵对钢筋混凝土框排架结构的地震失效模式进行了研究。基于包含汽机房、除氧间、煤仓间三列式且端部带剪力墙的框排架结构体系，通过对框排架结构进行地震反应分析，识别框排架结构失效模式，进而针对最弱失效模式对结构进行局部改善，以达到在不影响结构使用功能下寻求较为明显地提高结构抗震性能的目的。采用 SAP2000 建立框排架主厂房结构有限元分析模型，对其进行 Pushover 分析，绘制 Pushover 曲线，根据失效准则得出结构失效模式，并通过研究失效模式得到结构的失效路径和薄弱环节，其梁柱破坏模式可归结为梁柱铰混合模式。在此基础上对结构进行性能评价和改善，采用在 1 号轴线结构的两处薄弱环节：底部大平台柱间和除氧层、煤斗层设置钢支撑的方案。最后，通过弹塑性时程分析对改善前后的结构进行对比。得出结论：Pushover 分析方法的简便直观，为对该类厂房结构失效模式的研究与改善，进而提高结构抗震性能提供一种快速有效的手段，通过时程分析对比结构在各地震烈度下的改善效果，可以达到验证、预估结构改善后抗震性能的目的，从而可以完成从结构失效模式研究到结构改善并对改善效果加以预估的整个过程。

B.1.2 钢结构框排架

近年来，随着国家电力行业的发展，单机容量不断增大，在高烈度区（8 度抗震设防及以上）主厂房结构若使用传统的混凝土框排架结构型式已不合理，即使在构件断面很大的情况下仍然无法满足刚度及承载力的要求，同时抗震性能较差，因此，钢框排架结构已成为我国大型火电厂主厂房的首选结构型式。钢框排架结构具有布置灵活、强度高、自重轻、施工快、抗震性能好等优点，更适合在高烈度区使用。然而，目前我国对钢框排架结构抗震性能的研究尚处于探讨阶段，相关规范对其抗震设计要求还没有明确的规定。因此，对钢框排架结构抗震性能研究具有非常重要的意义。

2009 年，张文元、于海丰等对大型火电厂钢结构主厂房铰接中心支撑框架体系进行了振动台试验研究。对缩尺比例为 1:12 的两榀中心支撑框架，按 8 度多遇、8 度基本、8

度罕遇、8.5 度罕遇烈度的顺序，对模型结构进行了 14 种地震工况下的模拟地震作用振动台试验，得到了模型结构的动力特性、阻尼比及其在 8 度多遇、基本和罕遇烈度下的加速度和位移响应等。依据试验与有限元分析结果，推算出试验模型结构在三种地震的多遇烈度以及人工地震的罕遇烈度下，层间位移角均满足我国现行抗震规范要求。该体系在高烈度区也具有良好的抗震性能，满足“小震不坏”和“大震不倒”的抗震设防要求。

2013 年，西安建筑科技大学的薛建阳、梁炯丰等对钢框排架模型进行拟动力试验，并采用有限元软件 Midas/gen 和 ANSYS 对其进行了分析。以位于抗震设防烈度 8 度区，单机容量为 1000MW 机组的某大型火力发电厂钢结构主厂房横向框排架结构为原型，设计了 1 榀缩尺比为 1/10 三跨五层的钢框排架模型。通过对其进行拟动力试验，研究其在预估地震作用下的加速度反应、位移反应、滞回特性、刚度和耗能性能。研究结果表明：钢框排架结构延性相对较好，具有较强的塑性变形能力；模型结构在三种地震波的罕遇地震作用下，层间位移角均满足我国现行规范要求；钢框排架结构体系可满足 8 度设防要求，具有良好抗震性能。在拟动力试验结束后，又对该榀钢框排架结构进行了拟静力试验，观测了框排架的破坏形态，得到了试件的荷载—位移滞回曲线、骨架曲线，分析了钢框排架的破坏机制、滞回性能、延性、耗能能力、刚度退化等力学性能。结果表明：钢框排架结构的破坏机制为先梁端后柱端出现塑性铰的混合破坏机制，滞回曲线较饱满；钢框排架结构体系总体上表现出良好的抗震能力，适合高烈度抗震设防区采用，但结构存在较多的薄弱环节，在设计中应引起高度重视。随后，采用有限元软件 Sap2000 对平面钢框排架结构进行了时程分析，计算结果与试验结果符合较好。根据计算结果，对钢框排架结构的变形性能进行了分析，明确了大震作用下塑性铰的出现次序和发展规律，研究了错层对结构性能的影响和框架、排架之间的协同工作情况。同时，采用有限元软件 Midas/gen 对钢框排架整体厂房进行了弹性时程分析、弹塑性时程分析、静力弹塑性分析，研究了主厂房的变形能力、薄弱部位、受力机理及其破坏机制。计算结果表明：钢框排架延性相对较好，具有较强的塑性变形能力和抗震能力；主厂房横向框排架和纵向框架—支撑结构存在较多的薄弱部位；煤斗梁刚度超强，要特别注意柱截面的选取，结构计算分析应采用考虑扭转效应的空间模型。然后，参考国内外规范相关规定，将钢框排架结构的性能水平划分为正常使用、基本使用、生命安全和接近倒塌四个等级，并结合地震设防水准，给出了钢框排架结构的抗震性能目标；在钢框排架结构抗震性能试验研究的基础上，提出了钢框排架对应四个性能水平的层间位移角限值，给出了基于位移的设计方法在主厂房钢框排架结构设计中的设计步骤，并以一工程实例详细说明了钢框排架结构基于位移的设计过程。最后，根据结构损伤期望对钢框排架结构进行抗震优化设计，并建立了钢框排架结构抗震优化设计的数学模型，给出了其优化设计步骤；基于 ANSYS 软件的二次开发平台，采用 APDL 语言编制了钢框排架结构抗震优化设计程序，并采取该程序对一工程实例进行抗震设计优化，验证了所采用的优化思路和方法的可行性；在试验研究和理论分析基础上，结合火电厂特点和多高层钢结构设计方法，提出了钢框排架主厂房的抗震设计建议。

2009年，章海斌使用ANSYS软件，结合某主厂房钢框架—支撑结构进行抗震理论分析并对该结构设计时应注意的问题提出建议。首先，对印度尼西亚某2×350MW煤电厂的主厂房进行了弹性阶段地震反应分析，并对该结构抗震性能做出了评价，提出了关于该结构的设计建议和意见，指出了火电厂主厂房钢框架—支撑结构抗震性能研究有待进一步开展的问题。然后，使用ANSYS软件，对该主厂房钢煤斗的受力性能进行了有限元分析，编制了相应的荷载倒算程序，对本煤斗的合理设计提出了建议。对印度尼西亚某主厂房煤仓内的钢煤斗的连接形式进行了研究，建立了支承式、煤斗壁悬挂式及吊杆悬挂式三种计算模型，对各种模型在地震作用下的反应进行了分析研究，同时给出了悬吊式煤斗设计时应注意的问题。对钢框架—支撑结构主厂房设计要点进行了总结归纳，指出设计中应注意的问题。结合印度尼西亚某主厂房，阐述了中震弹性及不屈服设计理论，同时分析了该主厂房中震下的反应，给出了必要的设计建议。

2014年，杨迎春等使用ANSYS软件，以杆系模型为主对钢框排架结构进行了模态分析和地震反应谱分析。并对该结构的动力特性与地震反应谱进行了研究，研究8度抗震设防情况下钢框排架结构的水平位移和楼层剪力沿楼层高度的分布情况。分析发现，在地震作用下，扭转对钢框排架结构有一定影响；地震作用下纵横向楼层水平位移和层间剪力均存在较大差异；煤斗横梁是钢框排架结构的薄弱部位，在结构设计时应特别加以注意。

2015年，重庆大学的董银峰、李云浩等采用有限元软件SAP2000，首先，对典型的钢结构火电厂主厂房进行了抗震性能评估和优化。该团队针对该厂房，分别在多遇和罕遇地震作用下进行了抗震性能评估，分析并讨论了结构抗震性能方面存在的问题及原因；最后，针对该问题提出了结构优化方案并进行了验证。通过弹塑性时程分析，发现钢结构主厂房普遍存在罕遇地震作用下抗震性能不满足规范要求的情况，具体有两种表现形式：一种是结构由于存在薄弱层导致层间位移角超出规范要求，另一种是由于局部构件达到其极限承载力后造成周边构件迅速进入屈服阶段，最终导致结构出现局部破坏。然后，提出了钢结构主厂房基于多遇地震内力分析的抗震性能优化方法：对结构由下向上逐层优化，根据每层支撑、柱子的等效抗侧刚度比确定相应的优化方案，通过控制支撑轴压比和柱子的塑性强度使结构满足罕遇地震下的性能要求。最后，通过两个算例验证了方案的有效性，该方案避免了复杂烦琐的弹塑性分析，可大幅提高结构设计效率，提出的方案也可为同类钢结构的抗震设计提供参考。

2016年，魏灿使用有限元软件Midas/Gen建立空间三维模型对某铰接支撑框架体系进行动力分析。该体系以老挝洪沙某3×600MW燃煤电站项目作为工程背景，采用Midas/Gen建立空间三维模型进行模态分析，根据模态分析结果调整支撑的布置，采用振型分解反应谱法进行结构抗震设计；分别按弹性阶段和弹塑性阶段对主厂房进行时程分析，研究主厂房在地震作用下的动力响应，弹性阶段分单向和双向地震波输入工况；并将弹性时程分析结果和振型分解反应谱法计算的位移和底部剪力结果进行比较。研究结果表明：在主厂房纵向各主轴布置两道主要支撑时，纵向和横向主振型的周期相差不大，纵向和横向具有相似的动力特性，利于改善结构的扭转效应；弹性时程结果与反应谱法结果差值满足规范要求；对于像火电厂主厂房这类不规则结构进行弹性时程分析时应考虑双向地震波输入的影响，除氧间高出部分扭转效应明显；在罕遇地震下，主厂房位移角最大值为1/59，满足抗震规范1/50的要求，但余量较少；底部错层处、柱截面变化部位和除氧间高出部分地震响应较大，成为薄弱环节，设计此类结构时应加以注意。

B.1.3 少墙型钢混凝土框架结构

2007年12月，中国电力工程顾问集团西北电力设计院和西安建筑科技大学联合成立了“大型火力发电厂主厂房新型结构体系研究”课题组，课题组认为，传统的主厂房钢筋混凝土结构体系仅适用于低烈度区，端部增加剪力墙后，结构刚度更加不均匀，存在先天不足；钢结构体系虽抗震性能优于混凝土结构体系，但造价昂贵且后期维护费用大。课题组提出采用少墙型钢混凝土框架，即型钢混凝土框架柱—钢筋混凝土分散剪力墙混合结构体系来作为高烈度区大容量机组主厂房的新型结构体系，课题组对提出的新型结构体系进行了动力特性测试、拟静力试验、拟动力试验等，研究新型结构的抗震性能，提出该结构的设计建议和构造措施。发现该新型结构体系能够很好地满足高烈度大容量机组主厂房的抗震需要，并得出了一些有指导意义的结论。

项目组以单机容量为1000MW机组主厂房结构为研究对象，选取3跨3榀少墙型钢混凝土框架结构主厂房设计和制作缩尺比为1/7的模型。刘林、白国良等采用理论分析与试验研究相结合的方法对该类结构抗震设计关键技术问题进行系统研究。其分析内容如下：首先，采用SAP2000有限元软件进行主厂房结构体系动力特性分析，研究了火电厂主厂房结构的不规则性，了解影响结构扭转效应的主要因素，提出主厂房少墙型钢混凝土框架结构体系扭转控制措施。在此基础上，建立空间振动模型，进行多维地震作用下主厂房少墙型钢混凝土框架结构平扭耦联地震作用反应分析，掌握多维地震作用下结构变形特点、受力特点和内力分布规律。对1/7缩尺模型进行结构抗震性能试验，发现剪力墙的设置提高了主厂房结构的侧向刚度，改善了结构的抗震性能，证明少墙型钢混凝土框架主厂房满足“小震不坏、大震不倒”的8度设防要求，横向剪力墙作为第一道抗震防线，起到了很好的作用。然后，采用ABAQUS软件进行主厂房少墙型钢混凝土框架结构动力弹塑性时程分析，掌握不同强度地震作用下结构的变形性能，并对结构的薄弱部位和破坏形态进行验证。研究结果表明，地震作用下剪力墙承担了大部分地震作用，延缓了框架柱的开裂及破坏程度。剪力墙的损伤破坏消耗了大量的能量，起到了“第一道抗震防线”的作用，型钢混凝土框架成为结构的“二道设防体系”。最后，结合国内外工程实践和我国具体国情，提出大型火电厂主厂房结构合理的抗震设计方法和抗震构造措施，研究成果可为电力行业规程的制定提供参考和基础资料。

2009～2011年，康灵果、白国良等对上述1/7缩尺模型进行动力特性试验、拟动力试验和拟静力试验，并用ABAQUS建立有限元结构模型进行了非线性地震反应分析。然后，提出了抗震综合性能设防目标，给出了少墙型钢混凝土框架主厂房抗震设计流程，以及地震作用计算和变形控制方法。并研究了建立多道抗震防线的方法、剪力墙设置原则、边缘约束构件设计方法，结合试验研究和计算分析结果，提出了合理的设计建议和抗震措施。最后，提出采用全寿命设计方法进行主厂房设计，把主厂房的一生分为三个阶段，并给出了各个阶段的设计流程。

2013 年，尹龙星探究了少墙型钢混凝土框架混合结构体系的多维地震反应分析与性能设计方法。深入分析偶然扭转产生的原因，对比研究了国内外抗扭计算分析方法与构造措施的优缺点。利用有限元程序建立三维空间分析模型，考察了单、双向地震和多维地震作用下结构的受力、变形特征，并对扭转分析中主要涉及的影响参数进行分析，指出各参数对于结构扭转分析的作用与影响规律。进行静力弹塑性推覆（Pushover）分析与抗震性能评估研究，发现该方法用于主厂房框排架结构时应考虑多维空间推覆及高阶振型的影响。对结构在不同加载模式下的能力曲线和破坏模式进行对比分析，给出主厂房结构抗震性能评估过程与应用建议。最后，参考国内外相关标准并结合工业主厂房结构的特点，为火电厂框排架结构划分了五个性能水准并进行量化，从而提出主厂房结构基于位移的性能设计方法（DDBSD），并对 DDBSD 方法在火电厂主厂房结构中的应用及关键问题进行研究，给出了单机容量 600MW 和 1000MW 电厂主厂房结构在不同烈度区的选型建议。

2012 年，赵金全对少墙型钢混凝土框架混合结构体系在高振型下的影响进行了研究。对上述 1/7 缩尺模型进行试验和 SAP2000 有限元软件计算分析。对比研究结构动力特性，并通过模态分析，考察各个振型对剪力的贡献程度，研究发现考虑前 10 个振型进行组合时，振型参与质量系数已达到 90%，满足规范要求。又进一步考虑更高振型的影响，通过计算考虑 200 个振型与考虑 10 个振型高低跨中柱的柱底剪力的比较，提出对振型分解反应谱法计算进行调整的剪力增大系数，并计算不同场地类别下的剪力增大系数，得出场地类对剪力增大系数的影响。最后，根据主厂房主要结构或构件破坏状况，总结火电厂主厂房设计需要注意的问题，并提出了相应的构造措施。

B.1.4 含异型柱结构

目前，对于高烈度地区大容量机组（1000MW）主厂房结构普遍采用了钢支撑—钢框架结构型式，但支撑布置限制了工艺布置和运行检修空间，且结构造价及维护费用较高，并非理想的结构型式。2007 年，西安建筑科技大学成立了“型钢混凝土异形柱抗震承载力及变形性能研究”课题组。在满足工艺要求的前提下，以国内某 1000MW 机组钢结构主厂房为原型，提出了 SRC 异型柱主厂房结构型式，并制作了 1:10 的缩尺比例模型，对其抗震性能做了相关研究。

2009 年，刘卫辉以该主厂房为原型，采用 SAP2000 有限元软件，重点研究了结构的动力特性、重力二阶效应的影响、单向地震反应谱分析、双向地震反应谱分析、不同场地土类别对结构的影响、结构的平面与空间对比计算，最后对结构进行时程分析，并与反应谱分析结果进行对比。着重了解了主厂房结构的传力机理，地震作用下结构的受力特点、抗震性能和破坏机理。研究表明高烈度地震区，对于主厂房这类典型大跨、重荷和不规则的工业建筑，使用型钢混凝土异型柱组合结构型式不仅强度、刚度明显增加，而且延性获得很大的提高，为主厂房结构新形式找到了新的出路。

2014年，彭修宁等以该主厂房的一榀钢框排架为原型，制作了1:10的缩尺比例模型，并对其进行7个工况下的拟动力试验，输入El—Centro波、Taft波和兰州地震波，地震动加速度峰值分别相当于8度多遇地震和7.5度、8度设防烈度地震和8度、9度罕遇地震，实测了模型结构的应变分布、加速度反应和位移反应。分析了模型结构的滞回特性、加速度放大系数、位移时程曲线以及塑性铰分布。结果发现：含异型节点火电钢框排架主厂房结构总体具有较好的抗震性能，能满足规范“大震不倒”的要求，但异型节点大梁底面柱端易产生塑性铰，不利于耗能和抗震。

2012年，易孝强在对上述进行拟动力试验之后又对结构进行了拟静力试验研究。通过试验分析得到了结构的屈服顺序，其结果表明含异型节点且刚度分布不均匀的钢框排架结构存在明显的薄弱层，异型节点的存在使得结构出现“强梁弱柱”情况，使得在异型节点处柱端屈服而梁端没有屈服，这种结构型式对结构抗震产生不利的影响。因此，在设计中应尽量使结构的刚度分布均匀，对结构的薄弱环节采取加强措施。由骨架曲线对结构的承载能力进行分析，得到结构的最大承载力并分析了影响结构承载力的主要因素。本文的研究揭示了大型火电厂主厂房结构的抗震性能和其屈服破坏模式，对结构在地震作用下的性能有了较深入的认识。

B.1.5 新布置形式

2008年，大型火电厂钢结构主厂房在高烈度地震区的布置优化问题得到了研究。刘刚认为对于高烈度地震区钢结构主厂房，布置相对于常规设计应有所不同，需围绕着如何减小刚度的不均匀性，提高结构的延性，改善动力性能等做好前期布置上的优化。并以某国外大型火力发电厂钢结构主厂房为实例，在主厂房整体和局部布置方案上，进行了一系列优化，并建议高烈度地震区大型火电厂钢结构主厂房的设计应围绕着如何减小刚度的不均匀性，提高结构的延性，改善动力性能等方面，并且应当设置多道抗震防线。

2011年，三列式与交叉式两种主厂房布置形式的抗震性能得到了分析并得到了优化。张景瑞列举了三列式（汽机房、除氧间、煤仓间顺列布置）与交叉式（汽机房和煤仓间交叉布置）两种主厂房布置形式，并采用SAP2000和ANSYS有限元软件对两种布置形式下主厂房结构的抗震性能进行对比分析和优化设计分析。首先，根据主厂房结构的特点建立该类结构的有限元分析模型，进行结构的动力特性分析、单向和双向地震作用反应谱分析及时程分析。其次，基于优化设计理论，从概念设计的角度出发，分析现有主厂房结构布置形式（三列式和交叉式）之间的优缺点，同时对采用不同布置形式的主厂房结构进行抗震性能对比分析，分析两种布置方案下结构抗震性能的优劣。最后，对两种布置形式的主厂房结构进行优化设计，找出不同布置形式下结构所对应的最优设防烈度，为改善主厂房结构的抗震性能提供新思路、新方法。最后，提出主厂房结构的设计建议，为该类结构的设计提供参考。研究发现，与传统的布置方案相比，电厂主厂房交叉布置方案的质量和刚度的分布相对较均匀，而且避免了错层的存在及结构中短柱的出现，层位移和层间位移角均有所减小，达到了提高结构抗震性能的目的。

2015 年，两列式（汽机房—除氧间和煤仓间合并）布置方案得到了研究与改进。康迎杰的研究发现，新方案与传统布置方案相比，结构整体高度增加，在结构型式上减少了一跨框架，错层问题、异型节点问题有效避免，从这一点来看相对较好，但从一定程度上讲由于减少了一排抗侧力构件从而降低了结构的安全储备。首先，基于 MATLAB 开发 SAP2000 和 ABAQUS 的前处理及后处理的二次开发程序以解决在分析过程中遇到的烦琐重复的数据提取、保存及处理的问题；然后，根据选取的单跨框—排架火电厂主厂房的结构特点采用SAP2000和ABAQUS有限元软件建立该类结构的有限元分析模型，进行结构的动力特性分析、地震作用反应谱分析及弹塑性时程分析，分析结构的受力特点、变形特征、破坏形式并判断结构的薄弱环节，发现单跨框—排架火电厂主厂房 RC 结构楼层质量刚度分布不均，受扭转影响较大；煤斗层的质量突出，刚度偏小，结构底层柱子轴压比较大，在弹塑性阶段煤斗层及底层构件损伤较严重，成为了结构的薄弱层。最后，用传统的加固方案（增大柱子截面尺寸、设置分散剪力墙）和减震耗能技术（设置防屈曲支撑、煤斗减震、梁间阻尼器）对结构进行改进，并分析研究改进后的结构抗震性能。

2015 年，汽轮机高位布置方案的抗震性能得到评估并进行了优化。汽轮机高位布置发电厂房即将汽轮机及其基础联合布置在主厂房上部较高楼层的汽轮机发电厂房。刘小可首先采用 ABAQUS 有限元分析软件，分别建立了将汽轮机及其基础考虑成集中质量的简化厂房模型和将汽轮机基础考虑成实体单元的实际厂房模型，并通过弹塑性时程分析对比了两种模型的差异；在此基础上，基于实际厂房模型，通过弹塑性时程分析考查了弹簧水平/竖向刚度比、阻尼系数对厂房结构抗震性能的影响及其规律，并根据分析结果对主厂房结构的抗震性能进行评估，发现汽机基础弹簧支座的阻尼系数对主厂房结构的地震反应的影响可以忽略。水平/竖向刚度比分别为 1/5 和 1/2 两种情况的层间位移的最大差别约为 21%。弹簧水平/竖向刚度比越小，主厂房结构的位移响应也越小，隔震效果越明显。然后，对比了不同地震作用水准下主厂房结构的扭转效应的差异，发现小震情况下可只考虑单向地震作用的影响；大震情况下应考虑双向地震作用的影响；最后，提出了两种针对汽机基础的优化设计方案并进行对比，发现采取增设弹簧和增加梁宽的方案均可明显减小汽机基础的扭转变形，从而满足汽机基础抗震和设备正常运行的要求，相比之下，增设弹簧的方案效果更好，增加梁宽的方案更经济。

B.2 构件性能研究

围绕结构整体的抗震性能的分析已经有了大量的研究成果，为进一步探究火电主厂房的抗震性能，对构件的分析是必不可少的，这方面已有部分成果。

2011 年，节点两侧梁的截面高度比和轴压比对异型节点抗震性能的影响得到了研究。薛建阳等通过 6 个 1/4 比例钢结构异型节点的拟静力试验，获得了异型节点的破坏模式、滞回性能、变形和承载能力。为了研究节点核心区的受剪承载力，试件按强构件弱节点进行设计。试验结果表明：异型节点的破坏模式主要是箱型梁下翼缘周围的焊缝开裂；滞回曲线饱满，刚度退化小，承载力高，并测出了破坏时位移延性系数和等效黏滞阻尼系数范围；上核心区腹板变形能力强，剪切角可以达到 0.040rad，上、下核心区不作为整体协同工作；上核心区腹板的最大剪应力大于《钢结构设计规范》规定的抗剪强度。2013 年，尹龙星等对异型节点进行了拟静力试验研究。以 SRC 框架—RC 少墙型框排架主厂房为研究对象进行试验研究，对由两侧梁高不等、柱截面突变及错层引起的异型节点进行了 6 个 1/5 比例试件拟静力试验研究及含有该类节点的空间结构试验研究。研究了节点的受力破坏模式、滞回耗能性能、强度和刚度退化规律及承载力计算方法。结果表明：该类节点初裂与极限荷载较常规节点显著降低，易发生小核心剪切破坏和柱端压弯剪复合破坏；异型节点中剪力墙的设置可以有效改善节点的抗震性能，提高其延性和耗能能力；通过分析节点受力机理并根据不同的破坏形态，提出针对 SRC 异型节点的承载力计算方法，为该类节点的实际设计提供参考。在整体结构与构件试验和损伤分析的基础上，结合试验破坏过程及现象建立能够全面反映此类结构损伤特征的损伤模型，利用累积损伤数据计算结构不同状态下的损伤指数。

2014 年，钢支撑对大型火电厂钢框排架主厂房抗震性能的影响得到了分析。江菊首先运用有限元分析软件对某 1000MW 机组的双重不规则火电钢框排架主厂房的单榀横向框架进行弹塑性有限元分析，按照常用的侧向加载模式对钢框排架进行 Pushover 分析。以结构的荷载—位移曲线以及层间位移角等作为判断结构的变形能力和抗震承载力是否能达到相应的性能目标的参数，在此基础上改变支撑的位置及形式，得出在不同支撑位置及不同支撑形式下的钢框排架的抗震性能和塑性铰分布及发展规律。其次，通过改变支撑的竖向位置，来研究厂房中的边跨变截面柱计算长度系数的变化，分析不同的支撑位置对计算长度系数的影响以及减小变截面柱计算长度系数的支撑位置点。最后，在变截面处考虑支撑的水平力作用下推导了变截面柱的屈曲方程，将推导的方程与现行规范在变截面处没有考虑水平力作用的方程对照得出多考虑的影响项。

B.3　消能减震

被动耗能减震技术在民用、公共建筑中已得到推广，但受于工业厂房的空间限制，还没能得到较好的利用。为此，学者们围绕火电厂房的消能减震进行了一系列研究，消能减震方法中又以防屈曲支撑（BRB）和调谐质量阻尼器（TMD）两种为主。防屈曲支撑（BRB）作为一种金属屈服耗能支撑构件，克服了普通支撑受压屈曲的缺点，在地震中具有良好的耗能能力和延性。调谐质量阻尼器（TMD）通过在主结构上增加一个辅助机构，在主结构受到外界动态力作用时，提供一个频率几乎相等，与结构运动方向相反的力，来部分抵消外界激励引起的结构响应。

防屈曲支撑的研究情况如下。2016 年，防屈曲支撑连接节点（BRB 节点）相比于普通支撑连接节点（PZ 节点）的受力特性得到了研究。王峰等采用 ABAQUS 对 BRB 节点进行了有限元分析，补充了为试验结论提供支撑的重要数据。试验结果和有限元分析结果表明，同等情况下 BRB 节点所受应力明显要高于 PZ 节点；相连梁柱的平面外刚度对 BRB 节点的稳定性有较大影响。2016 年，防屈曲支撑对框排架结构抗震性能的影响得到了研究，于晓洋针对我国现阶段火电厂房中较常用的框排架结构体系进行了动力分析，以某实际工程为背景，基于 ABAQUS 软件研究了防屈曲支撑对框排架结构抗震性能的影响。研究结果表明：BRB 能够有效地消除结构在地震作用中各层之间的扭转振型和位移不协调，减小框排架结构各层的位移，提高结构的整体性。2016 年，设置防屈曲支撑对主厂房在罕遇地震下的性能影响得到了研究。邢国雷等采用非线性分析软件 ABAQUS 对某设置防屈曲支撑的某大型火力发电厂主厂房结构进行了罕遇地震作用下的有限元分析，对比了不同地震波作用下的结构弹塑性分析结果。分析结果表明：设置防屈曲支撑以后，结构的抗震性能显著提高，在 7 度罕遇地震作用下主厂房结构能够满足“大震不倒”的设防要求。

阻尼器的研究情况如下。2009 年，摩擦阻尼器和安装黏滞阻尼器的减震效果得到了研究。刘长松对实际电力厂房框排架结构，分析了其抗震性能，并进行了被动控制方法的研究。利用大型有限元软件 ANSYS 建立电力主厂房空间模型，分别研究结构在弹性阶段和弹塑性阶段结构的反应并进行对比。然后采用对结构模型安装摩擦阻尼器和安装黏滞阻尼器两种方法对结构进行被动控制，并进行地震反应分析，然后与原结构进行比较分析，证明了两种阻尼器的有效性，进而对两种阻尼器进行参数分析。2016 年，双调谐质量阻尼器（DMTD）及多重调谐质量阻尼器（MTMD）的减震效果得到了研究。滕飞通过 SAP2000 软件建立结构整体模型，采用集中质量的方式模拟煤斗重量，研究了将 DTMD、2 重 TMD、5 重 TMD 调谐策略应用于某大型火电厂房煤斗，由于 DTMD 在 Y 向的作用退化为 TMD，主要分析其单向（X 向）动力反应的减震效果。结果表明，DTMD 对结构 X 向的减震效果优于 2 重 TMD 及 5 重 TMD；2 重 TMD 及 5 重 TMD 对于结构 X 向及 Y 向位移响应均具有一定的减震效果，对于煤斗层及顶层也存在失效情况；罕遇地震作用下，DTMD 的残余变形要小于 2 重 TMD 和 5 重 TMD。

除了对防屈曲支撑和阻尼器单独进行研究，研究者对各种减震方法也进行了研究和对比。2013 年，陈华霆研究了分布式阻尼减震、隅撑式阻尼减震和支撑式煤斗减震三方面的内容，来解决工业厂房的空间限制问题。主要采用数值模拟的方法，基于有限元软件 ABAQUS 平台，使用自行开发的非线性黏滞阻尼器单元对上述三方面的内容进行了分析、研究。首先，对分布式阻尼减震进行研究，通过对含阻尼钢筋的单个构件和 3 层 Bechmark 模型和工程实例的大震弹塑性分析，验证了分布式摩擦套杆、分布式阻尼器可以达到类似低屈服点钢筋的减震效果，而且摩擦套杆更具优势。然后，通过对单层单跨平面框架的理论分析和基于结构控制 benchmark 模型的数值模拟，对隅撑式阻尼减震方案的可行性进行了研究，发现在设计合理的情况下可以达到与支撑式阻尼器相当的减震效果。最后，通过理论分析，考察了各参数对支撑式煤斗减震方法的影响，并基于工程实例对煤斗质量变化、煤斗体系阻尼比、结构周期改变进行了进一步的分析、研究，发现煤斗周期按弹性结构周期的 1.5～2.5 倍设计时，可以具有明显的减震效果。2015 年，康迎杰采用被动减震耗能技术对结构进行改进并研究抗震性能。选取某单跨框—排架火电厂主厂房，采用 SAP2000 和 ABAQUS 有限元软件建立该类结构的有限元分析模型，进行结构的动力特性分析、地震作用反应谱分析及弹塑性时程分析。依据分析结果，分别采用传统的加固方案（增大柱子截面尺寸、设置分散剪力墙）和被动减震耗能技术（设置防屈曲支撑、煤斗减震、梁间阻尼器）对结构进行改进，并对改进后的结构进行大震作用下的弹塑性分析，研究改进后的结构抗震性能。发现采用传统的加固方案可以减弱结构的损伤破坏，但加强了结构承受的地震作用；采用被动减震耗能技术巧妙地利用了主厂房的空间和工艺布置，显著地提高了结构的抗震性能。

B.4 设计方法

随着我国经济科技水平的提高，以及各方面技术不断与国际接轨，火电技术在我国正朝着现代化、国际化的方向发展。国家也结合各方面的高新技术，对设计土建结构的规范做出了相应的调整，本章对火电主厂房的设计方法的有关研究成果进行了汇总。

关于主厂房结构的抗震性能目标的研究情况如下。2012 年，尹龙星等通过试验研究，给出了不同地震作用下结构的破损形态及变形性能指标，结合前期研究成果，确定了主厂房结构的抗震性能目标，采用层间位移角限值作为结构性能水准的量化指标。给出了基于位移的设计方法在主厂房设计中的应用关键点及设计步骤，运用此方法进行某火电厂主厂房不同性能水准下的计算分析。结果表明，应用基于位移的设计方法可以有效地保证不同强度地震作用下结构及设备的安全，尤其是对罕遇震作用下结构的破坏控制；给出的相关设计指标满足要求，可供同类工程设计时参考和应用。2013 年，徐大燕采用基于性能的抗震理论对火电厂主厂房结构的抗震性能进行研究。首先，总结了基于性能抗震设计的几种方法，认为基于性能的抗震评估方法简单实用，便于操作，且分析结果可靠。其次，采用 SAP2000 有限元分析软件对大型火电厂主厂房结构体系进行了分析，针对不同结构型式的火电厂主厂房结构提出了相应的性能水平及其量化指标，对主厂房少墙型钢混凝土框架结构体系进行了多遇地震、设防烈度地震、罕遇地震以及极大震作用下的抗震性能评估，并验证了 Pushover 分析方法的准确性。最后，在能力谱方法的基础上研究了简化的损伤评估方法，给出了相应的损伤指数与性能目标，进行了损伤评估及对比分析，发现负向加载产生的损伤大于正向加载产生的损伤。研究结果还表明，在不同的加载方向及不同的加载模式作用下火电厂主厂房结构均能满足规范要求的“小震不坏、中震可修，大震不倒”的抗震设防目标，且能够满足文中提出的性能目标。

关于抗震设计规范的研究情况如下。2014 年，祝红山、林凡伟介绍了国家标准 GB 50011—2010《建筑抗震设计规范》及电力行业 DL 5022—2012《火力发电厂土建设计技术规程》等的规定，并介绍了如何准确地判别电厂中各种建（构）筑物重要性分类及抗震设防标准的方法。2014 年，甘立胜以新修订的《建筑抗震设计规范》为根据，并结合其在发电厂主厂房钢筋混凝土框排架结构设计中的应用，对主厂房结构地震反应受场地条件影响进行了阐述，对支撑布置的形式提出了合理的建议，提出从抗震相关措施、结构设计等方面入手进行探究，以使结构设计能够达到规范的所规定的安全标准。

研究者对震害问题也进行了深入研究，并给出了设计建议。2011 年，刘志钦等对大震中 RC 框排架结构主厂房震害特征的共性进行了分析，提出加强主厂房抗震设计的一些建议：支撑煤仓间的 RC 柱改为 SRC 柱；设计中应考虑填充墙和围护结构参与工作；提高框架柱和排架柱的柱端抗剪能力；主厂房结构应加入震害预测机制。认为应改变设计人员“重构件、轻结构”的设计现状，加强对整个结构系统的重视。2015 年，贡伟、田娜阐述了火电厂钢筋混凝土框架排架的震害问题，并对火电厂土建结构设计要点进行相应的分条说明，同时提出了相关的优化措施，以求为相关专业人士提供可靠的指导。2016 年，郑晓梅通过对汶川地震中火电厂不同程度的受损情况分析，总结了主厂房结构震害的主因，有针对性地提出了抗震设计中值得关注与重视的部分问题，为火电厂房建筑抗震设计工作提供了一定的借鉴和参考。

随着我国在不断地与国际接轨，关于国际火电项目的研究也逐渐增多。2010 年，张兰对越南某火力发电厂钢结构主厂房进行了分析，对单框架主厂房的结构体系做了详细分析，并进行了布置优化和方案比较；同时由于主厂房结构的不规则，认为采用 STAADPro 进行分析设计比较适合，介绍了 STAADPro 在主厂房结构设计中的应用情况，可供工程参考。2012 年，国际火电项目投标中的结构抗震问题得到了讨论。刘天英、史双丽通过分析若干国际火电项目标书及地震危险性分析报告中的相关内容，提出国际火电项目结构抗震设计所需地震参数的确定方法；深入讨论了标书及地震危险性分析报告中给定的地震参数与我国抗震设计规范中地震参数的对应关系。2016 年，段英连、杨眉对各国火电厂建筑抗震设防水准进行了对比，介绍了建筑的抗震设防水准确定的基本理念，比较了中国、美国、印度、欧洲、迪拜抗震规范的火电厂建筑重要性分类、地震水平、设防目标、弹性及弹塑性位移层间位移角限值等，指出不宜将某类建筑的重要性类别、地震水平、设防目标作为抗震设计的基本准则，而应将上述三者作为一个体系看待，设防水准的对比不应仅仅关注上述三者的对应上，还要关注弹性及弹塑性层间位移角计算的地震水平及限值标准。

参 考 文 献

[1] 中华人民共和国建设部. 建筑抗震设计规范 GB 50011—2010［S］. 北京：中国建筑工业出版社，2010.

[2] 中华人民共和国建设部. 混凝土结构设计规范 GB 50010—2010［S］. 北京：中国建筑工业出版社，2010.

[3] 中华人民共和国建设部. 钢结构设计规范 GB 50017—2002［S］. 北京：中国计划出版社，2003.

[4] 中华人民共和国建设部. 建筑结构荷载规范 GB 50009—2012［S］. 北京：中国建筑工业出版社，2012.

[5] 国家能源局. 火力发电厂土建结构设计技术规程 DL 5022—2012［S］. 北京：中国电力出版社，2012.

[6] 中华人民共和国建设部. 高层民用建筑钢结构技术规程 JGJ 99—2015［S］. 北京：中国建筑工业出版社，2015.

[7] 陈富生，邱国桦，范重. 高层建筑钢结构设计［M］. 北京：中国建筑工业出版社，2000.

[8] 西安建筑科技大学. 陈绍蕃论文集［M］. 北京：科学出版社，2004.

[9] 陈绍蕃. 钢结构稳定设计指南［M］. 北京：中国建筑工业出版社，1996.

[10] 舒兴平，陈绍蕃. 钢框架结构二阶弹性精确分析及简化方法. 钢结构 2000 年（增刊）.

[11] 陈绍蕃. 建筑钢结构在动力荷载作用下的性态［J］. 西安：西安冶金建筑学院学报，1991，23（3）.

[12] 夏志斌，姚谏. 钢结构设计——方法与例题［M］. 北京：中国建筑工业出版社，2005.

[13] 沈聚敏，高小旺，周锡元，刘晶波. 抗震工程学［M］. 北京：中国建工出版社，1999.

[14] 刘大海，杨翠如. 厂房抗震设计［M］. 北京：中国建筑工业出版社，1997.

[15] 张誉，王为. 双向地震作用下不规则框架的扭转分析［J］. 北京：土木工程学报，1994，10.

[16] Masakazu，Tatsuya Yzuhata. 延性建筑考虑非弹性变形限值基于性能的抗震设计简化方法［J］. 北京：建筑结构，2000（6）.

[17] 文良漠. 火电厂土建结构的抗震设计的回顾和展望［J］. 北京：电力建设，1998，6.

[18] 李宏男. 结构多维抗震理论与设计方法［M］. 北京：科学出版社，1998.

[19] 方鄂华，钱稼茹. 我国高层建筑抗震设计的若干问题［J］. 北京：土木工程学报，1999，2（1）.

[20] 王广军. 框架厂房空间结构地震反应分析［J］. 北京：工业建筑，1993，8.

[21] 梁莉军，黄宗明，杨溥. 各国规范关于结构地震下抗扭设计方法的对比［J］. 重庆：重庆建筑大学学报，2002，4.

[22] 冯云田，李明瑞，林春哲. 复杂结构的弹性地震反应［J］. 北京：地震工程与工程振动，1991，12.

[23] 蔡荣根，蔡万来. 集集大地震建筑物震害类型实例探讨［J］. 第五届中日建筑结构技术交流会论文集，2001，6.

[24] 国际标准《结构地震作用》简介［J］. 北京：工程抗震，1995，3（1）.

[25] 王立军. 框排架厂房空间结构地震反应分析［J］. 北京：工程抗震，1995，12（6）.

[26] 戴国莹. 建筑结构基于性能要求的抗震措施初探［J］. 北京：建筑结构，Vol 30，2000，10.

[27] 吕西林，王亚勇，郭子雄. 建筑结构抗震变形验算［J］. 北京：建筑科学，Vol.18，2002，2.

[28] SAP2000 中文版使用指南. 北京金土木软件技术有限公司. 北京：人民交通出版社，2006.

[29] Jack E Moehle. Attempts to introduce Modern Performance Concepts into Old Seismic Codes［J］. In：proc. China–United States Bilateral of Workshop on Seismic Codes，Guangzhou，China，December 1996.

[30] Uniform Building Code（UBC）. Structural Design Provisions，International Conference of Building Officials（ICBD）［J］. 1997.

[31] FEMA（1998）NEHRP Recommended Provisions for Seismic Regulations for Building and other structures（1997Edition）［J］. FEMA303，Feb，1998.

[32] New Zealand Standard，Code of Practice for General Structure Design and Design Loadings for Buildings（NZS4023：1992）［J］. Standard Association of New Zealand，1992.

[33] Shunsuke. Otani. Development of Performance–based technology in Japan. Proceeding，Workshop on Seismic Design Methodologies for the Next Generation of Codes［J］. Bled，Slovenia，A. A. Balkan，Potterdam，June 1997：59–67.

[34] Légeron F，Paultre，P. Uniaxial confinement model for normal and high–strength concrete columns［J］. Struct Eng，2003，129（2）：241–252.

[35] 江见鲸，陆新征，叶列平. 混凝土结构有限元分析［M］. 北京：清华大学出版社，2005.

[36] Mander J B，Priestley M J N，Park R. Theoretical stress–strain model for confined concrete［J］. Struct Eng，1988，114（8）：1804–1825.

[37] Esmaeily A，and Xiao Y. Behavior of reinforced concrete columns under variable axial loads：analysis［J］. ACI Structural Journal，2005，102（5）：736–744.

[38] Légeron F，Paultre P，Mazar J. Damage mechanics modeling of nonlinear seismic behavior of concrete structures［J］. Struct Eng，2005，131（6）：946–954.

[39] CSI，Perform Components and Elements for Perform–3D and Perform–Collapse，Version 4，Computers & Structures Inc.，August 2006.

[40] 白国良，吴涛，卞琳，朱丽华. 大型火力发电厂钢筋混凝土框排架混合结构抗震性能试验研究［J］. 哈尔滨工业大学学报，2003，8：282–285.

[41] TJ 型屈曲约束支撑设计手册（3 版）［M］. 同济大学多高层钢结构及钢结构抗火研究室，2011.

[42] 李国强，李杰，苏小卒. 建筑结构抗震设计（3 版）［M］. 北京：中国建筑工业出版社，2009.

[43] 葛增茂. 火力发电厂主厂房结构型式和体系评述［J］. 电力建设，1998（6）：15–17.

[44] 康灵果，白国良，李红星，李晓文，赵春莲. 大型火力发电厂框排架主厂房结构动力特性研究［J］. 第七届全国土木工程研究生学术论坛，东南大学，2009.

[45] 王光远. 结构软设计理论初探［D］. 哈尔滨：哈尔滨建筑工程学院，1987.

[46] 王光远. 工程软设计理论［M］. 北京：科学出版社，1992.

[47] 李惠，欧进萍. 斜拉桥结构健康监测系统的设计与实现（Ⅰ）：系统设计[J]. 土木工程学报，2006，39（4）：29-44.

[48] 李惠，欧进萍. 斜拉桥结构健康监测系统的设计与实现（Ⅱ）：系统实现[J]. 土木工程学报，2006，39（4）：45-53.

[49] 宋远齐. 大型火电厂主厂房框排架结构静力弹塑性地震反应分析 [J]. 电力建设，2009，30（5）：59-62.

[50] 宋远齐，汪小刚，温彦锋，梁远忠，龚胡广. 大型火电厂主厂房框排架结构弹塑性时程反应分析 [J]. 电力建设，2010，40（1）：51-54.

[51] 李亮，任忠运. 大型火电厂主厂房结构静力弹塑性分析及抗震性能评估 [J]. 武汉大学学报（工学版），2010，(S1)：9-12.

[52] 高为志. 火力发电厂主厂房结构抗震性能分析 [D]. 济南：山东建筑大学，2014.

[53] 张玉超，王长山. 某大型火力发电厂主厂房抗震性能分析 [J]. 世界地震工程，2015，(1)：134-138.

[54] 李冉. 热水锅炉房主厂房钢筋混凝土框排架结构的抗震性能分析与评估 [D]. 济南：山东建筑大学，2015.

[55] 陈德珅. 考虑屋盖系统的火电厂钢混框排架主厂房抗震性能研究 [D]. 哈尔滨：哈尔滨工业大学，2013.

[56] 单兵. 火电厂钢筋混凝土框排架结构地震失效模式研究 [D]. 西安：西安建筑科技大学，2014.

[57] 张文元，于海丰，张耀春，孙雨宋，刘春刚. 大型火电厂钢结构主厂房铰接中心支撑框架体系的振动台试验研究 [J]. 建筑结构学报，2009，30（3）：11-19.

[58] 梁炯丰. 大型火电厂钢结构主厂房框排架结构抗震性能及设计方法研究 [D]. 西安：西安建筑科技大学，2013.

[59] 史祝. 大型火电厂主厂房钢框排架结构抗震性能试验及其优化设计 [D]. 西安：西安建筑科技大学，2012.

[60] 茅荣华. 大型火电厂主厂房钢框排架抗震性能试验及时程反应分析 [D]. 西安：西安建筑科技大学，2012.

[61] 薛建阳，梁炯丰，彭修宁，温永强. 大型火电厂钢结构主厂房弹性地震反应分析 [D]. 西安：西安建筑科技大学，2013.

[62] 梁炯丰，杨泽平，彭修宁，王俭宝. 大型火电厂钢结构主厂房弹塑性地震反应分析 [J]. 四川建筑科学研究，2013，39（4）：195-199.

[63] 薛建阳. 大型火电厂钢结构主厂房框排架结构抗震性能试验研究 [J]. 建筑结构学报，2012，33（8）：16-22.

[64] 章海斌. 火电厂钢结构主厂房抗震分析 [D]. 杭州：浙江大学，2009.

[65] 杨迎春，宗文明. 大型火电厂主厂房钢框排架结构的动力特性与地震反应谱分析 [J]. 长江大学学报（自然科学版），2014，(22)：81-83.

[66] 董银峰，赵强，马占雄，李云浩. 钢结构火电厂主厂房抗震性能评估 [J]. 建筑结构学报，2016，37（S1）：165-169.

[67] 李云浩. 钢结构发电主厂房抗震性能评估 [D]. 重庆：重庆大学，2015.

[68] 魏灿. 火电厂钢结构铰接支撑框架主厂房动力分析 [D]. 吉林：东北电力大学，2016.
[69] 刘林. 大型火电厂主厂房少墙型钢混凝土框架结构体系地震作用效应与设计方法研 [D]. 西安：西安建筑科技大学，2009.
[70] 白国良，白涌滔，李红星，赵春莲，朱丽华. 大型火电厂分散剪力墙—SRC 框排架结构抗震性能试验研究 [J]. 工程力学，2011，28（6）：74-80.
[71] 康灵果. 大型火力发电厂少墙型钢混凝土框架主厂房抗震性能试验与设计方法研究 [D]. 西安：西安建筑科技大学，2009.
[72] 西北电力设计院有限公司等，高参数大容量火电厂主厂房抗震技术研究报告集 [R]，西安，2003.
[73] 白国良，李红星，白涌滔，赵春莲. 火电厂 RC 分散剪力墙—SRC 框排架滞回性能试验研究与分析 [J]. 土木工程学报，2011，（8）：59-65.
[74] 姜云甫，黄佑验，江油电厂主厂房震害分析 [J]. 武汉大学学报（工学版），2009（s1）：172-176.
[75] 尹龙星. 火电厂主厂房框排架结构多维地震反应分析与性能设计方法研究 [D]. 西安：西安建筑科技大学，2013.
[76] 华北电力设计院有限公司. 消能支撑在高烈度区火力发电厂主厂房结构的应用研究报告集 [R]. 北京，2017.
[77] 赵金全. 考虑高振型影响的火电厂主厂房高低跨中柱地震作用效应研究 [D]. 西安：西安建筑科技大学，2012.
[78] 刘卫辉. 火力发电厂 SRC 异型柱主厂房结构体系抗震性能研究 [D]. 西安：西安建筑科技大学，2009.
[79] 彭修宁，薛建阳，易孝强，梁炯丰. 含不等高箱梁异型节点大型火电主厂房钢框排架结构拟动力试验研究 [J]. 建筑结构学报，2014，35（7）：11-17.
[80] 易孝强. 大型火电主厂房含异型节点钢框排架抗震性能试验研究 [D]. 南宁：广西大学，2012.
[81] 刘刚. 高烈度地震区大型火电厂钢结构主厂房的布置优化 [J]. 工业建筑，2008，（S1）：595-598.
[82] 张景瑞. 火电厂主厂房框排架结构地震反应与优化设计分析 [D]. 西安：西安建筑科技大学，2011.
[83] 康迎杰. 大型火电厂主厂房单跨框—排架结构抗震及减震控制研究 [D]. 北京：北京工业大学，2015.
[84] 刘小可. 汽轮机高位布置发电厂房抗震性能的评估与优化 [D]. 重庆：重庆大学，2015.
[85] 薛建阳，刘祖强，彭修宁，胡宗波. 大型火电主厂房钢结构异型节点抗震性能试验研 [J]. 建筑结构学报，2011，32（7）：133-140.
[86] 尹龙星，白国良，李红星，朱佳宁. 火电厂主厂房结构异型节点抗震性能试验研究 [J]. 地震工程与工程振动，2013，33（1）：115-123.
[87] 江菊. 钢支撑对大型火电厂钢框排架主厂房抗震性能的影响分析 [D]. 南宁：广西大学，2014.
[88] 王峰，高向宇，徐吉民，王勇强，张凌伟，张江霖. 钢框排架防屈曲支撑连接节点抗震试验研究 [J]. 工业建筑，2016，（增刊）：333-338.
[89] 于晓洋. BRB 对火电主厂房框排架结构抗震性能作用研究 [J]. 工程建设与设计，2016，（3）：31-34.
[90] 邢国雷，王勇奉，薛涛防. 屈曲支撑在大型火力发电厂结构中的应用研究 [J]. 结构工程师，2016，

32（2）：126-131.

［91］刘长松. 大型电力厂房结构地震反应分析及被动控制方法研究［D］. 哈尔滨：哈尔滨工业大学，2009.

［92］滕飞. 火电厂房结构煤斗基于 DTMD 及 MTMD 调谐策略的减震控制分析［J］. 建筑结构，2016，（S1）：429-433.

［93］陈华霆. 减震技术在发电厂主厂房结构中的应用研究［D］. 北京：北京工业大学，2013.

［94］尹龙星，白国良，李红星，李晓文. 火电厂主厂房结构试验及基于位移的设计方法研究［J］. 工业建筑，2012，42（9）：56-60.

［95］徐大燕. 火电厂主厂房结构基于性能的抗震评估方法及应用［D］. 西安：西安建筑科技大学，2013.

［96］祝红山，林凡伟. 火电厂中抗震设防标准的判别［J］. 科技资讯，2014，12（16）：123-124.

［97］甘立胜. 新抗震规范在发电厂主厂房土建结构设计的应用分析［J］. 中华民居，2014，（18）：250-251.

［98］刘志钦，赵辉. 火电厂 RC 框排架结构主厂房震害分析与设计建议［J］. 河南城建学院学报，2011，20（1）：37-41.

［99］贡伟，田娜. 浅谈火电厂土建结构抗震设计［J］. 中国新技术新产品，2015，（6）：143-143.

［100］郑晓梅. 浅议火电厂主厂房结构抗震设计要点［J］. 民营科技，2016，（8）：152-152.

［101］张兰. 火电厂钢结构单框架主厂房设计及优化［J］. 武汉大学学报（工学版），2010，（S1）：95-99.

［102］刘天英，史双丽. 国际火电项目投标中结构抗震设计的相关问题探讨［J］. 电力建设，2012，33（11）：58-61.

［103］段英连，杨眉. 各国火电厂建筑抗震设防水准的对比［J］. 吉林电力，2016，44（5）：8-11.